D. Gross · Th. Seelig

Bruchmechanik

Springer
*Berlin
Heidelberg
New York
Barcelona
Hongkong
London
Mailand
Paris
Tokio*

Dietmar Gross · Thomas Seelig

Bruchmechanik
mit einer Einführung in die Mikromechanik

3., neu bearbeitete und erweiterte Auflage
mit 162 Abbildungen

Prof. Dr.-Ing. Dietmar Gross
E-mail: *gross@mechanik.tu-darmstadt.de*

Dr.-Ing. Thomas Seelig
E-mail: *seelig@mechanik.tu-darmstadt.de*

TU Darmstadt
Institut für Mechanik
Hochschulstraße 1
64289 Darmstadt

ISBN 3-540-42203-X 3. Aufl. Springer-Verlag Berlin Heidelberg New York
ISBN 3-540-61205-X 2. Aufl. Springer-Verlag Berlin Heidelberg New York

Die Deutsche Bibliothek – CIP-Einheitsaufnahme
Gross, Dietmar:
Bruchmechanik : mit einer Einführung in die Mikromechanik / Dietmar Gross ;
Th. Seelig. - 3., neu bearb. und erw. Aufl.. - Berlin ; Heidelberg ; New York ;
Barcelona ; Hongkong ; London ; Mailand ; Paris ; Singapur ; Tokio :
Springer, 2001
  ISBN 3-540-42203-X

Dieses Werk ist urheberrechtlich geschützt. Die dadurch begründeten Rechte, insbesondere die der Übersetzung, des Nachdrucks, des Vortrags, der Entnahme von Abbildungen und Tabellen, der Funksendung, der Mikroverfilmung oder der Vervielfältigung auf anderen Wegen und der Speicherung in Datenverarbeitungsanlagen, bleiben, auch bei nur auszugsweiser Verwertung, vorbehalten. Eine Vervielfältigung dieses Werkes oder von Teilen dieses Werkes ist auch im Einzelfall nur in den Grenzen der gesetzlichen Bestimmungen des Urheberrechtsgesetzes der Bundesrepublik Deutschland vom 9. September 1965 in der jeweils geltenden Fassung zulässig. Sie ist grundsätzlich vergütungspflichtig. Zuwiderhandlungen unterliegen den Strafbestimmungen des Urheberrechtsgesetzes.

Springer-Verlag Berlin Heidelberg New York
ein Unternehmen der BertelsmannSpringer Science+Business Media GmbH

http://www.springer.de

© Springer-Verlag, Berlin Heidelberg, 1992, 1996, 2001
Printed in Germany

Die Wiedergabe von Gebrauchsnamen, Handelsnamen, Warenbezeichnungen usw. in diesem Werk berechtigt auch ohne besondere Kennzeichnung nicht zu der Annahme, daß solche Namen im Sinne der Warenzeichen- und Markenschutz-Gesetzgebung als frei zu betrachten wären und daher von jedermann benutzt werden dürften.
Sollte in diesem Werk direkt oder indirekt auf Gesetze, Vorschriften oder Richtlinien (z.B. DIN, VDI, VDE) Bezug genommen oder aus ihnen zitiert worden sein, so kann der Verlg keine Gewähr für die Richtigkeit, Vollständigkeit oder Aktualität übernehmen. Es empfiehlt sich, gegebenenfalls für die eigenen Arbeiten die vollständigen Vorschriften oder Richtlinien in der jeweils gültigen Fassung hinzuzuziehen.

Einbandgestaltung: medio Technologies AG, Berlin
Satz: Autorendaten

Gedruckt auf säurefreiem Papier SPIN: 10664432 7/3020/M - 5 4 3 2 1 0 -

Vorwort zur dritten Auflage

Dieses Buch ist aus Vorlesungen über Bruchmechanik und Mikromechanik hervorgegangen, die wir für Hörer aus den Ingenieur- und den Naturwissenschaften halten. Sein Ziel ist es, dem Studenten eine Hilfe beim Erlernen der Grundlagen dieser Fächer zu bieten. Zugleich soll es dem Fachmann in der Industrie den Einstieg in diese Gebiete ermöglichen und ihm das Rüstzeug zur Behandlung entsprechender Fragestellungen zur Verfügung stellen.

Das Buch überdeckt die wichtigsten Teile der Bruchmechanik und führt in die Mikromechanik ein. Dabei kam es uns darauf an, die wesentlichen Grundgedanken und Methoden sauber darzustellen, um damit ein tragfähiges Fundament für ein weiteres Eindringen in diese Gebiete zu schaffen. Im Vordergrund steht die Beschreibung von Bruchvorgängen mit Hilfe der Mechanik, wobei aber auch werkstoffkundliche und materialspezifische Aspekte gestreift werden. Inhaltlich werden zunächst die kontinuumsmechanischen und phänomenologischen Grundlagen zusammengestellt. Es folgt ein Einblick in die klassischen Bruch- und Versagenshypothesen. Ein beträchtlicher Teil des Buches ist dann der linearen Bruchmechanik und der elastisch-plastischen Bruchmechanik gewidmet. Weitere Kapitel befassen sich mit der Kriechbruchmechanik sowie der Bruchdynamik. In einem umfangreicheren Kapitel werden die Grundlagen der Mikromechanik und Homogenisierung bereitgestellt. Schließlich werden noch Elemente der Schädigungsmechanik und der probabilistischen Bruchmechanik abgehandelt.

In den vorhergehenden Auflagen erschien das Werk unter dem Namen alleine des ersten Autors und umfaßte ausschließlich die Bruchmechanik. In der vorliegenden Neuauflage stieß nicht nur der zweite Autor hinzu, sondern der Inhalt wurde auch deutlich ausgeweitet. Dies betrifft insbesondere die Hinzunahme der Mikromechanik, die aufgrund der zunehmenden Verknüpfung bruch- und schädigungsmechanischer Fragestellungen mit mikromechanischen Modellierungen in den letzten Jahren eine besondere Bedeutung erfahren hat. Daneben wurden eine Reihe von Korrekturen und Ergänzungen vorgenommen. Beispiele hierfür sind neue Abschnitte über die Bruchmechanik dünner Schichten oder über Piezomaterialien.

Gedankt sei an dieser Stelle allen, die zur Entstehung dieses Buches beigetragen haben. Eingeschlossen sind auch die, von denen wir selbst gelernt haben. Wie sagt es Roda Roda so schön ironisch: "Aus vier Büchern abzuschreiben ergibt ein fünftes gelehrtes Buch". Danken möchten wir besonders Frau Dipl.-Ing. H. Herbst, die mit viel Sorgfalt die Zeichnungen erstellt hat. Nicht zuletzt sei dem Verlag für die gute Zusammenarbeit gedankt.

Darmstadt im Mai 2001   Dietmar Gross und Thomas Seelig

Inhaltsverzeichnis

Einführung		**1**
1	**Einige Grundlagen der Festkörpermechanik**	**5**
1.1	Spannung	5
	1.1.1 Spannungsvektor	5
	1.1.2 Spannungstensor	7
	1.1.3 Gleichgewichtsbedingungen	11
1.2	Deformation und Verzerrung	11
	1.2.1 Verzerrungstensor	11
	1.2.2 Verzerrungsgeschwindigkeit	14
1.3	Stoffgesetze	15
	1.3.1 Elastizität	15
	1.3.2 Viskoelastizität	19
	1.3.3 Plastizität	23
1.4	Energieprinzipien	28
	1.4.1 Energiesatz	28
	1.4.2 Prinzip der virtuellen Arbeit	29
	1.4.3 Satz von Clapeyron, Satz von Betti	31
1.5	Ebene Probleme	31
	1.5.1 Allgemeines	31
	1.5.2 Lineare Elastizität, Komplexe Methode	34
	1.5.3 Idealplastisches Material, Gleitlinienfelder	35
2	**Klassische Bruch- und Versagenshypothesen**	**39**
2.1	Grundbegriffe	39
2.2	Versagenshypothesen	40
	2.2.1 Hauptspannungshypothese	41
	2.2.2 Hauptdehnungshypothese	41
	2.2.3 Formänderungsenergiehypothese	42
	2.2.4 Coulomb-Mohr Hypothese	43
	2.2.5 Drucker-Prager-Hypothese	46
2.3	Deformationsverhalten beim Versagen	47
3	**Ursachen und Erscheinungsformen des Bruchs**	**49**
3.1	Mikroskopische Aspekte	49
	3.1.1 Oberflächenenergie, Theoretische Festigkeit	49

		3.1.2	Mikrostruktur und Defekte	51

    3.1.2   Mikrostruktur und Defekte 51
    3.1.3   Rißbildung 52
3.2 Makroskopische Aspekte 54
    3.2.1   Rißausbreitung 54
    3.2.2   Brucharten 55

4 Lineare Bruchmechanik   57
4.1 Allgemeines 57
4.2 Das Rißspitzenfeld 58
    4.2.1   Zweidimensionale Rißspitzenfelder 58
    4.2.2   Modus I Rißspitzenfeld 63
    4.2.3   Dreidimensionales Rißspitzenfeld 65
4.3 K-Konzept 65
4.4 K-Faktoren 67
    4.4.1   Beispiele 68
    4.4.2   Integralgleichungsformulierung 74
    4.4.3   Methode der Gewichtsfunktionen 76
    4.4.4   Rißwechselwirkung 79
4.5 Die Bruchzähigkeit K_{Ic} 84
4.6 Energiebilanz 86
    4.6.1   Energiefreisetzung beim Rißfortschritt 86
    4.6.2   Energiefreisetzungsrate 88
    4.6.3   Nachgiebigkeit, Energiefreisetzungsrate und K–Faktoren 91
    4.6.4   Energiesatz, Griffithsches Bruchkriterium 92
    4.6.5 J–Integral 97
4.7 Kleinbereichsfließen 104
    4.7.1   Größe der plastischen Zone, Irwinsche Rißlängenkorrektur 104
    4.7.2   Qualitative Bemerkungen zur plastischen Zone 106
4.8 Stabiles Rißwachstum 108
4.9 Gemischte Beanspruchung 111
4.10 Ermüdungsrißwachstum 116
4.11 Der Grenzflächenriß 118
4.12 Piezoelektrische Materialien 126
    4.12.1 Grundlagen 126
    4.12.2 Der Riß im ferroelektrischen Material 129

5 Elastisch-plastische Bruchmechanik   133
5.1 Allgemeines 133
5.2 Dugdale Modell 134
5.3 Rißspitzenfeld 138
    5.3.1   Idealplastisches Material 139
    5.3.2   Deformationstheorie, HRR–Feld 143
5.4 Bruchkriterium 149

5.5	Bestimmung von J	152
5.6	Bestimmung von J_c	153
5.7	Rißwachstum	157
	5.7.1 J–kontrolliertes Rißwachstum	157
	5.7.2 Stabiles Rißwachstum	159
	5.7.3 Stationäres Rißwachstum	161

6 Kriechbruchmechanik 169
6.1	Allgemeines	169
6.2	Bruch von linear viskoelastischen Materialien	170
	6.2.1 Rißspitzenfeld, elastisch-viskoelastische Analogie	170
	6.2.2 Bruchkonzept	173
	6.2.3 Rißwachstum	174
6.3	Kriechbruch von nichtlinearen Materialien	178
	6.3.1 Sekundäres Kriechen, Stoffgesetz	178
	6.3.2 Stationärer Riß, Rißspitzenfeld, Belastungsparameter	180
	6.3.3 Kriechrißwachstum	184

7 Dynamische Probleme der Bruchmechanik 191
7.1	Allgemeines	191
7.2	Einige Grundlagen der Elastodynamik	192
7.3	Dynamische Belastung des stationären Risses	194
	7.3.1 Rißspitzenfeld, K-Konzept	194
	7.3.2 Energiefreisetzungsrate, energetisches Bruchkonzept	194
	7.3.3 Beispiele	196
7.4	Der laufende Riß	198
	7.4.1 Rißspitzenfeld	198
	7.4.2 Energiefreisetzungsrate	202
	7.4.3 Bruchkonzept, Rißgeschwindigkeit, Rißverzweigung, Rißarrest	204
	7.4.4 Beispiele	207

8 Mikromechanik und Homogenisierung 213
8.1	Allgemeines	213
8.2	Ausgewählte Defekte und Grundlösungen	215
	8.2.1 Eigendehnungen, Eshelby-Lösung, Defekt-Energien	215
	8.2.2 Inhomogenitäten, Konzept der äquivalenten Eigendehnung	224
8.3	Effektive elastische Materialeigenschaften	230
	8.3.1 Grundlagen; RVE-Konzept, Mittelungen	230
	8.3.2 Analytische Näherungsmethoden	239
	8.3.3 Energieprinzipien und Schranken	260
8.4	Homogenisierung elastisch-plastischer Materialien	267

           8.4.1 Grundlagen; plastische Makroverzerrungen, Dissipation,
                  Makrofließbedingung 268
           8.4.2 Näherungen 275
    8.5 Thermoelastisches Material 281

9 Schädigung   **285**
    9.1 Allgemeines 285
    9.2 Grundbegriffe 286
    9.3 Spröde Schädigung 289
    9.4 Duktile Schädigung 291
        9.4.1 Porenwachstum 291
        9.4.2 Schädigungsmodelle 294
        9.4.3 Bruchkonzept 296

10 Probabilistische Bruchmechanik   **299**
    10.1 Allgemeines 299
    10.2 Grundlagen 300
    10.3 Statistisches Bruchkonzept nach Weibull 303
        10.3.1 Bruchwahrscheinlichkeit 303
        10.3.2 Bruchspannung 305
        10.3.3 Verallgemeinerungen 306
    10.4 Probabilistische bruchmechanische Analyse 307

Ausgewählte Literatur   **310**

Sachverzeichnis   **313**

Einführung

Unter *Bruch* versteht man die vollständige oder teilweise Trennung eines ursprünglich ganzen Körpers. Die Beschreibung entsprechender Phänomene ist Gegenstand der Bruchmechanik. Von Interesse für den Ingenieur ist dabei in erster Linie die Betrachtung der Vorgänge aus makroskopischer Sicht. Hierfür hat sich die Kontinuumsmechanik als Werkzeug bestens bewährt. Mit ihrer Hilfe können Bruchkriterien und Konzepte erstellt werden, die eine Vorhersage des Verhaltens ermöglichen.

In der Regel erfolgt die Trennung des Körpers, indem sich ein oder mehrere Risse durch das Material fortpflanzen. Die Bruchmechanik befaßt sich deshalb in starkem Maße mit dem Verhalten von Rissen. Risse unterschiedlicher Größenordnung oder Defekte, die zu Rissen führen, sind in einem realen Material fast immer vorhanden. Eine der Fragen, deren Beantwortung die Bruchmechanik ermöglichen soll, lautet: breitet sich ein Riß in einem Körper bei einer bestimmten Belastung aus und führt damit zum Bruch oder nicht? Andere sind die nach der Rißentstehung, nach der Bahn eines sich ausbreitenden Risses oder nach der Geschwindigkeit mit der die Ausbreitung erfolgt.

Zur Beschreibung des mechanischen Verhaltens von Festkörpern verwendet die Kontinuumsmechanik Größen wie Spannungen und Verzerrungen. Diese sind allerdings nicht immer unmittelbar für die Beschreibung von Bruchvorgängen geeignet. Dies liegt zum einen daran, daß diese Größen an der Rißspitze unbeschränkt groß werden können. Zum anderen kann man dies schon alleine aus der Tatsache folgern, daß sich zwei Risse unterschiedlicher Länge auch dann unterschiedlich verhalten werden, wenn sie der gleichen Belastung ausgesetzt sind. Bei einer Laststeigerung wird sich der längere Riß bereits bei einer geringeren Last ausbreiten, als der kürzere. Aus diesem Grund führt man in der Bruchmechanik zusätzliche Größen ein, wie zum Beispiel *Spannungsintensitätsfaktoren* oder die *Energiefreisetzungsrate,* welche den lokalen Zustand an der Rißspitze bzw. das globale Verhalten des Risses bei der Ausbreitung charakterisieren.

Für das Verstehen von Bruchvorgängen ist eine zumindest teilweise Einsicht in die mikroskopischen Mechanismen nützlich. So macht zum Beispiel ein Blick in die Mikrostruktur verständlich, wie ein Materialdefekt sich soweit vergrößert, bis man ihn als makroskopischen Riß ansehen kann. Mit der Bedeutung der Mikromechanismen ist auch die wichtige Rolle zu erklären, welche die Werkstoffwissenschaften und die Materialphysik bei der Entwicklung der Bruchmechanik gespielt haben und weiterhin spielen werden. In zunehmenden Maße werden heute die mikroskopischen Prozesse mechanisch modelliert und mit Hilfe von Kontinuumstheorien erfaßt. Spezialgebiete, wie die Schädigungsmechanik oder die Mikromechanik sind aus diesen Bemühungen entstanden und stellen inzwischen wichtige Werkzeuge in der Bruchmechanik dar. So bildet die Mikromechanik den theoretischen Rahmen zur systematischen Behandlung von Defekten und ihrer Auswirkung auf unterschiedlichen Größenskalen.

Die Bruchmechanik kann nach verschiedenen Gesichtspunkten eingeteilt werden. Häufig unterscheidet man die *lineare Bruchmechanik* von der *nichtlinearen Bruchmechanik*. Die erste beschreibt Bruchvorgänge mit Hilfe der linearen Elastizitätstheorie. Hiermit kann insbesondere der spröde Bruch erfaßt werden, weshalb die lineare Bruchmechanik auch als *Sprödbruchmechanik* bezeichnet wird. In der nichtlinearen Bruchmechanik werden Bruchvorgänge beschrieben, die wesentlich durch ein inelastisches Materialverhalten geprägt sind. Je nachdem, ob sich das Material elastisch–plastisch verhält oder viskose Effekte eine Rolle spielen, kann man dabei noch in *elastisch–plastische Bruchmechanik* und in *Kriechbruchmechanik* untergliedern. Eine andere Einteilung orientiert sich am betrachteten Material. So unterscheidet man verschiedentlich eine Bruchmechanik von metallischen Werkstoffen, mineralischen Werkstoffe oder Kompositwerkstoffen. Werden im Gegensatz zur deterministischen Beschreibung von Bruchvorgängen statistische Methoden herangezogen, so spricht man von *statistischer Bruchmechanik*.

Die Geschichte der Bruchmechanik reicht in ihren Wurzeln bis zu den Anfängen der Mechanik zurück. Schon **Galileo Galilei** (1564-1642) hat 1638 Überlegungen zum Bruch von Balken angestellt, die ihn zu dem Schluß führten, daß hierbei das Moment das entscheidende Maß für die Beanspruchung ist. Mit der Entwicklung der Kontinuumsmechanik im 19. Jahrhundert kam es zur Aufstellung einer Reihe verschiedener Festigkeitshypothesen, die zum Teil noch heute als Bruchkriterien Verwendung finden. In ihnen werden Spannungen oder Verzerrungen zur Charakterisierung der Materialbeanspruchung herangezogen. Entsprechende Bemühungen erfolgten seit Anfang dieses Jahrhunderts insbesondere im Zusammenhang mit der Entwicklung der Plastizitätstheorie. Im Jahre 1920 legte **A.A. Griffith** (1893–1963) einen ersten Grundstein für eine Bruchtheorie von Rissen, indem er die für den Rißfortschritt erforderliche Energie in die Beschreibung einführte und damit das energetische Bruchkonzept schuf. Ein weiterer Meilenstein war die 1939 von **W. Weibull** (1887-1979) entwickelte statistische Theorie des Bruchs. Der eigentliche Durchbruch gelang aber erst 1951 **G.R. Irwin** (1907-1998), der zum erstenmal den Rißspitzenzustand mit Hilfe von Spannungsintensitätsfaktoren charakterisierte. Das daraus folgende K–Konzept der linearen Bruchmechanik fand rasch Eingang in die praktische Anwendung und ist inzwischen fest etabliert. Seit Anfang der 60er Jahre wird an Problemen der elastisch–plastischen Bruchmechanik sowie weiterer Teilgebiete gearbeitet. Eine verstärkte Einbindung der Schädigungsmechanik und der Mikromechanik erfolgt seit dem vergangenen Jahrzehnt. Trotz großer Fortschritte ist die Bruchmechanik ein noch längst nicht abgeschlossenes Gebiet sondern nach wie vor Gegenstand intensiver Forschung.

In starkem Maße angetrieben wurde und wird die Entwicklung der Bruchmechanik aus dem Bestreben, Schadensfälle an technischen Konstruktionen und Bauteilen zu vermeiden. Dementsprechend wird sie als Werkzeug überall dort angewendet, wo Bruch und ein damit verbundenes Versagen mit schwerwiegenden oder gar katastrophalen Folgen nicht eintreten darf. Typische Einsatzgebiete finden sich in der Luft- und Raumfahrt, der Mikrosystemtechnik, der Reaktortechnik, dem Behälterbau, dem Fahrzeugbau oder dem Stahl- und Massivbau. Daneben wird die Bruchmechanik in vielen anderen Gebieten zur Lösung von Problemen verwendet, wo Trennprozesse eine Rolle spielen. Beispiele hierfür sind die Zerkleinerungstechnik, die Geomechanik und die Materialwissenschaften.

1 Einige Grundlagen der Festkörpermechanik

In diesem Kapitel sind einige wichtige Begriffe, Konzepte und Gleichungen der Festkörpermechanik zusammengestellt. Es versteht sich, daß diese Darstellung nicht vollständig sein kann und sich nur auf das Notwendigste beschränkt. Der Leser, der sich ausführlicher informieren möchte, sei auf die Spezialliteratur verwiesen; einige Angaben hierzu finden sich am Ende des Buches.

Wie der Name schon andeutet, verfolgt die Festkörpermechanik das Ziel, das mechanische Verhalten von festen Körpern einer Analyse zugänglich zu machen. Sie basiert auf der Idealisierung des in Wirklichkeit diskontinuierlichen Materials als ein Kontinuum. Seine Eigenschaften sowie die mechanischen Größen können damit durch im allgemeinen stetige Funktionen beschrieben werden. Es ist klar, daß die darauf aufbauende Theorie ihre Grenzen dort hat, wo der diskontinuierliche Charakter des Materials eine Rolle spielt. So sind Begriffe wie *Spannungen* und *Verzerrungen* nur dann physikalisch sinnvoll anwendbar, wenn sie auf Bereiche bezogen sind, die hinreichend groß im Vergleich zu den charakteristischen Abmessungen der vorhandenen Inhomogenitäten sind (zum Beispiel bei makroskopischen Bauteilen aus polykristallinen Werkstoffen groß gegenüber der Korngröße). Hierauf ist insbesondere bei der Anwendung der Kontinuumsmechanik auf mikroskopische Bereiche zu achten.

Die Darstellung erfolgt im wesentlichen in kartesischen Koordinaten unter Verwendung der Indexschreibweise bzw. der symbolischen Notation. Sie beschränkt sich außerdem meist auf isotrope Materialien sowie auf kleine (infinitesimale) Deformationen.

1.1 Spannung

1.1.1 Spannungsvektor

Wirken auf einen Körper äußere Kräfte (Volumenkräfte $\boldsymbol{f}$, Oberflächenkräfte $\boldsymbol{t}$), so werden hierdurch verteilte innere Kräfte - die *Spannungen* - hervorgerufen. Um sie zu definieren, denken wir uns den Körper im augenblicklichen (deformierten) Zustand durch einen Schnitt getrennt (Bild 1.1a), über welchen die beiden Teilkörper durch entgegengesetzt gleich große Flächenlasten aufeinander einwirken. Ist $\Delta \boldsymbol{F}$ die Kraft auf ein Flächenelement ΔA der Schnittfläche, so beschreibt der Quotient $\Delta \boldsymbol{F}/\Delta A$ die mittlere Flächenbelastung für dieses Element. Den Grenzwert

$$\boldsymbol{t} = \lim_{\Delta A \to 0} \frac{\Delta \boldsymbol{F}}{\Delta A} = \frac{\mathrm{d}\boldsymbol{F}}{\mathrm{d}A} \tag{1.1}$$

bezeichnet man als *Spannungsvektor* in einem Punkt der Schnittfläche. Seine Komponente $\sigma = \boldsymbol{t} \cdot \boldsymbol{n}$ in Richtung des *Normaleneinheitsvektors* $\boldsymbol{n}$ (senkrecht zum Flächenelement dA) heißt *Normalspannung*; die Komponente $\tau = \sqrt{t^2 - \sigma^2}$ senkrecht zu $\boldsymbol{n}$ (tangential zum Flächenelement dA) nennt man *Schubspannung* (Bild 1.1b).

Der Spannungsvektor $\boldsymbol{t}$ in einem Punkt hängt von der Orientierung des Schnittes, das heißt vom Normalenvektor $\boldsymbol{n}$ ab: $\boldsymbol{t} = \boldsymbol{t}(\boldsymbol{n})$. Wir betrachten zunächst drei Schnitte senkrecht zu den Koordinatenachsen x_1, x_2, x_3, denen die Spannungsvektoren $\boldsymbol{t}_1$, $\boldsymbol{t}_2$, $\boldsymbol{t}_3$ zugeordnet sind (Bild 1.1c). Ihre kartesischen Komponenten werden mit σ_{ij} bezeichnet, wobei die Indizes i, j die Zahlen $1, 2, 3$ annehmen können. Der erste Index kennzeichnet die Orientierung des Schnittes (Richtung der Normale), während durch den zweiten Index die Richtung der Komponente zum Ausdruck kommt. Danach sind σ_{11}, σ_{22}, σ_{33} Normalspannungen und σ_{12}, σ_{23} etc. Schubspannungen. Es sei angemerkt, daß es manchmal zweckmäßig ist eine andere Notation zu verwenden. Unter Bezug auf die Koordinaten x, y, z bezeichnet man die Normalspannungen häufig mit σ_x, σ_y, σ_z und die Schubspannungen mit τ_{xy}, τ_{yz} etc.

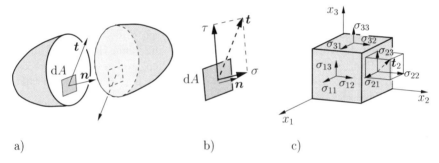

a) b) c)

Bild 1.1 Spannungsvektor

Für das Vorzeichen von Spannungen gilt folgende Vereinbarung: Komponenten sind positiv, wenn sie an einer Schnittfläche, deren Normalenvektor in positive (negative) Koordinatenrichtung zeigt, in positive (negative) Richtung wirken.

Mittels der Komponenten läßt sich zum Beispiel der Spannungsvektor $\boldsymbol{t}_2$ in der Form $\boldsymbol{t}_2 = \sigma_{21}\boldsymbol{e}_1 + \sigma_{22}\boldsymbol{e}_2 + \sigma_{23}\boldsymbol{e}_3 = \sigma_{2i}\boldsymbol{e}_i$ ausdrücken. Analog gilt $\boldsymbol{t}_1 = \sigma_{1i}\boldsymbol{e}_i$ oder allgemein

$$\boldsymbol{t}_j = \sigma_{ji}\boldsymbol{e}_i \,. \tag{1.2}$$

Darin sind $\boldsymbol{e}_1$, $\boldsymbol{e}_2$, $\boldsymbol{e}_3$ die Einheitsvektoren in Richtung der Koordinaten x_1, x_2, x_3. Außerdem wurde Gebrauch von der *Einsteinschen Summationsvereinbarung* gemacht. Danach ist über einen Ausdruck zu summieren, wenn in ihm ein und derselbe Index doppelt vorkommt; der betreffende Index durchläuft dabei der Reihe nach die Werte $1, 2, 3$.

1.1.2 Spannungstensor

Die neun skalaren Größen σ_{ij} sind die kartesischen Komponenten des Cauchyschen *Spannungstensors* $\boldsymbol{\sigma}$. Man kann ihn in Form der Matrix

$$\boldsymbol{\sigma} = \begin{pmatrix} \sigma_{11} & \sigma_{12} & \sigma_{13} \\ \sigma_{21} & \sigma_{22} & \sigma_{23} \\ \sigma_{31} & \sigma_{32} & \sigma_{33} \end{pmatrix} \qquad (1.3)$$

darstellen. Durch den Spannungstensor ist der *Spannungszustand* in einem Punkt, d.h. der Spannungsvektor für jeden beliebigen Schnitt durch den Punkt, eindeutig bestimmt. Um dies zu zeigen, betrachten wir das infinitesimale Tetraeder nach Bild 1.2a. Die Orientierung der Fläche dA ist durch den Normalenvektor $\boldsymbol{n}$ bzw. durch seine Komponenten n_i gegeben. Das Kräftegleichgewicht liefert dann zunächst $\boldsymbol{t}\,dA = \boldsymbol{t}_1 dA_1 + \boldsymbol{t}_2 dA_2 + \boldsymbol{t}_3 dA_3$ (etwaige Volumenkräfte sind von höherer Ordnung klein). Mit $\boldsymbol{t} = t_i \boldsymbol{e}_i$, $dA_j = dA\,n_j$ und (1.2) erhält man daraus

$$t_i = \sigma_{ij} n_j \qquad \text{bzw.} \qquad \boldsymbol{t} = \boldsymbol{\sigma} \cdot \boldsymbol{n}, \qquad (1.4)$$

wobei der Punkt in der symbolischen Schreibweise die einfache Indexsummation (hier über j) kennzeichnet. Mit dem Spannungstensor $\boldsymbol{\sigma}$ liegt demnach der Spannungsvektor $\boldsymbol{t}$ für jeden Schnitt $\boldsymbol{n}$ fest (hier und im weiteren wollen wir Tensoren und Vektoren alternativ durch ihre Symbole oder durch ihre Komponenten kennzeichnen und beide Schreibweisen oft parallel benutzen). Es sei angemerkt, daß (1.4) eine lineare Abbildung zweier Vektoren darstellt, durch welche $\boldsymbol{\sigma}$ als Tensor zweiter Stufe charakterisiert ist.

Aufgrund des Momentengleichgewichts, auf das wir hier nicht eingehen wollen, ist der Spannungstensor symmetrisch:

$$\sigma_{ij} = \sigma_{ji}. \qquad (1.5)$$

Das heißt, die Schubspannungen in aufeinander senkrecht stehenden Schnitten sind einander paarweise zugeordnet.

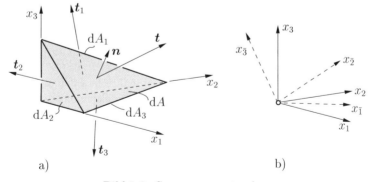

Bild 1.2 Spannungszustand

In manchen Fällen ist es notwendig, den Spannungstensor bzw. seine Komponenten in einem zum x_1, x_2, x_3-Koordinatensystem gedrehten System $x_{\bar{1}}, x_{\bar{2}}, x_{\bar{3}}$ (Bild 1.2b) anzugeben. Der Zusammenhang zwischen den Komponenten bezüglich des einen und des anderen Systems ist durch die *Transformationsbeziehung*

$$\sigma_{\bar{k}\bar{l}} = a_{\bar{k}i} a_{\bar{l}j}\, \sigma_{ij} \tag{1.6}$$

gegeben. Darin kennzeichnet $a_{\bar{k}i}$ den Kosinus des Winkels zwischen der $x_{\bar{k}}$- und der x_i-Achse: $a_{\bar{k}i} = \cos(x_{\bar{k}}, x_i) = \boldsymbol{e}_{\bar{k}} \cdot \boldsymbol{e}_i$.

Ein besonderes Achsensystem ist das *Hauptachsensystem*. Es ist dadurch ausgezeichnet, daß in Schnitten senkrecht zu den Achsen nur Normalspannungen und keine Schubspannungen auftreten. Das bedeutet, der Spannungsvektor t_i und der zugehöriger Normalenvektor n_i sind jeweils gleichgerichtet: $t_i = \sigma n_i = \sigma \delta_{ij} n_j$. Darin sind σ die Normalspannung im Schnitt und δ_{ij} das *Kronecker-Symbol* ($\delta_{ij} = 1$ für $i = j$ und $\delta_{ij} = 0$ für $i \neq j$). Gleichsetzen mit (1.4) liefert das homogene lineare Gleichungssystem

$$(\sigma_{ij} - \sigma \delta_{ij}) n_j = 0 \qquad \text{bzw.} \qquad (\boldsymbol{\sigma} - \sigma \boldsymbol{I}) \cdot \boldsymbol{n} = \boldsymbol{0}\,, \tag{1.7}$$

wobei $\boldsymbol{I}$ den Einheitstensor mit den Komponenten δ_{ij} darstellt. Es hat nur dann eine nichttriviale Lösung für die n_j, wenn seine Koeffizientendeterminate verschwindet: $\det(\sigma_{ij} - \sigma \delta_{ij}) = 0$. Dies führt auf die kubische Gleichung

$$\sigma^3 - I_\sigma\, \sigma^2 - I\!I_\sigma\, \sigma - I\!I\!I_\sigma = 0\,, \tag{1.8}$$

wobei die Größen I_σ, $I\!I_\sigma$, $I\!I\!I_\sigma$ unabhängig vom Koordinatensystem, d.h. *Invarianten* des Spannungstensors sind; sie lauten

$$\begin{aligned}
I_\sigma &= \sigma_{ii} = \sigma_{11} + \sigma_{22} + \sigma_{33}\,, \\
I\!I_\sigma &= (\sigma_{ij}\sigma_{ij} - \sigma_{ii}\sigma_{jj})/2 \\
&= -(\sigma_{11}\sigma_{22} + \sigma_{22}\sigma_{33} + \sigma_{33}\sigma_{11}) + \sigma_{12}^2 + \sigma_{23}^2 + \sigma_{31}^2\,, \\
I\!I\!I_\sigma &= \det(\sigma_{ij}) = \begin{vmatrix} \sigma_{11} & \sigma_{12} & \sigma_{13} \\ \sigma_{21} & \sigma_{22} & \sigma_{23} \\ \sigma_{31} & \sigma_{32} & \sigma_{33} \end{vmatrix}\,.
\end{aligned} \tag{1.9}$$

Die drei Lösungen σ_1, σ_2, σ_3 von (1.8) sind sämtlich reell. Sie werden als *Hauptspannungen* bezeichnet. Je einer Hauptspannung ist eine *Hauptrichtung* (Normalenvektor n_j in Hauptachsenrichtung) zugeordnet, die sich aus (1.7) ermitteln läßt. Man kann zeigen, daß die drei Hauptrichtungen senkrecht aufeinander stehen. Die Hauptspannungen selbst sind Extremwerte der Normalspannung in einem Punkt. Bezüglich des Hauptachsensystems kann der Spannungstensor durch

$$\boldsymbol{\sigma} = \begin{pmatrix} \sigma_1 & 0 & 0 \\ 0 & \sigma_2 & 0 \\ 0 & 0 & \sigma_3 \end{pmatrix} \tag{1.10}$$

dargestellt werden.

In Schnittflächen, deren Normale jeweils senkrecht auf einer der Hauptachsen steht und mit den beiden anderen einen Winkel von 45° einschließt, treten extremale Schubspannungen auf. So wirkt zum Beispiel im Schnitt mit der Normalen senkrecht zur σ_3-Richtung eine Schubspannung $\tau_3 = \pm(\sigma_1 - \sigma_2)/2$. Allgemein sind die sogenannten *Hauptschubspannungen* gegeben durch

$$\tau_1 = \pm\frac{\sigma_2 - \sigma_3}{2} \quad , \quad \tau_2 = \pm\frac{\sigma_3 - \sigma_1}{2} \quad , \quad \tau_3 = \pm\frac{\sigma_1 - \sigma_2}{2} \quad . \tag{1.11}$$

Sind σ_1 die maximale und σ_3 die minimale Hauptspannung, so ist demnach die maximale Schubspannung

$$\tau_{\max} = \frac{\sigma_1 - \sigma_3}{2} \quad . \tag{1.12}$$

Von praktischer Bedeutung sind noch die *Oktaederspannungen*. Hierunter versteht man die Normal- und die Schubspannung in Schnitten, deren Normale mit den drei Hauptachsen gleiche Winkel einschließt. Es gilt

$$\begin{aligned}\sigma_{\text{oct}} &= \frac{\sigma_1 + \sigma_2 + \sigma_3}{3} = \frac{\sigma_{ii}}{3} = \frac{I_\sigma}{3} \,, \\ \tau_{\text{oct}} &= \frac{1}{3}\sqrt{(\sigma_1 - \sigma_2)^2 + (\sigma_2 - \sigma_3)^2 + (\sigma_3 - \sigma_1)^2} \,.\end{aligned} \tag{1.13}$$

Die Spannung σ_{oct} kann man auch als mittlere Normalspannung deuten: $\sigma_m = \sigma_{kk}/3 = \sigma_{\text{oct}}$.

Vielfach ist es nützlich, den Spannungstensor additiv zu zerlegen:

$$\sigma_{ij} = \frac{\sigma_{kk}}{3}\delta_{ij} + \sigma'_{ij} \quad \text{bzw.} \quad \boldsymbol{\sigma} = \sigma_m \boldsymbol{I} + \boldsymbol{\sigma}' \quad . \tag{1.14}$$

Darin beschreibt $\frac{1}{3}\sigma_{kk}\delta_{ij}$ eine Beanspruchung durch eine allseitig gleiche Spannung σ_m. Wegen der Analogie zum Spannungszustand in einer ruhenden Flüssigkeit wird dieser Anteil als *hydrostatischer Spannungszustand* bezeichnet. Den Tensor $\boldsymbol{\sigma}'$ nennt man *Deviator*. Durch ihn bzw. durch seine Invarianten

$$\begin{aligned} I_{\sigma'} &= 0 \,, \\ II_{\sigma'} &= \frac{1}{2}\sigma'_{ij}\sigma'_{ij} = \frac{1}{6}[(\sigma_1 - \sigma_2)^2 + (\sigma_2 - \sigma_3)^2 + (\sigma_3 - \sigma_1)^2] \\ &= \frac{1}{6}[(\sigma_{11} - \sigma_{22})^2 + (\sigma_{22} - \sigma_{33})^2 + (\sigma_{33} - \sigma_{11})^2] + \sigma_{12}^2 + \sigma_{23}^2 + \sigma_{31}^2 \,, \\ III_{\sigma'} &= \frac{1}{3}\sigma'_{ij}\sigma'_{jk}\sigma'_{ki} \end{aligned} \tag{1.15}$$

wird die Abweichung des Spannungszustandes vom hydrostatischen Zustand charakterisiert. Durch Vergleich mit (1.13) erkennt man: $II_{\sigma'} = \frac{3}{2}\tau_{\text{oct}}^2$.

Zur grafischen Veranschaulichung des Spannungszustandes werden häufig die *Mohrschen Spannungskreise* herangezogen. Hierbei handelt es sich um die Darstellung der Normalspannung σ und der zugehörigen Schubspannung τ als Spannungsbildpunkte in einem σ-τ-Diagramm für alle möglichen Schnitte. Geht man von einem Hauptachsensystem aus, so gilt mit (1.4)

$$\sigma^2 + \tau^2 = t_i t_i = \sigma_1^2 n_1^2 + \sigma_2^2 n_2^2 + \sigma_3^2 n_3^2,$$
$$\sigma = t_i n_i = \sigma_1 n_1^2 + \sigma_2 n_2^2 + \sigma_3 n_3^2.$$

Damit läßt sich unter Beachtung von $n_i n_i = 1$ zum Beispiel die Identität

$$(\sigma - \frac{\sigma_2 + \sigma_3}{2})^2 + \tau^2 = -\sigma(\sigma_2 + \sigma_3) + (\frac{\sigma_2 + \sigma_3}{2})^2 + (\sigma^2 + \tau^2)$$

in der Form

$$(\sigma - \frac{\sigma_2 + \sigma_3}{2})^2 + \tau^2 = n_1^2(\sigma_1 - \sigma_2)(\sigma_1 - \sigma_3) + (\frac{\sigma_2 - \sigma_3}{2})^2 \qquad (1.16)$$

schreiben. Man kann dies formal als Gleichung eines "Kreises" mit dem Mittelpunkt bei $\sigma = (\sigma_2 + \sigma_3)/2$, $\tau = 0$ und einem von n_1 abhängigen Radius auffassen. Wegen $0 \leq n_1^2 \leq 1$ beträgt der minimale Mittelpunktsabstand der Spannungsbildpunkte $(\sigma_2 - \sigma_3)/2 = \tau_1$ (für $n_1 = 0$), während der maximale Abstand $\sigma_1 + (\sigma_2 - \sigma_3)/2$ (für $n_1 = \pm 1$) ist. Analoge Überlegungen können an zwei weiteren Gleichungen durchgeführt werden, die sich aus (1.16) durch zyklische Vertauschung der Indizes ergeben. Ordnet man die Hauptspannungen nach ihrer Größe ($\sigma_1 \geq \sigma_2 \geq \sigma_3$), so erhält man zusammengefaßt eine Darstellung nach Bild 1.3. Spannungsbildpunkte befinden sich danach nur in dem schraffierten Gebiet bzw. auf den Kreisen vom Radius τ_i. Die Kreise selbst entsprechen dabei jeweils Schnitten, deren Normale senkrecht zu einer der drei Hauptachsen steht.

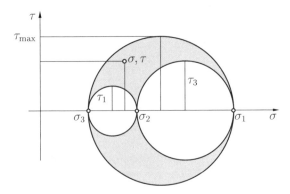

Bild 1.3 Mohrsche Spannungskreise

Deformation und Verzerrung

1.1.3 Gleichgewichtsbedingungen

Auf einen beliebigen Teilkörper, der aus einem Körper herausgeschnitten ist, wirken im allgemeinen über das Volumen V verteilte Volumenkräfte f_i sowie über die Oberfläche ∂V verteilte Flächenkräfte (Spannungsvektor) t_i. Kräftegleichgewicht herrscht dann, wenn die Resultierende dieser Kräfte verschwindet:

$$\int_{\partial V} t_i \, dA + \int_V f_i \, dV = 0 \ . \tag{1.17}$$

Mit $t_i = \sigma_{ij} n_j$ und unter Anwendung des Gaußschen Satzes $\int_{\partial V} \sigma_{ij} n_j dA = \int_V \sigma_{ij,j} dV$ ergibt sich hieraus

$$\int_V (\sigma_{ij,j} + f_i) \, dV = 0 \ . \tag{1.18}$$

Vorausgesetzt ist dabei, daß die Spannungen und ihre Ableitungen stetig sind; letztere sind durch Indizes nach dem Komma gekennzeichnet: $\sigma_{ij,j} = \partial \sigma_{ij}/\partial x_j$. Da das betrachtete Volumen V beliebig ist, folgt aus (1.18), daß für jeden Punkt des Körpers die *Gleichgewichtsbedingungen*

$$\sigma_{ij,j} + f_i = 0 \qquad \text{bzw.} \qquad \nabla \cdot \boldsymbol{\sigma} + \boldsymbol{f} = \boldsymbol{0} \tag{1.19}$$

erfüllt sein müssen. Dabei haben wir in der symbolischen Schreibweise den Vektoroperator $\nabla = (\partial/\partial x_j) \, \boldsymbol{e}_j$ verwendet.

Aus (1.19) erhält man unmittelbar die *Bewegungsgleichungen*, wenn man die bei der Bewegung auftretenden *Trägheitskräfte* $-\rho \ddot{u}_i$ als zusätzliche Volumenkräfte auffaßt:

$$\sigma_{ij,j} + f_i = \rho \, \ddot{u}_i \ . \tag{1.20}$$

Darin ist ρ die Dichte; über eine Größe gesetzte Punkte kennzeichnen Ableitungen nach der Zeit.

Auf die Momentengleichgewichtsbedingung wollen wir hier nicht näher eingehen. Sie führt auf die in (1.5) schon erwähnte Symmetrie des Spannungstensors.

1.2 Deformation und Verzerrung

1.2.1 Verzerrungstensor

Zur Beschreibung der Kinematik eines deformierbaren Körpers werden üblicherweise der Verschiebungsvektor und ein Verzerrungstensor herangezogen. Zu ihrer Erklärung betrachten wir einen beliebigen materiellen Punkt P, dessen Lage im undeformierten Zustand (zum Beispiel zur Zeit $t = 0$) durch die Koordinaten (Ortsvektor) X_i gekennzeichnet wird (Bild 1.4). Ein zu P benachbarter Punkt Q

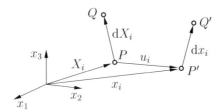

Bild 1.4 Deformation

im Abstand dS hat die Koordinaten $X_i + dX_i$. Unter der Wirkung der Belastung verschiebt sich P nach P' bzw. Q nach Q'. Ihre aktuelle Lage (zur Zeit t) ist durch die Raumkoordinaten x_i bzw. $x_i + dx_i$ gegeben. Die Verschiebung von P nach P' wird durch den *Verschiebungsvektor*

$$u_i = x_i - X_i \tag{1.21}$$

ausgedrückt.

Unter der Voraussetzung, daß eine umkehrbar eindeutige Zuordnung zwischen x_i und X_i besteht, kann man den Verschiebungsvektor u_i und den Ortsvektor x_i als Funktionen der *materiellen Koordinaten* X_i auffassen:

$$u_i = u_i(X_j, t), \qquad x_i = x_i(X_j, t). \tag{1.22}$$

Zur Herleitung eines geeigneten Deformationsmaßes vergleichen wir nun die Abstände der benachbarten Punkte im deformierten und im undeformierten Zustand. Es ist zweckmäßig hierzu die Abstandsquadrate

$$\begin{aligned} ds^2 &= dx_k dx_k = \frac{\partial x_k}{\partial X_i}\frac{\partial x_k}{\partial X_j} dX_i dX_j \\ dS^2 &= dX_k dX_k = dX_i dX_j\, \delta_{ij} \end{aligned}$$

heranzuziehen. Mit (1.22) erhält man

$$ds^2 - dS^2 = 2\, E_{ij}\, dX_i dX_j , \tag{1.23}$$

wobei

$$E_{ij} = \frac{1}{2}\left(\frac{\partial u_i}{\partial X_j} + \frac{\partial u_j}{\partial X_i} + \frac{\partial u_k}{\partial X_i}\frac{\partial u_k}{\partial X_j}\right) \tag{1.24}$$

ein symmetrischer Tensor zweiter Stufe ist. Man nennt ihn *Greenschen Verzerrungstensor*.

Es läßt sich zeigen, daß für hinreichend kleine (infinitesimale) Verschiebungsgradienten ($\partial u_i/\partial X_j \ll 1$) die Ableitung nach den materiellen Koordinaten X_j durch die Ableitung nach den Ortskoordinaten x_j ersetzt werden kann: $\partial u_i/\partial X_j \to \partial u_i/\partial x_j = u_{i,j}$. Beachtet man, daß in diesem Fall das Produkt

Deformation und Verzerrung

der Verschiebungsgradienten in E_{ij} von höherer Ordnung klein ist, so erhält man aus (1.24) den *infinitesimalen Verzerrungstensor*

$$\varepsilon_{ij} = \frac{1}{2}(u_{i,j} + u_{j,i}) \,. \tag{1.25}$$

Man kann ihn in Form der Matrix

$$\boldsymbol{\varepsilon} = \begin{pmatrix} \varepsilon_{11} & \varepsilon_{12} & \varepsilon_{13} \\ \varepsilon_{21} & \varepsilon_{22} & \varepsilon_{23} \\ \varepsilon_{31} & \varepsilon_{32} & \varepsilon_{33} \end{pmatrix} \tag{1.26}$$

darstellen, die wegen $\varepsilon_{ij} = \varepsilon_{ji}$ symmetrisch ist.

Geometrisch lassen sich die Komponenten ε_{11}, ε_{22}, ε_{33} als *Dehnungen* (bezogene Längenänderungen) und ε_{12}, ε_{23}, ε_{31} als *Gleitungen* (Winkeländerungen) deuten. Hingewiesen sei in diesem Zusammenhang auf die technische Notation. Unter Bezug auf ein x, y, z-Koordinatensystem finden dort häufig die Bezeichnungen ε_x, ε_y, ε_z für die Dehnungen und $\gamma_{xy}/2$, $\gamma_{yz}/2$, $\gamma_{zx}/2$ für die Gleitungen Verwendung.

Die Eigenschaften des Verzerrungstensors können wir sinngemäß vom Spannungstensor übertragen. So existiert ein Hauptachsensystem, in dem die Gleitungen verschwinden und nur die *Hauptdehnungen* ε_1, ε_2, ε_3 auftreten. Daneben gibt es die drei Invarianten I_ε, II_ε, III_ε des Verzerrungstensors. Die erste charakterisiert dabei geometrisch die *Volumendehnung* (bezogene Volumenänderung):

$$I_\varepsilon = \varepsilon_V = \varepsilon_{kk} = \varepsilon_1 + \varepsilon_2 + \varepsilon_3 \,. \tag{1.27}$$

Wird der Verzerrungstensor entsprechend

$$\varepsilon_{ij} = \frac{\varepsilon_{kk}}{3}\delta_{ij} + \varepsilon'_{ij} \quad \text{bzw.} \quad \boldsymbol{\varepsilon} = \frac{\varepsilon_V}{3}\boldsymbol{I} + \boldsymbol{\varepsilon}' \tag{1.28}$$

zerlegt, so beschreibt der erste Anteil die Volumenänderung, während durch den Deviator $\boldsymbol{\varepsilon}'$ eine *Gestaltänderung* (bei gleichbleibendem Volumen) ausgedrückt wird. Angegeben sei noch die zweite Invariante des Deviators. Sie lautet in Analogie zu (1.15)

$$II_{\varepsilon'} = \frac{1}{2}\varepsilon'_{ij}\varepsilon'_{ij} = \frac{1}{6}\left[(\varepsilon_1 - \varepsilon_2)^2 + (\varepsilon_2 - \varepsilon_3)^2 + (\varepsilon_3 - \varepsilon_1)^2\right] \,. \tag{1.29}$$

Bei gegebenen Verzerrungskomponenten liegen mit (1.25) sechs Gleichungen für die drei Verschiebungskomponenten vor. Soll in einem einfach zusammenhängenden Gebiet das Verschiebungsfeld (bis auf eine Starrkörperbewegung) eindeutig sein, so können die Verzerrungen nicht unabhängig voneinander sein; sie müssen den sogenannten *Verträglichkeitsbedingungen* (Kompatibilitätsbedingungen) genügen. Letztere ergeben sich aus (1.25) durch Elimination der Verschiebungen zu

$$\varepsilon_{ij,kl} + \varepsilon_{kl,ij} - \varepsilon_{ik,jl} - \varepsilon_{jl,ik} = 0 \,. \tag{1.30}$$

1.2.2 Verzerrungsgeschwindigkeit

Der Verzerrungstensor ist nicht immer geeignet, die Deformation bzw. die Bewegung eines deformierbaren Körpers zu beschreiben. In manchen Fällen, wie zum Beispiel in der Plastizität, ist es vielmehr zweckmäßig, Verzerrungsänderungen bzw. Verzerrungsgeschwindigkeiten zu verwenden. Wir gehen hierzu vom Geschwindigkeitsfeld $v_i(x_j, t)$ aus (Bild 1.5). Die Relativgeschwindigkeit zweier Partikel, die sich zur Zeit t in den benachbarten Raumpunkten P' und Q' befinden, wird durch

$$\mathrm{d}v_i = \frac{\partial v_i}{\partial x_j} \mathrm{d}x_j = v_{i,j} \mathrm{d}x_j \tag{1.31}$$

ausgedrückt. Hierdurch ist der Geschwindigkeitsgradient $v_{i,j}$ als Tensor zweiter Stufe definiert, den man gemäß

$$v_{i,j} = \frac{1}{2}(v_{i,j} + v_{j,i}) + \frac{1}{2}(v_{i,j} - v_{j,i}) = D_{ij} + W_{ij} \tag{1.32}$$

zerlegen kann.

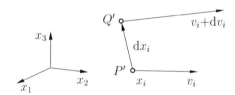

Bild 1.5 Verzerrungsgeschwindigkeit

Der symmetrische Anteil

$$D_{ij} = \frac{1}{2}(v_{i,j} + v_{j,i}) \tag{1.33}$$

wird als *Verzerrungsgeschwindigkeitstensor* bezeichnet. Er charakterisiert die zeitliche Verzerrungsänderung der momentanen Konfiguration. Das sogenannte *natürliche Verzerrungsinkrement* ergibt sich mit ihm zu

$$\mathrm{d}\epsilon_{ij} = D_{ij} \mathrm{d}t \, . \tag{1.34}$$

Wenn die Verzerrungen für alle Zeiten klein sind, dann können D_{ij} bzw. $\mathrm{d}\epsilon_{ij}$ durch die zeitliche Ableitung des Verzerrungstensors $\dot{\varepsilon}_{ij}$ bzw. durch $\mathrm{d}\varepsilon_{ij}$ ersetzt werden. Dies wollen wir im folgenden meist voraussetzen. Angemerkt sei wieder, daß auf D_{ij} bzw. $\mathrm{d}\epsilon_{ij}$ alle Eigenschaften, die beim Spannungstensor diskutiert wurden, sinngemäß zutreffen. Daneben gelten auch die Kompatibilitätsbedingungen, wenn in (1.30) ε_{ij} durch D_{ij} bzw. durch $\mathrm{d}\epsilon_{ij}$ ersetzt wird.

Der schiefsymmetrische Anteil W_{ij} in (1.32) beschreibt die augenblickliche Drehgeschwindigkeit (Spin), auf die wir hier jedoch nicht weiter eingehen.

1.3 Stoffgesetze

Wir beschränken uns im weiteren auf kleine (infinitesimale) Verzerrungen, was für eine große Klasse von Problemen zulässig ist und die Formulierung von Stoffgesetzen stark vereinfacht.

1.3.1 Elastizität

1.3.1.1 Linear elastisches Material

In Verallgemeinerung des einachsigen **Hooke**schen Gesetzes $\sigma = E\,\varepsilon$ sind bei einem linear elastischen Material die Verzerrungen und die Spannungen im dreiachsigen Fall gemäß

$$\boldsymbol{\sigma} = \boldsymbol{C} : \boldsymbol{\varepsilon} \quad \text{bzw.} \quad \sigma_{ij} = C_{ijkl}\,\varepsilon_{kl} \tag{1.35a}$$

miteinander verknüpft. Dabei kennzeichnet der Doppelpunkt bei der symbolischen Schreibweise die Summation über zwei Indexpaare (hier k,l). Der *Elastizitätstensor* $\boldsymbol{C}$ (Tensor vierter Stufe) charakterisiert mit seinen Komponenten C_{ijkl} die elastischen Eigenschaften des Materials. Man kann zeigen, daß es im allgemeinsten Fall einer Anisotropie maximal 21 voneinander unabhängige Konstanten gibt; dabei gelten die Symmetrien $C_{ijkl} = C_{jikl} = C_{ijlk} = C_{klij}$. Löst man (1.35a) nach den Verzerrungen auf, so lautet das Elastizitätsgesetz

$$\boldsymbol{\varepsilon} = \boldsymbol{M} : \boldsymbol{\sigma} \quad \text{bzw.} \quad \varepsilon_{ij} = M_{ijkl}\,\sigma_{kl}\,. \tag{1.35b}$$

Darin ist $\boldsymbol{M} = \boldsymbol{C}^{-1}$ der *Nachgiebigkeitstensor* mit den Komponenten M_{ijkl}, für welche die gleichen Symmetrieeigenschaften wie für C_{ijkl} gelten.

Im Fall eines isotropen Materials ist $\boldsymbol{C}$ durch alleine zwei unabhängige Konstanten festgelegt (isotroper Tensor):

$$C_{ijkl} = \lambda\,\delta_{ij}\delta_{kl} + \mu\,(\delta_{ik}\delta_{jl} + \delta_{il}\delta_{jk})\,. \tag{1.36}$$

Damit erhält man aus (1.35a) das Elastizitätsgesetz

$$\sigma_{ij} = \lambda\,\varepsilon_{kk}\,\delta_{ij} + 2\,\mu\,\varepsilon_{ij}\,, \tag{1.37}$$

worin λ und μ die **Lame**schen Konstanten sind. Ihr Zusammenhang mit dem Elastizitätsmodul E, dem Schubmodul G, der Querkontraktionszahl (**Poisson**sche Konstante) ν und dem Kompressionsmodul K ist gegeben durch

$$\lambda = \frac{E\nu}{(1+\nu)(1-2\nu)}\,,\quad \mu = G = \frac{E}{2(1+\nu)}\,,\quad K = \lambda + \frac{2}{3}\mu = \frac{E}{3(1-2\nu)}\,. \tag{1.38}$$

Löst man das Elastizitätsgesetz (1.37) entsprechend (1.35b) nach den Verzerrungen auf, so gilt mit (1.38)

$$\varepsilon_{ij} = -\frac{\nu}{E}\sigma_{kk}\delta_{ij} + \frac{1+\nu}{E}\sigma_{ij}\,. \tag{1.39}$$

Eine weitere mögliche Schreibweise des isotropen Elastizitätsgesetzes folgt durch Trennung in den hydrostatischen (volumetrischen) und den deviatorischen Anteil. Mit (1.14), (1.28) und (1.38) ergibt sich

$$\sigma_{kk} = 3\,K\,\varepsilon_{kk}\,,\qquad \sigma'_{ij} = 2\,\mu\,\varepsilon'_{ij}\,. \tag{1.40}$$

Ein anisotropes Material verhält sich nicht in allen Richtungen gleich. Wir wollen uns hier auf zwei Fälle beschränken. Bei *Orthotropie* hat der Werkstoff aufeinander senkrecht stehende Vorzugsrichtungen. Fallen sie mit den Koordinatenrichtungen zusammen, so lautet das Elastizitätsgesetz in Matrizenform

$$\begin{bmatrix}\varepsilon_{11}\\ \varepsilon_{22}\\ \varepsilon_{33}\\ 2\varepsilon_{23}\\ 2\varepsilon_{31}\\ 2\varepsilon_{12}\end{bmatrix} = \begin{bmatrix} h_{11} & h_{12} & h_{13} & 0 & 0 & 0\\ h_{12} & h_{22} & h_{23} & 0 & 0 & 0\\ h_{13} & h_{23} & h_{33} & 0 & 0 & 0\\ 0 & 0 & 0 & h_{44} & 0 & 0\\ 0 & 0 & 0 & 0 & h_{55} & 0\\ 0 & 0 & 0 & 0 & 0 & h_{66}\end{bmatrix}\begin{bmatrix}\sigma_{11}\\ \sigma_{22}\\ \sigma_{33}\\ \sigma_{23}\\ \sigma_{31}\\ \sigma_{12}\end{bmatrix}\,. \tag{1.41}$$

Dabei hängen die 9 von Null verschiedenen Nachgiebigkeiten h_{ij} mit den Tensorkomponenten M_{ijkl} und den technischen Konstanten E_i (Elastizitätsmoduli), ν_{ij} (Querdehnzahlen), μ_{ij} (Schubmoduli) wie folgt zusammen:

$$\begin{aligned}
h_{11} &= M_{1111} = \frac{1}{E_1}\,, & h_{12} &= M_{1122} = -\frac{\nu_{12}}{E_1} = -\frac{\nu_{21}}{E_2}\,, & h_{44} &= M_{2323} = \frac{1}{\mu_{23}}\,,\\
h_{22} &= M_{2222} = \frac{1}{E_2}\,, & h_{23} &= M_{2233} = -\frac{\nu_{23}}{E_2} = -\frac{\nu_{32}}{E_3}\,, & h_{55} &= M_{3131} = \frac{1}{\mu_{31}}\,,\\
h_{33} &= M_{3333} = \frac{1}{E_3}\,, & h_{13} &= M_{1133} = -\frac{\nu_{13}}{E_1} = -\frac{\nu_{31}}{E_3}\,, & h_{66} &= M_{1212} = \frac{1}{\mu_{12}}\,.
\end{aligned} \tag{1.42}$$

Zeigt ein orthotropes Material keine Abhängigkeit der Materialeigenschaften bei einer Drehung um eine Achse (zum Beispiel die x_3-Achse), dann nennt man es *transversal isotrop*. Aufgrund der dann herrschenden Beziehungen zwischen den Nachgiebigkeiten

$$h_{11} = h_{22}\,,\quad h_{13} = h_{23}\,,\quad h_{44} = h_{55}\,,\quad h_{66} = 2(h_{11} - h_{12}) \tag{1.43}$$

wird ein solches Material durch nur 5 unabhängige Konstanten charakterisiert.

Erwärmt man ein spannungsfreies Material um die Temperaturdifferenz ΔT, so führt dies zu thermischen Dehnungen $\boldsymbol{\varepsilon}^{th}$, die in erster Näherung proportional zur Temperaturänderung sind:

$$\boldsymbol{\varepsilon}^{th} = \boldsymbol{k}\Delta T \quad \text{bzw.} \quad \varepsilon_{ij}^{th} = k_{ij}\Delta T \,. \tag{1.44}$$

Darin stellt $\boldsymbol{k}$ den Tensor der Wärmedehnungskoeffizienten dar, welcher bei thermisch isotropem Material durch einen einzigen Parameter gegeben ist: $k_{ij} = k\,\delta_{ij}$. Faßt man die elastischen und die thermischen Verzerrungen zu den Gesamtverzerrungen $\boldsymbol{\varepsilon}$ zusammen, so erhält man das **Duhamel-Neumann-Gesetz**

$$\boldsymbol{\sigma} = \boldsymbol{C} : (\boldsymbol{\varepsilon} - \boldsymbol{\varepsilon}^{th}) \,. \tag{1.45}$$

1.3.1.2 Formänderungsenergiedichte

Bei einem elastischen Material ist die bei einer Deformation pro Volumeneinheit geleistete Arbeit

$$U = \int_0^{\varepsilon_{kl}} \sigma_{ij}\,\mathrm{d}\varepsilon_{ij} \tag{1.46}$$

unabhängig vom Deformationsweg. In diesem Fall ist der Integrand $\mathrm{d}U = \sigma_{ij}\mathrm{d}\varepsilon_{ij}$ ein vollständiges Differential ($\mathrm{d}U = \frac{\partial U}{\partial \varepsilon_{ij}}\mathrm{d}\varepsilon_{ij}$), und es gilt

$$\sigma_{ij} = \frac{\partial U}{\partial \varepsilon_{ij}} \,. \tag{1.47}$$

Man bezeichnet $U = U(\varepsilon_{ij})$ als *Formänderungsenergiedichte* oder *spezifisches elastisches Potential*.

Neben $U(\varepsilon_{ij})$ kann man eine *spezifische Ergänzungsenergie* oder *spezifische Komplementärenergie* $\widetilde{U}(\sigma_{ij})$ einführen. Sie ist definiert durch

$$\widetilde{U} = \sigma_{ij}\varepsilon_{ij} - U = \int_0^{\sigma_{kl}} \varepsilon_{ij}\,\mathrm{d}\sigma_{ij} \,. \tag{1.48}$$

Analog zu (1.47) gilt

$$\varepsilon_{ij} = \frac{\partial \widetilde{U}}{\partial \sigma_{ij}} \,. \tag{1.49}$$

Im Spezialfall des linear elastischen Materials folgt die Formänderungs- bzw. die Komplementärenergiedichte mit (1.35) zu

$$U = \widetilde{U} = \frac{1}{2}\sigma_{ij}\varepsilon_{ij} = \frac{1}{2}\boldsymbol{\varepsilon} : \boldsymbol{C} : \boldsymbol{\varepsilon} \,. \tag{1.50}$$

Sie läßt sich unter Verwendung von (1.14), (1.28) und (1.40) in zwei Teile aufspalten:

$$U = \frac{1}{2} K \, \varepsilon_{kk}^2 + \mu \, \varepsilon_{ij}' \varepsilon_{ij}' = U_V + U_G \, . \tag{1.51}$$

Darin ist $U_V = \frac{1}{2} K \varepsilon_{kk}^2 = \frac{1}{2} K I_\varepsilon^2$ die *Volumenänderungsenergiedichte* (=Energieanteil infolge reiner Volumendehnung), während $U_G = \mu \, \varepsilon_{ij}' \varepsilon_{ij}' = 2\,\mu \, II_{\varepsilon'}$ die *Gestaltänderungsenergiedichte* (=Energieanteil infolge reiner Gestaltänderung) beschreibt.

1.3.1.3 Nichtlinear elastisches Material

Ist ein Material isotrop, so hängt die Formänderungsenergiedichte U nur von den Invarianten I_ε, II_ε, III_ε des Verzerrungstensors ab. Dabei lassen sich II_ε, III_ε auch durch die Invarianten $II_{\varepsilon'}$, $III_{\varepsilon'}$ des Deviators ersetzen: $U = U(I_\varepsilon, II_{\varepsilon'}, III_{\varepsilon'})$. Mit $I_\varepsilon = \varepsilon_{ij} \delta_{ij}$, $II_{\varepsilon'} = \frac{1}{2} \varepsilon_{ij}' \varepsilon_{ij}'$, $III_{\varepsilon'} = \frac{1}{3} \varepsilon_{ij}' \varepsilon_{jk}' \varepsilon_{ki}'$ und (1.47) kann man demnach ein allgemeines nichtlineares Elastizitätsgesetz in der Form

$$\sigma_{ij} = \frac{\partial U}{\partial I_\varepsilon} \delta_{ij} + \frac{\partial U}{\partial II_{\varepsilon'}} \varepsilon_{ij}' + \frac{\partial U}{\partial III_{\varepsilon'}} \varepsilon_{ik}' \varepsilon_{kj}' \tag{1.52}$$

angeben.

Für viele Materialien kann man annehmen, daß sich die Formänderungsenergiedichte (wie beim linearen Material) entsprechend $U = U_1(I_\varepsilon) + U_2(II_{\varepsilon'})$ aus einem Volumenänderungsanteil und einem Gestaltänderungsanteil zusammensetzt. In diesem Fall reduziert sich (1.52) auf

$$\sigma_{ij} = \frac{\mathrm{d}U_1}{\mathrm{d}I_\varepsilon} \delta_{ij} + \frac{\mathrm{d}U_2}{\mathrm{d}II_{\varepsilon'}} \varepsilon_{ij}' \, , \tag{1.53}$$

woraus sich durch Zerlegung in den hydrostatischen und den deviatorischen Anteil die folgenden Gesetzmäßigkeiten ergeben:

$$\sigma_{kk} = 3 \frac{\mathrm{d}U_1}{\mathrm{d}I_\varepsilon} = f(\varepsilon_{kk}) \, , \qquad \sigma_{ij}' = \frac{\mathrm{d}U_2}{\mathrm{d}II_{\varepsilon'}} \varepsilon_{ij}' = g(II_{\varepsilon'}) \, \varepsilon_{ij}' \, . \tag{1.54}$$

Wird das Material zusätzlich noch als inkompressibel angesehen ($\varepsilon_{kk} = 0$), so entfällt in (1.54) die erste Gleichung. Die Funktion $g(II_{\varepsilon'})$ kann man dann durch das einachsige Spannungs-Dehnungs-Verhalten $\sigma(\varepsilon)$ des Materials ausdrücken. Zu diesem Zweck definieren wir zunächst eine einachsige *Vergleichsspannung* oder *effektive Spannung* σ_e folgendermaßen: ein dreiachsiger Spannungszustand $\boldsymbol{\sigma}$ (bzw. $\boldsymbol{\sigma}'$) ist hinsichtlich der Materialbeanspruchung äquivalent zu einem einachsigen Spannungszustand σ_e, wenn $II_{\sigma'}$ für beide gleich ist. Hiermit ergibt sich aus (1.15) mit $\sigma_1 = \sigma_\mathrm{e}$, $\sigma_2 = \sigma_3 = 0$ der Zusammenhang

$$\sigma_\mathrm{e}^2 = \frac{3}{2} \sigma_{ij}' \sigma_{ij}' = \frac{3}{2} \boldsymbol{\sigma}' : \boldsymbol{\sigma}' \, . \tag{1.55a}$$

Stoffgesetze   19

Analog sehen wir beim inkompressiblen Material einen dreiachsigen Verzerrungszustand $\boldsymbol{\varepsilon}$ (bzw. $\boldsymbol{\varepsilon}'$) als äquivalent zu einer einachsigen Dehnung ε_e an, wenn $II_{\varepsilon'}$ in beiden Fällen gleich ist. Dies führt mit (1.29) und $\varepsilon_1 = \varepsilon_\mathrm{e}$, $\varepsilon_2 = \varepsilon_3 = -\varepsilon_1/2$ auf die Definition der einachsigen *Vergleichsdehnung* oder *effektiven Dehnung*

$$\varepsilon_\mathrm{e}^2 = \frac{2}{3}\varepsilon'_{ij}\varepsilon'_{ij} = \frac{2}{3}\boldsymbol{\varepsilon}' : \boldsymbol{\varepsilon}' \ . \tag{1.55b}$$

Bildet man nun mit (1.54) das Produkt $\sigma'_{ij}\sigma'_{ij}$, so folgt $g = \frac{2}{3}\sigma_\mathrm{e}/\varepsilon_\mathrm{e}$ und damit schließlich

$$\sigma'_{ij} = \frac{2}{3}\frac{\sigma_\mathrm{e}}{\varepsilon_\mathrm{e}}\varepsilon'_{ij} \ . \tag{1.56}$$

Als Beispiel betrachten wir einen einachsigen Spannungs-Dehnungs-Zusammenhang in Form eines Potenzgesetzes:

$$\varepsilon = B\,\sigma^n \qquad \text{bzw.} \qquad \sigma = b\,\varepsilon^N \ . \tag{1.57}$$

Darin sind $n = 1/N$ und $B = 1/b^n$ Materialkonstanten. Seine dreidimensionale Verallgemeinerung lautet unter der Voraussetzung der Inkompressibilität

$$\varepsilon'_{ij} = \frac{3}{2}B\,\sigma_\mathrm{e}^{n-1}\sigma'_{ij} \qquad \text{bzw.} \qquad \sigma'_{ij} = \frac{2}{3}b\,\varepsilon_\mathrm{e}^{N-1}\varepsilon'_{ij} \ . \tag{1.58}$$

Die Formänderungsenergiedichte und die spezifische Komplementärenergie ergeben sich in diesem Fall zu

$$U = \frac{n}{n+1}\sigma'_{ij}\varepsilon'_{ij}\,, \qquad \tilde{U} = \frac{1}{n+1}\sigma'_{ij}\varepsilon'_{ij} \ . \tag{1.59}$$

1.3.2 Viskoelastizität

Viskoelastische Materialien kombinieren elastisches mit viskosem Verhalten. Sie sind dadurch gekennzeichnet, daß das Materialverhalten zeitabhängig bzw. eine Funktion der Belastungs- oder Deformationsgeschichte ist. Typische viskoelastische Effekte sind Kriech- und Relaxationserscheinungen, wie sie zum Beispiel bei Polymeren oder im höheren Temperaturbereich auch bei Stählen auftreten.

1.3.2.1 Linear viskoelastisches Material

Das Stoffgesetz von linear viskoelastischen Materialien unter einachsiger Beanspruchung kann alternativ durch

$$\varepsilon(t) = \int_{-\infty}^{t} J(t-\tau)\frac{\mathrm{d}\sigma}{\mathrm{d}\tau}\,\mathrm{d}\tau\,, \qquad \sigma(t) = \int_{-\infty}^{t} E(t-\tau)\frac{\mathrm{d}\varepsilon}{\mathrm{d}\tau}\,\mathrm{d}\tau \tag{1.60}$$

ausgedrückt werden. Darin sind $J(t)$ bzw. $E(t)$ Materialfunktionen, die das Verhalten bei einer plötzlich aufgebrachten, konstanten Spannung σ_0 bzw. konstanten

Dehnung ε_0 beschreiben. Man bezeichnet $J(t) = \varepsilon(t)/\sigma_0$ als *Kriechfunktion* oder *Kriechnachgiebigkeit* und $E(t) = \sigma(t)/\varepsilon_0$ als *Relaxationsfunktion* (Bild 1.6). Sie sind miteinander durch die Beziehung

$$\frac{\mathrm{d}}{\mathrm{d}t} \int_0^t J(t-\tau) E(\tau) \,\mathrm{d}\tau = 1 \tag{1.61}$$

verknüpft. Die untere Grenze bei den Integralen in (1.60) deutet an, daß das Verhalten des Materials zum Zeitpunkt t von der gesamten zuvor durchlaufenen Spannungs- bzw. Dehnungsgeschichte abhängt.

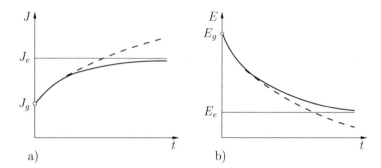

Bild 1.6 a) Kriechfunktion, b) Relaxationsfunktion

Bei isotropem Materialverhalten ist es zweckmäßig, die dreidimensionale Verallgemeinerung von (1.60) in den hydrostatischen und den deviatorischen Anteil zu trennen. Dabei setzt man häufig die bei vielen viskoelastischen Materialien zu beobachtende Tatsache voraus, daß die Volumendehnung rein elastisch erfolgt ($\sigma_{kk} = 3K\varepsilon_{kk}$). Für den deviatorischen Anteil gilt dann

$$\varepsilon'_{ij} = \frac{1}{2} \int_{-\infty}^{t} J_d(t-\tau) \frac{\mathrm{d}\sigma'_{ij}}{\mathrm{d}\tau} \,\mathrm{d}\tau \,, \qquad \sigma'_{ij} = 2 \int_{-\infty}^{t} G(t-\tau) \frac{\mathrm{d}\varepsilon'_{ij}}{\mathrm{d}\tau} \,\mathrm{d}\tau \,. \tag{1.62}$$

Die Kriechfunktion $J_d(t)$ und die Relaxationsfunktion $G(t)$ hängen wieder wie im einachsigen Fall zusammen.

Integrale vom Typ (1.60), (1.62) nennt man *Faltungsintegrale*. Für ihre Behandlung bietet sich die *Laplace-Transformation* an. Die Laplace-Transformierte $\bar{f}(p)$ einer Funktion $f(t)$ ist definiert als

$$\bar{f}(p) = \int_0^\infty f(t) \, \mathrm{e}^{-pt} \,\mathrm{d}t \,. \tag{1.63}$$

Stoffgesetze 21

Wendet man die Transformation zum Beispiel auf die zweite Gleichung von (1.62) an, so ergibt sich unter der Annahme, daß die Verzerrungsgeschichte zum Beispiel zum Zeitpunkt $\tau = 0$ beginnt,

$$\bar{\sigma}'_{ij} = 2 p\, \bar{G}(p)\, \bar{\varepsilon}'_{ij} \,. \tag{1.64}$$

Durch Vergleich mit (1.40) erkennt man, daß das transformierte viskoelastische Materialgesetz und das Elastizitätsgesetz die gleiche Form haben. Dies trifft auch auf weitere Gleichungen, wie die Gleichgewichtsbedingungen oder die kinematischen Beziehungen zu. Man spricht aus diesem Grund von der *elastisch–viskoelastischen Analogie*, aus der sich das *Korrespondenzprinzip* herleitet. Danach erhält man die Laplace-transformierte Lösung eines viskoelastischen Problems aus der Lösung des entsprechenden elastischen Problems, indem man die elastischen Konstanten geeignet durch Kriech- bzw. Relaxationsfunktion ersetzt (z.B. $G \to p\bar{G}(p)$). Die endgültige Lösung folgt dann durch Rücktransformation.

1.3.2.2 Nichtlinear viskoelastisches Material, Kriechen

Zur Beschreibung des nichtlinear viskoelastischen Verhaltens bedient man sich häufig formaler, pragmatisch begründeter Näherungen. Hierzu gehört zum Beispiel der für Polymere gedachte Ansatz von **Leaderman**

$$\varepsilon(t) = \int_{-\infty}^{t} J(t-\tau)\, \frac{\mathrm{d}(\sigma f)}{\mathrm{d}\tau}\, \mathrm{d}\tau \,. \tag{1.65}$$

Darin ist $f(\sigma)$ eine zusätzliche Materialfunktion. Sie charakterisiert die Abhängigkeit der Kriechdehnung von der Größe der angelegten konstanten Spannung σ_0 in der Art $\varepsilon(t) = \sigma_0 f(\sigma_0) J(t)$. Eine Übertragung von (1.65) auf den dreidimensionalen Fall kann sinngemäß wie beim linearen Material erfolgen.

Wegen seiner praktischen Bedeutung sei hier noch auf das Kriechen metallischer Werkstoffe eingegangen. Man unterscheidet dabei zwischen primärem, sekundärem und tertiärem Kriechen. Das sekundäre Kriechen zeichnet sich dadurch aus, daß im einachsigen Fall die Dehnungsgeschwindigkeit $\dot{\varepsilon}$ unter festgehaltener Spannung σ zeitlich konstant ist; sie hängt nur von der Größe der Spannung ab: $\dot{\varepsilon} = \dot{\varepsilon}(\sigma)$. Zur Beschreibung dieser stationären Kriechbewegung finden unter anderen die Ansätze von **Norton**

$$\dot{\varepsilon} = B\, \sigma^n \tag{1.66}$$

oder von **Prandtl**

$$\frac{\dot{\varepsilon}}{\dot{\varepsilon}_\star} = [\sinh(\frac{\sigma}{\sigma_\star})]^n \tag{1.67}$$

sowie modifizierte Ansätze der Art

$$\frac{\dot{\varepsilon}}{\dot{\varepsilon}_\star} = C\,\frac{d}{dt}(\frac{\sigma}{\sigma_\star})^m + (\frac{\sigma}{\sigma_\star})^n \qquad (1.68)$$

Verwendung. Darin sind B, C, n, m, $\sigma_\star$ und $\dot{\varepsilon}_\star$ Materialkonstanten.

Die Stoffgesetze für viskoses Fließen und elastisches Verhalten weisen häufig eine analoge Struktur auf. So erhält man zum Beispiel (1.66) aus (1.57), indem man die Verzerrungen durch die Verzerrungsgeschwindigkeit ersetzt. Setzt man voraus, daß die Ausdrücke (Arbeitsraten)

$$\widetilde{D} = \int_0^{\sigma_{kl}} \dot{\varepsilon}_{ij}\,d\sigma_{ij}, \qquad D = \int_0^{\dot{\varepsilon}_{kl}} \sigma_{ij}\,d\dot{\varepsilon}_{ij} = \sigma_{ij}\dot{\varepsilon}_{ij} - \widetilde{D} \qquad (1.69)$$

unabhängig vom Integrationsweg sind, so gelten die zu (1.49), (1.47) analogen Beziehungen

$$\dot{\varepsilon}_{ij} = \frac{\partial \widetilde{D}}{\partial \sigma_{ij}}, \qquad \sigma_{ij} = \frac{\partial D}{\partial \dot{\varepsilon}_{ij}}. \qquad (1.70)$$

Man bezeichnet $\widetilde{D}(\sigma_{ij})$ als *Fließpotential* und $D(\dot{\varepsilon}_{ij})$ als *spezifische Formänderungsenergierate*; die Größe $\sigma_{ij}\dot{\varepsilon}_{ij}$ stellt die *spezifische Dissipationsleistung* dar.

Nimmt man an, daß das Material inkompressibel ist ($\dot{\varepsilon}_{kk} = 0$) und das Fließpotential nur von $II_{\sigma'}$ abhängt, so liefert (1.70)

$$\dot{\varepsilon}'_{ij} = \frac{d\widetilde{D}}{dII_{\sigma'}}\sigma'_{ij} = \frac{3}{2}\frac{\dot{\varepsilon}_e}{\sigma_e}\sigma'_{ij} \qquad (1.71)$$

mit $\sigma_e = (\frac{3}{2}\sigma'_{ij}\sigma'_{ij})^{1/2}$ und $\dot{\varepsilon}_e = (\frac{2}{3}\dot{\varepsilon}'_{ij}\dot{\varepsilon}'_{ij})^{1/2}$. Zum Beispiel lauten dann das auf drei Dimensionen verallgemeinerte Nortonsche Kriechgesetz

$$\dot{\varepsilon}'_{ij} = \frac{3}{2}B\,\sigma_e^{n-1}\sigma'_{ij} \qquad (1.72)$$

und die zugehörige spezifische Formänderungsenergierate sowie das Fließpotential

$$D = \frac{n}{n+1}\sigma'_{ij}\dot{\varepsilon}'_{ij}, \qquad \widetilde{D} = \frac{1}{n+1}\sigma'_{ij}\dot{\varepsilon}'_{ij}. \qquad (1.73)$$

Diese Beziehungen sind vollkommen analog zu den Gleichungen (1.58), (1.59) für das nichtlinear elastische Verhalten entsprechend einem Potenzgesetz; man muß nur die Verzerrungen durch die Verzerrungsraten ersetzen. Als Folge hiervon sind auch die Lösungen für zugeordnete Randwertprobleme analog. Das heißt, man kann die Lösung eines nichtlinear elastischen Problems auf ein zugeordnetes Kriechproblem übertragen, indem man die Verzerrungen durch die Verzerrungsraten ersetzt.

1.3.3 Plastizität

Überschreitet die Materialbeanspruchung eine bestimmte Grenze, so kommt es insbesondere bei metallischen Werkstoffen zu plastischem Fließen. Hierbei zieht im Unterschied zur Viskoelastizität eine Belastungsänderung meist eine unmittelbare (zeitunabhängige) Deformationsänderung nach sich. Plastisches Fließen hat unter anderem zur Folge, daß nach einer Entlastung bleibende Deformationen auftreten.

Bei der Beschreibung eines elastisch-plastischen Materialverhaltens wird üblicherweise angenommen, daß sich die Verzerrungen und damit auch die Verzerrungsinkremente additiv aus einem elastischen und einem plastischen Anteil zusammensetzen:

$$\boldsymbol{\varepsilon} = \boldsymbol{\varepsilon}^e + \boldsymbol{\varepsilon}^p \,, \qquad \mathrm{d}\boldsymbol{\varepsilon} = \mathrm{d}\boldsymbol{\varepsilon}^e + \mathrm{d}\boldsymbol{\varepsilon}^p \,. \tag{1.74a}$$

Bezieht man die Verzerrungsinkremente auf ein zugeordnetes Zeitinkrement $\mathrm{d}t$, dann läßt sich dies auch in der Form

$$\dot{\boldsymbol{\varepsilon}} = \dot{\boldsymbol{\varepsilon}}^e + \dot{\boldsymbol{\varepsilon}}^p \tag{1.74b}$$

ausdrücken. Für den elastischen Anteil setzt man dabei einen linearen Spannungs-Dehnungs-Zusammenhang zum Beispiel in Form von (1.35a) voraus. Mit (1.74a) lautet somit das Elastizitätsgesetz

$$\boldsymbol{\sigma} = \boldsymbol{C} : \boldsymbol{\varepsilon}^e = \boldsymbol{C} : (\boldsymbol{\varepsilon} - \boldsymbol{\varepsilon}^p) \,. \tag{1.75}$$

Als Stoffgesetz für den plastischen Anteil finden sowohl Formulierungen in den Verzerrungsinkrementen (inkrementelle Theorie) als auch in den totalen Verzerrungen (Deformationstheorie) Verwendung. Beide machen häufig Gebrauch von der Annahme, daß keine plastischen Volumenänderungen auftreten: $\varepsilon_{kk}^p = 0$; dies hat dann $\boldsymbol{\varepsilon}^p = \boldsymbol{\varepsilon}'^p$ zur Folge.

1.3.3.1 Fließbedingung

Wir nehmen an, daß für plastisches Fließen ein bestimmter Zustand vorliegen muß, der durch die Spannungen σ_{ij} gegeben ist. Eine solche *Fließbedingung* kann durch

$$F(\boldsymbol{\sigma}) = 0 \tag{1.76a}$$

ausgedrückt werden, was sich auch als Darstellung einer Fläche (=*Fließfläche*) im neundimensionalen Raum der Spannungen σ_{ij} deuten läßt. Ein Spannungszustand auf der Fließfläche ($F = 0$) charakterisiert danach Fließen, während Punkte innerhalb der Fließfläche ($F < 0$) elastischem Verhalten zugeordnet sind. Die erweiterte Form der Fließbedingung

$$F(\boldsymbol{\sigma}) \leq 0 \tag{1.76b}$$

beschreibt danach die Menge aller überhaupt möglichen (zulässigen) Spannungszustände.

Die Fließfläche kann ihre Lage und Form im Verlauf des Fließvorganges verändern. Spezialfälle sind die selbstähnliche Aufblähung (isotrope Verfestigung) und die reine Translation (kinematische Verfestigung). Bleibt die Fließfläche unverändert, so nennt man das Material idealplastisch. Aufgrund des Prinzips der maximalen plastischen Arbeit, auf das wir noch eingehen werden, ist die Fließfläche konvex.

Die Fließbedingung kann bei isotropem Material nur von den Invarianten I_σ, II_σ, III_σ oder, was gleichbedeutend ist, nur von I_σ, $II_{\sigma'}$, $III_{\sigma'}$ abhängen. Berücksichtigt man, daß bei vielen Materialien (insbesondere bei metallischen Werkstoffen) der hydrostatische Anteil des Spannungszustandes nur zu elastischer Volumenänderung führt und den Fließvorgang nicht beeinflußt, so folgt aus (1.76) die Fließbedingung

$$F(II_{\sigma'}, III_{\sigma'}) = 0 \ . \tag{1.77}$$

Aus der Fülle der Möglichkeiten, welche (1.77) bietet, seien hier nur zwei bewährte und weit verbreitete Fließbedingungen herausgegriffen. Die **von Misessche Fließbedingung** (R. von Mises, 1883–1953) lautet

$$F = II_{\sigma'} - k^2 = 0 \quad \text{bzw.} \quad F = \frac{1}{2}\sigma'_{ij}\sigma'_{ij} - k^2 = 0 \ . \tag{1.78a}$$

Mit (1.15) läßt sie sich auch in der Form

$$F = \frac{1}{6}\left[(\sigma_1 - \sigma_2)^2 + (\sigma_2 - \sigma_3)^2 + (\sigma_3 - \sigma_1)^2\right] - k^2 = 0 \tag{1.78b}$$

ausdrücken. Danach tritt Fließen auf, wenn $II_{\sigma'}$ einen Wert k^2 erreicht. Äquivalent hierzu sind die Aussagen, daß für Fließen eine bestimmte Oktaederschubspannung τ_{oct} erforderlich ist bzw. daß beim linear elastischen Material die Gestaltänderungsenergiedichte U_G begrenzt ist. Durch (1.78) ist im dreidimensionalen Raum der Hauptspannungen eine Kreiszylinderfläche definiert, deren Mittelachse mit der *hydrostatischen Geraden* $\sigma_1 = \sigma_2 = \sigma_3$ zusammenfällt und deren Radius $\sqrt{2}k$ beträgt (Bild 1.7a). Beim idealplastischen Material ist k konstant. Mit der Fließspannung σ_F unter einachsigem Zug ($\sigma_1 = \sigma_F$, $\sigma_2 = \sigma_3 = 0$) und der Fließschubspannung τ_F für reinen Schub ($\sigma_1 = -\sigma_3 = \tau_F$, $\sigma_2 = 0$) gilt dann der Zusammenhang $k = \sigma_F/\sqrt{3} = \tau_F$. Im Fall einer isotropen Verfestigung hängt k von den plastischen Deformationen ab. Dann ist σ_F durch die aktuelle Fließspannung zu ersetzen: $k = \sigma/\sqrt{3}$. Aus (1.78a) ergibt sich damit die einachsige Vergleichsspannung $\sigma_e = (\frac{3}{2}\sigma'_{ij}\sigma'_{ij})^{1/2}$, die wir schon in (1.55a) kennengelernt haben; sie wird auch *von Misessche Vergleichsspannung* genannt.

Stoffgesetze

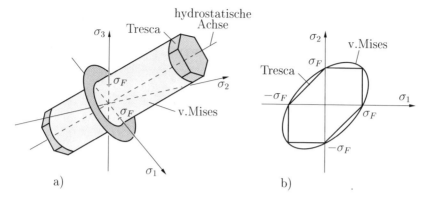

Bild 1.7 Fließbedingungen nach von Mises und Tresca

Im Spezialfall des ebenen Spannungszustandes ($\sigma_3 = 0$) folgt aus (1.78) die Fließbedingung

$$\sigma_1^2 + \sigma_2^2 - \sigma_1 \sigma_2 = \sigma_F^2 \ . \tag{1.79}$$

Die zugehörige Fließkurve ist eine Ellipse (Bild 1.7b).

Die Fließbedingung von **Tresca** (1868) geht von der Annahme aus, daß plastisches Fließen auftritt, wenn die maximale Schubspannung einen bestimmten Wert annimmt: $F = \tau_{\max} - k = 0$. Mit den Hauptschubspannungen nach (1.11) muß daher eine der Bedingungen

$$\sigma_1 - \sigma_3 \pm 2k = 0 \ , \quad \sigma_2 - \sigma_1 \pm 2k = 0 \ , \quad \sigma_3 - \sigma_2 \pm 2k = 0 \tag{1.80}$$

erfüllt sein. Die zugehörige Fließfläche im Raum der Hauptspannungen ist ein hexagonales Prisma, dessen Mittelachse die hydrostatische Gerade ist (Bild 1.7). Beim idealplastischen Material ist der Zusammenhang zwischen k und den Fließspannungen σ_F (einachsiger Zug) und τ_F (reiner Schub) durch $k = \sigma_F/2 = \tau_F$ gegeben.

1.3.3.2 Inkrementelle Theorie

Im weiteren wird vorausgesetzt, daß der Werkstoff dem *Prinzip der maximalen plastischen Arbeit*

$$(\sigma_{ij} - \sigma_{ij}^0) \, d\varepsilon_{ij}^p \geq 0 \tag{1.81}$$

genügt. Darin sind σ_{ij} der tatsächliche Spannungszustand auf der Fließfläche und σ_{ij}^0 ein Ausgangszustand innerhalb oder auf der Fließfläche. Dieses Prinzip läßt sich dahingehend interpretieren, daß unter allen Spannungszuständen $\tilde{\sigma}_{ij}$, welche die Fließbedingung erfüllen, die tatsächlichen Spannungen σ_{ij} die plastische Arbeit $\tilde{\sigma}_{ij} d\varepsilon_{ij}^p$ zum Extremum machen. Diese Extremalaussage kann in der Art

$$\frac{\partial}{\partial \tilde{\sigma}_{ij}}[\tilde{\sigma}_{ij}\mathrm{d}\varepsilon^p_{ij} - \mathrm{d}\lambda\, F(\tilde{\sigma}_{ij})] = 0 \qquad \text{für} \qquad \tilde{\sigma}_{ij} = \sigma_{ij} \qquad (1.82)$$

formuliert werden, wobei $\mathrm{d}\lambda \geq 0$ ein noch freier, Lagrangescher Multiplikator ist. Hieraus ergibt sich die *Fließregel*

$$\mathrm{d}\varepsilon^p_{ij} = \mathrm{d}\lambda\, \frac{\partial F}{\partial \sigma_{ij}}\,, \qquad (1.83a)$$

die wir auch in den folgenden Formen schreiben können:

$$\dot{\varepsilon}^p_{ij} = \dot{\lambda}\, \frac{\partial F}{\partial \sigma_{ij}} \qquad \text{bzw.} \qquad \dot{\boldsymbol{\varepsilon}}^p = \dot{\lambda}\, \frac{\partial F}{\partial \boldsymbol{\sigma}}\,. \qquad (1.83b)$$

Ohne im einzelnen darauf einzugehen sei angemerkt, daß aus dem Prinzip der maximalen plastischen Arbeit bzw. aus der Fließregel Konsequenzen erwachsen. Zu ihnen gehören unter anderen die erwähnte Konvexität der Fließfläche und die *Normalenregel*. Letztere besagt, daß die plastischen Verzerrungsinkremente normal zur Fließfläche gerichtet sind (vgl.(1.83)).

Legt man die von Misessche Fließbedingung (1.78) zugrunde, so folgt aus (1.83) $\mathrm{d}\boldsymbol{\varepsilon}^p = \mathrm{d}\lambda\, \boldsymbol{\sigma}'$. Die Hauptrichtungen von $\mathrm{d}\boldsymbol{\varepsilon}^p$ stimmen demnach mit denen des Deviators $\boldsymbol{\sigma}'$ und folglich auch mit denen von $\boldsymbol{\sigma}$ überein. Der Faktor $\mathrm{d}\lambda$ kann bestimmt werden, indem wir die einachsige Vergleichsspannung $\sigma_e = (\frac{3}{2}\sigma'_{ij}\sigma'_{ij})^{1/2}$ und unter Berücksichtigung der plastischen Volumenkonstanz ein einachsiges Vergleichsverzerrungsinkrement $\mathrm{d}\varepsilon^p_e = (\frac{2}{3}\mathrm{d}\varepsilon^p_{ij}\mathrm{d}\varepsilon^p_{ij})^{1/2}$ einführen. Aus $\mathrm{d}\varepsilon^p_{ij}\mathrm{d}\varepsilon^p_{ij} = (\mathrm{d}\lambda)^2\sigma'_{ij}\sigma'_{ij}$ erhält man dann $\mathrm{d}\lambda = \frac{3}{2}\mathrm{d}\varepsilon^p_e/\sigma_e$ und damit

$$\mathrm{d}\varepsilon^p_{ij} = \frac{3}{2}\frac{\mathrm{d}\varepsilon^p_e}{\sigma_e}\sigma'_{ij} \qquad \text{bzw.} \qquad \dot{\boldsymbol{\varepsilon}}^p = \frac{3}{2}\frac{\dot{\varepsilon}^p_e}{\sigma_e}\boldsymbol{\sigma}'\,. \qquad (1.84a)$$

Für idealplastisches Material ist $\sigma_e = \sigma_F$; für verfestigendes Material schreibt man (1.84a) unter Verwendung des plastischen Tangentenmoduls $g = \mathrm{d}\sigma_e/\mathrm{d}\varepsilon^p_e = \dot{\sigma}_e/\dot{\varepsilon}^p_e$ auch häufig in der Form

$$\mathrm{d}\varepsilon^p_{ij} = \frac{3}{2}\frac{\sigma'_{ij}}{g\,\sigma_e}\mathrm{d}\sigma_e \qquad \text{bzw.} \qquad \dot{\boldsymbol{\varepsilon}}^p = \frac{3}{2}\frac{\dot{\sigma}_e}{g\,\sigma_e}\boldsymbol{\sigma}'\,. \qquad (1.84b)$$

Durch Zusammenfassen der elastischen und der plastischen Verzerrungsinkremente entsprechend (1.74) ergibt sich schließlich als Stoffgesetz im Fließbereich ($F = 0$, $\mathrm{d}\sigma_e > 0$) das sogenannte *Prandtl-Reuss-Gesetz*

$$\dot{\varepsilon}_{kk} = \frac{1}{3K}\dot{\sigma}_{kk}\,, \qquad \dot{\boldsymbol{\varepsilon}}' = \frac{1}{2\mu}\dot{\boldsymbol{\sigma}}' + \frac{3}{2}\frac{\dot{\sigma}_e}{g\,\sigma_e}\boldsymbol{\sigma}'\,. \qquad (1.84c)$$

Geht man von der Trescaschen Fließbedingung in der Form $F = \sigma_1 - \sigma_3 - k = 0$ aus ($\sigma_1 \geq \sigma_2 \geq \sigma_3$), so liefert die Fließregel in Hauptachsenrichtung

$$\mathrm{d}\varepsilon^p_1 = \mathrm{d}\lambda\,, \qquad \mathrm{d}\varepsilon^p_2 = 0\,, \qquad \mathrm{d}\varepsilon^p_3 = -\mathrm{d}\lambda\,. \qquad (1.85)$$

Hierdurch wird ebenfalls die Bedingung plastischer Volumenkonstanz erfüllt.

1.3.3.3 Deformationstheorie

In der Deformationstheorie wird angenommen, daß zwischen den plastischen Verzerrungen und den deviatorischen Spannungen die Beziehung

$$\varepsilon^p = \lambda\,\boldsymbol{\sigma}' \tag{1.86}$$

besteht, wobei der Faktor λ vom Spannungszustand und den plastischen Verzerrungen abhängt. Er ergibt sich unter Zugrundelegung der von Misesschen Fließbedingung mit der Vergleichsspannung $\sigma_e = (\frac{3}{2}\sigma'_{ij}\sigma'_{ij})^{1/2}$ und der plastischen Vergleichsverzerrung $\varepsilon^p_e = (\frac{2}{3}\varepsilon^p_{ij}\varepsilon^p_{ij})^{1/2}$ zu $\lambda = 3\varepsilon^p_e/2\sigma_e$. Faßt man nach (1.74) die elastischen und die plastischen Verzerrungen zusammen, so erhält man das finite *Hencky-Ilyushin-Gesetz*

$$\varepsilon_{kk} = \frac{1}{3K}\,\sigma_{kk}\,,\qquad \boldsymbol{\varepsilon}' = \left[\frac{1}{2\mu} + \frac{3}{2}\,\frac{\varepsilon^p_e}{\sigma_e}\right]\boldsymbol{\sigma}'\,. \tag{1.87}$$

Durch Vergleich von (1.87) mit (1.56) erkennt man, daß die Deformationstheorie ein plastisches Materialverhalten wie ein nichtlinear elastisches Verhalten beschreibt. Sie ist dementsprechend nicht in der Lage zum Beispiel Entlastungsvorgänge adäquat zu modellieren. Physikalisch sinnvoll kann sie nur im Bereich monoton wachsender Belastung angewendet werden. Dabei ist sie insbesondere dann gut geeignet, wenn eine *Proportionalbelastung* vorliegt, das heißt wenn gilt

$$\boldsymbol{\sigma}' = P\,\boldsymbol{\sigma}'^0\,. \tag{1.88}$$

Darin sind $\boldsymbol{\sigma}'^0$ ein Bezugsspannungszustand (zum Beispiel bei der Endbelastung) und P ein skalarer Belastungsparameter. Man kann zeigen, daß in diesem Fall die Deformationstheorie und die inkrementelle Theorie äquivalent sind.

Als hinreichend gute Approximation des realen Stoffverhaltens spezialisiert man häufig die allgemeine Beziehung (1.86) durch das Potenzgesetz (1.57) bzw. (1.58). Dieses führt immer zu einer Proportionalbelastung nach (1.88), wenn die Belastung eines Körpers oder Teilkörpers durch einen einzigen Lastparameter P (z.B. durch eine Kraft) vorgegeben ist. Für die Verzerrungen und die Verschiebungen ergibt sich in diesem Fall

$$\boldsymbol{\varepsilon}^p = P^n\,\boldsymbol{\varepsilon}^{p0}\,,\qquad \boldsymbol{u} = P^n\,\boldsymbol{u}^0\,. \tag{1.89}$$

Darin sind $\boldsymbol{\varepsilon}^{p0}$ und $\boldsymbol{u}^0$ die zum Bezugsspannungszustand $\boldsymbol{\sigma}'^0$ zugeordneten plastischen Verzerrungen und Verschiebungen. Sind dementsprechend die Spannungen und Verzerrungen für eine bestimmte Last bekannt, so kennt man sie auch für alle anderen Lasten.

An dieser Stelle sei angemerkt, daß die Eigenschaften des Potenzgesetzes sinngemäß von der Deformationstheorie auf Kriechvorgänge übertragen werden können. Aufgrund der Analogie der Stoffgesetze für nichtlinear elastisches Verhalten und für das Kriechen (vgl. Abschnitt 1.3.2.2) müssen nur die Dehnungen durch die Dehnungsraten und die Verschiebungen durch die Geschwindigkeiten ersetzt werden, d.h. es gelten dann die Beziehungen

$$\boldsymbol{\sigma}' = P\,\boldsymbol{\sigma}'^0\,, \qquad \dot{\boldsymbol{\varepsilon}}^p = P^n\,\dot{\boldsymbol{\varepsilon}}^{p0}\,, \qquad \dot{\boldsymbol{u}} = P^n\,\dot{\boldsymbol{u}}^0\,. \tag{1.90}$$

1.4 Energieprinzipien

Im folgenden sind einige klassische Energieprinzipien für deformierbare Körper zusammengestellt. Dabei wird davon ausgegangen, daß bei Zustandsänderungen des Körpers die materielle Oberfläche unverändert bleibt. Ein etwaiges Rißwachstum ist hier also ausgeschlossen. Der kürzeren Schreibweise wegen nehmen wir noch an, daß als äußere Kräfte nur Oberflächenkräfte und keine Volumenkräfte wirken. Letztere können sinngemäß aber ohne weiteres berücksichtigt werden.

1.4.1 Energiesatz

Der Energiesatz der Kontinuumsmechanik besagt, daß die Änderung der Gesamtenergie (innere Energie + kinetische Energie) eines Körpers dem Energiefluß in den Körper entspricht. Dies kann alternativ in Form der Gleichungen

$$\dot{E} + \dot{K} = P + Q\,, \qquad (E+K)_2 - (E+K)_1 = \int_{t_1}^{t_2} (P+Q)\,\mathrm{d}t \tag{1.91}$$

ausgedrückt werden. Darin sind E die innere Energie, K die kinetische Energie und P die Leistung der äußeren Kräfte. Sie sind gegeben durch

$$E = \int_V \rho\,e\,\mathrm{d}V\,, \qquad K = \frac{1}{2}\int_V \rho\,\dot{\boldsymbol{u}}\cdot\dot{\boldsymbol{u}}\,\mathrm{d}V\,, \qquad P = \int_{\partial V} \boldsymbol{t}\cdot\dot{\boldsymbol{u}}\,\mathrm{d}A\,, \tag{1.92}$$

wobei e die spezifische innere Energie ist. Durch Q wird der Energietransport in den Körper beschrieben, welcher nicht durch P erfaßt wird (zum Beispiel Wärmetransport); wir wollen ihn hier nicht näher festlegen.

Für ein elastisches Material läßt sich $\rho\,e$ mit der Formänderungsenergiedichte U identifizieren. Im Spezialfall einer quasistatischen Belastung ($K = 0$) und für $Q = 0$ lautet dann der Energiesatz

$$\Pi_2^i - \Pi_1^i = W_{12}^a\,. \tag{1.93}$$

Hierbei wurden die Abkürzungen

$$\Pi^i = \int_V U\,\mathrm{d}V\,, \qquad W_{12}^a = \int_{\partial V} \left[\int_{\boldsymbol{u}_1}^{\boldsymbol{u}_2} \boldsymbol{t}\cdot\mathrm{d}\boldsymbol{u}\right]\mathrm{d}A \tag{1.94}$$

Energieprinzipien

für die Formänderungsenergie des Körpers und für die Arbeit der äußeren Kräfte zwischen den Zuständen 1 und 2 eingeführt. Man nennt Π^i auch *elastisches Potential*.

1.4.2 Prinzip der virtuellen Arbeit

Wir betrachten einen Körper im Gleichgewicht, auf dessen Teiloberflächen ∂V_t bzw. ∂V_u die Belastungen $\hat{\boldsymbol{t}}$ bzw. die Verschiebungen $\hat{\boldsymbol{u}}$ vorgeschrieben sind. Die statischen und die kinematischen Grundgleichungen hierfür lauten

$$\sigma_{ij,j} = 0 \quad \text{in } V, \quad \sigma_{ij} n_j = \hat{t}_i \quad \text{auf } \partial V_t,$$
$$\varepsilon_{ij} = \tfrac{1}{2}(u_{i,j} + u_{j,i}) \quad \text{in } V, \quad u_i = \hat{u}_i \quad \text{auf } \partial V_u. \tag{1.95}$$

Ein statisch zulässiges Spannungsfeld $\boldsymbol{\sigma}^{(1)}$ erfüllt die Gleichgewichtsbedingungen und die Randbedingungen auf ∂V_t. Analog genügt ein kinematisch zulässiges Verschiebungsfeld $\boldsymbol{u}^{(2)}$ bzw. Verzerrungsfeld $\boldsymbol{\varepsilon}^{(2)}$ den kinematischen Beziehungen und den Randbedingungen auf ∂V_u. Multipliziert man nun die Gleichgewichtsbedingung für $\boldsymbol{\sigma}^{(1)}$ mit den Verschiebungen $\boldsymbol{u}^{(2)}$ und integriert über das Volumen V, so erhält man aus (1.95) unter Verwendung des Gaußschen Satzes den *allgemeinen Arbeitssatz*

$$\int_V \boldsymbol{\sigma}^{(1)} : \boldsymbol{\varepsilon}^{(2)} \, \mathrm{d}V = \int_{\partial V_t} \hat{\boldsymbol{t}}^{(1)} \cdot \boldsymbol{u}^{(2)} \, \mathrm{d}A + \int_{\partial V_u} \boldsymbol{t}^{(1)} \cdot \hat{\boldsymbol{u}}^{(2)} \, \mathrm{d}A. \tag{1.96}$$

Aus (1.96) lassen sich verschiedene Gesetzmäßigkeiten herleiten. Verwendet man als Kraftgrößen die zu einem Gleichgewichtszustand gehörigen wirklichen Größen und als kinematische Größen die virtuellen Verschiebungen $\delta \boldsymbol{u}$ bzw. virtuellen Verzerrungen $\delta \boldsymbol{\varepsilon}$ aus der Gleichgewichtslage, dann erhält man das *Prinzip der virtuellen Arbeit* (*Prinzip der virtuellen Verrückungen*)

$$\delta W^i = \delta W^a \tag{1.97}$$

mit

$$\delta W^i = \int_V \boldsymbol{\sigma} : \delta \boldsymbol{\varepsilon} \, \mathrm{d}V, \quad \delta W^a = \int_{\partial V_t} \hat{\boldsymbol{t}} \cdot \delta \boldsymbol{u} \, \mathrm{d}A. \tag{1.98}$$

Die virtuellen Verrückungen sind dabei als gedacht, infinitesimal und kinematisch zulässig zu verstehen. Befindet sich ein Körper im Gleichgewicht, so ist nach diesem Prinzip die bei einer virtuellen Verrückung geleistete Arbeit δW^i der inneren Kräfte gleich der Arbeit δW^a der äußeren Kräfte.

Für ein elastisches Material entspricht die Arbeit der inneren Kräfte der Änderung des elastischen Potentials. Nach (1.46) ist nämlich $\boldsymbol{\sigma} : \delta \boldsymbol{\varepsilon} = \delta U$, woraus mit (1.98) und (1.94) die Beziehung $\delta W^i = \delta \Pi^i$ folgt. Sind zusätzlich noch die äußeren Kräfte aus einem Potential herleitbar, so wird $\delta W^a = -\delta \Pi^a$, und man erhält aus (1.97)

$$\delta \Pi = \delta(\Pi^i + \Pi^a) = 0. \tag{1.99}$$

In der Gleichgewichtslage nimmt das Gesamtpotential Π demnach einen Stationärwert an. Man kann zeigen, daß es sich dabei um ein Minimum handelt, sofern das Potential konvex ist:

$$\Pi = \Pi^i + \Pi^a = \text{Minimum} \ . \tag{1.100}$$

Dies ist das *Prinzip vom Stationärwert (Minimum) des Gesamtpotentials*. Es läßt sich auch in folgender Form ausdrücken: unter allen zulässigen (mit den kinematischen Randbedingungen verträglichen) Deformationen machen die wahren Deformationen das Potential Π zu einem Stationärwert (Minimum). Angemerkt sein, daß das Potential bei einem linear elastischen Material und festen Spannungs- oder Verschiebungsrandbedingungen tatsächlich konvex ist, in der Gleichgewichtslage also ein Minimum annimmt.

Aus (1.96) ergibt sich das *Prinzip der virtuellen Komplementärarbeit* (*Prinzip der virtuellen Kräfte*), wenn man als Verschiebungsgrößen die wirklichen Verschiebungen bzw. Verzerrungen einsetzt und als statisch zulässige Kraftgrößen virtuelle Änderungen aus der Gleichgewichtslage verwendet. Dann folgt

$$\delta \widetilde{W}^i = \delta \widetilde{W}^a \ , \tag{1.101}$$

wobei

$$\delta \widetilde{W}^i = \int_V \boldsymbol{\varepsilon} : \delta \boldsymbol{\sigma} \, \mathrm{d}V \ , \qquad \delta \widetilde{W}^a = \int_{\partial V_u} \hat{\boldsymbol{u}} \cdot \delta \boldsymbol{t} \, \mathrm{d}A \tag{1.102}$$

die *Komplementärarbeiten* der inneren und äußeren Kräfte sind. In Analogie zum Vorhergehenden führen wir bei elastischem Material das *innere Komplementärpotential*

$$\widetilde{\Pi}^i = \int_V \widetilde{U} \, \mathrm{d}V \tag{1.103}$$

ein. Existiert zusätzlich noch ein äußeres Komplementärpotential mit $\widetilde{\Pi}^a = -\widetilde{W}^a$, so ergibt sich aus (1.101)

$$\delta \widetilde{\Pi} = \delta(\widetilde{\Pi}^i + \widetilde{\Pi}^a) = 0 \ . \tag{1.104}$$

In der Gleichgewichtslage nimmt also auch das Komplementärpotential einen Stationärwert an. Es handelt sich dabei um ein Minimum, wenn $\widetilde{\Pi}$ konvex ist, was bei linear elastischen Systemen zutrifft:

$$\widetilde{\Pi} = \widetilde{\Pi}^i + \widetilde{\Pi}^a = \text{Minimum} \ . \tag{1.105}$$

Man nennt dies das *Prinzip vom Stationärwert (Minimum) des Komplementärpotentials*. Danach machen unter allen zulässigen (mit den statischen Randbedingungen verträglichen) Spannungsfeldern die wahren Spannungen das Komplementärpotential zu einem Stationärwert (Minimum).

Ebene Probleme

1.4.3 Satz von Clapeyron, Satz von Betti

Wir führen jetzt in (1.96) als statische und kinematische Größen die wirklichen, aktuellen Größen ein. Setzt man die äußeren Kräfte als Totlasten voraus ($t = t(x)$), so entspricht die rechte Seite von (1.96) der Arbeit W^a dieser Kräfte vom undeformierten zum aktuellen, deformierten Zustand. Da Totlasten ein Potential besitzen, gilt zudem $W^a = -\Pi^a$. Für ein linear elastisches Material wird die linke Seite von (1.96) mit $\boldsymbol{\sigma} : \boldsymbol{\varepsilon} = 2U$ und (1.94) zu $2\Pi^i$. Damit erhält man den *Satz von Clapeyron*

$$2\Pi^i + \Pi^a = 0 \ . \tag{1.106}$$

Im Sonderfall eines inkompressiblen nichtlinear elastischen Materials in Form des Potenzgesetzes (1.57) erhält man unter Verwendung von (1.59) für die linke Seite von (1.96) zunächst $\frac{n+1}{n}\Pi^i$ und damit

$$\frac{n+1}{n}\Pi^i + \Pi^a = 0 \ . \tag{1.107}$$

Wir betrachten nun nochmals den Fall eines linear elastischen Materials mit dem Elastizitätsgesetz $\sigma_{ij} = C_{ijkl}\varepsilon_{kl}$ (vgl.(1.35a)). Wegen der Symmetrie des Elastizitätstensors ($C_{ijkl} = C_{jikl} = C_{ijlk} = C_{klij}$) gilt allgemein $\sigma_{ij}^{(1)}\varepsilon_{ij}^{(2)} = \sigma_{ij}^{(2)}\varepsilon_{ij}^{(1)}$. Integration über das Volumen liefert mit dem Arbeitssatz (1.96) den *Satz von Betti* (*Reziprozitätstheorem*)

$$\int_{\partial V} \boldsymbol{t}^{(1)} \cdot \boldsymbol{u}^{(2)} \, \mathrm{d}A = \int_{\partial V} \boldsymbol{t}^{(2)} \cdot \boldsymbol{u}^{(1)} \, \mathrm{d}A \ . \tag{1.108}$$

Danach sind für zwei verschiedene Belastungszustände (1), (2) eines Körpers die Arbeiten der Randlasten des einen Zustandes an den Verschiebungen des anderen Zustandes jeweils gleich.

1.5 Ebene Probleme

1.5.1 Allgemeines

Probleme der Festkörpermechanik sind vielfach ebene (zweidimensionale) Probleme, oder sie können näherungsweise als solche beschrieben werden. Besonders wichtig für die Anwendungen sind der ebene Verzerrungszustand (EVZ) und der ebene Spannungszustand (ESZ). Daneben besitzt der longitudinale („nichtebene") Schubspannungszustand noch eine gewisse Bedeutung. Zu ihrer Darstellung bedienen wir uns im weiteren der technischen Notation mit den Koordinaten x, y, z, den Verschiebungen u, v, w, den Verzerrungen $\varepsilon_x, \gamma_{xy}, \ldots$ und den Spannungen $\sigma_x, \tau_{xy}, \ldots$.

Der *ebene Verzerrungszustand* ist dadurch gekennzeichnet, daß die Dehnungen bzw. Verschiebungen in einer Richtung (z.B. in z-Richtung) verhindert sind. In diesem Fall sind w, ε_z, γ_{xz}, γ_{yz}, τ_{xz}, τ_{yz} Null, und alle anderen Größen hängen nur von x und y ab. Die Gleichgewichtsbedingungen (ohne Volumenkräfte), die kinematischen Beziehungen und die Kompatibilitätsbedingungen reduzieren sich dann auf

$$\frac{\partial \sigma_x}{\partial x} + \frac{\partial \tau_{xy}}{\partial y} = 0, \qquad \frac{\partial \tau_{xy}}{\partial x} + \frac{\partial \sigma_y}{\partial y} = 0, \qquad (1.109)$$

$$\varepsilon_x = \frac{\partial u}{\partial x}, \qquad \varepsilon_y = \frac{\partial v}{\partial y}, \qquad \gamma_{xy} = \frac{\partial u}{\partial y} + \frac{\partial v}{\partial x}, \qquad (1.110)$$

$$\frac{\partial^2 \varepsilon_x}{\partial y^2} + \frac{\partial^2 \varepsilon_y}{\partial x^2} = \frac{\partial^2 \gamma_{xy}}{\partial x \partial y}. \qquad (1.111)$$

Auch das Stoffgesetz vereinfacht sich. So erhält man zum Beispiel aus (1.39) für ein isotropes, linear elastisches Material

$$\varepsilon_x = \frac{1-\nu^2}{E}(\sigma_x - \frac{\nu}{1-\nu}\sigma_y), \qquad \varepsilon_y = \frac{1-\nu^2}{E}(\sigma_y - \frac{\nu}{1-\nu}\sigma_x), \qquad \gamma_{xy} = \frac{\tau_{xy}}{G} \qquad (1.112)$$

sowie $\sigma_z = \nu(\sigma_x + \sigma_y)$.

Beim *ebenen Spannungszustand* wird angenommen daß σ_z, τ_{xz}, τ_{yz}, γ_{xz}, γ_{yz} verschwinden und die restlichen Spannungen und Verzerrungen von z unabhängig sind. Ein entsprechender Zustand tritt näherungsweise (nicht exakt) in Scheiben auf, deren Dicke klein ist im Vergleich zu den Abmessungen in der Ebene und die nur durch Kräfte in der Ebene belastet werden. Die Gleichgewichtsbedingungen, die kinematischen Beziehungen und die Kompatibilitätsbedingung stimmen mit den Gleichungen (1.109 – 1.111) des EVZ überein. Die Verschiebungen u, v, w sind jetzt allerdings im allgemeinen von z abhängig. Das Stoffgesetz lautet im Fall der linearen Elastizität bei Isotropie

$$\varepsilon_x = \frac{1}{E}(\sigma_x - \nu\sigma_y), \qquad \varepsilon_y = \frac{1}{E}(\sigma_y - \nu\sigma_x), \qquad \gamma_{xy} = \frac{\tau_{xy}}{G}; \qquad (1.113)$$

außerdem gilt $E\varepsilon_z = -\nu(\sigma_x + \sigma_y)$. Die Gleichungen (1.113) weichen von (1.112) nur durch geänderte Elastizitätskonstanten ab. Lösungen von Randwertproblemen des EVZ können demnach durch Änderung der elastischen Konstanten auf den ESZ übertragen werden und umgekehrt.

Häufig ist es erforderlich, die Spannungen in einem zum x, y-System um den Winkel φ gedrehten ξ, η-System anzugeben (Bild 1.8). Die entsprechenden Transformationsbeziehungen erhält man aus (1.6) zu

$$\begin{aligned}
\sigma_\xi &= \frac{1}{2}(\sigma_x + \sigma_y) + \frac{1}{2}(\sigma_x - \sigma_y)\cos 2\varphi + \tau_{xy}\sin 2\varphi, \\
\sigma_\eta &= \frac{1}{2}(\sigma_x + \sigma_y) - \frac{1}{2}(\sigma_x - \sigma_y)\cos 2\varphi - \tau_{xy}\sin 2\varphi, \qquad (1.114) \\
\tau_{\xi\eta} &= -\frac{1}{2}(\sigma_x - \sigma_y)\sin 2\varphi + \tau_{xy}\cos 2\varphi.
\end{aligned}$$

Sie können auch durch den Mohrschen Kreis in Bild 1.8 veranschaulicht werden.

Ebene Probleme

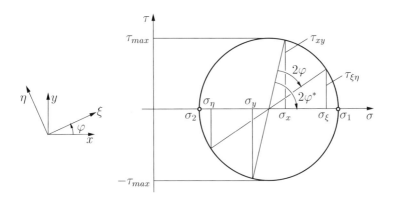

Bild 1.8 Mohrscher Spannungskreis

Eine Hauptrichtung ist sowohl im EVZ als auch im ESZ durch die z-Richtung gegeben. Die beiden anderen liegen in der x,y-Ebene; die hierzu gehörigen Hauptspannungen und Hauptrichtungen sind durch

$$\sigma_{1,2} = \frac{\sigma_x + \sigma_y}{2} \pm \sqrt{(\frac{\sigma_x - \sigma_y}{2})^2 + \tau_{xy}^2}, \qquad \tan 2\varphi^* = \frac{2\tau_{xy}}{\sigma_x - \sigma_y} \qquad (1.115)$$

bestimmt. In Schnitten unter $\varphi^{**} = \varphi^* \pm \pi/4$ tritt die Hauptschubspannung

$$\tau_3 = \frac{\sigma_1 - \sigma_2}{2} = \sqrt{(\frac{\sigma_x - \sigma_y}{2})^2 + \tau_{xy}^2} \qquad (1.116)$$

auf. Sie ist für $\sigma_1 \geq \sigma_z \geq \sigma_2$ auch die maximale Schubspannung $\tau_{\max}$.

Die hier angegebenen Formeln für die Spannungen können sinngemäß auf die Verzerrungen, die Verzerrungsinkremente und die Verzerrungsgeschwindigkeiten übertragen werden.

Der *nichtebene* oder *longitudinale Schubspannungszustand* zeichnet sich dadurch aus, daß alle Größen bis auf w, γ_{xz}, γ_{yz}, τ_{xz}, τ_{yz} verschwinden; diese sind wiederum unabhängig von z. Die Gleichgewichtsbedingung, die kinematischen Beziehungen und die Kompatibilitätsbedingung lauten in diesem Fall

$$\frac{\partial \tau_{xz}}{\partial x} + \frac{\partial \tau_{yz}}{\partial y} = 0, \qquad \gamma_{xz} = \frac{\partial w}{\partial x}, \qquad \gamma_{yz} = \frac{\partial w}{\partial y}, \qquad \frac{\partial \gamma_{xz}}{\partial y} = \frac{\partial \gamma_{yz}}{\partial x}. \qquad (1.117)$$

Für linear elastisches Material gilt das Stoffgesetz

$$\gamma_{xz} = \tau_{xz}/G, \qquad \gamma_{yz} = \tau_{yz}/G. \qquad (1.118)$$

Seiner Einfachheit wegen wird der longitudinale Schubspannungszustand häufig als Modellfall herangezogen.

In der Plastizität und Viskoelastizität werden die Deformationen in der Regel nicht unmittelbar durch die totalen Verschiebungen und Verzerrungen sondern durch deren Inkremente bzw. durch Geschwindigkeiten beschrieben. In diesem Fall sind in den vorhergehenden Gleichungen die kinematischen Größen sinngemäß zu ersetzen.

1.5.2 Lineare Elastizität, Komplexe Methode

Zur Lösung von ebenen Problemen der linearen Elastizitätstheorie existiert eine Reihe von Verfahren. Eines der fruchtbarsten ist die Methode der komplexen Spannungsfunktionen, die hier kurz erläutert werden soll.

Bei diesem Lösungsverfahren werden die Spannungen und Verschiebungen als Funktionen der komplexen Variablen $z = x + \mathrm{i}y = re^{\mathrm{i}\varphi}$ bzw. der konjugiert komplexen Variablen $\bar{z} = x - \mathrm{i}y = re^{-\mathrm{i}\varphi}$ aufgefaßt. Man kann dann zeigen, daß Lösungen der Grundgleichungen des EVZ und des ESZ aus nur zwei komplexen Funktionen $\Phi(z)$ und $\Psi(z)$ konstruiert werden können. Ihr Zusammenhang mit den kartesischen Komponenten von Spannung und Verschiebung ist durch die *Kolosovschen Formeln*

$$\begin{aligned}
\sigma_x + \sigma_y &= 2[\Phi'(z) + \overline{\Phi'(z)}]\,,\\
\sigma_y - \sigma_x + 2\mathrm{i}\tau_{xy} &= 2[\bar{z}\Phi''(z) + \Psi'(z)]\,,\\
2\mu\,(u + \mathrm{i}v) &= \kappa\Phi(z) - z\overline{\Phi'(z)} - \overline{\Psi(z)}\,,
\end{aligned} \quad (1.119\mathrm{a})$$

mit

$$\kappa = \begin{cases} 3 - 4\nu & \text{EVZ} \\ (3-\nu)/(1+\nu) & \text{ESZ} \end{cases} \quad (1.119\mathrm{b})$$

gegeben. Vielfach ist es zweckmäßig, Polarkoordinaten r, φ (Bild 1.9) zu verwenden; dann gilt

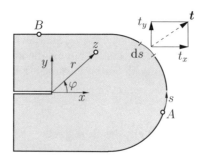

Bild 1.9 Komplexe Ebene

Ebene Probleme

$$\begin{aligned}
\sigma_r + \sigma_\varphi &= 2[\Phi'(z) + \overline{\Phi'(z)}] \,, \\
\sigma_\varphi - \sigma_r + 2\mathrm{i}\tau_{r\varphi} &= 2[z\Phi''(z) + \Psi'(z)z/\bar{z}] \,, \\
2\mu(u_r + \mathrm{i}u_\varphi) &= [\kappa\Phi(z) - z\overline{\Phi'(z)} - \overline{\Psi(z)}]e^{-\mathrm{i}\varphi} \,.
\end{aligned} \qquad (1.120)$$

Bei der Formulierung von Randbedingungen werden verschiedentlich noch die Beziehungen zwischen Φ, Ψ und den resultierenden Kraftkomponenten X, Y auf den Bogen $\overline{AB}$ bzw. deren Moment M bezüglich des Ursprungs benötigt (Bild 1.9). Es gelten

$$\begin{aligned}
X + \mathrm{i}Y &= \int_A^B (t_x + \mathrm{i}t_y)\mathrm{d}s = -\mathrm{i}\left[\Phi(z) + \overline{\Psi(z)} + z\overline{\Phi'(z)}\right]_A^B \,, \\
M &= \int_A^B (x\,t_y - y\,t_x)\mathrm{d}s = -\mathrm{Re}\left[z\bar{z}\Phi'(z) + z\Psi(z) - \int \Psi(z)\mathrm{d}z\right]_A^B \,.
\end{aligned} \qquad (1.121)$$

Lösungen des longitudinalen Schubspannungszustandes lassen sich besonders einfach darstellen. In diesem Fall können die Spannungen und die Verschiebung aus alleine einer komplexen Funktion $\Omega(z)$ gewonnen werden:

$$\begin{aligned}
\tau_{xz} - \mathrm{i}\tau_{yz} &= (\tau_{rz} - \mathrm{i}\tau_{\varphi z})e^{-\mathrm{i}\varphi} = \Omega'(z) \,, \\
\mu w &= \mathrm{Re}\,\Omega(z) \,.
\end{aligned} \qquad (1.122)$$

1.5.3 Idealplastisches Material, Gleitlinienfelder

Die Lösung von Randwertproblemen der Plastomechanik gelingt in vielen Fällen nur unter Einsatz numerischer Methoden, wie zum Beispiel des Verfahrens der Finiten Elemente. Eines der wenigen Verfahren, das eine weitgehend analytische Behandlung zuläßt, ist die *Gleitlinientheorie*. Sie erlaubt die Untersuchung von Spannungen und Deformationen im Fall des ebenen Verzerrungszustandes bei Vorliegen eines starr-idealplastischen Materials, für das wir hier die von Misessche Fließbedingung zugrunde legen wollen.

Aus der Bedingung $\mathrm{d}\varepsilon_z^p = 0$ folgt zunächst mit $\mathrm{d}\varepsilon_{ij}^p = \mathrm{d}\varepsilon_{ij}'$ und (1.84a) für die Spannung $\sigma_z' = 0$ bzw. $\sigma_z = \sigma_3 = (\sigma_x + \sigma_y)/2 = \sigma_m$. Die Fließbedingung (1.78) vereinfacht sich damit zu

$$(\sigma_x - \sigma_y)^2 + 4\tau_{xy}^2 = 4k^2 \,, \qquad (1.123)$$

womit für die Hauptspannungen $\sigma_1 = \sigma_m + k$, $\sigma_2 = \sigma_m - k$ und für die maximale Schubspannung $\tau_{\max} = k$ gelten. Die Fließbedingung stellt zusammen mit den Gleichgewichtsbedingungen (1.109) ein hyperbolisches System von drei Gleichungen für die drei Unbekannten σ_x, σ_y und τ_{xy} dar.

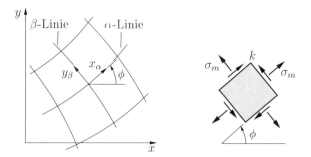

Bild 1.10   Gleitlinien

Es ist nun zweckmäßig ein orthogonales Netz von α- und β-Linien einzuführen, deren Richtungen in jedem Punkt mit den Hauptschubspannungsrichtungen übereinstimmen (Bild 1.10). Da letztere mit den Richtungen maximaler Gleitungsänderung zusammenfallen nennt man sie *Gleitlinien*. Es sei angemerkt, daß diese Linien die *Charakteristiken* des hyperbolischen Gleichungssystems sind. Bezeichnet man den Winkel zwischen der x-Achse und der Tangente an die α-Linie (=Hauptschubspannungsrichtung) mit ϕ, so folgen mit (1.114) die Beziehungen

$$\sigma_x = \sigma_m - k \sin 2\phi\,, \qquad \sigma_y = \sigma_m + k \sin 2\phi\,, \qquad \tau_{xy} = k \cos 2\phi\,. \qquad (1.124)$$

Sie erfüllen die Fließbedingungen identisch. Einsetzen in die Gleichgewichtsbedingungen (1.109) liefert

$$\frac{\partial \sigma_m}{\partial x} - 2\,k \cos 2\phi\, \frac{\partial \phi}{\partial x} - 2\,k \sin 2\phi\, \frac{\partial \phi}{\partial y} = 0\,,$$
$$\frac{\partial \sigma_m}{\partial y} - 2\,k \sin 2\phi\, \frac{\partial \phi}{\partial x} + 2\,k \cos 2\phi\, \frac{\partial \phi}{\partial y} = 0\,.$$

Da die Wahl des Koordinatensystems x, y beliebig ist, können wir auch ein lokales System x_α, y_β verwenden, dessen Achsen in Richtung der Tangenten an die α- bzw. an die β-Linie zeigen (Bild 1.10). Mit $\phi = 0$ vereinfachen sich die obigen Beziehungen dann zu gewöhnlichen Differentialgleichungen entlang der Gleitlinien:

$$\frac{\mathrm{d}}{\mathrm{d}x_\alpha}(\sigma_m - 2\,k\,\phi) = 0\,, \qquad \frac{\mathrm{d}}{\mathrm{d}y_\beta}(\sigma_m + 2\,k\,\phi) = 0\,.$$

Ebene Probleme

Integration liefert die *Henckyschen Gleichungen*

$$\sigma_m - 2k\phi = C_\alpha = \text{const} \quad \text{entlang } \alpha\text{-Linie},$$
$$\sigma_m + 2k\phi = C_\beta = \text{const} \quad \text{entlang } \beta\text{-Linie}. \quad (1.125)$$

Sie erlauben bei gegebenen Spannungsrandbedingungen die Bestimmung von C_α, C_β und damit des Gleitlinien- und Spannungsfeldes. Liegen dagegen kinematische Randbedingungen vor, so reichen die Gleichungen (1.125) nicht aus. Es müssen dann noch die kinematischen Beziehungen herangezogen werden. Darauf soll hier jedoch nicht näher eingegangen werden.

Ohne Herleitung sei auf zwei geometrische Eigenschaften des Gleitlinienfeldes hingewiesen. Nach dem 1.Henckyschen Satz ist der Winkel zwischen zwei Gleitlinien einer Familie (α) im Bereich des Schnittes mit Gleitlinien der anderen Familie (β) konstant. Befindet sich danach in einer Familie ein Geradenstück, so besteht die gesamte Familie aus Geraden (z.B. parallele Geraden, Fächer). Der 2.Henckysche Satz besagt, daß bei Fortschreiten längs einer Gleitlinie sich der Krümmungsradius der orthogonalen Schar proportional zur zurückgelegten Strecke ändert. Erwähnt sei noch, daß eine Gleitlinie auch eine Unstetigkeitslinie für die Normalspannung tangential zur Gleitlinie bzw. für die Tangentialgeschwindigkeit sein kann.

Analog zum ebenen Verzerrungszustand läßt sich der longitudinale Schubspannungszustand behandeln. Hier lauten die Fließbedingung und die Gleichgewichtsbedingung

$$\tau_{xz}^2 + \tau_{yz}^2 = k^2 = \tau_F^2, \quad \frac{\partial \tau_{xz}}{\partial x} + \frac{\partial \tau_{yz}}{\partial y} = 0. \quad (1.126)$$

Wir führen nun wieder α-Linien ein, deren Richtung ϕ die Schnitte kennzeichnet, in denen die Fließspannung τ_F auftritt; auf β-Linien können wir verzichten. Mit

$$\tau_{xz} = -\tau_F \sin\phi, \quad \tau_{yz} = \tau_F \cos\phi \quad (1.127)$$

liefert dann die Gleichgewichtsbedingung

$$\frac{d\phi}{dx_\alpha} = 0. \quad (1.128)$$

Die α-Linien sind demnach Geraden.

Die Fließregel $d\varepsilon_{ij} = d\varepsilon_{ij}^p = d\lambda\, \sigma'_{ij}$ nach Abschnitt 1.3.3.2 läßt sich in diesem Fall mit

$$2\varepsilon_{13} = \gamma_{xz} = \frac{\partial w}{\partial x}, \quad 2\varepsilon_{23} = \gamma_{yz} = \frac{\partial w}{\partial y} \quad (1.129)$$

als

$$d\left(\frac{\partial w}{\partial x}\right) = \frac{\partial(dw)}{\partial x} = 2\,d\lambda\,\tau_{xz}, \quad d\left(\frac{\partial w}{\partial y}\right) = \frac{\partial(dw)}{\partial y} = 2\,d\lambda\,\tau_{yz} \quad (1.130)$$

schreiben. Ersetzt man das x, y-Koordinatensystem durch das gleichberechtigte x_α, y_β-System, so nimmt sie mit (1.127) und $\phi = 0$ die Form

$$\frac{\partial (\mathrm{d}w)}{\partial x_\alpha} = 0 \ , \qquad \frac{\partial (\mathrm{d}w)}{\partial y_\beta} = 2\,\mathrm{d}\lambda\,\tau_F \qquad (1.131)$$

an. Längs der α-Linie sind die Verschiebungsänderungen $\mathrm{d}w$ danach konstant. Geht man von einem undeformierten Anfangszustand aus, so erfahren also beim Fließen alle Punkte auf einer α-Linie die gleiche Verschiebung w.

2 Klassische Bruch- und Versagenshypothesen

In diesem Kapitel soll ein kurzer Einblick in einige klassische Bruch- und Versagenshypothesen für statische Materialbeanspruchung gegeben werden. Das Wort *klassisch* deutet in diesem Zusammenhang an, daß die meisten dieser *Festigkeitshypothesen*, wie sie auch genannt werden, schon älteren Datums sind. Sie gehen teilweise auf Überlegungen Ende des 19. bzw. Anfang des 20.Jahrhunderts zurück, und sie sind untrennbar mit der Entwicklung der Festkörpermechanik verbunden. Durch die moderne Bruchmechanik wurden sie, was die Forschung betrifft, etwas in den Hintergrund gedrängt. Wegen ihrer weiten Verbreitung, die nicht zuletzt mit ihrer Einfachheit zusammenhängt, haben sie jedoch eine beachtliche Bedeutung.

2.1 Grundbegriffe

Festigkeitshypothesen sollen eine Aussage darüber machen, unter welchen Umständen ein Material versagt. Ausgangspunkt sind dabei Experimente unter speziellen, meist einfachen Belastungszuständen. Als Beispiel sind in Bild 2.1 zwei typische Spannungs-Dehnungs-Verläufe für Materialien unter einachsigem Zug schematisch dargestellt. Bis zu einer bestimmten Grenze verhalten sich viele Werkstoffe im wesentlichen rein elastisch. Bei *duktilem* Verhalten treten nach Überschreiten der *Fließgrenze* plastische Deformationen auf. Die *Bruchgrenze* wird in diesem Fall erst nach hinreichend großen inelastischen Deformationen erreicht. Im Gegensatz dazu ist *sprödes* Materialverhalten dadurch gekennzeichnet, daß vor dem Bruch keine bemerkenswerten inelastischen Deformationen auftreten.

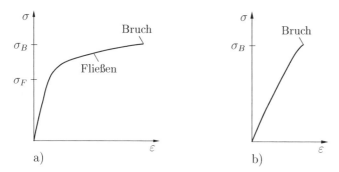

Bild 2.1 Materialverhalten: a) duktil, b) spröd

Abhängig von der Problemstellung kennzeichnet man häufig die *Festigkeit* bzw. das *Versagen* eines Materials durch die Fließgrenze oder durch die Bruchgrenze. Gemeinsam ist beiden, daß sich an ihnen das Materialverhalten drastisch ändert. An dieser Stelle sei darauf hingewiesen, daß duktiles bzw. sprödes Verhalten keine reinen Stoffeigenschaften sind. Vielmehr hat der Spannungszustand einen wesentlichem Einfluß auf das Materialverhalten. Als Beispiel sei nur erwähnt, daß ein hydrostatischer Spannungszustand bei Materialien, die als plastisch deformierbar gelten, im allgemeinen zu keinen inelastischen Deformationen führt. Unter bestimmten Beanspruchungen kann sich ein solcher Werkstoff also durchaus spröde verhalten.

Wir nehmen nun an, daß sowohl für den betrachteten einfachen Belastungszustand als auch für eine beliebig komplexe Beanspruchung das Verhalten des Materials und damit auch die Versagensgrenze alleine durch den aktuellen Spannungszustand oder Verzerrungszustand charakterisierbar sind. Dann kann die Versagensbedingung durch

$$F(\sigma_{ij}) = 0 \quad \text{oder} \quad G(\varepsilon_{ij}) = 0 \qquad (2.1)$$

ausgedrückt werden. Wie die Fließbedingung, die ja durch (2.1) miterfaßt wird, kann man die Versagensbedingung $F(\sigma_{ij}) = 0$ als *Versagensfläche* im sechsdimensionalen Raum der Spannungen bzw. im dreidimensionalen Raum der Hauptspannungen deuten. Ein Spannungszustand σ_{ij} auf der Fläche $F = 0$ charakterisiert dabei Versagen infolge Fließen oder Bruch.

Eine Versagensbedingung der Art (2.1) setzt voraus, daß der Materialzustand beim Versagen unabhängig von der Deformationsgeschichte ist. Dies kann mit hinreichender Genauigkeit auf das erstmalige Einsetzen des plastischen Fließens bei duktilen Materialien oder auf den Bruch von spröden Werkstoffen zutreffen. Daneben muß das Material bis zum Erreichen der Versagensgrenze als Kontinuum ohne makroskopische Defekte aufgefaßt werden können. Das bedeutet insbesondere, daß nicht etwa makroskopische Risse das Verhalten eines Werkstoffes bestimmen.

Der Deformationsprozeß bei plastisch verformbaren Werkstoffen – hierzu zählt man häufig auch Beton oder geologische Materialien – nach Erreichen der Fließgrenze kann durch die Fließregel beschrieben werden. Die Kinematik des Bruches bei sprödem Materialverhalten wird durch letztere nicht bestimmt. Einfache kinematische Aussagen sind dann im allgemeinen nur bei speziellen Spannungszuständen möglich.

2.2 Versagenshypothesen

Es ist formal möglich, beliebig viele Versagenshypothesen vom Typ (2.1) aufzustellen. Im folgenden sind einige gängige Bedingungen zusammengestellt, von denen ein Teil auf bestimmte Materialklassen mit technisch hinreichender

Genauigkeit angewendet werden kann. Ein Teil hat allerdings nur noch historische Bedeutung. Auf die von Misessche und die Trescasche Fließbedingung wird hier nicht nochmals eingegangen; sie sind in Abschnitt 1.3.3.1 diskutiert.

2.2.1 Hauptspannungshypothese

Diese Hypothese geht auf W.J.M. Rankine (1820–1872), G. Lamé (1795–1870) und C.L. Navier (1785–1836) zurück. Nach ihr wird das Materialverhalten durch zwei Kennwerte – die *Zugfestigkeit* σ_z und die *Druckfestigkeit* σ_d - bestimmt. Versagen wird angenommen, wenn die größte Hauptnormalspannung den Wert σ_z oder die kleinste Hauptnormalspannung die Grenze $-\sigma_d$ erreicht, das heißt, wenn eine der Bedingungen

$$\sigma_1 = \left\{ \begin{array}{l} \sigma_z, \\ -\sigma_d, \end{array} \right. \qquad \sigma_2 = \left\{ \begin{array}{l} \sigma_z, \\ -\sigma_d, \end{array} \right. \qquad \sigma_3 = \left\{ \begin{array}{l} \sigma_z, \\ -\sigma_d \end{array} \right. \qquad (2.2)$$

erfüllt ist. Die zugehörige Versagensfläche im Raum der Hauptspannungen ist durch die Oberfläche eines Würfels gegeben (Bild 2.2a). Als Versagenskurve für den ebenen Spannungszustand ($\sigma_3 = 0$) ergibt sich ein Quadrat (Bild 2.2b).

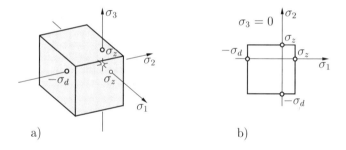

Bild 2.2 Hauptspannungshypothese

Die Hauptspannungshypothese soll in erster Linie das spröde Versagen von Werkstoffen beschreiben. Bei Zugbeanspruchung verbindet man mit ihr im allgemeinen die kinematische Vorstellung einer Dekohäsion der Schnittflächen senkrecht zur größten Hauptspannung. Die Hypothese vernachlässigt den Einfluß von zwei Hauptspannungen auf das Versagen; sie ist nur recht eingeschränkt anwendbar.

2.2.2 Hauptdehnungshypothese

Bei der von de Saint-Venant (1797–1886) und C. Bach (1889) vorgeschlagenen Hypothese wird angenommen, daß Versagen eintritt, wenn die größte Hauptdehnung einen kritischen Wert ε_z annimmt. Setzt man linear elastisches Verhalten bis zum

Versagen voraus und führen wir mit $\sigma_z = E\varepsilon_z$ die kritische Spannung σ_z ein, so folgen die Versagensbedingungen

$$\sigma_1 - \nu(\sigma_2 + \sigma_3) = \sigma_z \, , \quad \sigma_2 - \nu(\sigma_3 + \sigma_1) = \sigma_z \, , \quad \sigma_3 - \nu(\sigma_1 + \sigma_2) = \sigma_z \, . \quad (2.3)$$

Die Versagensfläche wird in diesem Fall durch eine dreiflächige Pyramide um die hydrostatische Achse mit dem Scheitel bei $\sigma_1 = \sigma_2 = \sigma_3 = \sigma_z/(1 - 2\nu)$ gebildet (Bild 2.3a). Die Versagenskurve für den ebenen Spannungszustand ist in Bild 2.3b dargestellt.

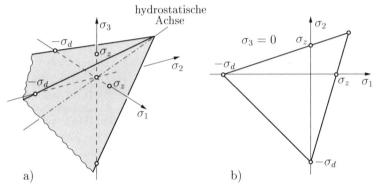

Bild 2.3 Hauptdehnungshypothese

Nach dieser Hypothese müßte Versagen unter einachsigem Druck bei einem Betrag $\sigma_d = \sigma_z/\nu$ auftreten. Für die meisten Werkstoffe widerspricht dies der experimentellen Erfahrung.

2.2.3 Formänderungsenergiehypothese

Die Hypothese von E. **Beltrami** (1835-1900) postuliert Versagen, wenn die Formänderungsenergiedichte U einen materialspezifischen kritischen Wert U_c erreicht: $U = U_c$. Dabei wird in der Regel von linear elastischem Verhalten bis zum Versagen ausgegangen. Führt man mit $U_c = \sigma_c^2/2E$ eine einachsige Versagensspannung σ_c ein und drückt man $U = U_V + U_G$ unter Verwendung von (1.51) durch die Hauptspannungen aus, so ergibt sich

$$(1+\nu)[(\sigma_1 - \sigma_2)^2 + (\sigma_2 - \sigma_3)^2 + (\sigma_3 - \sigma_1)^2] + (1 - 2\nu)(\sigma_1 + \sigma_2 + \sigma_3)^2 = 3\sigma_c^2 \, . \quad (2.4)$$

Die entsprechende Versagensfläche ist ein Rotationsellipsoid um die hydrostatische Achse mit den Scheiteln bei $\sigma_1 = \sigma_2 = \sigma_3 = \pm\sigma_c/\sqrt{3(1 - 2\nu)}$.

Nach dieser Hypothese kommt es bei hinreichend großen hydrostatischem Druck immer zum Versagen; dies steht in Widerspruch zu experimentellen Ergebnissen. Läßt man in U den Anteil U_V der Volumenänderungsenergiedichte weg (inkompressibles Material), so geht die Beltramische Hypothese in die von Misessche Fließbedingung über.

In neuerer Zeit wurde die Formänderungsenergiehypothese in modifizierter Form wieder zur Verwendung in Rißausbreitungskriterien vorgeschlagen (vgl. S-Kriterium, Abschnitt 4.9).

2.2.4 Coulomb-Mohr Hypothese

Diese Hypothese soll vor allem das Versagen infolge Gleiten bei geologischen und granularen Materialien, wie zum Beispiel Sand, Gestein oder Böden beschreiben. Solche Materialien können Zugspannungen nicht oder nur in beschränktem Maße aufnehmen.

Zur physikalischen Motivierung gehen wir von einer beliebigen Schnittfläche aus, in welcher die Normalspannung $-\sigma$ (Druck) und die Schubspannung τ herrschen. Das *Coulomb*sche Reibungsgesetz – angewandt auf die Spannungen – postuliert Gleiten, wenn τ einen kritischen Wert annimmt, der proportional zur Druckspannung $-\sigma$ ist: $|\tau| = -\sigma \tan \rho$. Darin ist ρ der materialabhängige *Reibungswinkel*. Für $-\sigma \to 0$ folgt aus diesem Gesetz auch $|\tau| \to 0$; Zugspannungen können in diesem Fall nicht auftreten. Vielfach setzt Gleiten für $\sigma = 0$ allerdings erst bei einer endlichen Schubspannung ein. Auch können die Materialien häufig beschränkte Zugspannungen aufnehmen. Es bietet sich dann an, von der modifizierten Gleitbedingung

$$|\tau| = -\sigma \tan \rho + c \tag{2.5}$$

auszugehen. Diese ist als *Coulomb-Mohr-Hypothese* bekannt (C.A. Coulomb (1736–1806); O. Mohr (1835–1918)). Den Parameter c bezeichnet man als *Kohäsion*.

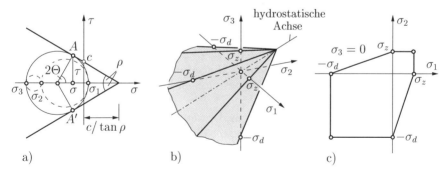

Bild 2.4 Coulomb-Mohr-Hypothese

Im σ-τ-Diagramm entsprechen der Gleitbedingung (2.5) zwei Geraden, welche die Einhüllende der zulässigen Mohrschen Kreise bilden (Bild 2.4a). Gleiten tritt für diejenigen Spannungszustände ein, bei denen der größte Mohrsche Kreis die Einhüllende gerade tangiert. Für die zugehörigen Hauptspannungen liest man die

Bedingung
$$\frac{|\sigma_1 - \sigma_3|}{2} = \left[\frac{c}{\tan\rho} - \frac{\sigma_1 + \sigma_3}{2}\right]\sin\rho \qquad (2.6)$$

ab. Hieraus ergibt sich zum Beispiel die Zugfestigkeit bei einachsiger Beanspruchung mit $\sigma_1 = \sigma_z$ und $\sigma_3 = 0$ zu $\sigma_z = 2c\cos\rho/(1+\sin\rho)$; analog folgt die Druckfestigkeit mit $\sigma_1 = 0$ und $\sigma_3 = -\sigma_d$ zu $\sigma_d = 2c\cos\rho/(1-\sin\rho)$. Angemerkt sei noch, daß (2.6) als Spezialfall für $\rho \to 0$ die Trescasche Fließbedingung beinhaltet (vgl. Abschnitt 1.3.3.1).

Es ist manchmal zweckmäßig, anstelle der Parameter ρ und c die Materialkennwerte σ_d und $\kappa = \sigma_d/\sigma_z$ zu verwenden. Aus (2.6) ergibt sich dann, daß für Gleiten eine der folgenden Bedingungen erfüllt sein muß:

$$\left.\begin{array}{r}\kappa\sigma_1 - \sigma_3 \\ -\sigma_1 + \kappa\sigma_3\end{array}\right\} = \sigma_d, \quad \left.\begin{array}{r}\kappa\sigma_2 - \sigma_1 \\ -\sigma_2 + \kappa\sigma_1\end{array}\right\} = \sigma_d, \quad \left.\begin{array}{r}\kappa\sigma_3 - \sigma_2 \\ -\sigma_3 + \kappa\sigma_1\end{array}\right\} = \sigma_d. \qquad (2.7)$$

Hierbei wurden die Hauptspannungen *nicht* von vornherein ihrer Größe nach geordnet. Die zugehörige Versagensfläche ist eine sechsflächige Pyramide um die hydrostatische Achse (Bild 2.4b). Ihr Scheitel befindet sich bei $\sigma_1 = \sigma_2 = \sigma_3 = \sigma_d/(\kappa - 1)$. Die Versagenskurve im ebenen Spannungszustand wird durch das in Bild 2.4c dargestellte Sechseck gebildet.

Wie eingangs erwähnt, nimmt man an, daß Gleiten in Schnitten stattfindet, in welchen (2.5) erfüllt ist. Ihnen entsprechen in Bild 2.4a die Punkte A und A'. Die Normale der Gleitebene liegt demgemäß in der von der größten Hauptspannung σ_1 und der kleinsten Hauptspannung σ_3 aufgespannten Ebene. Sie schließt mit der Richtung von σ_1 die Winkel

$$\Theta_{1,2} = \pm(45° - \rho/2) \qquad (2.8)$$

ein. Die mittlere Hauptspannung σ_2 hat nach dieser Hypothese keinen Einfluß auf das Versagen und den Versagenswinkel. Hingewiesen sei noch auf die Tatsache, daß Versagen entlang der durch (2.8) bestimmten Fläche nur dann eintritt, falls dies auch kinematisch möglich ist.

Das Ergebnis (2.8) für die Orientierung der Versagensfläche wird unter anderem in der Geologie dazu benutzt, um unterschiedliche Typen von Verwerfungen der Erdkruste zu erklären. Dabei wird davon ausgegangen, daß alle Hauptspannungen Druckspannungen sind ($|\sigma_3| \geq |\sigma_2| \geq |\sigma_1|$) und in vertikaler Richtung (senkrecht zur Erdoberfläche) bzw. horizontaler Richtung wirken. Eine *Normal-Verwerfung* wird danach mit einer Situation erklärt, bei der die vertikale Hauptspannung betragsmäßig größer ist als die in horizontaler Richtung wirkenden Hauptspannungen (Bild 2.5a). Bei einer *Schiebe-Verwerfung* wird dagegen angenommen, daß die vertikale Druckspannung die betragsmäßig kleinste Hauptspannung ist

Versagenshypothesen

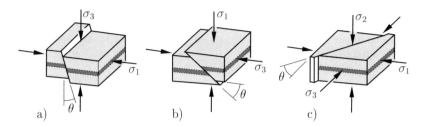

Bild 2.5 Verwerfungen

(Bild 2.5b). Schließlich bringt man eine *durchlaufende Verwerfung* in Verbindung mit einem vertikalen Druck σ_2, der betragsmäßig zwischen der größten und der kleinsten Hauptspannung liegt (Bild 2.5c).

Aus Experimenten geht hervor, daß die Coulomb-Mohr-Hypothese das Verhalten verschiedener Materialien zwar im Druckbereich gut, doch im Zugbereich weniger gut beschreibt. Verantwortlich hierfür kann in verschiedenen Fällen eine Änderung des Versagensmechanismus gemacht werden. Dies trifft insbesondere dann zu, wenn im Zugbereich Versagen nicht infolge Gleiten eintritt, sondern mit einer Dekohäsion der Schnittflächen senkrecht zur größten Zugspannung verbunden ist. Eine Möglichkeit zur Verbesserung der Versagensbedingung besteht dann zum Beispiel darin, die Versagensfläche durch Normalspannungsabschnitte (*tension cutoff*) zu modifizieren (Bild 2.6).

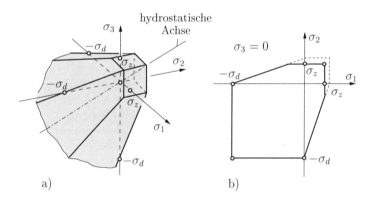

Bild 2.6 Tension cutoff

Die Hypothese (2.5) geht von einem linearen Zusammenhang zwischen τ und σ aus. Eine Verallgemeinerung der Art

$$|\tau| = h(\sigma) \tag{2.9}$$

wurde von O. Mohr (1900) vorgeschlagen, wobei die Funktion $h(\sigma)$ experimentell zu bestimmen ist. Letztere stellt im σ-τ-Diagramm die Einhüllende der zulässigen

Mohrschen Kreise dar (Bild 2.7). Wie schon bei der Hypothese (2.5) hat auch hier die mittlere Hauptspannung σ_2 keinen Einfluß auf das Versagen. Insofern kann man beide als spezielle (nicht allgemeine) Formen einer Versagensbedingung $F(\sigma_1, \sigma_3) = 0$ ansehen.

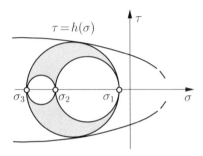

Bild 2.7 Mohrsche Versagenshypothese

2.2.5 Drucker-Prager-Hypothese

Nach der Hypothese von D.C. Drucker (1918-) und W. Prager (1903-1980) kommt es zum Versagen, wenn die Bedingung

$$F(I_\sigma, II_{\sigma'}) = \alpha\, I_\sigma + \sqrt{II_{\sigma'}} - k = 0 \qquad (2.10\text{a})$$

erfüllt ist. Darin sind I_σ, $II_{\sigma'}$ Invarianten des Spannungstensors bzw. seines Deviators und α, k Materialparameter. Mit $\sigma_m = \sigma_{\text{oct}} = I_\sigma/3$ und $\tau_{\text{oct}} = \sqrt{2\, II_{\sigma'}/3}$ kann man (2.10) ähnlich wie die Mohr-Coulomb-Hypothese deuten. Versagen tritt danach ein, wenn die Oktaederschubspannung τ_{oct} einen Wert annimmt, der linear von der mittleren Normalspannung σ_m abhängt (vgl.(2.5)):

$$\tau_{\text{oct}} = -\sqrt{6}\, \alpha\, \sigma_m + \sqrt{2/3}\, k \; . \qquad (2.10\text{b})$$

Die durch (2.10) aufgespannte Versagensfläche im Raum der Hauptspannungen bildet einen Kreiskegel um die hydrostatische Achse mit dem Scheitel bei $\sigma_1 = \sigma_2 = \sigma_3 = k/3\alpha$ (Bild 2.8a). Die zugeordnete Versagenskurve für den ebenen Spannungszustand ($\sigma_3 = 0$) ist eine Ellipse (Bild 2.8b). Wie die Coulomb-Mohr-Hypothese findet die Drucker-Prager-Hypothese als Fließ- bzw. Bruchbedingung vorwiegend Anwendung bei granularen und geologischen Materialien. Für $\alpha = 0$ geht sie in die von Misessche Fließbedingung über.

Experimente zeigen, daß in manchen Fällen die Beschreibung der Versagensbedingung mittels zweier Materialparameter nicht hinreichend ist. Sie muß dann geeignet modifiziert werden. Als Beispiel sei eine Möglichkeit der Erweiterung der Drucker-Prager-Hypothese angegeben, welche verschiedentlich Anwendung findet:

$$F(I_\sigma, II_{\sigma'}) = \alpha I_\sigma + \sqrt{II_{\sigma'} + \beta I_\sigma^2} - k = 0 \,. \tag{2.11}$$

Darin ist β ein weiterer Materialkennwert.

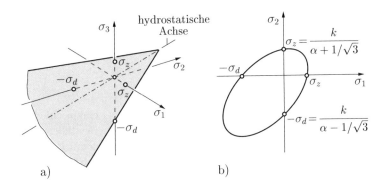

Bild 2.8 Drucker-Prager-Hypothese

2.3 Deformationsverhalten beim Versagen

Die Versagensbedingungen alleine lassen keinen unmittelbaren Schluß auf das Deformationsverhalten bzw. die Kinematik beim Versagen zu. Aussagen hierüber kann man nur dann machen, wenn mit der Versagenhypothese a priori eine bestimmte kinematische Vorstellung verbunden ist, oder wenn man eine solche Annahme zusätzlich einführt.

Beim Versagen infolge Bruch wird ein Körper in zwei oder mehrere Teile getrennt. Dies geht einher mit der Schaffung neuer Oberflächen, d.h. der Bildung von *Bruchflächen*. Der dabei ablaufende kinematische Vorgang kann mit einfachen Mitteln nicht beschrieben werden. Nur bei hinreichend gleichförmigen Spannungszuständen lassen sich Aussagen treffen, die sich an experimentellen Erfahrungen orientieren. Letztere zeigen zwei Grundmuster der Bildung von Bruchflächen. Beim *normalflächigen Bruch* fällt die Bruchfläche mit der Schnittfläche zusammen, in der die größte Hauptnormalspannung wirkt; diese muß eine Zugspannung sein (Bild 2.9a). Wird die Bruchfläche dagegen von Schnitten gebildet, in denen eine bestimmte Schubspannung (z.B. τ_{max}, τ_{oct} etc.) einen kritischen Wert annimmt, so spricht man von einem *scherflächigen Bruch* (Bild 2.9b). Abhängig vom Spannungszustand und vom Materialverhalten treten diese beiden Typen auch in vielfältigen Mischformen auf.

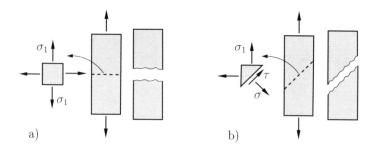

Bild 2.9 Bruchflächen

Kennzeichnet "Versagen" das Einsetzen von Fließen, so entspricht die Versagensbedingung einer Fließbedingung. Im Rahmen der inkrementellen Plastizität lassen sich dann die beim Fließen auftretenden Deformationen mit Hilfe der Fließregel $d\varepsilon_{ij}^p = d\lambda\, \partial F/\partial \sigma_{ij}$ beschreiben (vgl. Abschnitt 1.3.3.2). Für die von Misessche und die Trescasche Fließbedingung sind die entsprechenden Gleichungen in (1.84) und (1.85) zusammengestellt. Als Beispiel seien hier noch die inkrementellen Spannungs-Dehnungs-Beziehungen für das Drucker-Prager-Modell angegeben. Vorausgesetzt sei dabei, daß die Fließfläche unabhängig von der Deformationsgeschichte ist (ideal plastisches Material). Die Fließregel liefert in diesem Fall mit (2.10), $I_\sigma = \sigma_{kk} = \sigma_{ij}\delta_{ij}$ und $II_{\sigma'} = \frac{1}{2}\sigma'_{ij}\sigma'_{ij}$ formal das Ergebnis

$$d\varepsilon_{ij}^p = d\lambda \left(\alpha\, \delta_{ij} + \frac{\sigma'_{ij}}{2\sqrt{II_{\sigma'}}} \right). \tag{2.12}$$

Auf die Bestimmung von $d\lambda$ sei hier verzichtet. Es sei angemerkt, daß nach (2.12) im allgemeinen plastische Volumenänderungen auftreten; für das entsprechende Inkrement ergibt sich $d\varepsilon_{kk}^p = 3\alpha\, d\lambda$. Experimente legen allerdings nahe, daß bei granularen Materialien die assoziierte Fließregel nicht gültig ist. Fließen erfolgt hier also nicht senkrecht zur Fließfläche. Gleichung (2.12) sollte folglich für solche Werkstoffe nicht verwendet werden.

3 Ursachen und Erscheinungsformen des Bruchs

Die Ursachen und Erscheinungsformen des Bruchs sind sehr vielgestaltig. Dies liegt daran, daß die Phänomene entscheidend von den mikroskopischen Eigenschaften des Werkstoffes bestimmt werden, welche wiederum von Material zu Material stark variieren. In diesem Buch steht die kontinuumsmechanische Beschreibung des makroskopischen Bruchverhaltens im Vordergrund. Hierfür ist es jedoch vorteilhaft, einen gewissen Eindruck vom mikroskopischen Geschehen zu besitzen. Aus diesem Grund sind in diesem Kapitel sowohl einige mikroskopische als auch makroskopische Aspekte zusammengestellt. Erstere haben allerdings nur exemplarischen Charakter und orientieren sich an Erscheinungen in kristallinen bzw. polykristallinen Materialien, zu denen unter anderen die Metalle zählen.

3.1 Mikroskopische Aspekte

3.1.1 Oberflächenenergie, Theoretische Festigkeit

Bruch ist die Trennung eines ursprünglich ganzen Körpers in zwei oder mehrere Teile. Dabei werden die Bindungen zwischen den Bausteinen des Materials gelöst. Auf mikroskopischer Ebene sind dies zum Beispiel die Bindungen zwischen Atomen, Ionen, Molekülen etc.. Die Bindungskraft zwischen solchen zwei Elementen kann durch eine Beziehung

$$F = -\frac{a}{r^m} + \frac{b}{r^n} \qquad (3.1)$$

ausgedrückt werden (Bild 3.1a). Darin sind a, b, m, n ($m < n$) Konstanten, die vom Typ der Bindung abhängen. Für kleine Auslenkungen aus der Gleichgewichtslage d_0 kann $F(r)$ durch einen linearen Verlauf approximiert werden; dies entspricht einem Stoffgesetz, wie es sich makroskopisch im Hookeschen Gesetz manifestiert.

Bei der Lösung der Bindung, d.h. der Trennung der Elemente, leistet die Bindungskraft eine materialspezifische Arbeit W^B, die negativ ist. Infolge der Trennung ändert sich zum Beispiel bei einem idealen Kristall die Gittergeometrie in der unmittelbaren Umgebung der neugeschaffenen Oberfläche. Diese Änderung ist auf einige Gitterabstände ins Innere hinein beschränkt. Sieht man von etwaigen dissipativen Vorgängen ab, und betrachtet man das Material vom makroskopischen Standpunkt als Kontinuum, so kann man die Arbeit der Bindungskräfte als *Oberflächenenergie* (= gespeicherte Energie an der Oberfläche) wiederfinden.

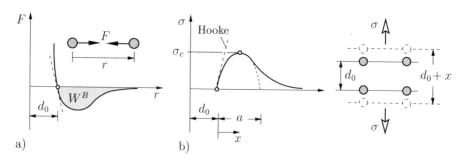

Bild 3.1 Theoretische Festigkeit

Diese ist definiert als
$$\Gamma^0 = \gamma^0 A, \qquad (3.2)$$
worin A die neugeschaffene Oberfläche und γ^0 die *spezifische Oberflächenenergie* sind.

Im weiteren betrachten wir als Beispiel den Trennvorgang von zwei Atomebenen eines Kristallgitters, wobei wir für die dabei auftretende Spannung σ einen Verlauf ähnlich zur Bindungskraft annehmen (Bild 3.1b). Dieser kann im Zugspannungsbereich durch eine Beziehung $\sigma \approx \sigma_c \sin(\pi x/a)$ approximiert werden. Für kleine Verschiebungen x folgt hieraus $\sigma \approx \sigma_c \pi x/a$. Gleichsetzen mit dem Hookeschen Gesetz $\sigma = E\varepsilon = Ex/d_0$ liefert für die bei der Trennung zu überwindende *Kohäsionsspannung* oder sogenannte *Theoretische Festigkeit*
$$\sigma_c \approx E \frac{a}{\pi d_0}. \qquad (3.3)$$
Nehmen wir zusätzlich noch an, daß die Bindung für $a \approx d_0$ vollständig gelöst ist, so erhält man die Abschätzung
$$\sigma_c \approx \frac{E}{\pi}. \qquad (3.4)$$

Aus der Arbeit der Spannung läßt sich mit den getroffenen Annahmen auch die Oberflächenenergie γ^0 bestimmen. Unter Beachtung, daß bei der Trennung *zwei* neue Oberflächen geschaffen werden, ergibt sich zunächst
$$2\gamma^0 = \int_0^\infty \sigma(x)\mathrm{d}x \approx \int_0^a \sigma_c \sin\frac{\pi x}{a}\mathrm{d}x = \sigma_c \frac{2a}{\pi}. \qquad (3.5)$$
Mit $a \approx d_0$ und (3.4) folgt hieraus
$$\gamma^0 \approx \frac{E d_0}{\pi^2}. \qquad (3.6)$$
Wendet man die Beziehungen (3.4) und (3.6) auf Eisen bzw. Stahl an, so errechnen sich mit $E = 2{,}1 \cdot 10^5$ MPa und $d_0 = 2{,}5 \cdot 10^{-10}$ m die Ergebnisse

$\sigma_c \approx 0,7 \cdot 10^5 \text{MPa}$, $\gamma^0 \approx 5 \text{ J/m}^2$. Entsprechenden Werten kann man allerdings nur bei defektfreien Einkristallen (Whiskern) nahekommen. Bei realem, polykristallinem Material ist die Bruchfestigkeit dagegen um zwei bis drei Zehnerpotenzen geringer. Gleichzeitig übersteigt der Energiebedarf bei der Schaffung neuer Bruchoberflächen den Wert nach (3.6) um mehrere Zehnerpotenzen. Die Ursachen hierfür liegen in der inhomogenen Struktur des Materials und vor allem in seinen Defekten.

3.1.2 Mikrostruktur und Defekte

Polykristallines Material besteht aus Kristallen (Körner), die entlang der Korngrenzen miteinander verbunden sind. Die einzelnen Kristalle haben anisotrope Eigenschaften; die Orientierung ihrer kristallografischen Ebenen bzw. Achsen ändert sich von Korn zu Korn. Die Eigenschaften der Korngrenzen weichen zudem von denen der Körner zum Beispiel aufgrund von Ausscheidungen ab.

Neben diesen Unregelmäßigkeiten im Materialaufbau enthält ein reales Material von Anfang an eine Anzahl von Defekten unterschiedlicher Größenordnung. Von der charakteristischen Länge einer oder mehrerer Kornabmessungen können zum Beispiel durch den Herstellungsprozeß bedingte Einschlüsse mit stark abweichenden Materialeigenschaften, Hohlräume oder Mikrorisse sein. Aus physikalischer Sicht spricht man dabei meist von Defekten auf der *Mesoskala*. Hinzu kommen die Defekte auf der *Mikroskala*, worunter Fehler im Kristallgitter selbst verstanden werden. Man unterscheidet dabei Punktimperfektionen (Leerstellen, Zwischengitteratome, Fremdatome), Linienimperfektionen (Versetzungen) und Flächenimperfektionen (Kleinwinkelkorngrenzen, Großwinkelkorngrenzen, Zwillingsgrenzen).

Eine besondere Rolle hinsichtlich des mechanischen Verhaltens spielen die *Versetzungen*. Die Geometrie dieser Gitterstörung ist in Bild 3.2a für die *Stufenversetzung* und in Bild 3.2b für die *Schraubenversetzung* dargestellt. Charakterisiert werden kann eine Versetzung durch den *Burgers-Vektor* **b** (J.M. Burgers (1895-1981)): bei der Stufenversetzung steht **b** senkrecht auf der *Versetzungslinie*, bei der Schraubenversetzung zeigt **b** in Richtung der Versetzungslinie (Bild 3.2a,b). Es sei angemerkt, daß Versetzungen ein Eigenspannungsfeld bewirken, dem eine elastische Energie zugeordnet werden kann (vgl. Abschnitt 8.2.1).

Unter der Wirkung von Schubspannungen kommt es in der Umgebung der Versetzungslinie zur Umordnung der Atome und damit zu einer Verschiebung der Versetzung (Bild 3.2c). Die dabei geleistete Arbeit wird im wesentlichen als Wärme (= Gitterschwingung) dissipiert. Die Bewegung von Versetzungen hat ein "Abgleiten" der Gitterebenen zur Folge und kann zur Bildung einer neuen Oberfläche führen (Bild 3.2d). Auf diesen mikroskopischen Mechanismus ist das makroskopisch plastische Materialverhalten zurückzuführen. Die Versetzungsbewegung innerhalb eines Kristalls ist dabei häufig nicht gleichförmig verteilt, sondern in *Gleitbändern* lokalisiert. In der Regel können Versetzungen nicht

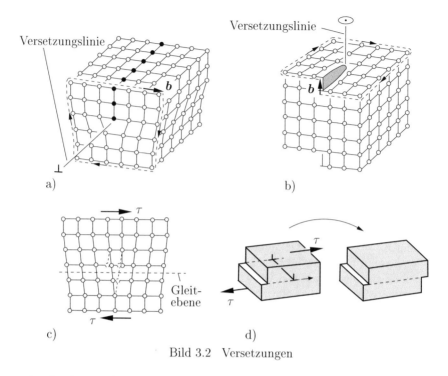

Bild 3.2 Versetzungen

unbeschänkt wandern. Vielmehr stauen sie sich an Hindernissen, wie zum Beispiel Einschlüssen oder Korngrenzen auf. Makroskopisch macht sich dieser Versetzungsstau als Verfestigung bemerkbar.

3.1.3 Rißbildung

In polykristallinen Werkstoffen gibt es beim Deformationsprozeß unterschiedliche Mechanismen der Bildung von Mikrorissen im zunächst rißfreien Material. Eine Trennung der Atomebenen ohne begleitende Versetzungsbewegung kommt in dieser Reinheit kaum vor. Mikrorißbildung und -ausbreitung ist praktisch immer mit mehr oder weniger stark ausgeprägten mikroplastischen Vorgängen verbunden.

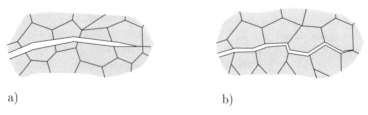

Bild 3.3 a) transkristalliner Riß, b) interkristalliner Riß

Mikroskopische Aspekte

Ein wichtiger Mechanismus bei der Bildung von Mikrorissen ist der Stau von Versetzungen an einem Hindernis. Er bewirkt eine hohe Spannungskonzentration, die zur Lösung der Bindungen entlang bevorzugter Gitterebenen und damit zu einem Spaltriß (*cleavage*) führen kann. Durchläuft ein solcher Riß mehrere Körner, so ändert sich die Orientierung der Trennfläche entsprechend den lokalen Vorzugsrichtungen der Kristalle (Bild 3.3a). Man bezeichnet solch einen Bruch als *transkristallin*.

Bei hinreichend schwachen Bindungen entlang der Korngrenzen kommt es – begünstigt durch Versetzungsstau und Korngrenzengleiten – dort zur Separation. Man spricht dann von einem *interkristallinen Bruch* (Bild 3.3b). Beide genannten Brucharten verlaufen makroskopisch *spröd*. Sie sind mit keinen oder nur sehr geringen makroskopisch inelastischen Deformationen verbunden, und sie benötigen eine geringe Energie.

Bild 3.4 Bildung und Wachstum von Poren

Ein Versetzungsstau bewirkt nicht nur eine Spannungskonzentration, sondern man kann ihn auch als die Ursache für die Bildung submikroskopischer Poren und Löcher verantwortlich machen. Dies ist in Bild 3.4 schematisch dargestellt: die Vereinigung von Versetzungen führt zur Bildung und zum Wachstum von Hohlräumen.

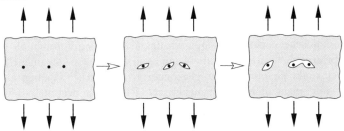

Bild 3.5 Bruch durch Lochbildung und -Vereinigung

Kristalline Werkstoffe sind häufig mehrphasig; sie enthalten eine hohe Zahl von Partikeln, die an den Korngrenzen oder in den Kristallen eingebettet sind. In ihrer Umgebung kommt es bei hinreichender Mobilität der Versetzungen vor einer Mikrorißbildung zunächst zu plastischen Deformationen. Der damit verbundene Versetzungsstau führt dann zur Bildung und zum Wachstum von Hohlräumen um die Partikel: deren Bindungen zur umgebenden Matrix werden gelöst. Mit zunehmender makroskopischer Deformation wachsen die Löcher durch mikroplastisches Fließen an, vereinigen sich und führen auf diese Weise zur Separation (Bild 3.5). Entsprechende Bruchoberflächen zeigen eine typische Struktur von *Waben* oder *Grübchen (dimples)*, die durch mikroplastisch stark verformte Zonen getrennt sind. Die für so einen Bruch erforderliche Energie ist um ein vielfaches größer als die des Spaltbruchs.

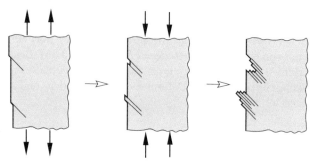

Bild 3.6 Bildung eines Ermüdungsrisses

Die Lokalisierung der Gleitvorgänge in Gleitbändern kann ebenfalls Anlaß zur Rißbildung sein. Insbesondere bei hinreichend großer wechselnder Belastung führt sie an der äußeren Oberfläche oder an Inhomogenitäten zu *Extrusionen* und *Intrusionen* (Bild 3.6). Ergebnis der zunehmenden "Aufrauhung" der Oberfläche ist die Bildung eines *Ermüdungsrisses*.

3.2 Makroskopische Aspekte

3.2.1 Rißausbreitung

Aus makroskopischer Sicht betrachten wir das Material im weiteren als Kontinuum, das a priori rißbehaftet ist. Dabei kann es sich entweder um einen tatsächlich vorhandenen makroskopischen Riß gegebener geometrischer Konfiguration handeln, oder um angenommene, hypothetische Risse von eventuell sehr kleiner Größe. Letztere sollen die makroskopisch nicht sichtbaren, im realen Material jedoch immer vorhandenen Defekte oder Mikrorisse nachbilden. Die Frage der Rißentstehung in einem anfangs ungeschädigten Material wird bei dieser Betrachtungsweise ausgeklammert. Sie läßt sich mit den Mitteln der klassischen Kontinuumsmechanik nicht beantworten. Eine Beschreibung der Rißentstehung ist nur mit der Kontinuums-Schädigungsmechanik möglich, welche die mikroskopische Defektstruktur mitberücksichtigt (vgl. Kapitel 9).

Ein Bruchvorgang ist immer mit einem Rißwachstumsprozeß verbunden. Beide kann man nach verschiedenen phänomenologischen Gesichtspunkten klassifizieren. Die typischen Phasen im Verhalten eines Risses bei einer Belastung werden folgendermaßen gekennzeichnet. Solange der Riß seine Größe nicht ändert, spricht man von einem *stationären Riß*. Bei einer bestimmten kritischen Belastung bzw. Deformation kommt es zur *Rißinitiierung*, das heißt der Riß beginnt sich auszubreiten; er wird instationär.

Bei der *Rißausbreitung* unterscheidet man verschiedene Arten. Man nennt ein Rißwachstum *stabil*, wenn für eine Rißvergrößerung eine Erhöhung der äußeren Belastung erforderlich ist. Im Gegensatz dazu ist ein Rißwachstum *instabil*, wenn ein Riß sich von einem bestimmten Punkt an ohne weitere Erhöhung der äußeren Last spontan ausbreitet. An dieser Stelle sei schon darauf hingewiesen, daß im stabilen bzw. instabilen Rißwachstum nicht nur Werkstoffeigenschaften zum Ausdruck kommen. Ganz wesentlich gehen auch die Geometrie und die Art der Belastung des Körpers ein.

Eine Rißausbreitung unter konstanter Belastung, die sehr langsam, kriechend erfolgt (z.B. mit 1 mm/s oder weniger), heißt *subkritisch*. Unter Wechselbelastung kann sich sich Riß in kleinen "Schritten" fortpflanzen (z.B. mit 10^{-6}mm pro Zyklus): dies ist dann ein *Ermüdungsrißwachstum*. Findet die Rißausbreitung mit Geschwindigkeiten statt, die in die Größenordnung der Schallgeschwindigkeit kommen (z.B. 600 m/s oder mehr), so nennt man sie *schnell*. Kommt solch ein schneller Riß wieder zum Stillstand, so bezeichnet man dies als *Rißarrest*. Zur weiteren Kennzeichnung unterscheidet man noch zwischen *quasistatischer* und *dynamischer* Rißausbreitung. Die Trägheitskräfte spielen bei ersterer keine Rolle, sind aber bei der zweiten nicht zu vernachlässigen.

3.2.2 Brucharten

Der Bruchvorgang ist beendet, wenn die Rißausbreitung zum Stillstand gekommen ist, oder wenn - was häufiger eintritt - eine vollständige Trennung des Körpers in zwei oder mehrere Teile erfolgt ist. Nach den typischen Erscheinungen teilt man das Gesamtereignis *Bruch* in verschiedene Arten ein. Bei einem *duktilen* Bruch (*Zähbruch*) ist die dem Bruch vorhergehende bzw. die ihn begleitende plastische Deformation groß. Bei einachsiger Zugbelastung von metallischen Stäben ohne makroskopischen Anriß treten dabei inelastische Dehnungen von mehr als 10% auf. Bei Körpern mit einem Anriß sind diese Dehnungen häufig auf die Umgebung der Rißspitze bzw. die Umgebung der Bruchoberfläche konzentriert. Der zugehörige mikroskopische Versagensmechanismus bei metallischen Werkstoffen ist plastisches Fließen mit Hohlraumbildung und -vereinigung.

Von einem *Sprödbruch* spricht man, wenn makroskopisch nur kleine inelastische Deformationen auftreten (= verformungsarmer Bruch) oder diese Null sind (= verformungsloser Bruch). In diesem Fall sind an zugbelasteten Stäben ohne Anriß plastische Dehnungen von <2...10% zu beobachten. Bei Bauteilen mit Anriß sind diese Dehnungen auf einen kleinen Bereich in unmittelbarer Umgebung der Rißspitze bzw. auf die unmittelbare Umgebung der Bruchoberfläche beschränkt. Der mikroskopische Versagensmechanismus bei Metallen ist dabei entweder eingeschränktes plastisches Fließen mit Hohlraumbildung oder der Spaltbruch.

Einen Bruch, der durch Rißfortpflanzung unter zyklischer Belastung zustande kommt, nennt man *Ermüdungsbruch* oder *Schwingbruch*. Ein Bruch infolge Kriechrißwachstum ist ein *Kriechbruch*.

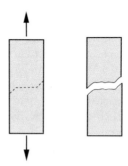

Bild 3.7   Trennbruch mit Scherlippen

Ein weiteres Unterscheidungsmerkmal ist die Orientierung der Bruchfläche (vgl. Abschnitt 2.2.6). Beim *normalflächigen Bruch* oder *Trennbruch* liegt die Bruchfläche senkrecht zur größten Hauptnormalspannung (Zug). Von einem *scherflächigen Bruch* spricht man, wenn die Bruchfläche mit einem Schnitt großer Schubspannung zusammenfällt. Beide Arten können auch kombiniert auftreten. Typisches Beispiel hierfür ist ein Trennbruch mit sogenannten *Scherlippen* (Bild 3.7).

Die Art des Bruchverhaltens ist stark von verschiedenen Faktoren, wie Temperatur, Spannungszustand oder Beanspruchungsgeschwindigkeit abhängig. So verhalten sich zum Beispiel viele Werkstoffe bei hinreichend niedrigen Temperaturen spröd, dagegen oberhalb einer Übergangstemperatur duktil. Auch kann je nach Spannungszustand das plastische Fließen mehr oder weniger stark behindert sein. Abhängig davon neigt ein Bruch eher zu sprödem oder zu duktilem Verhalten. Die Orientierung der Bruchfläche wird gleichfalls dadurch beeinflußt. So ist das Auftreten der erwähnten Scherlippen darauf zurückzuführen, daß in ihrem Bereich (Rand) vor dem Bruch ein Spannungszustand (dem ESZ nahekommen) vorlag, der das plastische Fließen wenig behindert.

Eine charakteristische Größe bei Bruch kann die Arbeit der Bindungskräfte bei der Schaffung einer Bruchoberfläche sein. Das trifft insbesondere dann zu, wenn die zum Bruchvorgang gehörigen Prozesse der Bindungslösung (z.B. Lochbildung mit großen mikroplastischen Deformationen) auf die unmittelbare Umgebung der makroskopischen Bruchfläche beschränkt sind. Diese Fläche ist aufgrund der mikroskopischen "Zerklüftung" kleiner als die wahre Bruchoberfläche. Es bietet sich dann an, in Analogie zur Oberflächenenergie eine *effektive Bruchflächenenergie* Γ einzuführen:

$$\Gamma = \gamma A \ . \tag{3.7}$$

Darin sind γ die *spezifische Bruchflächenenergie* und A die makroskopische Bruchfläche.

4 Lineare Bruchmechanik

4.1 Allgemeines

Wir wenden uns nun der Beschreibung des Verhaltens eines Risses zu. Aus makroskopischer, kontinuumsmechanischer Sicht fassen wir diesen als einen Schnitt in einem Körper auf. Seine einander gegenüberliegenden Berandungen sind die *Rißoberflächen*; man nennt sie auch *Rißflanken* oder *Rißufer* (Bild 4.1). Sie sind in der Regel belastungsfrei. Der Riß endet an der *Rißfront* bzw. an der *Rißspitze*.

Hinsichtlich der Deformation eines Risses unterscheidet man drei verschiedene *Rißöffnungsarten*, die in Bild 4.2 dargestellt sind. *Modus I* kennzeichnet eine zur x,z-Ebene symmetrische Rißöffnung. Bei *Modus II* tritt eine antisymmetrische Separation der Rißoberflächen durch Relativverschiebungen in x-Richtung (normal zur Rißfront) auf. Schließlich beschreibt *Modus III* eine Separation infolge Relativverschiebungen in z-Richtung (tangential zur Rißfront). Die mit den verschiedenen Rißöffnungsarten zusammenhängenden Symmetrien sind zunächst nur lokal, d.h. für die Umgebung der Rißspitze, definiert. In bestimmten Fällen können sie jedoch auch für einen gesamten Körper zutreffen.

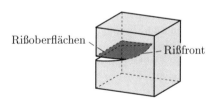

Bild 4.1 Bezeichnungen

Eine wichtige Rolle für die kontinuumsmechanische Beschreibung spielt die Größe der *Prozeßzone*. Hierunter versteht man die Region in der Umgebung einer Rißfront (Rißspitze), in welcher der mikroskopisch recht komplexe Prozeß der Bindungslösung stattfindet, der mit den Mitteln der klassischen Kontinuumsmechanik in der Regel nicht beschrieben werden kann. Soll die Kontinuumsmechanik auf den gesamten rißbehafteten Körper angewendet werden, muß demnach vorausgesetzt werden, daß die Ausdehnung der Prozeßzone vernachlässigbar klein ist im Vergleich zu allen charakteristischen makroskopischen Abmes-

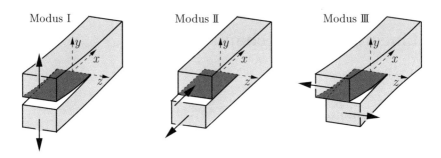

Bild 4.2 Rißöffnungsarten

sungen des Körpers. Eine solche Lokalisierung des Bruchprozesses ist in sehr vielen Fällen gegeben. Sie ist zum Beispiel typisch für metallische Werkstoffe und die meisten spröden Materialien. Allerdings tritt sie nicht in allen Fällen ein. So kann die Prozeßzone bei Beton oder bei granularen Materialien eine erhebliche Größe haben und unter Umständen sogar den gesamten Körper umfassen.

In der *linearen Bruchmechanik* wird ein rißbehafteter Körper im gesamten Gebiet als linear elastisch angesehen. Etwaige inelastische Vorgänge innerhalb oder außerhalb der Prozeßzone um die Rißspitze müssen deshalb auf eine kleine Region beschränkt sein, die aus makroskopischer Sicht vernachlässigt werden kann. Dementsprechend ist die lineare Bruchmechanik in erster Linie zur Beschreibung des Sprödbruchs geeignet (vgl. Abschnitt 3.2.2).

Eine fundamentale Bedeutung kommt dem *Rißspitzenfeld*, d.h. den Spannungen und Deformationen in der Umgebung einer Rißspitze zu. Obwohl dieses Feld, wie schon erwähnt, nicht direkt den Zustand in der Prozeßzone beschreibt, bestimmt es doch indirekt die Vorgänge, welche in ihr ablaufen. Im nachfolgenden wird das Rißspitzenfeld für den Fall eines isotropen linear elastischen Materials unter statischer Belastung näher untersucht.

4.2 Das Rißspitzenfeld

4.2.1 Zweidimensionale Rißspitzenfelder

Wir betrachten das zweidimensionale Problem eines Körpers, der einen geraden Riß enthält. Dabei interessieren wir uns nur für das Feld innerhalb einer kleinen Umgebung vom Radius R um eine Rißspitze (Bild 4.3). Es ist zweckmäßig, hierzu die dargestellten Koordinaten mit dem Ursprung in der Rißspitze einzuführen.

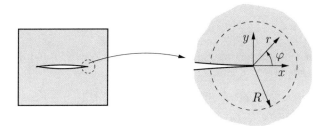

Bild 4.3 Umgebung der Rißspitze

Longitudinaler Schub, Modus III

Das einfachste ebene Problem ist das des longitudinalen (nichtebenen) Schubspannungszustandes. Hierbei treten nur Verschiebungen w senkrecht zur x,y-Ebene auf, was zu einer Modus III Rißöffnung führen kann. Das Rißspitzenfeld läßt sich in diesem Fall unter Verwendung einer komplexen Funktion $\Omega(z)$ ermitteln (vgl. Abschnitt 1.5.2). Als Ansatz für die Lösung wählen wir

$$\Omega(z) = Az^\lambda , \qquad (4.1)$$

worin A eine noch freie, im allgemeinen komplexe Konstante ist. Den ebenfalls unbekannten Exponenten λ nehmen wir als reell an. Damit die Verschiebung an der Rißspitze nichtsingulär ist, wird außerdem $\lambda > 0$ vorausgesetzt; hiermit ist dann auch die Formänderungsenergie beschränkt. Den Sonderfall $\lambda = 0$ klammern wir zunächst aus; er entspricht nach (1.122) einer spannungsfreien Starrkörperverschiebung.

Aus (4.1) errechnet sich nach (1.122) mit $z = re^{i\varphi}$

$$2i\tau_{yz} = \overline{\Omega'(z)} - \Omega'(z) = \overline{A}\lambda r^{\lambda-1}e^{-i(\lambda-1)\varphi} - A\lambda r^{\lambda-1}e^{i(\lambda-1)\varphi} .$$

Die Randbedingungen verlangen, daß die Rißufer ($\varphi = \pm\pi$) belastungsfrei sind: $\tau_{yz}(\pm\pi) = 0$. Dies führt auf das homogene Gleichungssystem

$$\begin{aligned} \overline{A}e^{-i\lambda\pi} &- Ae^{i\lambda\pi} = 0 , \\ \overline{A}e^{i\lambda\pi} &- Ae^{-i\lambda\pi} = 0 . \end{aligned} \qquad (4.2)$$

Eine nichttriviale Lösung existiert, wenn seine Koeffizientendeterminante verschwindet. Die "Eigenwerte" λ ergeben sich danach wie folgt:

$$\sin 2\lambda\pi = 0 \quad \to \quad \lambda = n/2 \quad n = 1, 2, 3, \ldots . \qquad (4.3)$$

Einsetzen dieses Resultats in eine Gleichung aus (4.2) liefert schließlich $\overline{A} = (-1)^n A$.

Zu jedem der unendlich vielen Eigenwerte λ gehört eine Eigenfunktion vom Typ (4.1), welche die Randbedingungen erfüllt. Die Eigenfunktionen können beliebig superponiert werden:

$$\Omega = A_1 z^{1/2} + A_2 z + A_3 z^{3/2} + \ldots . \qquad (4.4)$$

Dementsprechend lassen sich die Spannungen $\tau_{\alpha z}$ mit $\alpha = x, y$ und die Verschiebung w in folgender Form darstellen:

$$\begin{aligned} \tau_{\alpha z} &= r^{-1/2}\hat{\tau}_{\alpha z}^{(1)}(\varphi) + \hat{\tau}_{\alpha z}^{(2)}(\varphi) + r^{1/2}\hat{\tau}_{\alpha z}^{(3)}(\varphi) + \ldots , \\ w - w_0 &= r^{1/2}\hat{w}^{(1)}(\varphi) + r\hat{w}^{(2)}(\varphi) + r^{3/2}\hat{w}^{(3)}(\varphi) + \ldots . \end{aligned} \qquad (4.5)$$

Hierin sind $\hat{\tau}_{\alpha z}^{(1)}(\varphi)$, $\hat{w}^{(1)}(\varphi)$, ... Funktionen vom Winkel φ, die bis auf jeweils einen Faktor festgelegt sind. Durch w_0 soll eine mögliche Starrkörperverschiebung erfaßt werden.

Nähert man sich der Rißspitze ($r \to 0$), dann kann das Feld alleine durch den dominierenden ersten Term in (4.4) bzw. in (4.5) beschrieben werden; er gehört zum kleinsten Eigenwert $\lambda = 1/2$. Die zugeordneten Spannungen und Verschiebungen sind durch

$$\left\{ \begin{array}{c} \tau_{xz} \\ \tau_{yz} \end{array} \right\} = \frac{K_{III}}{\sqrt{2\pi r}} \left\{ \begin{array}{c} -\sin(\varphi/2) \\ \cos(\varphi/2) \end{array} \right\} , \qquad w = \frac{2K_{III}}{G}\sqrt{\frac{r}{2\pi}}\sin(\varphi/2) \qquad (4.6)$$

gegeben. Danach haben die Spannungen an der Rißspitze eine Singularität vom Typ $r^{-1/2}$.

Das singuläre Rißspitzenfeld ist durch (4.6) bis auf den Faktor K_{III} festgelegt. Dieser wird als *Spannungsintensitätsfaktor* oder kurz als *K-Faktor* bezeichnet, wobei der Index auf die Modus III Rißöffnung hindeutet. Man kann K_{III} als Maß für die "Stärke" des Rißspitzenfeldes ansehen, welches letztlich durch ihn vollständig charakterisiert wird. Umgekehrt läßt sich K_{III} aus (4.6) bestimmen, wenn in der Umgebung der Rißspitze die Spannungen oder Verschiebungen bekannt sind. Nach (4.6) gilt zum Beispiel

$$K_{III} = \lim_{r \to 0} \sqrt{2\pi r}\, \tau_{yz}(\varphi = 0) . \qquad (4.7)$$

Wie die Spannungen und Verschiebungen hängt die Größe des K-Faktors von der geometrischen Form des Körpers und von seiner Belastung ab.

EVZ und ESZ, Modus I und Modus II

Für den ebenen Verzerrungszustand (EVZ) und den ebenen Spannungszustand (ESZ) bestimmen wir das Rißspitzenfeld unter Verwendung der zwei komplexen Funktionen $\Phi(z)$ und $\Psi(z)$ (vgl. Abschnitt 1.5.2). Die Vorgehensweise ist dabei analog zum longitudinalen Schub. Als Lösungsansatz findet

$$\Phi(z) = Az^\lambda , \qquad \Psi(z) = Bz^\lambda \qquad (4.8)$$

Verwendung, wobei der Exponent λ wieder als reell und positiv angenommen

Rißspitzenfeld

wird. Aus (4.8) bestimmen wir nach (1.120) zunächst

$$\begin{aligned}\sigma_\varphi + i\tau_{r\varphi} &= \Phi'(z) + \overline{\Phi'(z)} + z\Phi''(z) + \Psi'(z)z/\overline{z} \\ &= A\lambda r^{\lambda-1}e^{i(\lambda-1)\varphi} + \overline{A}\lambda r^{\lambda-1}e^{-i(\lambda-1)\varphi} \\ &\quad + A\lambda(\lambda-1)r^{\lambda-1}e^{i(\lambda-1)\varphi} + B\lambda r^{\lambda-1}e^{i(\lambda+1)\varphi} .\end{aligned} \quad (4.9)$$

Entlang der Rißufer $\varphi = \pm\pi$ müssen die Randbedingungen $\sigma_\varphi + i\tau_{r\varphi} = 0$ erfüllt sein. Sie liefern unter Beachtung von $e^{-i\pi} = e^{i\pi} = -1$ das homogene Gleichungssystem

$$\begin{aligned} A\lambda e^{-i\lambda\pi} + \overline{A}e^{i\lambda\pi} + Be^{i\lambda\pi} &= 0, \\ A\lambda e^{i\lambda\pi} + \overline{A}e^{-i\lambda\pi} + Be^{-i\lambda\pi} &= 0, \\ Ae^{-i\lambda\pi} + \overline{A}\lambda e^{i\lambda\pi} + \overline{B}e^{-i\lambda\pi} &= 0, \\ Ae^{i\lambda\pi} + \overline{A}\lambda e^{-i\lambda\pi} + \overline{B}e^{i\lambda\pi} &= 0. \end{aligned} \quad (4.10)$$

Die letzten beiden Gleichungen sind dabei das konjugiert Komplexe der ersten beiden. Durch Nullsetzen der Koeffizientendeterminante erhält man eine Eigenwertgleichung, die auf die gleichen Eigenwerte wie beim longitudinalen Schubspannungszustand führt:

$$\cos 4\lambda\pi = 1 \quad \rightarrow \quad \lambda = n/2 \quad n = 1,2,3,\ldots . \quad (4.11)$$

Setzt man dies in eine Gleichung aus (4.10) ein, dann ergibt sich noch $B = -(-1)^n nA/2 - \overline{A}$.

Die Spannungen σ_{ij} und Verschiebungen u_i mit $i,j = x,y$ können wieder als Summe der zu den Eigenwerten gehörigen Eigenfunktionen dargestellt werden:

$$\begin{aligned} \sigma_{ij} &= r^{-1/2}\hat{\sigma}_{ij}^{(1)}(\varphi) + \hat{\sigma}_{ij}^{(2)}(\varphi) + r^{1/2}\hat{\sigma}_{ij}^{(3)}(\varphi) + \ldots, \\ u_i - u_{i0} &= r^{1/2}\hat{u}_i^{(1)}(\varphi) + r\hat{u}_i^{(2)}(\varphi) + r^{3/2}\hat{u}_i^{(3)}(\varphi) + \ldots . \end{aligned} \quad (4.12)$$

Darin beschreibt u_{i0} eine mögliche Starrkörperverschiebung. Für $r \to 0$ dominiert der erste, in den Spannungen singuläre Term. Es ist zweckmäßig das zugeordnete Feld in einen symmetrischen und in einen antisymmetrischen Anteil bezüglich der x-Achse aufzuspalten. Das symmetrische singuläre Feld entspricht einer Modus I Rißöffnung, während das antisymmetrische Feld zu einer Modus II Rißöffnung führt. Die entsprechenden *Nahfelder* lassen sich in der folgenden Form darstellen:

Modus I:

$$\begin{aligned} \left\{\begin{array}{c}\sigma_x \\ \sigma_y \\ \tau_{xy}\end{array}\right\} &= \frac{K_I}{\sqrt{2\pi r}}\cos(\varphi/2)\left\{\begin{array}{c}1-\sin(\varphi/2)\sin(3\varphi/2) \\ 1+\sin(\varphi/2)\sin(3\varphi/2) \\ \sin(\varphi/2)\cos(3\varphi/2)\end{array}\right\}, \\ \left\{\begin{array}{c}u \\ v\end{array}\right\} &= \frac{K_I}{2G}\sqrt{\frac{r}{2\pi}}(\kappa-\cos\varphi)\left\{\begin{array}{c}\cos(\varphi/2) \\ \sin(\varphi/2)\end{array}\right\}, \end{aligned} \quad (4.13)$$

Modus II:

$$\left\{\begin{array}{c}\sigma_x\\\sigma_y\\\tau_{xy}\end{array}\right\} = \frac{K_{II}}{\sqrt{2\pi r}}\left\{\begin{array}{c}-\sin(\varphi/2)[2+\cos(\varphi/2)\cos(3\varphi/2)]\\\sin(\varphi/2)\cos(\varphi/2)\cos(3\varphi/2)\\\cos(\varphi/2)[1-\sin(\varphi/2)\sin(3\varphi/2)]\end{array}\right\}, \quad (4.14)$$

$$\left\{\begin{array}{c}u\\v\end{array}\right\} = \frac{K_{II}}{2G}\sqrt{\frac{r}{2\pi}}\left\{\begin{array}{c}\sin(\varphi/2)[\kappa+2+\cos\varphi]\\\cos(\varphi/2)[\kappa-2+\cos\varphi]\end{array}\right\}.$$

Dabei gilt

$$\begin{array}{lll}\text{EVZ}: & \kappa = 3-4\nu\,, & \sigma_z = \nu(\sigma_x+\sigma_y)\,,\\ \text{ESZ}: & \kappa = (3-\nu)/(1+\nu)\,, & \sigma_z = 0\,.\end{array} \quad (4.15)$$

Danach liegt die Verteilung der Spannungen und Deformationen in der Umgebung der Rißspitze eindeutig fest. Sie wird exemplarisch für den Modus I in Abschnitt 4.2.2 diskutiert. Die "Stärke" (Amplitude) des Rißspitzenfeldes wird durch die *Spannungsintensitätsfaktoren* K_I und K_{II} bestimmt. Diese hängen von der Geometrie des Körpers (einschließlich Riß) und von seiner Belastung ab. Sie lassen sich aus den Spannungen oder Deformationen ermitteln, sofern diese bekannt sind. Nach (4.13) und (4.14) gelten zum Beispiel die Beziehungen

$$K_I = \lim_{r\to 0}\sqrt{2\pi r}\,\sigma_y(\varphi=0)\,, \qquad K_{II} = \lim_{r\to 0}\sqrt{2\pi r}\,\tau_{xy}(\varphi=0)\,. \quad (4.16)$$

Das Feld in der Umgebung einer Rißspitze eines *geraden* Risses mit *lastfreien* Rißflanken wird nach (4.5) und (4.12) aus einer Summe von Eigenfunktionen gebildet. Von ihnen dominiert der singuläre erste Term (= Nahfeld), wenn man sich der Rißspitze nähert ($r \to 0$); für einen hinreichend großen Abstand r dürfen die höheren Terme allerdings nicht vernachlässigt werden. Es läßt sich zeigen, daß das Nahfeld von der gleichen Form (4.6), bzw. (4.13), (4.14) ist, wenn die Rißufer belastet sind (Bild 4.4a) oder wenn Volumenkräfte auftreten. Dies trifft auch auf einen Riß zu, der im Bereich der Rißspitze gekrümmt ist (Bild 4.4b).

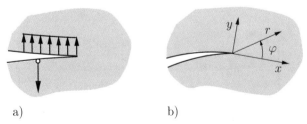

Bild 4.4 a) Rißuferbelastung, b) gekrümmter Riß

Die $r^{-1/2}$-Singularität ist typisch für eine Rißspitze. Singuläre Spannungen mit einem eventuell anderem Typ der Singularität können aber auch bei vielen anderen Problemen der linearen Elastizität auftreten. Als Beispiel sei hier nur eine "rißähnliche" Spitzkerbe betrachtet, deren Flanken einen Winkel 2α bilden (Bild 4.5a). Der Ansatz (4.8) führt mit (4.9) und den Randbedingungen $(\sigma_\varphi + \mathrm{i}\tau_{r\varphi})_{\varphi=\pm\alpha} = 0$ wieder auf ein homogenes Gleichungssystem. Dieses unterscheidet sich von (4.10) nur dadurch, daß an Stelle des Winkels π nun der Winkel α auftritt. Durch Nullsetzen der Koeffizientendeterminante erhält man die Eigenwertgleichung

$$\sin 2\lambda\alpha = \pm\lambda \sin 2\alpha \ . \tag{4.17}$$

In Bild 4.5b ist der daraus resultierende kleinste Eigenwert dargestellt. Im Fall $2\alpha \leq \pi$ ist $\lambda = 1$; aus (4.8) folgen dann keine Spannungssingularitäten. Für die "einspringende Ecke" $\pi < 2\alpha < 2\pi$ liegt λ im Bereich $1/2 < \lambda < 1$, und im Grenzfall $2\alpha = 2\pi$ (Riß) ergibt sich das schon bekannte Ergebnis $\lambda = 1/2$. Hierzu gehören dann entsprechend (4.8) Spannungssingularitäten vom Typ $\sigma_{ij} \sim r^{\lambda-1}$. Auf die Angabe höherer Eigenwerte und der Eigenfunktionen sei hier verzichtet.

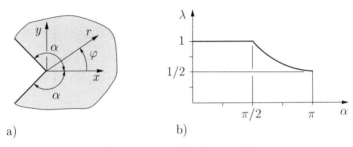

Bild 4.5 a) Spitzkerbe, b) kleinster Eigenwert

4.2.2 Modus I Rißspitzenfeld

Das Modus I Rißspitzenfeld kann durch die Beziehungen (4.13) beschrieben werden. Danach sind die Spannungen σ_{ij} (und entsprechend dem Hookeschen Gesetz auch die Verzerrungen ε_{ij}) singulär vom Typ $r^{-1/2}$, d.h. sie wachsen mit $r \to 0$ unbeschränkt an. Als Beispiel hierfür ist in Bild 4.6a der Verlauf von σ_y vor der Rißspitze ($\varphi = 0$) schematisch dargestellt. Die Verschiebungen zeigen ein $r^{1/2}$-Verhalten. Dieses führt entlang der Rißflanken ($\varphi = \pm\pi$) für positives K_I zu einer parabelförmigen Rißöffnung (Bild 4.6a):

$$v^\pm = v(\pm\pi) = \pm\frac{K_I}{2G}\sqrt{\frac{r}{2\pi}}(\kappa+1) \ . \tag{4.18}$$

Ist K_I negativ, dann kommt es nach (4.13) formal zu einer "Überlappung" (Durchdringung) der Rißufer. Physikalisch ist dies nicht möglich. Vielmehr sind beim *Rißschließen* die beiden Rißufer in Kontakt und üben Kräfte aufeinander aus.

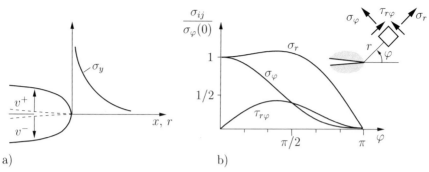

Bild 4.6 Modus I Rißspitzenfeld

Manchmal ist es zweckmäßig, das Nahfeld nicht durch seine kartesischen Komponenten (4.13) sondern durch äquivalente oder abgeleitete Größen zu beschreiben. So erhält man zum Beispiel durch Transformation (vgl. (1.114)) die Spannungskomponenten in Polarkoordinaten:

$$\begin{Bmatrix} \sigma_r \\ \sigma_\varphi \\ \tau_{r\varphi} \end{Bmatrix} = \frac{K_I}{4\sqrt{2\pi r}} \begin{Bmatrix} 5\cos(\varphi/2) - \cos(3\varphi/2) \\ 3\cos(\varphi/2) + \cos(3\varphi/2) \\ \sin(\varphi/2) + \sin(3\varphi/2) \end{Bmatrix} . \qquad (4.19)$$

Ihre Winkelabhängigkeit ist in Bild 4.6b dargestellt.

Die Hauptspannungen in der x, y-Ebene und die Hauptrichtungen – hier mit α bezeichnet – errechnen sich aus (1.115) zu

$$\begin{Bmatrix} \sigma_1 \\ \sigma_2 \end{Bmatrix} = \frac{K_I}{\sqrt{2\pi r}} \cos(\varphi/2) \begin{Bmatrix} 1 + \sin(\varphi/2) \\ 1 - \sin(\varphi/2) \end{Bmatrix} , \qquad \alpha = \pm\frac{\pi}{4} + \frac{3}{4}\varphi . \qquad (4.20)$$

Die dritte Hauptspannung ist durch σ_z gegeben; sie ist nach (4.15) im EVZ und im ESZ unterschiedlich:

$$\sigma_3 = 2\nu \frac{K_I}{\sqrt{2\pi r}} \cos(\varphi/2) \quad \text{(EVZ)} , \qquad \sigma_3 = 0 \quad \text{(ESZ)} . \qquad (4.21)$$

Danach ist σ_1 die größte Hauptspannung, die kleinste kann je nach Spannungszustand und Winkel φ entweder σ_3 oder σ_2 sein.

Mit den Hauptspannungen läßt sich unmittelbar die maximale Schubspannung bestimmen. Aus $\tau_{\max} = (\sigma_{\max} - \sigma_{\min})/2$ ergibt sich

ESZ: $\tau_{\max} = \sigma_1/2$

$$\text{EVZ:} \quad \tau_{\max} = \begin{cases} (\sigma_1 - \sigma_2)/2 & \text{für} \quad \sin(\varphi/2) \geq 1 - 2\nu , \\ (\sigma_1 - \sigma_3)/2 & \text{für} \quad \sin(\varphi/2) \leq 1 - 2\nu . \end{cases} \qquad (4.22)$$

4.2.3 Dreidimensionales Rißspitzenfeld

In verschiedenen Fällen muß der dreidimensionale Charakter eines Rißproblems beachtet werden. Dies ist im allgemeinen der Fall, wenn die Rißfront gekrümmt ist. Beispiele hierfür sind ein pfennigförmiger Innenriß oder ein halbelliptischer Oberflächenriß (Bild 4.7a). Aber auch bei einem Riß mit gerader Rißfront in einer ebenen Scheibe mit endlicher Dicke hat man es genaugenommen mit einem räumlichen Problem zu tun: der Spannungszustand ändert sich im Rißfrontbereich über die Dicke.

Es läßt sich zeigen, daß im dreidimensionalen Fall das Rißspitzenfeld *lokal* vom gleichen Typ ist, wie bei ebenen Problem. Es setzt sich im allgemeinen aus den Nahfeldern der drei Moden zusammen, wobei hinsichtlich der Deformationen beim Modus I- und beim Modus II-Anteil vom EVZ auszugehen ist. Legt man in einen beliebigen Punkt P der Rißfront ein lokales Koordinatensystem nach Bild 4.7b, dann gilt für $r \to 0$

$$\sigma_{ij} = \frac{1}{\sqrt{2\pi r}}[K_I \tilde{\sigma}_{ij}^{I}(\varphi) + K_{II} \tilde{\sigma}_{ij}^{II}(\varphi) + K_{III} \tilde{\sigma}_{ij}^{III}(\varphi)] \,. \tag{4.23}$$

Darin sind $\tilde{\sigma}_{ij}^{I}(\varphi), \ldots$ Winkelfunktionen, die durch (4.13), (4.14) und (4.6) festgelegt sind. Das Feld in der Umgebung der Rißfront wird danach durch die Spannungsintensitätsfaktoren K_I, K_{II}, K_{III} vollständig charakterisiert. Letztere können sich entlang der Rißfront ändern: $K_I = K_I(s), \ldots$.

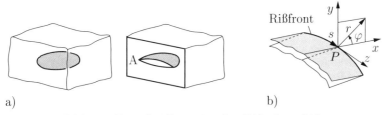

Bild 4.7 Zum dreidimensionalen Rißspitzenfeld

Die Darstellung (4.23) gilt entlang der Rißfront mit Ausnahme einiger besonderer (singulärer) Punkte. Zu ihnen zählen zum Beispiel ein Knickpunkt in der Rißfront oder ein Punkt, in dem eine Rißfront auf eine freie Oberfläche trifft (vgl. Punkt A in Bild 4.7a). Dort können dann Spannungssingularitäten auftreten, die *nicht* vom Typ $r^{-1/2}$ sind.

4.3 K-Konzept

Wir beschränken uns bei den folgenden Betrachtungen zunächst auf den für die Anwendungen wichtigsten Fall einer reinen Modus I Rißöffnung. Das zugehörige

Rißspitzenfeld ist, wie schon erwähnt, durch den Spannungsintensitätsfaktor K_I eindeutig charakterisiert. Dieses K_I-bestimmte Feld dominiert in einem nach außen begrenzten Bereich um die Rißspitze, der in Bild 4.8 schematisch durch den Radius R gekennzeichnet ist. Außerhalb von R können die höheren Terme nicht vernachlässigt werden.

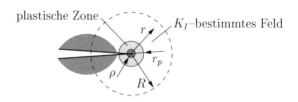

Bild 4.8 K-Konzept

Die Gültigkeit des K_I-bestimmten Feldes ist aber auch nach innen begrenzt, weil die lineare Elastizitätstheorie unterhalb einer bestimmten Schranke von r die tatsächlichen Gegebenheiten nicht mehr richtig beschreibt. Dies schon alleine deshalb, weil kein reales Material unbeschränkt große Spannungen erträgt. Die formal auftretenden singulären Verzerrungen widersprechen zudem den Voraussetzungen der linearen Elastizität (kleine Verzerrungen). Bei den meisten realen Materialien kommt es vielmehr aufgrund der zur Rißspitze hin stark ansteigenden Spannungen zu plastischem Fließen oder allgemeiner, zu inelastischen Deformationen. Außerdem befindet sich an der Rißspitze die kleine, aber immerhin endliche Prozeßzone. Ihre charakteristische Abmessung ist in Bild 4.8 mit ρ, diejenige der *plastischen Zone* mit r_p bezeichnet.

Wir setzen nun voraus, daß das K_I-bestimmte Gebiet groß ist im Vergleich zur eingeschlossenen Region (= black box), welche nicht durch das Nahfeld beschrieben wird (ρ, $r_p \ll R$). Dann kann man davon ausgehen, daß die in ihr ablaufenden Vorgänge alleine durch das umgebende K_I-bestimmte Feld gesteuert werden. Dies ist die Hypothese, die dem *K-Konzept* zugrunde liegt: der Zustand in der Prozeßzone bzw. an der Rißspitze kann indirekt durch K_I charakterisiert werden. Der Spannungsintensitätsfaktor wird, ähnlich wie die Spannungen selbst, als eine Zustandsgröße angesehen, die ein Maß für die "Belastung" im Rißspitzenbereich ist.

Mit dem Spannungsintensitätsfaktor steht damit eine Größe zur Verfügung, welche die Formulierung eines Bruchkriteriums erlaubt. Danach kommt es zum Einsetzen des Rißfortschrittes (Bruch), wenn der Spannungsintensitätsfaktor K_I eine materialspezifische kritische Größe K_{Ic} erreicht:

$$\boxed{K_I = K_{Ic}}. \qquad (4.24)$$

Unter diesen Umständen liegt in der Prozeßzone ein kritischer Zustand vor, welcher zur Separation führt. Dabei haben wir stillschweigend angenommen, daß der Prozeßzonenzustand allein durch die aktuelle Größe von K_I bestimmt ist und nicht etwa von der Belastungsgeschichte der Rißspitze abhängt.

Die Größe K_{Ic} auf der rechten Seite von (4.24) nennt man *Bruchzähigkeit*. Sie ist ein Materialkennwert, der in geeigneten Experimenten bestimmt wird (vgl. Abschnitt 4.5). Entsprechend (4.19) hat ein K-Faktor die Dimension [*Spannung*]·[*Länge*]$^{1/2}$; er wird in Vielfachen der Einheit $Nmm^{-3/2}$ bzw. $MPa\, mm^{1/2}$ angegeben. Die Verwendung von Spannungsintensitätsfaktoren in einem Bruchkriterium geht auf G.R. Irwin zurück.

Im Kriterium (4.24) für reinen Modus I wird die Beanspruchung der Rißspitze alleine durch K_I charakterisiert. Entsprechende 1-parametrige Bruchkriterien lassen sich auch für reinen Modus II bzw. für reinen Modus III aufstellen:

$$K_{II} = K_{IIc} \quad (\text{Modus II}) , \quad K_{III} = K_{IIIc} \quad (\text{Modus III}) . \quad (4.25)$$

Im Fall einer gemischten Beanspruchung durch K_I, K_{II} und K_{III} muß dagegen von einem allgemeinen Bruchkriterium

$$f(K_I, K_{II}, K_{III}) = 0 \quad (4.26)$$

ausgegangen werden.

4.4 K-Faktoren

Es gibt sehr viele Methoden zur Bestimmung von K-Faktoren. Da letztere direkt mit den Feldgrößen zusammenhängen, sind grundsätzlich alle Verfahren anwendbar, welche in der linearen Elastizität zur Bestimmung der Spannungen und Deformationen existieren. Manchmal ist es allerdings notwendig, sie auf die Besonderheit von Rißproblemen (Spannungssingularitäten) zuzuschneiden.

Analytische Methoden werden hauptsächlich verwendet, wenn man an Lösungen in geschlossener Form interessiert ist. Diese sind allerdings nur bei relativ einfachen Randwertproblemen zu erzielen. Bei komplizierteren Problemen ist man auf *numerische Methoden* angewiesen. Hierbei werden zum Beispiel Finite Elemente Verfahren, Randelementverfahren oder Differenzenverfahren verwendet. Daneben können auch *experimentelle Methoden*, wie Dehnungsmessungen im Rißspitzenbereich oder die Spannungsoptik herangezogen werden.

Eine sachgerechte Behandlung aller Verfahren würde den Rahmen dieses Buches sprengen. Diesbezüglich sei der Leser auf die Spezialliteratur verwiesen. Im folgenden werden nur einige Lösungen für ausgewählte Rißkonfigurationen und Belastungen diskutiert. Anschließend wird beispielhaft auf eine Integralgleichungsformulierung von Rißproblemen, auf die Methode der Gewichtsfunktionen sowie auf ein Verfahren zur Untersuchung von vielen Rissen eingegangen.

4.4.1 Beispiele

Als einfachsten Fall betrachten wir zuerst einen geraden Riß R der Länge $2a$ in einer unendlich ausgedehnten Ebene unter einachsigem Zug σ (Bild 4.9a). Hier und bei vielen anderen Rißproblemen ist es zweckmäßig, die Lösung durch Superposition zweier Teillösungen zu erzeugen. Teilproblem (1) betrifft die elastische Ebene *ohne* Riß unter der gegebenen Belastung σ. Entlang des gedachten Schnittes R tritt dabei die Spannung $\sigma_y^{(1)}|_R = \sigma$ auf. Beim Teilproblem (2) wird die elastische Ebene *mit* Riß alleine entlang der Rißufer durch genau diese Spannung, allerdings mit umgekehrten Vorzeichen, belastet: $\sigma_y^{(2)}|_R = -\sigma$. Die Randbedingung des Ausgangsproblems (belastungsfreie Rißufer) ist nach Superposition der Teillösungen erfüllt: $\sigma_y|_R = \sigma_y^{(1)}|_R + \sigma_y^{(2)}|_R = 0$. Beim Teilproblem (1) ist kein Riß und dementsprechend auch kein Spannungsintensitätsfaktor vorhanden. Dies bedeutet, daß die K-Faktoren des Ausgangsproblems und des Teilproblems (2) übereinstimmen.

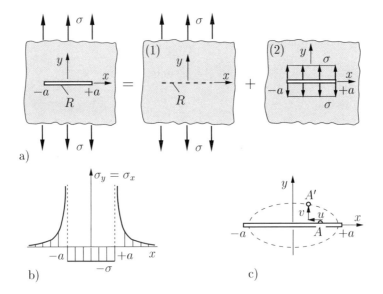

Bild 4.9 Einzelriß unter Belastung σ

Unter Verwendung der komplexen Methode lassen sich die Lösungen der Teilprobleme und des Ausgangsproblems folgendermaßen darstellen:

$$\Phi = \Phi^{(1)} + \Phi^{(2)}, \quad \Phi^{(1)}(z) = \tfrac{1}{4}\sigma z, \quad \Phi^{(2)}(z) = \tfrac{1}{2}\sigma[\sqrt{z^2 - a^2} - z],$$
$$\Psi = \Psi^{(1)} + \Psi^{(2)}, \quad \Psi^{(1)}(z) = \tfrac{1}{2}\sigma z, \quad \Psi^{(2)}(z) = -\tfrac{1}{2}\sigma a^2/\sqrt{z^2 - a^2}.$$
(4.27)

Für das Teilproblem (2) erhält man daraus zum Beispiel für die Spannungen entlang der x-Achse (Bild 4.9b)

$$\tau_{xy}^{(2)} = 0 \,, \qquad \sigma_y^{(2)} = \sigma_x^{(2)} = \sigma \begin{cases} -1 & |x| < a \\ \dfrac{x}{\sqrt{x^2-a^2}} - 1 & |x| > a \end{cases} . \qquad (4.28)$$

Die Verschiebungen des oberen (+) und des unteren (−) Rißufers ($|x| \leq a$) ergeben sich zu (Bild 4.9c)

$$4Gu^\pm = -(1+\kappa)\sigma x \,, \qquad 4Gv^\pm = \pm(1+\kappa)\sigma\sqrt{a^2 - x^2} \,. \qquad (4.29)$$

Den Spannungsintensitätsfaktor kann man direkt aus dem komplexen Potential Φ ermitteln. Hierzu betrachten wir zunächst eine Rißspitze, die sich an einer beliebigen Stelle z_0 befindet. Nach den Kolosovschen Formeln und (4.13), (4.14) gilt allgemein für $r \to 0$ bzw. $z \to z_0$

$$\begin{aligned} 2\Phi'(z) + 2\overline{\Phi'(z)} &= \sigma_x + \sigma_y \\ &= 2(2\pi r)^{-1/2}[K_I \cos(\varphi/2) - K_{II}\sin(\varphi/2)] \\ &= (2\pi r)^{-1/2}[(K_I - \mathrm{i}K_{II})e^{-\mathrm{i}\varphi/2} + \overline{(K_I - \mathrm{i}K_{II})e^{-\mathrm{i}\varphi/2}}] \,. \end{aligned}$$

Mit $re^{\mathrm{i}\varphi} = z - z_0$ ergibt sich hieraus die Darstellung

$$2\Phi'(z) = (K_I - \mathrm{i}K_{II})[2\pi(z-z_0)]^{-1/2} \qquad (z \to z_0) \,,$$

oder umgekehrt

$$K_I - \mathrm{i}K_{II} = 2\sqrt{2\pi}\lim_{z \to z_0}\sqrt{z-z_0}\,\Phi'(z) \,. \qquad (4.30)$$

Für das konkrete Beispiel tritt aufgrund der Symmetrie nur eine Modus I Belastung auf ($K_{II} = 0$), die an beiden Rißspitzen gleich ist. Einsetzen von (4.27) in (4.30) liefert den Spannungsintensitätsfaktor

$$K_I = \sigma\sqrt{\pi a} \,. \qquad (4.31)$$

In einem weiteren Beispiel werde nun der Riß nach Bild 4.10a an den Rißufern durch entgegengesetzte Einzelkräfte belastet. Wirkt nur P ($Q=0$), dann lauten die komplexen Potentiale

$$\Phi'(z) = \frac{P}{2\pi(z-b)}\sqrt{\frac{a^2-b^2}{z^2-a^2}} \,, \qquad \Psi'(z) = -z\Phi''(z) \,. \qquad (4.32)$$

Durch sie werden alle Randbedingungen erfüllt. Die zugehörigen K_I-Faktoren (K_{II} ist aus Symmetriegründen Null) an der rechten (+) und an der linken (−) Rißspitze ergeben sich aus (4.30) zu

$$K_I^\pm = \frac{P}{\sqrt{\pi a}}\sqrt{\frac{a \pm b}{a \mp b}} \,. \qquad (4.33)$$

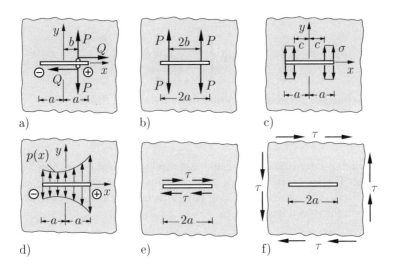

Bild 4.10   Rißbelastungen

Analog erhält man für eine Belastung nur durch Q (reiner Modus II)

$$K_I^\pm = 0, \qquad K_{II}^\pm = \frac{Q}{\sqrt{\pi a}}\sqrt{\frac{a \pm b}{a \mp b}}. \qquad (4.34)$$

Die Lösungen (4.33), (4.34) kann man als *Grundlösungen* verwenden, mit deren Hilfe man weitere Lösungen konstruieren kann. So folgt für eine Rißbelastung nach Bild 4.10b durch Superposition

$$K_I = \frac{P}{\sqrt{\pi a}}\left[\sqrt{\frac{a+b}{a-b}} + \sqrt{\frac{a-b}{a+b}}\right] = \frac{P}{\sqrt{\pi a}}\frac{2a}{\sqrt{a^2-b^2}}. \qquad (4.35)$$

Unter Zuhilfenahme dieses Resultats errechnet sich für die Rißbelastung nach Bild 4.10c

$$K_I = 2\sigma\sqrt{\frac{a}{\pi}}\int_c^a \frac{\mathrm{d}x}{\sqrt{a^2-x^2}} = 2\sigma\sqrt{\frac{a}{\pi}}\left[\frac{\pi}{2} - \arcsin\frac{c}{a}\right]. \qquad (4.36)$$

Im Sonderfall $c = 0$ ergibt sich hieraus das schon bekannte Ergebnis (4.31). Auf ähnliche Art erhält man unter Verwendung von (4.33) die Lösung für einen Riß unter der beliebigen Belastung nach Bild 4.10d:

$$K_I^\pm = \frac{1}{\sqrt{\pi a}}\int_{-a}^{+a} p(x)\sqrt{\frac{a \pm x}{a \mp x}}\,\mathrm{d}x. \qquad (4.37)$$

K-Faktoren 71

Genauso kann man bei Schubbelastungen vorgehen. So ergibt sich mit (4.34) für einen Riß unter reiner Schubbelastung (Modus II) nach Bild 4.10e

$$K_{II} = \tau\sqrt{\pi a} \ . \tag{4.38}$$

Der K_{II}-Faktor hierfür und für den Fall nach Bild 4.10f stimmen überein.

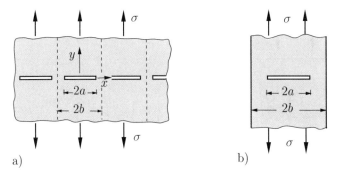

Bild 4.11 a) Kollineare Rißreihe, b) Scheibenstreifen mit Innenriß

Bild 4.11a zeigt eine periodische Reihe von kollinearen Rissen gleicher Länge $2a$ im unendlichen Gebiet unter einer Zugspannung σ. Hierfür lautet die Lösung in komplexen Potentialen

$$\Phi'(z) = \frac{\sigma}{2} \frac{1}{\sqrt{1 - \left[\dfrac{\sin(\pi a/2b)}{\sin(\pi z/2b)}\right]^2}} \ , \qquad \Psi'(z) = -z\Phi''(z) \ . \tag{4.39}$$

Der Spannungsintensitätsfaktor K_I folgt hieraus mit (4.30) zu

$$K_I = \sigma\sqrt{\pi a}\,\sqrt{\frac{2b}{\pi a}\tan\frac{\pi a}{2b}} \ . \tag{4.40}$$

Hiernach steigt K_I stark an, wenn sich die Rißspitzen einander nähern. Dies ist auf die gegenseitige Wechselwirkung der Risse zurückzuführen (vgl. Abschnitt 4.4.4). Kommen sich die Rißspitzen sehr nahe ($a \to b$), so ergibt sich mit der Bezeichnung $c = b - a$ aus (4.40) das Ergebnis

$$K_I = \sigma\sqrt{\frac{4b}{\pi}}\sqrt{\frac{b}{c}} \qquad \text{für} \quad c \ll b \ . \tag{4.41}$$

Man kann (4.40) auch als eine Näherung für die Konfiguration in Bild 4.11b verwenden, wenn die Ränder hinreichend weit von den Rißspitzen entfernt sind.

In der Tabelle 4.1 sind K–Faktoren für einige Fälle zusammengestellt. Lösungen für viele weitere Konfigurationen sind in den einschlägigen Handbüchern für Spannungsintensitätsfaktoren zu finden. Angaben hierüber finden sich im Literaturverzeichnis.

Tabelle 4.1   K–Faktoren

1		$\left\{ \begin{array}{c} K_I \\ K_{II} \end{array} \right\} = \left\{ \begin{array}{c} \sigma \\ \tau \end{array} \right\} \sqrt{\pi a}$
2		$\left\{ \begin{array}{c} K_I^{\pm} \\ K_{II}^{\pm} \end{array} \right\} = \left\{ \begin{array}{c} P \\ Q \end{array} \right\} \frac{1}{\sqrt{\pi a}} \sqrt{\frac{a \pm b}{a \mp b}}$
3		$\left\{ \begin{array}{c} K_I \\ K_{II} \end{array} \right\} = \left\{ \begin{array}{c} \sigma \\ \tau \end{array} \right\} \sqrt{2b \tan \frac{\pi a}{2b}}$
4		$\left\{ \begin{array}{c} K_I \\ K_{II} \end{array} \right\} = \left\{ \begin{array}{c} P \\ Q \end{array} \right\} \frac{2}{\sqrt{2\pi b}}$
5		$K_I = 1,1215\, \sigma \sqrt{\pi a}$
6		$K_I = \sigma \sqrt{\pi a}\, F_I(a/b)$ $F_I = \dfrac{1 - 0,025(a/b)^2 + 0,06(a/b)^4}{\sqrt{\cos(\pi a/2b)}}$

Tabelle 4.1   K–Faktoren (Fortsetzung)

7		$K_I = \sigma\sqrt{\pi a}\,\sqrt{\frac{2b}{\pi a}\tan\frac{\pi a}{2b}}\,G_I(a/b)$ $G_I = \dfrac{0,752 + 2,02\frac{a}{b} + 0,37(1-\sin\frac{\pi a}{2b})^3}{\cos\frac{\pi a}{2b}}$
8		$K_I = \sigma\sqrt{\pi a}\,\sqrt{\frac{2b}{\pi a}\tan\frac{\pi a}{2b}}\,G_I(a/b)$ $G_I = \dfrac{0,923 + 0,199(1-\sin\frac{\pi a}{2b})^4}{\cos\frac{\pi a}{2b}}$
9		$K_I = \dfrac{2}{\pi}\sigma\sqrt{\pi a}$
10		$K_I = \dfrac{2}{\pi}\sigma\sqrt{\pi a}\,\left[1 - \sqrt{1-(b/a)^2}\,\right]$
11		$K_I = \dfrac{P}{\pi a^2}\sqrt{\pi a}\sqrt{1-a/b}\,G_I(a/b)$ $K_{III} = \dfrac{2M_T}{\pi a^3}\sqrt{\pi a}\sqrt{1-a/b}\,G_{III}(a/b)$ $G_I = \frac{1}{2}(1 + \frac{\varepsilon}{2} + \frac{3}{8}\varepsilon^2 - 0,363\varepsilon^3 + 0,731\varepsilon^4)$ $G_{III} = \frac{3}{8}(1 + \frac{\varepsilon}{2} + \frac{3}{8}\varepsilon^2 + \frac{5}{16}\varepsilon^3 + \frac{35}{128}\varepsilon^4$ $+\,0,208\varepsilon^5)\,,\quad \varepsilon = a/b$
12		$K_I(\theta) = \sigma\sqrt{\pi a}\,F_I(\theta)$ $F_I = \frac{2}{\pi}(1,211 - 0,186\sqrt{\sin\theta}\,)$ $10° < \theta < 170°$

4.4.2 Integralgleichungsformulierung

Ein möglicher Ausgangspunkt zur Lösung von Rißproblemen ist deren Formulierung durch Integralgleichungen. Von den verschiedenen Arten, welche dabei existieren, sei hier nur eine diskutiert. Ihr Grundgedanke besteht in der Darstellung eines Risses durch eine Versetzungsbelegung.

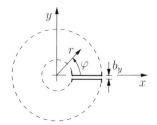

Bild 4.12 Verschiebungssprung infolge Stufenversetzung

Zur Vorbereitung der Formulierung betrachten wir zunächst die aus den komplexen Potentialen

$$\Phi(z) = A \ln z, \qquad \Psi(z) = \overline{A} \ln z \qquad (4.42)$$

folgenden Verschiebungen und Spannungen, wobei wir A hier speziell durch die reelle Größe $A = -Gb_y/\pi(\kappa+1)$ ersetzen:

$$\begin{Bmatrix} u \\ v \end{Bmatrix} = \frac{-b_y}{2\pi(\kappa+1)} \begin{Bmatrix} (\kappa-1)\ln r - \cos 2\varphi \\ (\kappa+1)\varphi - \sin 2\varphi \end{Bmatrix},$$

$$\begin{Bmatrix} \sigma_x \\ \sigma_y \\ \tau_{xy} \end{Bmatrix} = \frac{-b_y G}{\pi(\kappa+1)r} \begin{Bmatrix} \cos\varphi + \cos 3\varphi \\ 3\cos\varphi - \cos 3\varphi \\ -\sin\varphi + \sin 3\varphi \end{Bmatrix}. \qquad (4.43)$$

Während die Verschiebung u bei einem Umlauf von $\varphi = 0$ bis $\varphi = 2\pi$ keine Änderung erfährt, tritt bei v ein *Verschiebungssprung* (Diskontinuität) der Größe $v(0) - v(2\pi) = v^+ - v^- = b_y$ auf. Die Potentiale (4.42) beschreiben danach eine *Stufenversetzung* mit einem Verschiebungssprung in y-Richtung (Bild 4.12, vgl. Abschnitt 3.1.2). Entlang der x-Achse wirken dabei die Spannungen $\sigma_y = \sigma_x = -2Gb_y/\pi(\kappa+1)x$, $\tau_{xy} = 0$. Soll ein allgemeiner Verschiebungssprung um b_y in y- und um b_x in x-Richtung beschrieben werden, dann muß die Konstante A in (4.42) zu $A = G(b_y - ib_x)/\pi(\kappa+1)$ gesetzt werden.

Als konkretes Problem sei im weiteren der schon zuvor untersuchte Riß unter der Rißuferbelastung σ (Druck) nach Bild 4.13a betrachtet. Dabei stellen wir uns nun den Riß erzeugt vor durch eine kontinuierliche Verteilung von Versetzungen, welche im Bereich $-a \leq t \leq +a$ auf der x-Achse angeordnet sind (Bild 4.13b).

Mit den Umbenennungen $b_y \to db_y = \mu dt$, $x \to x - t$, $z \to z - t$ erhält man dann aus (4.42), (4.43) zum Beispiel für die Spannung σ_y entlang der x-Achse und für das Potential Φ' die Darstellungen

$$\sigma_y(x,0) = -\frac{2G}{\pi(\kappa+1)} \int_{-a}^{+a} \frac{\mu(t)dt}{x-t}, \tag{4.44}$$

$$\Phi'(z) = -\frac{G}{\pi(\kappa+1)} \int_{-a}^{+a} \frac{\mu(t)dt}{z-t}. \tag{4.45}$$

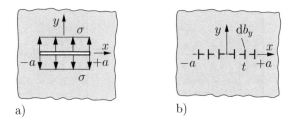

a)   b)

Bild 4.13 Riß als Versetzungsverteilung

In unserem Fall ist die Spannung σ_y im Rißbereich bekannt: $\sigma_y = -\sigma$. Gleichung (4.44) stellt dementsprechend eine singuläre Integralgleichung für die unbekannte Verteilung μ dar. Ihre Lösung lautet

$$\mu(x) = \frac{\sigma(\kappa+1)}{2G} \frac{x}{\sqrt{a^2-x^2}}. \tag{4.46}$$

Hiermit ist das Problem im Prinzip gelöst, da sich aus μ die Potentiale Φ und Ψ durch Integration bestimmen lassen. So erhält man aus (4.45)

$$\Phi'(z) = -\frac{\sigma}{2\pi} \int_{-a}^{+a} \frac{xdx}{(z-x)\sqrt{a^2-x^2}} = \frac{\sigma}{2}\left[\frac{z}{\sqrt{z^2-a^2}} - 1\right], \tag{4.47}$$

woraus man dann unter anderem den Spannungsintensitätsfaktor ermitteln kann.

Ist man nur am Spannungsintensitätsfaktor interessiert, so kann dieser auch unmittelbar aus μ bestimmt werden. Entlang des Risses gilt nämlich $\mu = db_y/dx = d(v^+ - v^-)/dx$. Unter Verwendung der Nahfeldformeln (4.13) ergibt sich daraus für die rechte Rißspitze der Zusammenhang

$$K_I = \lim_{x \to a} \frac{2G}{\kappa+1} \sqrt{2\pi}\sqrt{a-x}\, \mu(x). \tag{4.48}$$

Einsetzen liefert das bekannte Ergebnis $K_I = \sigma\sqrt{\pi a}$.

Die Integralgleichungsformulierung ist nicht nur auf gerade Risse anwendbar. Man kann sie ohne weiteres auf gekrümmte Risse, auf berandete Gebiete und auf beliebige Belastungen erweitern. Sie bietet sich zudem als Ausgangspunkt für numerische Verfahren zur Behandlung von Rißproblemen an.

4.4.3 Methode der Gewichtsfunktionen

Für viele geometrische Konfigurationen sind K-Faktoren für bestimmte Belastungen zum Beispiel aus Handbüchern bekannt. Wie man hieraus K-Faktoren für andere Belastungen ermitteln kann, soll hier gezeigt werden. Wir wollen uns dabei auf ebene Modus I-Probleme beschränken.

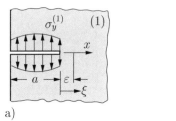
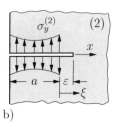

a)   b)

Bild 4.14 Anwendung des Bettischen Satzes

Ausgangspunkt ist der Satz von Betti (vgl. Abschnitt 1.4.3)

$$\int_A t_i^{(1)} u_i^{(2)} \mathrm{d}A = \int_A t_i^{(2)} u_i^{(1)} \mathrm{d}A \qquad (4.49)$$

mit $t_i = \sigma_{ij} n_j$, den wir auf die zwei Konfigurationen in Bild 4.14 anwenden. Abgesehen von der Belastung unterscheiden sich beide nur dadurch voneinander, daß die Rißlänge der Konfiguration (2) um den *kleinen* Betrag ε größer ist. Da (4.49) nur auf geometrisch gleiche Konfigurationen angewendet werden kann, denken wir uns die Konfiguration (1) vor der Rißspitze entlang der x-Achse um die Strecke ε aufgeschnitten. Die dort wirkenden Normalspannungen sind durch die Nahfeldformeln (4.13) gegeben: $\sigma_y^{(1)}(\xi) = K_I^{(1)}(a)/\sqrt{2\pi\xi}$. Analog gilt für die Verschiebung v im unbelasteten Bereich $0 \leq \xi \leq \varepsilon$ der Konfiguration (2): $v^{(2)}(\xi) = \frac{\kappa+1}{2G} K_I^{(2)}(a+\varepsilon)\sqrt{(\varepsilon-\xi)/2\pi}$. Mit den Bezeichnungen aus Bild 4.14 und unter Berücksichtigung der Symmetrie folgt dann aus (4.49)

$$\int_0^a \sigma_y^{(1)}(x)\, v^{(2)}(x, a+\varepsilon)\mathrm{d}x + \int_0^\varepsilon \frac{K_I^{(1)}(a)}{\sqrt{2\pi\xi}}\, \frac{\kappa+1}{2G} K_I^{(2)}(a+\varepsilon) \sqrt{\frac{\varepsilon-\xi}{2\pi}}\, \mathrm{d}\xi$$

$$= \int_0^a \sigma_y^{(2)}(x)\, v^{(1)}(x)\, \mathrm{d}x \; .$$

K-Faktoren

Daraus erhält man mit den Entwicklungen

$$v^{(2)}(x, a+\varepsilon) = v^{(2)}(x,a) + \frac{\partial v^{(2)}}{\partial a}\varepsilon + \ldots , \quad K_I^{(2)}(a+\varepsilon) = K_I^{(2)}(a) + \frac{dK_I^{(2)}}{da}\varepsilon + \ldots$$

und unter Beachtung von

$$\int_0^a \sigma_y^{(1)} v^{(2)}(x,a)\, dx = \int_0^a \sigma_y^{(2)} v^{(1)}(x,a)\, dx \quad , \quad \int_0^\varepsilon \sqrt{\frac{\varepsilon-\xi}{\xi}}\, d\xi = \frac{\pi\varepsilon}{2}$$

nach Grenzübergang $\varepsilon \to 0$ das Ergebnis

$$\int_0^a \sigma_y^{(1)} \frac{\partial v^{(2)}}{\partial a}\, dx + \frac{\kappa+1}{8G} K_I^{(1)}(a)\, K_I^{(2)}(a) = 0 \; . \tag{4.50}$$

Wir fassen nun die Konfiguration (2) als bekannte Referenzkonfiguration auf, während für die Konfiguration (1) der Spannungsintensitätsfaktor gesucht wird. Mit den Umbenennungen

$$K_I^{(2)}\, ,\, v^{(2)} \to K_I^r\, ,\, v^r\, , \quad K_I^{(1)}\, ,\, \sigma_y^{(1)} \to K_I\, ,\, \sigma_y$$

ergibt sich dann

$$K_I = -\frac{8G}{\kappa+1}\frac{1}{K_I^r}\int_0^a \sigma_y \frac{\partial v^r}{\partial a}\, dx \; . \tag{4.51}$$

Darin bezeichnet man den Ausdruck $[8G/(\kappa+1)K_I^r]\partial v^r/\partial a$ als *Gewichtsfunktion*; mit ihr wird die gegebene Belastung σ_y bei der Integration "gewichtet" um den zugehörigen K-Faktor zu bestimmen. Die Formel (4.51) gilt zunächst nur für einen Riß mit *einer* Rißspitze. Man kann sie aber auch auf einen Riß mit zwei Rißspitzen anwenden. Die Integration hat dann über die gesamte Rißlänge zu erfolgen, wobei die Ableitung $\partial v^r/\partial a$ nur bezüglich derjenigen Rißspitze vorzunehmen ist, für die der K-Faktor bestimmt werden soll (die andere Rißspitze ist festzuhalten). Bei einem symmetrisch belasteten Riß mit $K_I^+ = K_I^-$ reduziert sich (4.51) auf die Integration über die halbe Rißlänge.

Als Beispiel wollen wir K_I für den Riß nach Bild 4.15a mit der Rißflankenbelastung $\sigma_y = -\sigma_0\sqrt{1-x^2/a^2}$ bestimmen. Als Referenzlastfall verwenden wir den Riß mit einer konstanten Belastung $\sigma_y^r = -\sigma$ (vgl. Abschnitt 4.4.1). Hierfür gelten $K_I^r = \sigma\sqrt{\pi a}$ und $4Gv^r = (1+\kappa)\sigma\sqrt{a^2-x^2}$. Einsetzen in (4.51) liefert unter Beachtung der Symmetrie das Ergebnis

$$K_I = \frac{8G}{\kappa+1}\frac{1}{\sigma\sqrt{\pi a}}\int_0^a \sigma_0\sqrt{1-\frac{x^2}{a^2}}\,\frac{1+\kappa}{4G}\,\frac{\sigma a}{\sqrt{a^2-x^2}}\, dx = \frac{2}{\pi}\sigma_0\sqrt{\pi a} \; . \tag{4.52}$$

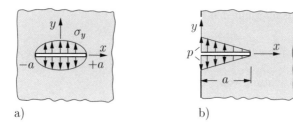

Bild 4.15 Zur Methode der Gewichtsfunktionen

Häufig ist für eine Referenzbelastung σ_y^r zwar der Spannungsintensitätsfaktor K_I^r bekannt, doch die Referenzverschiebung v^r unbekannt. In solchen Fällen ist es möglich, unter Verwendung eines Verschiebungsansatzes zu Näherungslösungen für K_I zu gelangen. Um dies zu zeigen, nehmen wir der Einfachheit halber an, daß die Referenzbelastung über die Rißlänge konstant ist: $\sigma_y^r = -\sigma = const$ Für die Referenzverschiebung verwenden wir den zweigliedrigen Ansatz (Petroski-Achenbach-Ansatz)

$$v^r = \frac{1+\kappa}{8\sqrt{2}} \frac{\sigma}{G} \left[4f(a)\sqrt{a}\,(a-x)^{1/2} + h(a)\frac{(a-x)^{3/2}}{\sqrt{a}} \right] \quad (4.53)$$

mit

$$K_I^r = \sigma\sqrt{\pi a}\, f(a)\,, \quad (4.54)$$

der sich an der Nahfeldlösung orientiert. Die Funktion $h(a)$ wird dabei aus der Bedingung der *Selbstkonsistenz* bestimmt. Danach muß für $\sigma_y = \sigma_y^r$ auch $K_I = K_I^r$ sein. Aus (4.51) folgt dann

$$(K_I^r)^2 = \frac{8G}{1+\kappa}\sigma \int_0^a \frac{\partial v^r}{\partial a}\,\mathrm{d}x \quad \text{bzw.} \quad \int_0^a (K_I^r)^2\,\mathrm{d}a = \frac{8G}{1+\kappa}\sigma \int_0^a v^r\,\mathrm{d}x$$

und nach Einsetzen

$$h(a) = \frac{5\sqrt{2}\pi}{2a^2}\int_0^a a f^2(a)\,\mathrm{d}a - \frac{20}{3}f(a)\,. \quad (4.55)$$

Als Beispiel hierzu betrachten wir den einseitigen Randriß mit dreiecksförmiger Rißflankenbelastung nach Bild 4.15b. Für den Referenzlastfall unter konstanter Belastung gilt $K_I^r = 1{,}1215\,\sigma\sqrt{\pi a}$, d.h. $f = 1{,}1215 = const$ (vgl. Tabelle 4.1, Nr.5). Einsetzen von (4.53) und der Belastung $\sigma_y = -p(1-x/a)$ in (4.51) liefert schließlich als Näherung für den K–Faktor

$$K_I \simeq 0{,}435\,p\sqrt{\pi a}\,. \quad (4.56)$$

Der exakte Wert beträgt $K_I^{ex} = 0{,}439\,p\sqrt{\pi a}$. Begnügt man sich beim Ansatz (4.53) nur mit dem ersten Glied ($h = 0$), dann erhält man die gröbere Näherung $K_I \simeq 0{,}480\,p\sqrt{\pi a}$.

4.4.4 Rißwechselwirkung

Häufig hat man es nicht nur mit einem Riß sonderen mit mehreren Rissen oder mit einem System aus sehr vielen Rissen zu tun. Ist der Abstand der Risse groß im Vergleich zu ihrer Länge, so beeinflussen sie einander nur wenig. Man kann dann jeden einzelnen Riß in erster Näherung so behandeln, als gäbe es die anderen Risse nicht. Liegen die Risse dagegen hinreichend dicht beieinander, so kann die Wechselwirkung zwischen ihnen je nach geometrischer Konfiguration zu einer Vergrößerung oder zu einer Verkleinerung der Rißspitzenbelastung, d.h. der K–Faktoren führen. Man spricht in diesem Fall von Verstärkungs- oder von Abschirmeffekten. Exakte Lösungen für solche Probleme sind nur in wenigen Sonderfällen möglich. Aber auch numerische Verfahren unterliegen starken Einschränkungen; sie sind im allgemeinen nur bei einer geringen Rißzahl praktikabel. Ein Beispiel, für das eine exakte Lösung existiert, ist die kollinearen Rißreihe nach Bild 4.11a bzw. nach Tabelle 4.1, Nr.3. Bei Annäherung der benachbarten Rißspitzen ($a \to b$) wachsen hier die K–Faktoren unbeschränkt an (Verstärkung).

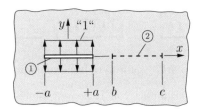

Bild 4.16 Zur Definition des Übertragungsfaktors

Im folgenden wollen wir das Prinzip eines Verfahrens kennenlernen, das auf M. Kachanov (1983) zurückgeht, und mit dessen Hilfe gute Näherungslösungen auch für komplexe Rißsysteme gewonnen werden können. Zur Vorbereitung betrachten wir nach Bild 4.16 einen Riß 1, auf dessen Rißflanken eine konstante Einheitsbelastung wirkt. Die Lösung für dieses Problem ist bekannt (vgl. Abschnitt 4.4.1), und wir können die Spannungen in jedem Punkt oder entlang jeder beliebigen Linie bestimmen. So ergibt sich zum Beispiel nach (4.28) entlang der Linie 2 (x-Achse) die Normalspannung (die Schubspannung ist dort Null)

$$\sigma_y(x) = f_{12}(x) = \frac{x}{\sqrt{x^2 - a^2}} - 1 \; . \tag{4.57}$$

Ihren Mittelwert im Intervall (b, c) bezeichnen wir als *Übertragungsfaktor*:

$$\Lambda_{12} = \langle f_{12} \rangle = \frac{1}{c - b} \int_b^c f_{12}(x) \mathrm{d}x = \frac{\sqrt{c^2 - a^2} - \sqrt{b^2 - a^2}}{c - b} - 1 \; . \tag{4.58}$$

Er beschreibt die globale Belastung der Linie 2 infolge einer Einheitsbelastung des Risses 1 und ist alleine durch die geometrische Konfiguration bestimmt.

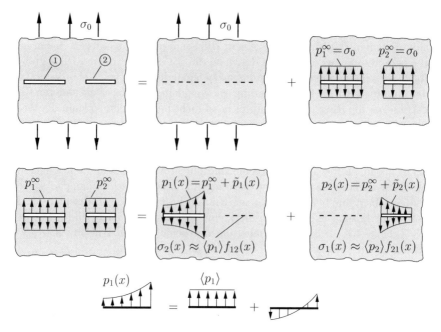

Bild 4.17 Zum Verfahren von Kachanov

Zur Erklärung des Verfahrens von Kachanov beschränken wir uns im weiteren der Einfachheit halber auf zwei kollineare Risse unter einer reinen Modus I Belastung durch die Zugspannung σ_0 (Bild 4.17). Da wir nur an den Spannungsintensitätsfaktoren interessiert sind, genügt es, das System mit den Rißflankenbelastungen $p_1^\infty = p_2^\infty = \sigma_0$ zu untersuchen. Die Lösung hierfür läßt sich formal durch Superposition zweier Teilprobleme erzeugen. Beim ersten ist nur der Riß 1 mit der noch unbekannten Rißflankenbelastung $p_1(x) = p_1^\infty + \tilde{p}_1(x)$ vorhanden. Dabei beschreibt $\tilde{p}_1(x)$ die Änderung der Belastung des Risses 1 aufgrund der Existenz des Risses 2. Entlang dessen Linie tritt infolge der Belastung $p_1(x)$ die Spannung $\sigma_2(x)$ auf. Diese ersetzen wir nun näherungsweise durch die Spannung $\langle p_1 \rangle f_{12}(x)$, welche infolge einer konstanten Rißbelastung durch den Mittelwert $\langle p_1 \rangle$ zustande kommt. Wir berücksichtigen danach hinsichtlich der Auswirkung auf den Riß 2 nur die mittlere (globale) Belastung des Risses 1. Beim zweiten Teilproblem gehen wir entsprechend vor. Nach der Superposition führen damit die Randbedingungen für beide Risse

$$p_1(x) - \langle p_2 \rangle f_{21}(x) = p_1^\infty, \qquad p_2(x) - \langle p_1 \rangle f_{12}(x) = p_2^\infty$$

auf die Darstellungen

$$p_1(x) = p_1^\infty + \langle p_2 \rangle f_{21}(x), \qquad p_2(x) = p_2^\infty + \langle p_1 \rangle f_{12}(x). \qquad (4.59)$$

K-Faktoren

Die darin noch unbekannten Mittelwerte $\langle p_1 \rangle$ und $\langle p_2 \rangle$ bestimmen wir aus der Bedingung, daß die Gleichungen (4.59) *selbstkonsistent* sein müssen, d.h., daß sie auch zur Bildung der Mittelwerte selbst verwendet werden können:

$$\langle p_1 \rangle = p_1^\infty + \langle p_2 \rangle \langle f_{21} \rangle, \qquad \langle p_2 \rangle = p_2^\infty + \langle p_1 \rangle \langle f_{12} \rangle.$$

Diese *Selbstkonsistenz-Gleichungen* stellen ein lineares Gleichungssystem für $\langle p_1 \rangle$, $\langle p_2 \rangle$ dar, das unter Verwendung der Übertragungsfaktoren nach (4.58) in der Form

$$\begin{aligned} \langle p_1 \rangle - \Lambda_{21} \langle p_2 \rangle &= p_1^\infty, \\ -\Lambda_{12} \langle p_1 \rangle + \langle p_2 \rangle &= p_2^\infty \end{aligned} \qquad (4.60)$$

geschrieben werden kann. Nach seiner Lösung liegen die Rißbelastungen $p_1(x)$ und $p_2(x)$ entsprechend (4.59) fest, und wir können mit Hilfe von (4.37) die Spannungsintensitätsfaktoren $K_I^\pm$ für die einzelnen Risse bestimmen.

Treten nicht nur zwei sondern n Risse unter einer Modus I Belastung auf, so ergibt sich in Verallgemeinerung von (4.60) das Gleichungssystem

$$(\delta_{ji} - \Lambda_{ji}) \langle p_j \rangle = p_i^\infty, \qquad i = 1,\ldots,n \qquad (4.61)$$

mit $\Lambda_{ij} = 0$ für $i = j$. Wenn die Risse auch eine Modus II Belastung erfahren, dann muß dies in den Übertragungsfaktoren und in den Randbedingungen berücksichtigt werden. Man erhält in diesem Fall bei n Rissen $2n$ Gleichungen für die jeweils n Mittelwerte der Normal- und der Schubbelastungen.

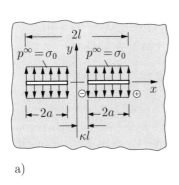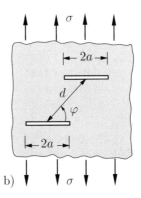

Bild 4.18 Zwei gleich große Risse

Als Anwendungsbeispiel betrachten wir die in Bild 4.18a dargestellten zwei gleich großen, kollinearen Risse. Hierfür ergibt sich aus (4.60) unter Beachtung von $\Lambda_{12} = \Lambda_{21} = \Lambda$, $\langle p_1 \rangle = \langle p_2 \rangle = \langle p \rangle$ (Symmetrie!)

$$\langle p \rangle - \Lambda \langle p \rangle = p^\infty \qquad \text{bzw.} \qquad \langle p \rangle = \frac{p^\infty}{1 - \Lambda},$$

wobei
$$\Lambda = \frac{\sqrt{2(1+\kappa)}}{1+\sqrt{\kappa}} - 1 .$$

Nach (4.59) und (4.57) liegt damit die Rißbelastung zum Beispiel des rechten Risses (Koordinatentransformation beachten) fest:

$$p(x) = p^\infty + \langle p \rangle \left[\frac{2x+1+\kappa}{2\sqrt{(x+\kappa)(x+1)}} - 1 \right] .$$

Einsetzen in (4.37) liefert schließlich für die K–Faktoren die Näherungslösung

$$K_I^\pm = K_I^0 \left\{ 1 + \frac{1}{1-\Lambda} \frac{1}{2\pi(1-\kappa)} \left[\pm 4\mathcal{E}(\alpha) \mp 2\kappa(\kappa+1)\mathcal{K}(\alpha) - \pi(1-\kappa) \right] \right\} . \qquad (4.62)$$

Hierin sind $K_I^0 = \sigma_0\sqrt{\pi a}$ der K–Faktor für einen einzelnen (ungestörten) Riß und $\mathcal{K}(\alpha)$ bzw. $\mathcal{E}(\alpha)$ die vollständigen elliptischen Integrale erster bzw. zweiter Art mit dem Argument $\alpha = \sqrt{1-\kappa^2}$. In der Tabelle 4.2 sind einige Ergebnisse der Näherungslösung den exakten Werten gegenübergestellt. Man erkennt, daß der Fehler selbst bei recht kleinen Rißabständen gering ist.

Tabelle 4.2 Vergleich der Näherungslösung mit exakten Werten

κ	K_I^+/K_I^0	$(K_I^+/K_I^0)_{exakt}$	K_I^-/K_I^0	$(K_I^-/K_I^0)_{exakt}$
0,2	1,052	1,052	1,112	1,112
0,05	1,118	1,120	1,452	1,473
0,01	1,175	1,184	2,134	2,372

Zum Abschluß wollen wir für dieses Beispiel noch den Sonderfall betrachten, daß der Rißmittenabstand $d = 2(\kappa l+a)$ groß ist im Vergleich zu den Rißlängen: $d \gg a$. Aus (4.57) erhält man in diesem Fall zunächst durch Reihenentwicklung für $x \gg a$ entlang der x-Achse die Spannung $f_{12} = \sigma_y \approx \frac{1}{2}(a/x)^2$. Sie kann im Bereich der Rißlinie 2 mit $x \approx d$ als konstant angesehen werden: $f_{12} = \Lambda_{12} = \sigma_y \approx \frac{1}{2}(a/d)^2$. Hiermit ergibt sich $p \approx p^\infty[1+\frac{1}{2}(a/d)^2]$, und wir erhalten für die K-Faktoren

$$K_I \approx K_I^0 \left[1 + \frac{1}{2}\left(\frac{a}{d}\right)^2 \right] . \qquad (4.63)$$

Sie unterscheiden sich in erster Näherung an der linken bzw. an der rechten Rißspitze nicht. Auf gleiche Weise folgt für die allgemeinere Rißkonfiguration nach

Bild 4.18b
$$K_I \approx K_I^0 \left[1 + \frac{a^2}{2d^2}(2\cos 2\varphi - \cos 4\varphi)\right] ,$$
$$K_{II} \approx K_I^0 \frac{a^2}{2d^2}(-\sin 2\varphi + \sin 4\varphi) .$$
(4.64)

Man erkennt, daß die Wechselwirkung der Risse mit zunehmenden Abstand d sehr schnell abklingt. So ergibt sich für $d = 10a$ bei kollinearen Rissen ($\varphi = 0$) nur noch eine K_I-Vergrößerung um 1/200 bzw. bei übereinander liegenden Rissen ($\varphi = \pi/2$) eine K_I-Verkleinerung um 3/200. Die Ursache hierfür liegt im Abklingverhaltens der Spannungen von einem Riß, der entsprechend Bild 4.16 belastet ist. Dieses ist im ebenen Fall für $r \gg a$ allgemein vom Typ $(a/r)^2$. Im dreidimensionalen Fall zum Beispiel eines kreisförmigen Risses klingen die Spannungen für große Abstände ($r \gg a$) dagegen mit $(a/r)^3$, d.h. noch schneller ab. Bei gleichen Rißabständen ist dementsprechend die Wechselwirkung im 3D-Fall geringer als im ebenen Fall.

Bei der Ausbreitung wechselwirkender Risse treten mitunter interessante Phänomene auf, wovon wir eines kurz diskutieren wollen. Wir betrachten dabei eine Scheibe, in der sich zwei kollineare, gerade Risse befinden (Bild 4.19). Experimente zeigen, daß diese Risse unter einer Zugbelastung zunächst wie erwartet aufeinander zu laufen. Mit geringer werdendem Abstand lenken sich die einander näher kommenden Rißspitzen jedoch ab und vereinigen sich nicht auf dem kürzesten Weg. Vielmehr laufen die beiden Rißspitzen aufgrund ihrer Wechselwirkung in einem gewissen Abstand umeinander herum und vereinigen sich erst später mit dem jeweils anderen Riß. Bild 4.19 zeigt das Ergebnis einer numerischen Simulation, die diesen Vorgang recht deutlich wiedergibt.

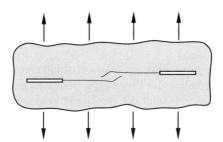

Bild 4.19 Wechselwirkung zweier aufeinander zu laufender Risse

Auch wenn sich solche krummlinigen Rißbahnen nur numerisch berechnen lassen, läßt sich das beobachtete Phänomen qualitativ mit den Ergebnissen (4.64) für die Rißkonfiguration nach Bild 4.18b erklären. Wie in Abschnitt 4.9 erläutert wird, ist der Winkel, um den eine sich ausbreitende Rißspitze abgelenkt wird, maßgeblich durch den K_{II}-Faktor bestimmt. Dieser ändert sich nach (4.64) mit dem Winkel φ, d.h. mit der relativen Lage der Rißspitzen und erfährt einen Vorzeichenwechsel. Für kleine Winkel φ ist K_{II} positiv, was eine anfängliche Ablenkung des linken Risses in Bild 4.19 nach unten und des rechten Risses nach oben bewirkt: die Rißspitzen weichen sich danach aus. Für größere Winkel φ wird K_{II} dagegen negativ, und die beiden Risse werden aufeinander zu gelenkt.

4.5 Die Bruchzähigkeit K_{Ic}

Die Bestimmung der Bruchzähigkeit K_{Ic} eines Werkstoffes erfolgt in der Regel in genormten Versuchen (z.B. nach dem ASTM–Standard E399-83), auf deren Details hier nicht näher eingegangen werden soll. Verwendung finden dabei unterschiedliche Probenformen, von denen zwei in Bild 4.20 dargestellt sind. Die Proben müssen über einen Anriß verfügen, welcher bei metallischen Werkstoffen von einem Kerb ausgehend durch eine geeignete Schwingbeanspruchung erzeugt wird. Aus der gemessenen Belastung, bei welcher die Rißausbreitung einsetzt, läßt sich dann mittels des Zusammenhanges zwischen Spannungsintensitätsfaktor, Belastung und Rißlänge die Bruchzähigkeit ermitteln.

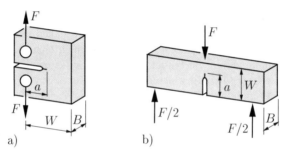

Bild 4.20 a) Kompakt-Zugprobe (CT),   b) 3-Punkt-Biegeprobe (3PB)

Damit aus Messungen tatsächlich geometrieunabhängige Bruchzähigkeiten gewonnen werden können, haben die Proben die Bedingungen der linearen Bruchmechanik zu erfüllen. Danach muß die plastische Zone klein sein im Vergleich zu allen relevanten Abmessungen einschließlich der Größe des K_I-bestimmten Gebietes (vgl. Abschnitte 4.3 und 4.7). Dies wird durch die *Größenbedingung*

$$a,\; W - a,\; B \geq 2,5 \left(\frac{K_{Ic}}{\sigma_F}\right)^2 \tag{4.65}$$

gewährleistet, wobei für σ_F die Streckgrenze R_e eingesetzt wird. Unter diesen Umständen ist dann auch gesichert, daß in der Umgebung der Rißfront im wesentlichen der EVZ vorherrscht. Wie sich eine Verringerung der Probendicke auf den kritischen Spannungsintensitätsfaktor auswirkt, ist in Bild 4.21a dargestellt. Die wesentliche Ursache für das Ansteigen des K_c–Wertes ist dabei die Abnahme

Die Bruchzähigkeit K_{Ic}

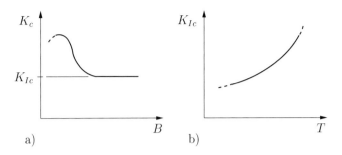

Bild 4.21 a) Einfluß der Probendicke, b) Einfluß der Temperatur

der Fließbehinderung, welche mit der Änderung des Spannungszustandes einhergeht (vgl. Abschnitt 4.7.2).

Die Bruchzähigkeit eines Werkstoffes hängt von zahlreichen Faktoren ab. Zu ihnen gehören unter anderen die Eigenschaften der Mikrostruktur (z.B. Korngröße), die Vorgeschichte der Belastung, die Wärmebehandlung und das Umgebungsmedium (z.B. Luft oder Wasser). Bild 4.21b zeigt schematisch den signifikanten Einfluß der Temperatur bei vielen Metallen. In der Tabelle 4.3 sind Anhaltswerte für die Bruchzähigkeiten einiger Werkstoffe zusammengestellt. Zuverlässige Werte für ein zum Einsatz gelangendes Material sollten allerdings immer an diesem selbst bestimmt werden.

Tabelle 4.3 Bruchzähigkeiten einiger Werkstoffe

Material	$K_{Ic}/[MPa\sqrt{mm}]$	$R_{p0,2}/[MPa]$
hochfeste Stähle	800...3000	1600...2000
30CrNiMo8 (20°)	3650	1100
30CrNiMo8 (−20°)	2000	
Baustähle	1000...4000	<500
Ti-Legierungen	1200...3000	800...1200
Ti6Al4V	2750	900
Al-Legierungen	600...2000	200...600
AlCuMg	900	450
AlZnMgCu1,5	950	500
Al_2O_3-Keramik	120...300	
Marmor	40...70	
Glas	20...40	
Beton	5...30	

4.6 Energiebilanz

4.6.1 Energiefreisetzung beim Rißfortschritt

Wir betrachten einen rißbehafteten elastischen Körper, auf den entlang des Randes ∂V_t äußere Lasten wirken bzw. bei dem entlang des Randes ∂V_u die Verschiebungen vorgeschrieben sind (Bild 4.22). Von den äußeren Lasten sei vorausgesetzt, daß sie ein Potential Π^a besitzen, was zum Beispiel für Totlasten oder Federkräfte zutrifft.

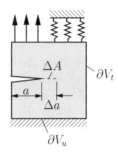

Bild 4.22 Zur Energiefreisetzung

Infolge eines Rißfortschrittes um die Fläche ΔA (bzw. um die Länge Δa im ebenen Fall) gehe nun das System von der ursprünglichen Gleichgewichtslage 1 in eine neue Gleichgewichtslage 2 über. Diesen Übergang stellen wir uns folgendermaßen realisiert vor: wir denken uns den Körper im Zustand 1 entlang ΔA geschnitten und fassen die dort wirkenden Spannungen als äußere Kräfte auf. Diese werden nun quasistatisch auf Null reduziert, so daß am Ende der Zustand 2 erreicht ist. Dabei wird von ihnen eine Arbeit ΔW_σ geleistet, die kleiner oder höchstens gleich Null ist. Daneben leisten die äußeren Kräfte auf ∂V_t beim Übergang vom Zustand 1 zum Zustand 2 eine Arbeit W_{12}^a, welche durch die Potentialdifferenz ausgedrückt werden kann: $W_{12}^a = -\Delta \Pi^a = -(\Pi_2^a - \Pi_1^a)$. Aus dem Energiesatz (vgl. Abschnitt 1.4.1) folgt damit

$$\Delta \Pi^i = \Pi_2^i - \Pi_1^i = W_{12}^a + \Delta W_\sigma = -\Pi_2^a + \Pi_1^a + \Delta W_\sigma \; ,$$

bzw. mit $\Pi = \Pi^i + \Pi^a$

$$\Delta \Pi = \Delta W_\sigma \leq 0 \; . \tag{4.66}$$

Beim Rißfortschritt nimmt danach die mechanische Energie Π des Systems ab. Die freigesetzte Energie steht für den Bruchprozeß zur Verfügung. Ausdrücklich sei darauf hingewiesen, daß ΔW_σ *nicht* mit der Arbeit ΔW^B der Bindungskräfte beim Rißfortschritt verwechselt werden darf. Letztere wird beim Trennprozeß zwischen den Bausteinen des Materials geleistet und ist dementsprechend eine materialspezifische Größe (vgl. Abschnitte 3.1.1 und 3.2.2).

Wir wollen kurz zwei Sonderfälle betrachten. Sind entlang des gesamten Randes die Verschiebungen festgehalten, dann ist $\Delta\Pi^a = 0$, und es wird $\Delta\Pi^i = \Delta W_\sigma$. Ist dagegen die äußere Belastung eine Totlast, so folgt bei linear elastischem Materialverhalten mit dem Satz von Clapeyron ($2\Pi^i + \Pi^a = 0$) das Ergebnis $-\Delta\Pi^i = \Delta\Pi^a/2 = \Delta W_\sigma$.

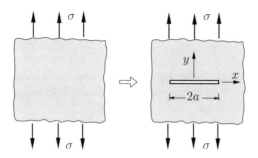

Bild 4.23 Energiefreisetzung bei der Rißbildung

Als Beispiel hierzu sei die Energieänderung bestimmt, wenn in einer zunächst rißfreien, unendlich ausgedehnten Ebene unter einachsigem Zug σ ein Riß der Länge $2a$ gebildet wird (Bild 4.23). Unter Verwendung der Verschiebung $v = (1+\kappa)\sigma\sqrt{a^2 - x^2}/4G$ des oberen Rißufers errechnet sich zunächst die Arbeit ΔW_σ bei der Rißöffnung (am oberen und am unteren Rißufer wird die gleiche Arbeit geleistet):

$$\Delta W_\sigma = -2\int_{-a}^{a} \frac{1}{2}\sigma v\,\mathrm{d}x = -\sigma^2 a^2 \pi \frac{1+\kappa}{8G}\;. \tag{4.67}$$

Hieraus erhält man für den Fall, daß im Unendlichen die Lasten konstant bleiben (Totlasten)

$$\Delta\Pi = -\Delta\Pi^i = \Delta\Pi^a/2 = -\sigma^2 a^2 \pi(1+\kappa)/8G\;. \tag{4.68}$$

Werden dagegen im Unendlichen die Verschiebungen festgehalten, so gilt

$$\Delta\Pi = \Delta\Pi^i = -\sigma^2 a^2 \pi(1+\kappa)/8G\;. \tag{4.69}$$

Zwar ist $\Delta\Pi$ in beiden Fällen gleich, die $\Delta\Pi^i$ unterscheiden sich jedoch durch die Vorzeichen. Angemerkt sei an dieser Stelle, daß man ohne Beschränkung der Allgemeinheit das Potential für den Ausgangszustand (Ebene ohne Riß) zu Null setzen kann. Dann beschreibt (4.68) bzw. (4.69) das Potential Π der Ebene mit Riß. Außerdem sei darauf hingewiesen, daß die Ausdrücke (4.67)–(4.69) Arbeiten bzw. Energieänderungen pro Einheitsdicke darstellen (ebenes Problem).

4.6.2 Energiefreisetzungsrate

Die auf einen infinitesimalen Rißfortschritt dA bezogene freigesetzte Energie $-\mathrm{d}\Pi$ nennt man *Energiefreisetzungsrate* (energy release rate):

$$\mathcal{G} = -\frac{\mathrm{d}\Pi}{\mathrm{d}A} \;. \tag{4.70a}$$

Beim ebenen Problem ist dΠ auf die Einheitsdicke bezogen, und man schreibt daher

$$\mathcal{G} = -\frac{\mathrm{d}\Pi}{\mathrm{d}a} \;, \tag{4.70b}$$

wobei da eine infinitesimale Rißverlängerung ist. Die Energiefreisetzungsrate hat die Dimension einer Kraft (pro Einheitsdicke); sie wird deshalb auch als *Rißausbreitungskraft* (crack extension force) bezeichnet.

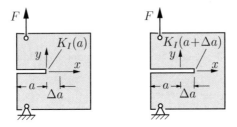

Bild 4.24 Zur Energiefreisetzungsrate beim Modus I

Im linear elastischen Fall kann die Energiefreisetzungsrate durch die Spannungsintensitätsfaktoren ausgedrückt werden. Wir wollen dies an Hand des Modus I zeigen. Einen Rißfortschritt um die *kleine* Länge Δa denken wir uns wieder dadurch erzeugt, daß die längs des Schnittes Δa wirkenden Spannungen quasistatisch auf Null reduziert werden (Bild 4.24). *Vor* dem Rißfortschritt wirkt dort nach (4.13) die Normalspannung $\sigma_y(x) = K_I(a)/\sqrt{2\pi x}$ (Glieder höherer Ordnung können wegen des späteren Grenzüberganges $\Delta a \to 0$ unberücksichtigt bleiben). Die Verschiebung der oberen bzw. der unteren Rißflanke entlang Δa *nach* dem Rißfortschritt ergibt sich laut (4.18) zu $v^\pm(x) = \pm\frac{\kappa+1}{2G}K_I(a+\Delta a)\sqrt{(\Delta a - x)/2\pi}$. Damit erhält man

$$\begin{aligned}
\Delta W_\sigma = \Delta \Pi &= -\frac{1}{2}\int_0^{\Delta a} \sigma_y\,(v^+ - v^-)\,\mathrm{d}x \tag{4.71}\\
&= -\int_0^{\Delta a} \frac{K_I(a)}{\sqrt{2\pi x}}\,\frac{\kappa+1}{2G}\,K_I(a+\Delta a)\sqrt{\frac{\Delta a - x}{2\pi}}\,\mathrm{d}x\\
&= -\frac{\kappa+1}{8G}\,K_I(a)\,K_I(a+\Delta a)\,\Delta a\;,
\end{aligned}$$

woraus für $\Delta a \to 0$ das Ergebnis

$$\mathcal{G} = -\frac{d\Pi}{da} = \frac{\kappa + 1}{8G} K_I^2 = \begin{cases} K_I^2/E & \text{ESZ} \\ (1-\nu^2)K_I^2/E & \text{EVZ} \end{cases} \quad (4.72)$$

folgt.

Analog lassen sich die Energiefreisetzungsraten für reine Modus II- und für reine Modus III Belastung bestimmen. Es gilt:

$$\mathcal{G} = \frac{\kappa+1}{8G} K_{II}^2 \quad (\text{Modus II}), \qquad \mathcal{G} = \frac{1}{2G} K_{III}^2 \quad (\text{Modus III}). \quad (4.73)$$

Im Fall einer allgemeinen Rißbelastung, bei der alle drei Moden auftreten, erhält man damit für die Energiefreisetzungsrate pro Einheitslänge der Rißfront

$$\mathcal{G} = \frac{1}{E'}(K_I^2 + K_{II}^2) + \frac{1}{2G} K_{III}^2. \quad (4.74)$$

Dabei ist $E' = E/(1-\nu^2)$ im EVZ bzw. im dreidimensionalen Fall und $E' = E$ im ESZ.

Im reinen Modus I besteht nach (4.72) eine eindeutige Beziehung zwischen K_I und $\mathcal{G}$. Analoges gilt im reinen Modus II bzw. Modus III. Im Rahmen der linearen Bruchmechanik sind demnach das K-Konzept und ein Kriterium

$$\boxed{\mathcal{G} = \mathcal{G}_c} \quad (4.75)$$

für reine Moden äquivalent. Darin ist $\mathcal{G}_c$ ein Materialkennwert, der *Rißwiderstand* oder *Rißwiderstandskraft* genannt wird. Wegen des unmittelbaren Zusammenhangs $\mathcal{G}_c = K_{Ic}^2/E'$ wird er häufig genau wie K_{Ic} auch als *Bruchzähigkeit* bezeichnet. Man kann (4.75) folgendermaßen interpretieren: zum Einsetzen des Bruchvorganges kommt es, wenn die bei einem Rißfortschritt freigesetzte Energie der benötigten Energie entspricht. Dieses *energetische Kriterium* wurde in einer etwas modifizierten Form von A.A. Griffith (1921) aufgestellt. Wir werden in Abschnitt 4.6.4 nochmals darauf zurückkommen. Eine andere Interpretation von (4.75) orientiert sich an der Deutung von $\mathcal{G}$ als (verallgemeinerte) Kraft. Danach muß beim Einsetzen des Rißwachstums die Rißausbreitungskraft gleich der Rißwiderstandskraft sein.

Zum Abschluß wollen wir noch die Energiefreisetzungsraten für zwei Anwendungsbeispiele bestimmen. Die in Bild 4.25a dargestellte Konfiguration kann als Modell für eine Klebe- oder Schweißverbindung zweier dünner Schichten (Streifen) unter einer Zugbelastung F angesehen werden. In hinreichendem Abstand von den Rißspitzen herrschen für $h \ll 2b$ außerhalb und innerhalb des Verbindungsbereichs jeweils Spannungszustände, die sich über die Länge nicht ändern.

Ein Rißfortschritt um $\mathrm{d}a$ der linken oder der rechten Rißspitze führt zu einer gleich großen Verlängerung bzw. Verkürzung dieser Bereiche. Unter Annahme einer Totlast und Verwendung der Beziehungen der Stab- und Balkentheorie (die in diesem Fall exakt sind), ergibt sich mit dem Biegemoment $M = Fh/2$ und und dem Flächenträgheitsmoment $I = Bh^3/12$ zunächst

$$\mathrm{d}\Pi^i = \left[\left(\frac{F^2}{2\,E'(B\,h)} + \frac{M^2}{2\,E'I}\right) - \frac{F^2}{2\,E'(2\,B\,h)}\right]\mathrm{d}a = \frac{7\,F^2}{4\,E'\,B\,h}\,\mathrm{d}a\;.$$

Darin ist B die Breite der Schicht. Wegen $\mathrm{d}\Pi = -\mathrm{d}\Pi^i = \mathrm{d}\Pi^a/2$ und $\mathrm{d}A = B\,\mathrm{d}a$ liefert (4.70a) damit im EVZ

$$\mathcal{G} = \frac{7\,(1-\nu^2)\,F^2}{4\,E\,B^2\,h} \qquad \text{bzw.} \qquad \mathcal{G} = \frac{7\,(1-\nu^2)\,\sigma^2\,h}{4\,E}\;. \qquad (4.76)$$

Hierbei wurde mit $\sigma = F/Bh$ die mittlere Spannung in einer Schicht eingeführt. Entgegen dem ersten Anschein liegt in diesem Fall keine reine Modus II Belastung vor. Aus diesem Grund lassen sich die Spannungsintensitätsfaktoren auch nicht einfach aus $\mathcal{G}$ bestimmen. Ohne näher darauf einzugehen erhält man $K_I \approx -K_{II} \approx \sqrt{7/9}\,\sigma\sqrt{h}$.

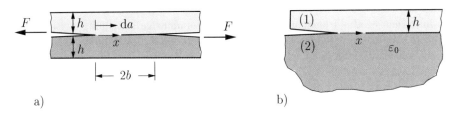

Bild 4.25 Beispiele zur Energiefreisetzungsrate

Bild 4.25b zeigt einen Riß in der Verbindungsebene zwischen einer dünnen Schicht (1) und einem Trägermaterial (2). Dabei wollen wir annehmen, daß der Träger (2) eine konstante Dehnung $\varepsilon_x = \varepsilon_0$ erfährt, die der Schicht (1) aufgezwungen wird. Setzen wir den EVZ voraus, dann herrscht in ihr für $|x| \gg h$ rechts von der Rißspitze die konstante Spannung $\sigma = E\varepsilon_0/(1-\nu^2)$, und links ist die Schicht spannungsfrei. Bei einer Rißfortpflanzung um $\mathrm{d}a$ verkürzt sich in der Schicht der Bereich mit der konstanten Spannung, während sich der Zustand im Träger nicht ändert. Damit wird

$$\mathrm{d}\Pi^i = -\frac{1}{2}\,\sigma\,\varepsilon_0\,B\,h\,\mathrm{d}a = -\frac{\sigma^2(1-\nu^2)\,B\,h}{2\,E}\,\mathrm{d}a\;.$$

Da keine äußeren Kräfte wirken, gilt $\mathrm{d}\Pi = \mathrm{d}\Pi^i$, und es folgt aus (4.70a) unter Beachtung von $\mathrm{d}A = B\mathrm{d}a$ die gesuchte Energiefreisetzungsrate zu

$$\mathcal{G} = \frac{(1-\nu^2)\,\sigma^2\,h}{2\,E}\;. \qquad (4.77)$$

Wie im vorhergehenden Beispiel liegt auch hier kein reiner Modus II vor, weshalb die Spannungsintensitätsfaktoren nicht aus $\mathcal{G}$ bestimmt werden können. Es sei angemerkt, daß durch diese Konfiguration die *Delamination* einer dünnen Schicht (Film) auf einem Substrat modelliert werden kann. Auf Risse zwischen zwei verschiedenen Materialien werden wir in Abschnitt 4.11 noch näher eingehen.

4.6.3 Nachgiebigkeit, Energiefreisetzungsrate und K–Faktoren

Im linear elastischen Fall steht die Energiefreisetzungsrate mit der Nachgiebigkeit bzw. mit der Steifigkeit des Körpers in Zusammenhang. Wir zeigen dies am Beispiel des ebenen Modus I Rißproblems, bei dem ein Körper der Dicke B durch eine vorgegebene Einzelkraft F (Totlast) belastet ist (Bild 4.26a). Mit $\Pi^a = -Fu_F$ und $\Pi^i = Fu_F/2$ lautet in diesem Fall das Gesamtpotential

$$\Pi = \Pi^i + \Pi^a = -\frac{1}{2} F u_F .$$

Zwischen der Verschiebung u_F des Kraftangriffspunktes und der Last F gilt dabei die Beziehung

$$u_F = CF .$$

Darin ist C die *Nachgiebigkeit* oder *Compliance* (= reziproke Steifigkeit). Läßt man einen Rißfortschritt zu, dann ändern sich C und u_F (Bild 4.26b): $C = C(a)$, $u_F = u_F(a)$. Damit erhält man $\Pi = -F^2 C(a)/2$, und es folgt

$$\mathcal{G} = -\frac{\mathrm{d}\Pi}{B\,\mathrm{d}a} = \frac{F^2}{2B}\frac{\mathrm{d}C}{\mathrm{d}a} . \qquad (4.78)$$

Man kann zeigen, daß dieses Ergebnis unabhängig von der Art der Belastung ist. So könnte zum Beispiel die Kraft F auch über eine Feder auf den Körper wirken, oder es könnte anstelle der Kraft die Verschiebung u_F festgehalten sein.

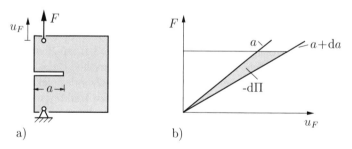

Bild 4.26 Änderung der Nachgiebigkeit beim Rißfortschritt

Im reinen Modus I erhält man aus (4.78) unter Verwendung von (4.72) für den Spannungsintensitätsfaktor

$$K_I^2 = \frac{F^2 E'}{2B}\frac{\mathrm{d}C}{\mathrm{d}a} \qquad (4.79)$$

mit $E' = E$ im ESZ und $E' = E/(1-\nu^2)$ im EVZ. Man kann diese Beziehung zum Beispiel benutzen, um Spannungsintensitätsfaktoren experimentell zu ermitteln. Hierzu werden die Nachgiebigkeiten eines Körpers bei Rißlängen bestimmt, die sich um die kleine Differenz Δa unterscheiden. Daneben erlaubt (4.78) in verschiedenen Fällen die einfache Herleitung von Näherungsformeln für K-Faktoren.

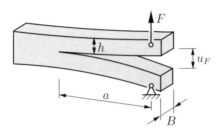

Bild 4.27   DCB-Probe

Als Beipiel hierzu betrachten wir eine DCB-Probe (Double Cantilever Beam-Probe), die in bruchmechanischen Experimenten Verwendung findet (Bild 4.27). Faßt man die beiden Arme jeweils als Kragträger der Länge a auf, so gilt nach der Balkentheorie (ohne Berücksichtigung des Schubes) $u_F = 2Fa^3/3EI$, woraus mit $I = Bh^3/12$ die Compliance $C = u_F/F = 8a^3/EBh^3$ folgt. Daraus errechnet sich bei Annahme eines ESZ

$$K_I = 2\sqrt{3}\,\frac{F\,a}{B\,h^{3/2}}\;. \qquad (4.80)$$

4.6.4   Energiesatz, Griffithsches Bruchkriterium

Ein Bruchvorgang in einem Körper geht mit irreversiblen Prozessen der Bindungslösung einher. Es ist zweckmäßig, die dabei auftretenden und speziell an den Bruchprozeß gebundenen Energieformen in der Energiebilanz (1.91) als separate Terme zu berücksichtigen. Hierzu gehören zum Beispiel die Oberflächenenergie, die Energie, welche für die großen mikroplastischen Deformationen in der Prozeßzone benötigt wird, aber auch etwaige chemische oder elektromagnetische Energieformen (vgl. Kapitel 3). Ohne sie hier näher zu konkretisieren, fassen wir sie in Γ zusammen. Dann kann man den Energiesatz allgemein in der Form

$$\dot{E} + \dot{K} + \dot{\Gamma} = P + Q \qquad (4.81)$$

schreiben. Er muß sowohl beim Einsetzen als auch im weiteren Verlauf des Bruchprozesses erfüllt sein. Wegen der Irreversibilität des Prozesses ist $\dot{\Gamma} \geq 0$.

Der Bruchvorgang spielt sich in der Prozeßzone ab, deren Volumen in vielen Fällen als vernachlässigbar klein im Vergleich zum Volumen des Körpers ange-

Energiebilanz

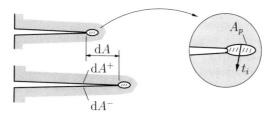

Bild 4.28 Zum Energiesatz

sehen werden kann (Bild 4.28). Es liegt dann nahe, die Energiebilanz (4.81) aufzuspalten in den Teil für die Prozeßzone und den Teil für den restlichen Körper:

$$\text{Prozeßzone}: \quad \dot{\Gamma} = -P^*,$$
$$\text{Körper}: \quad \dot{E} + \dot{K} = P + Q + P^*. \quad (4.82)$$

Darin beschreibt $-P^*$ den Energietransport in die Prozeßzone hinein. Beschränken wir uns dabei auf mechanische Energieformen, dann ist er gegeben durch

$$P^* = \int_{A_P} t_i \, \dot{u}_i \, \mathrm{d}A \, . \quad (4.83)$$

Ein Bruchvorgang ist mit der laufenden Bildung einer neuen Oberfläche verbunden. So wird das Material zwischen zwei um die Zeit dt benachbarten Zuständen 1 und 2 entlang der Bruchfläche dA getrennt. Dabei verschiebt sich die Prozeßzone, und alle Punkte von dA durchlaufen eine "Entlastungsgeschichte" vom Zustand 1 zum völlig entlasteten Zustand 2 ($t_i = 0$). Die hierbei geleistete Arbeit (=Energiefluß in die Prozeßzone) kann durch

$$\mathrm{d}W_\sigma = P^* \mathrm{d}t = \int_{\mathrm{d}A^\pm} [\int_{(1)}^{(2)} t_i \, \mathrm{d}u_i] \, \mathrm{d}\overline{A} \quad (4.84)$$

ausgedrückt werden. Darin deutet d$A^\pm$ an, daß die Arbeit der Kräfte an beiden gegenüberliegenden Flächen zu bilden ist. Gleichzeitig erfährt bei der Bildung von dA die Bruchenergie eine Änderung dΓ, die proportional zu dA ist: d$\Gamma \sim$ dA. Stellt man sie sich im Zustand 2 (nach vollzogener Trennung) als *Bruchflächenenergie* entlang der Oberfläche d$A^\pm$ verteilt vor, dann gilt (vgl. Abschnitt 3.2.2)

$$\mathrm{d}\Gamma = \dot{\Gamma} \, \mathrm{d}t = 2\gamma \, \mathrm{d}A \, . \quad (4.85)$$

Darin wird die spezifische Bruchflächenenergie γ häufig als Konstante angesehen. Sie kann allerdings auch eine Funktion von der Bruchgeschichte sein, d.h. zum Beispiel eine Funktion der Rißverlängerung Δa: $\gamma = \gamma(\Delta a)$.

Der Klarheit halber sei noch einmal die unterschiedliche physikalische Bedeutung von $\dot{\Gamma}$ und P^* betont. Bei der Verschiebung der Prozeßzone um dA (= Rißwachstum) wird die Energie $d\Gamma$ durch die Schaffung neuer Bruchflächen in andere Energieformen(z.B. Wärme, Oberflächenenergie) umgewandelt. Man kann dies auch als Definition der Prozeßzone ansehen. Dagegen beschreibt P^* die Wirkung des umgebenden Kontinuums auf die Prozeßzone.

Wir kommen nun auf den Spezialfall des elastischen Körpers zurück, in dem ein "langsamer", quasistatischer Bruchprozeß abläuft. Die Prozeßzone identifizieren wir hier mit der plastischen Zone, d.h. mit dem gesamten *kleinen* Bereich um die Rißspitze, in dem inelastische Vorgänge auftreten. Dementsprechend beinhaltet Γ jetzt sowohl die für den Trennprozeß als auch die für den inelastischen Deformationsprozeß in der plastischen Zone erforderliche Energie. Die kinetische Energie K und der nichtmechanische Energietransport Q spielen keine Rolle. Die innere Energie E kann durch die Formänderungsenergie Π^i ersetzt werden; von den äußeren Kräften wollen wir annehmen, daß sie ein Potential Π^a haben. Mit $\dot{\Pi}^i dt = d\Pi^i$, $\dot{\Gamma} dt = d\Gamma$ und $P dt = -d\Pi^a$ lautet der Energiesatz (4.81) dann

$$\boxed{d\Pi^i + d\Pi^a + d\Gamma = 0} \quad \text{bzw.} \quad \boxed{\frac{d\Pi}{dA} + \frac{d\Gamma}{dA} = 0}. \tag{4.86}$$

Danach ist beim Bruchvorgang die Änderung der Summe aus dem Potential Π der äußeren und inneren Kräfte sowie der Bruchenergie Γ Null. Führt man die Energiefreisetzungsrate nach (4.70) ein, dann läßt sich (4.86) mit (4.85) und der Bezeichnung $\mathcal{G}_c = 2\gamma$ auch in der Form (4.75), d.h.

$$\boxed{\mathcal{G} = \mathcal{G}_c} \tag{4.87}$$

schreiben. In anderen Worten: beim Einsetzen und beim darauffolgenden Verlauf des quasistatischen Rißfortschrittes muß die freigesetzte Energie gleich sein der für den Bruchprozeß benötigten Energie. Von **A.A.** Griffith wurde die energetische Beziehung (4.86) zum ersten Mal als Bruchbedingung verwendet; sie wird deshalb auch als *Griffithsches Bruchkriterium* bezeichnet. Allerdings hat Griffith Γ nicht als Bruchflächenenergie sondern als reine Oberflächenenergie angesehen und damit den Bruchvorgang formal als *reversibel* betrachtet. Daneben hat er den Energiesatz nur auf das Einsetzen des Rißwachstums und nicht auf dessen weiteren Verlauf angewendet.

In Abschnitt 4.6.2 wurde schon darauf hingewiesen, daß das K-Konzept und das energetische Kriterium in der linearen Bruchmechanik vollständig äquivalent sind. In der praktischen Anwendung wird allerdings meist dem K-Konzept der Vorzug gegeben. Ein wesentlicher Grund hierfür ist die einfachere Handhabbarkeit; so sind für viele geometrischen Konfigurationen und Lastfälle die K-Faktoren in Handbüchern verfügbar. Ein anderer liegt in der Übertragbarkeit des Grundgedankens von dominanten, singulären Rißspitzenfeldern auf die nicht-

Energiebilanz

lineare Bruchmechanik, d.h. auf inelastisches, nichtlineares Materialverhalten. Es gibt allerdings in der linearen Bruchmechanik auch Fälle, in denen das energetische Kriterium bevorzugt wird. Ein Beispiel hierfür sind Interface-Risse, wie sie in Kompositwerkstoffen oder Laminaten häufig auftreten (vgl. Abschnitt 4.11).

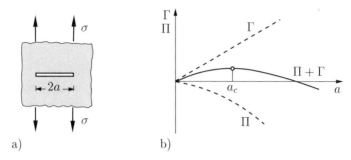

Bild 4.29 Zum Griffithschen Bruchkriterium

Zur Illustration des energetischen Bruchkriteriums (4.86) betrachten wir nochmals den geraden Riß in der unendlich ausgedehnten Ebene unter einachsigem Zug σ nach Bild 4.29. Bezogen auf die Einheitsdicke gelten hierfür nach (4.68) und (4.85) bei konstantem γ

$$\Pi = -\sigma^2 a^2 \pi \frac{1+\kappa}{8G}, \qquad \Gamma = 4a\gamma.$$

Aus (4.86) folgt damit die Bedingung

$$\frac{d(\Pi + \Gamma)}{da} = 0 \quad \leadsto \quad 4\gamma = 2\sigma^2 \pi a \frac{1+\kappa}{8G} \quad . \tag{4.88}$$

Ist die aktuelle Rißlänge gegeben, dann erhält man daraus die für den Bruchvorgang erforderliche kritische Spannung

$$\sigma_c = \sqrt{\frac{16G\gamma}{\pi(1+\kappa)a}} \quad . \tag{4.89}$$

Umgekehrt ergibt sich aus (4.88) bei vorgegebener Spannung eine kritische Rißlänge a_c, bei der Rißwachstum eintritt. Die gleichen Ergebnisse erhält man natürlich auch mit dem K–Konzept.

In einem anderen Beispiel wollen wir untersuchen, unter welchen Umständen es zum Aufreißen einer dünnen Schicht (Film) (1) der Dicke h kommt, die auf ein Trägermaterial (2) (Substrat) aufgebracht ist (Bild 4.30). Man spricht in diesem Zusammenhang von einer *Kanalbildung* (channeling). Dabei nehmen wir an,

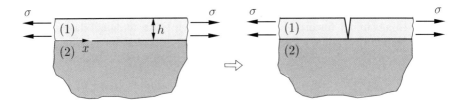

Bild 4.30 Kanalbildung in einer dünnen Schicht

daß in der Schicht vor dem Versagen eine konstante Zugspannung σ herrscht und beim Aufreißen der Verbund zwischen Schicht und Träger erhalten bleibt. In guter Näherung können wir dann die Schicht wie einen schubelastischen Balken behandeln, der senkrecht zur Zeichenebene querdehnungsbehindert ist. Ohne auf die Details der (elementaren) Herleitung einzugehen, errechnen sich die Änderung der Formänderungsenergie bzw. des Gesamtpotentials sowie die Bruchflächenenergie bei vollständigem Durchreißen der Schicht zu

$$\Pi \approx \frac{\sqrt{2}}{16} \frac{\sigma^2 h^2 (1-\nu^2)}{E} , \qquad \Gamma = 2\gamma h = \mathcal{G}_c h . \qquad (4.90)$$

Die energetische Bruchbedingung (4.86) liefert damit bei gegebener Spannung und Bruchzähigkeit eine kritische Schichtdicke

$$h_c \approx 4\sqrt{2} \, \frac{\mathcal{G}_c E}{\sigma^2 (1-\nu^2)} . \qquad (4.91)$$

Soll die Schicht unter Zugspannungen nicht aufreißen ($d\Pi+d\Gamma < 0$), so ist danach die Schichtdicke h durch h_c immer nach oben begrenzt: $h < h_c$. Zugspannungen infolge des Herstellungsprozesses oder aufgrund von thermischen Einwirkungen lassen sich aber in Bauteilen zum Beispiel der Mikrosystemtechnik oft nicht vermeiden.

An dieser Stelle sei noch eine andere Interpretation des energetischen Bruchkriteriums angesprochen, die auf dem verallgemeinerten Kraftbegriff beruht. Dabei wird $\mathcal{G}$ als Kraft aufgefaßt, die den Riß vorwärts zu treiben sucht (=Rißausbreitungskraft). Der Rißausbreitung entgegen wirkt der Materialwiderstand $\mathcal{G}_c$ (=Rißwiderstandskraft). Damit ein quasistatischer Rißfortschritt stattfinden kann, muß die "Gleichgewichtsbedingung" (4.87) erfüllt sein. Letztere kann man übrigens auch noch in Form des (verallgemeinerten) Prinzips der virtuellen Verrückungen formulieren. Hierzu führen wir einen virtuellen (d.h. einen gedachten und infinitesimalen) Rißfortschritt δA durch. Hierbei leistet die Rißausbreitungskraft die virtuelle Arbeit $\mathcal{G}\delta A = -\delta\Pi$ und die Rißwiderstandskraft die Arbeit $\mathcal{G}_c\delta A = 2\gamma\delta A = \delta\Gamma$. Gleichung (4.86) führt damit auf

$$\delta(\Pi + \Gamma) = 0 . \qquad (4.92)$$

Schließlich sei noch auf ein einfaches Modell für die Rißausbreitung hingewiesen. Es besteht in der Coulombschen Reibung eines Körpers auf einer rauhen Unterlage (Bild 4.31), wobei wir die Bewegung des Körpers mit einer Rißausbreitung gleichsetzen. Der Körper verharrt in Ruhe, solange die angreifende Kraft kleiner ist als die Haftgrenzkraft ($\widehat{=}$ keine Rißausbreitung für $\mathcal{G} < \mathcal{G}_c$). Sind angreifende Kraft und Haftgrenzkraft bzw. Reibkraft gleich, dann kommt es zum Einsetzen und zum weiteren Verlauf von Bewegung unter Gleichgewichtsbedingungen ($\widehat{=}$ Rißfortschritt für $\mathcal{G} = \mathcal{G}_c$).

Bild 4.31 Coulombsche Reibung als Rißausbreitungsmodell

Der Energiesatz (4.81) gilt auch dann, wenn große inelastische Bereiche auftreten. In diesem Fall ist es allerdings nicht mehr möglich, den gesamten plastischen Bereich als Prozeßzone aufzufassen. Vielmehr ist es in diesem Fall erforderlich, die Energieanteile für den Bruchprozeß ($\dot{\Gamma}$) und für die inelastischen Deformationen außerhalb der Prozeßzone sauber zu trennen. Dies kann zum Beispiel im Rahmen eines *Kohäsivmodells* erfolgen. Hierbei wird die Dicke der Prozeßzone vernachlässigt und sie als reine Fläche A_P aufgefaßt. Außerhalb der Prozeßzone A_P verhält sich das Material inelastisch (z.B. elastisch-plastisch). Entlang der Fläche A_P findet der Bruchprozeß statt, wobei für die Kohäsivspannungen ein materialspezifisches Trenngesetz gilt. Diesem Trenngesetz entsprechend leisten die Spannungen dann eine bestimmte Brucharbeit.

4.6.5 J–Integral

Mit den K–Faktoren und der Energiefreisetzungsrate $\mathcal{G}$ haben wir schon Parameter eingeführt, die zur Beschreibung des Bruchverhaltens verwendet werden können. Eine weitere Größe ist das J–Integral. Obwohl dieser Parameter in der linearen Bruchmechanik äquivalent zu K bzw. zu $\mathcal{G}$ ist, hat er doch eine herausragende Bedeutung. Sie beruht unter anderem darauf, daß J im Gegensatz zu K und $\mathcal{G}$ auch bei inelastischem Materialverhalten angewendet werden kann (vgl. Kapitel 5, elastisch-plastische Bruchmechanik).

4.6.5.1 Erhaltungsintegrale vom J–Typ

Wir betrachten einen Körper aus homogenem, elastischem Material mit der Formänderungsenergiedichte $U(\varepsilon_{ij})$, auf den keine Volumenkräfte wirken ($f_i = 0$). Das Material kann dabei beliebig nichtlinear und anisotrop sein; der Einfachheit halber

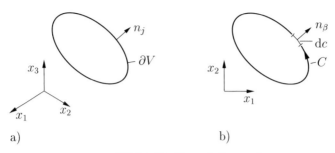

Bild 4.32 Zum J–Integral

wollen wir aber kleine Verzerrungen annehmen. Dann ist der J–Integral–Vektor definiert als

$$J_k = \int_{\partial V} b_{kj}\, n_j \, \mathrm{d}A = \int_{\partial V} (U\, \delta_{jk} - \sigma_{ij}\, u_{i,k})\, n_j \, \mathrm{d}A\ , \qquad (4.93)$$

wobei ∂V eine geschlossene Oberfläche mit dem Normalenvektor n_j ist (Bild 4.32a). Den Ausdruck

$$b_{kj} = U\, \delta_{jk} - \sigma_{ij}\, u_{i,k} \qquad (4.94)$$

bezeichnet man als *Energie-Impuls-Tensor* der Elastostatik oder als *Konfigurationsspannungstensor*. Bildet man seine Divergenz, indem man nach x_j differenziert, so ergibt sich mit (1.19) und (1.25)

$$\begin{aligned} b_{kj,j} &= \frac{\partial U}{\partial \varepsilon_{mn}}\, \frac{\partial \varepsilon_{mn}}{\partial x_j}\, \delta_{jk} - \sigma_{ij,j}\, u_{i,k} - \sigma_{ij}\, u_{i,kj} \\ &= \sigma_{mn}\, u_{m,nk} - \sigma_{ij}\, u_{i,kj} = 0\ . \end{aligned} \qquad (4.95)$$

Hiermit folgt nach dem Gaußschen Satz

$$J_k = 0 \qquad (4.96)$$

für jede beliebige Fläche ∂V, die ein defektfreies Material ohne Singularitäten oder Diskontinuitäten von b_{kj} einschließt. Ist das Material inhomogen oder sind von ∂V zum Beispiel Diskontinuitäten wie etwa ein Riß eingeschlossen, dann ist J_k im allgemeinen von Null verschieden. Gleichung (4.96) stellt einen speziellen Erhaltungssatz der Elastizitätstheorie dar, von dem man an verschiedenen Stellen sinnvoll Gebrauch machen kann.

Wendet man (4.96) zum Beispiel auf einen schubstarren Balken an, der nur an den Enden A und B durch die Schnittgrößen M (Biegemoment) und Q (Querkraft) belastet ist, so erhält man

$$-\frac{M_A^2}{2EI} + \frac{M_B^2}{2EI} + Q_A w'_A + Q_B w'_B = 0\ .$$

Energiebilanz

Darin sind EI die Biegesteifigkeit des Balkens und w' die Neigung.

Neben (4.93) existieren noch zwei weitere Oberflächenintegrale mit solchen Eigenschaften:

$$L_k = \int_{\partial V} \epsilon_{klm}(x_l\, b_{mj} + u_l\, \sigma_{mj})\, n_j\, \mathrm{d}A\,,$$

$$M = \int_{\partial V} \left[b_{ij}\, x_i + \frac{1}{2}\, \sigma_{ij}\, (2-\alpha)\, u_i\right] n_j\, \mathrm{d}A\,. \tag{4.97}$$

Hierbei sind L_k ein Vektor und M ein Skalar; ϵ_{klm} ist der Permutationstensor und $\alpha = 3$ für den räumlichen Fall bzw. $\alpha = 2$ im ebenen Fall. Analog zu (4.96) folgt durch Anwendung des Gaußschen Satzes

$$L_k = 0 \tag{4.98}$$

für jede geschlossene Fläche ∂V, die ein defektfreies Material einschließt, sofern dieses isotrop und homogen ist. Darüber hinaus läßt sich zeigen, daß $J_k = 0$ und $L_k = 0$ auch für endliche Deformationen zutreffen. Im Gegensatz dazu gilt

$$M = 0 \tag{4.99}$$

nur im Spezialfall der linearen Elastizität bei infinitesimalen Verzerrungen.

Bei ebenen Problemen hängen die Feldgrößen nur von x_1 und x_2 ab. In diesem Fall entarten die Oberflächenintegrale zu Konturintegralen längs einer geschlossenen Kurve C (Bild 4.32b). Für den J–Integral-Vektor erhält man dann

$$J_\alpha = \int_C (U\, \delta_{\alpha\beta} - \sigma_{i\beta}\, u_{i,\alpha})\, n_\beta\, \mathrm{d}c\,, \tag{4.100}$$

wobei die griechischen Indizes die Werte $1, 2$ durchlaufen.

4.6.5.2 Verallgemeinerte Kräfte

Wir wollen nun die mechanische Bedeutung des J–Integrals (4.93) untersuchen, wenn von ∂V eine Diskontinuitätsfläche A_D eingeschlossen wird (Bild 4.33a). Eine solche liegt vor, sofern b_{kj} bzw. eine der Größen U, σ_{ij}, $u_{i,k}$ sich beim Überschreiten der Fläche A_D sprungartig ändert. Dies ist zum Beispiel der Fall, wenn A_D der Rand des elastischen Körpers ist, der durch die Randlasten $t_i = \sigma_{ij} n_j$ belastet ist; links von A_D befinde sich also kein Material. Wir nehmen nun an, daß der Rand A_D um ein konstantes Inkrement $\mathrm{d}s_k$ verschoben wird (Translation von A_D), wobei die äußere Belastung t_i unverändert bleibe. Eine solche Verschiebung kann man sich dadurch erzeugt vorstellen, daß Material "weggenommen" oder "hinzugefügt" wird. Hierdurch erfährt die Gesamtenergie des Systems eine Änderung $\mathrm{d}\Pi$. Diese besteht aus der im Streifen der Dicke $\mathrm{d}s_k n_k$ gespeicherten Formänderungsenergie

$$\mathrm{d}\Pi^i = \int_{A_D} U\, \mathrm{d}s_k\, n_k\, \mathrm{d}A$$

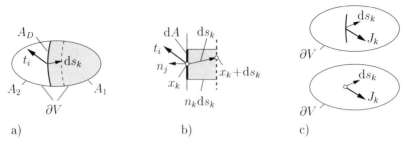

Bild 4.33 Verallgemeinerte Kräfte

sowie aus der Differenz

$$d\Pi^a = -\int_{A_D} t_i\, u_i(x_k + ds_k)\, dA + \int_{A_D} t_i\, u_i(x_k)\, dA = -\int_{A_D} \sigma_{ij}\, u_{i,k}\, ds_k\, n_j\, dA$$

des Potentials der äußeren Kräfte, wobei $u_i(x_k+ds_k) = u_i(x_k)+u_{i,k}\,ds_k$ (Bild 4.33b). Damit erhält man

$$d\Pi = d\Pi^i + d\Pi^a = ds_k \int_{A_D} (U\,\delta_{jk} - \sigma_{ij}\,u_{i,k})\, n_j\, dA \,.$$

Da nach (4.96) das entsprechende Integral über die geschlossene Fläche $A_1 + A_D$ verschwindet ($\int_{A_1}\ldots + \int_{A_D}\ldots = 0$) und da $\partial V = A_1 + A_2$ mit $\int_{A_2}\ldots = 0$, kann man dies auch in der Form

$$d\Pi = -ds_k \int_{A_1} (U\delta_{jk} - \sigma_{ij}u_{i,k})n_j dA = -ds_k \int_{\partial V} (U\delta_{jk} - \sigma_{ij}u_{i,k})n_j dA \quad (4.101)$$

oder

$$\boxed{d\Pi = -J_k ds_k} \quad (4.102)$$

schreiben.

Das Ergebnis (4.102) gilt nicht nur für dieses Beipiel, sondern man kann es auf beliebige Diskontinuitätsflächen (Flächendefekte) und Singularitäten (Punktdefekte) etwa aufgrund von Versetzungen ausdehnen (Bild 4.32c). In anderen Worten: die Energieänderung eines elastischen Systems infolge einer translatorischen Verschiebung eines Punkt- oder Flächendefektes kann durch das "wegunabhängige" Integral J_k beschrieben werden, wobei der Integrationsbereich (Fläche ∂V) den Defekt umschließen muß, sonst aber beliebig ist. In diesem energetischen Sinn kann man J_k als Kraft auffassen, die auf den Defekt wirkt; sie wird als *verallgemeinerte Kraft*, als *materielle Kraft* oder als *Konfigurationskraft* bezeichnet.

Analog beschreibt das wegunabhängige Integral L_k ein *verallgemeinertes Moment* oder *Konfigurationsmoment* auf einen Defekt. Es führt zu einer Energieänderung des Systems, wenn der Defekt eine Drehung (Rotation) erfährt. Schließlich charakterisiert das M–Integral die Energieänderung aufgrund eines selbstähnlichen Defektwachstums (z.B. Radiusvergrößerung eines kugelförmigen Loches).

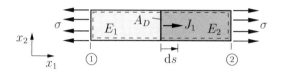

Bild 4.34 Stab mit Sprung im Elastizitätsmodul

Als einfachstes Beispiel hierzu betrachten wir einen Stab mit konstantem Querschnitt A unter einachsigem Zug nach Bild 4.34, der bei A_D einen Sprung im Elastizitätsmodul hat. Die Konfigurationskraft auf A_D bestimmen wir unter Verwendung der gestrichelt angedeuteten Integrationsfläche. Dann erhält man mit der Formänderungsenergie $U = \sigma^2/2E$, der Stabkraft $N = \sigma A$ und dem Hookeschen Gesetz $u_{1,1} = \sigma/E$ das Ergebnis

$$J_1 = \left(\frac{N^2}{2EA} - \sigma A\, u_{1,1}\right)_{\textcircled{2}} - \left(\frac{N^2}{2EA} - \sigma A\, u_{1,1}\right)_{\textcircled{1}}$$
$$= \frac{N^2}{2A}\left[\frac{1}{E_1} - \frac{1}{E_2}\right], \qquad (4.103)$$
$$J_2 = J_3 = 0,$$

wobei nur die Flächen senkrecht zu x_1 einen Beitrag liefern. Verschiebt sich die Sprungstelle des Elastizitätsmoduls um $\mathrm{d}s$, so folgt eine Energieänderung

$$\mathrm{d}\Pi = -J_1 \mathrm{d}s = \frac{N^2}{2A}\left[\frac{1}{E_2} - \frac{1}{E_1}\right] \mathrm{d}s . \qquad (4.104)$$

Man kann dieses Beispiel auch als einfachstes Modell für eine Phasentransformation im Einkristall ansehen. Hierbei verschiebt sich ebenfalls die Grenze zwischen zwei Phasen mit unterschiedlichen elastischen Eigenschaften.

4.6.5.3 J–Integral als Rißbeanspruchungsparameter

Wir wenden nun den J–Integral–Vektor auf das ebene Problem eines Risses an, dessen Rißufer belastungsfrei sind (Bild 4.35a). Dabei wählen wir eine beliebige Kontur C, die an den gegenüberliegenden Rißufern startet bzw. endet und welche die Rißspitze umläuft. Dann beschreiben J_1 bzw. J_2 nach (4.101), (4.102) die Energieänderung (Energiefreisetzung) des Systems, wenn die von der Kontur eingeschlossenen Rißufer (= Diskontinuitätslinie) zusammen mit der Rißspitze (= Singularität) in x_1- bzw. in x_2-Richtung verschoben werden. Während eine Verschiebung in x_2-Richtung nur formal, gedanklich möglich ist, entspricht einer Verschiebung da in x_1-Richtung eine kinematisch mögliche Rißfortpflanzung. Das zugehörige Konturintegral

$$J = J_1 = \int_C (U\,\delta_{1\beta} - \sigma_{i\beta}\,u_{i,1})\,n_\beta\,\mathrm{d}c = \int_C (U\,\mathrm{d}y - t_i\,u_{i,x}\,\mathrm{d}c) \qquad (4.105)$$

bezeichnet man als *J–Integral*, wobei der Index 1 weggelassen wird.

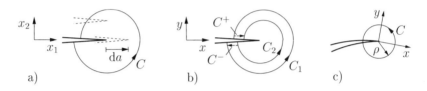

a)   b)   c)

Bild 4.35   *J*–Integral beim Riß

In seiner energetischen Interpretation entspricht J der Energiefreisetzungsrate beim Rißfortschritt in einem elastischen Körper:

$$J = \mathcal{G} = -\frac{\mathrm{d}\Pi}{\mathrm{d}a}\,. \qquad (4.106)$$

Aufgrund dieses Zusammenhanges kann man J auch als Bruchparameter verwenden; ein Bruchkriterium

$$\boxed{J = J_c} \qquad (4.107)$$

ist gleichwertig zum energetischen Kriterium (4.87). Liegt lineares Materialverhalten vor, so folgt aus (4.106) und (4.74)

$$J = \frac{1}{E'}(K_I^2 + K_{II}^2) + \frac{1}{2G}K_{III}^2 \qquad (4.108)$$

mit $E' = E/(1-\nu^2)$ im EVZ und $E' = E$ im ESZ. Damit ist (4.107) auch äquivalent zum K-Konzept, sofern eine reine Modus I-, eine reine Modus II- oder eine reine Modus III-Belastung vorliegt.

Die Bedeutung von J als Bruchparameter kann man auch begründen, ohne auf die energetische Interpretation zurückzugreifen. Zu diesem Zweck wählen wir nach Bild 4.35b zur Bestimmung von J zwei verschiedene Konturen C_1 und C_2. Dann gilt nach (4.96) für die geschlossene Kontur $C_1 + C^+ + C_2 + C^-$ unter

Beachtung des Richtungssinnes zunächst $\int_{C_1} \ldots + \int_{C^+} \ldots - \int_{C_2} \ldots + \int_{C^-} \ldots = 0$. Die Integrale $\int_{C^+} \ldots, \int_{C^-} \ldots$ verschwinden unter den getroffenen Annahmen (gerade unbelastete Rißufer) wegen $\int U \mathrm{d}y = 0$ und $t_i = 0$, womit schließlich $\int_{C_1} \ldots = \int_{C_2} \ldots$ folgt. Das J–Integral ist demnach *wegunabhängig*. Es ist ein charakteristischer Parameter für den Zustand in unmittelbarer Umgebung der Rißspitze unabhängig davon, ob die Kontur durch diesen Bereich verläuft oder nicht. Dies trifft sowohl im linear als auch im nichtlinear elastischen Fall zu.

Die Wegunabhängigkeit von J kann bei der Berechnung der Rißbeanspruchung für konkrete Rißkonfigurationen vorteilhaft genutzt werden. So wählt man bei numerischen Rechnungen mit Finiten Elementen oder mit der Randelementmethode den Integrationsweg zweckmäßig in hinreichender Entfernung von der Rißspitze. Auf eine aufwendige, genaue Berechnung der Feldgrößen im Rißspitzenbereich kann dann nämlich verzichtet werden. Auf diese Weise erfolgt bei Modus I Problemen die numerische Bestimmung von K–Faktoren in vielen Fällen unter Verwendung der Beziehung

$$J = \mathcal{G} = \frac{1}{E'} K_I^2 \qquad (4.109)$$

über die Berechnung des J–Integrals.

Die Wegunabhängigkeit des J–Integrals ist nur unter den genannten Umständen gewährleistet. Sind die Rißufer belastet oder ist der Riß gekrümmt, so ist J im allgemeinen *wegabhängig*. Dies trifft bei J_2 übrigens schon beim unbelasteten, geraden Riß zu. Einen "wegunabhängigen", den Rißspitzenzustand charakterisierenden Parameter erhält man unter solchen Umständen nur, wenn man die Kontur auf die Rißspitze zusammenzieht (Bild 4.35c):

$$J = J_1 = \lim_{\rho \to 0} \int_C (U \mathrm{d}y - t_i u_{i,x} \mathrm{d}c) \; . \qquad (4.110)$$

Dann gilt im linear elastischen Fall nach wie vor die Beziehung (4.108). Hiervon kann man sich überzeugen, indem man in (4.110) für die Kontur einen Kreis wählt und die Nahfeldlösung nach Abschnitt 4.2.1 einsetzt. Auf die gleiche Weise läßt sich die y-Komponente der verallgemeinerten Kraft auf die Rißspitze bestimmen; man erhält

$$J_2 = -\frac{1}{E'} K_I K_{II} \; . \qquad (4.111)$$

Das J–Integral läßt sich auch auf dreidimensionale Rißprobleme anwenden, bei denen die Rißbeanspruchung entlang der Rißfront veränderlich ist. Als Beispiel hierzu betrachten wir den in Bild 4.36 dargestellten Fall eines ebenen Risses mit gerader Rißfront. Die auf ein Element Δl der Rißfront wirkende verallgemeinerte Kraft in x_1-Richtung bestimmt man zweckmäßig, indem die Integration von (4.93) über die Oberfläche des scheibenförmigen Körpers einschließlich seiner Deckflächen ausgeführt wird, der durch die erzeugende Kontur C in der x_1, x_2-Ebene gebildet wird. Läßt man im Grenzfall die Elementlänge (=Dicke der

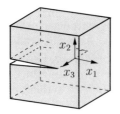

Bild 4.36 J beim dreidimensionalen Rißproblem

Scheibe) gegen Null gehen, so heben sich die Integrale über die Deckflächen gegenseitig auf, und es bleibt nur das Konturintegral (4.105). Dies ist nun allerdings von der Position auf der Rißfront abhängig: $J = J(x_3)$. Mit den gleichen Argumenten wie im ebenen Fall kann man die Wegunabhängigkeit von J auch hier zeigen.

Bedingung dafür, daß das J-Integral als Rißspitzenparameter verwendet werden kann, ist eine Kontur, welche die entsprechende Rißspitze umläuft. Wählt man im Gegensatz dazu eine geschlossene Kontur um den ganzen Riß, dann beschreibt J_k nach Abschnitt 4.6.5.2 die Energieänderung des Systems bei einer Translation des Risses als Ganzes. Analoges gilt für L_k bzw. für M bei einer Rotation bzw. bei einer selbstähnlichen Rißvergrößerung. Solche "Bewegungen" eines Risses sind von Ausnahmen abgesehen kinematisch nicht möglich, weshalb auch die Bedeutung dieser Integrale gering ist.

4.7 Kleinbereichsfließen

4.7.1 Größe der plastischen Zone, Irwinsche Rißlängenkorrektur

In der linear elastischen Bruchmechanik wird vorausgesetzt, daß die plastische Zone klein ist im Vergleich zum K-bestimmten Gebiet (vgl. Abschnitt 4.3). Man spricht dann von *Kleinbereichsfließen*. Dabei umfaßt die plastische Zone die gesamte Region, in der das Stoffverhalten vom linear elastischen Verhalten abweicht. Die Bestimmung der Größe und der Form dieser Zone für ein "nichtlineares" Material ist im allgemeinen keine einfache Aufgabe. Wir wollen deshalb hier für den Modus I nur eine Abschätzung auf der Basis der elastischen Nahfeldlösung durchführen, wobei wir das Stoffverhalten in der plastischen Zone als idealplastisch annehmen.

Eine auf G. Irwin zurückgehende erste Näherung für die Ausdehnung der plastischen Zone vor der Rißspitze erhält man, indem man nach Bild 4.37a die elastische Spannungsverteilung durch die dargestellte elastisch-plastische Spannungsverteilung ersetzt. Diese wird in der plastischen Zone als konstant angenommen, während sie im elastischen Bereich durch die (nach rechts verschobene) elastische

Kleinbereichsfließen

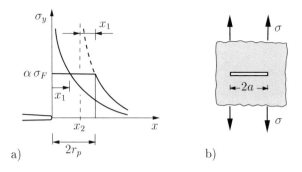

Bild 4.37 Abschätzung der Größe der plastischen Zone

Nahfeldlösung gegeben sei. Dann fordern wir zunächst, daß die Trescasche Fließbedingung $\sigma_1 - \sigma_3 = \sigma_F$ an der Grenze von elastischem und plastischem Bereich erfüllt ist. Hieraus folgen mit $\sigma_1 = \sigma_y = K_I/\sqrt{2\pi x}$ und mit $\sigma_3 = 2\nu\sigma_1$ im EVZ bzw. $\sigma_3 = 0$ im ESZ für den plastischen Bereich

$$\sigma_y = \alpha\sigma_F, \qquad 1/\alpha = \begin{cases} 1 - 2\nu & \text{(EVZ)} \\ 1 & \text{(ESZ)} \end{cases}$$

und durch Einsetzen

$$x_1 = \frac{1}{2\pi}\left(\frac{K_I}{\alpha\sigma_F}\right)^2.$$

Die Länge x_2 ergibt sich aus der Bedingung, daß die resultierenden Kräfte infolge der rein elastischen Spannungsverteilung bzw. infolge der elastisch-plastischen Spannungsverteilung gleich sein müssen:

$$\int_0^\infty \frac{K_I}{\sqrt{2\pi x}}\,\mathrm{d}x = \alpha\sigma_F(x_1 + x_2) + \int_{x_1+x_2}^\infty \frac{K_I}{\sqrt{2\pi(x-x_2)}}\,\mathrm{d}x.$$

Dies liefert $x_2 = x_1$, womit sich die Länge $2r_p = x_1 + x_2$ der plastischen Zone zu

$$2r_p = \begin{cases} \dfrac{1}{3\pi}\left(\dfrac{K_I}{\sigma_F}\right)^2 & \text{(EVZ)}, \\ \dfrac{1}{\pi}\left(\dfrac{K_I}{\sigma_F}\right)^2 & \text{(ESZ)} \end{cases} \qquad (4.112)$$

errechnet. Dabei wurde im EVZ der Wert $\alpha = \sqrt{3}$, d.h. $\nu = 0,21$ gewählt. Nach (4.112) ist bei gleicher Rißbeanspruchung (gleiches K_I) die plastische Zone im EVZ wesentlich kleiner als im ESZ. Dies ist auch experimentell bestätigt.

Gleichung (4.112) bietet die Möglichkeit, die Größenbedingung (4.65), welche bei der Bestimmung zulässiger K_{Ic}-Werte eingehalten werden muß, in anderer

Form zu schreiben. Unter Voraussetzung eines EVZ erhält man für den kritischen Fall ($K_I = K_{Ic}$) durch Einsetzen

$$r_{pc} \lesssim 0,02 \, \{a, \, W-a, \, B\} \, . \tag{4.113}$$

Ergänzt man die rechte Seite um möglicherweise auftretende weitere Geometrieparameter, dann vermittelt diese Beziehung einen Eindruck von der Größe der plastischen Zone, die im Rahmen der linearen Bruchmechanik allgemein noch zulässig ist.

Die Länge $x_2 = r_p$ charakterisiert die Translation des elastischen Nahfeldes infolge plastischen Fließens. Ein entsprechend verschobenes Nahfeld wird aber auch von einem um r_p verlängerten, fiktiven Riß im rein elastischen Fall hervorgerufen. G. Irwin hat deshalb vorgeschlagen, Fließen in erster Näherung im Bruchkriterium dadurch zu berücksichtigen, daß von einer um r_p korrigierten *effektiven Rißlänge* ausgegangen wird:

$$a_{\text{eff}} = a + r_p \, . \tag{4.114}$$

Man nennt diese Vorgehensweise *Irwinsche Rißlängenkorrektur*. Wendet man (4.114) zum Beispiel auf einen Riß nach Bild 4.37b an, dann ergibt sich mit $K_I = \sigma\sqrt{\pi a}$ und (4.112) im ESZ

$$a_{\text{eff}} = a + \frac{1}{2\pi}\left(\frac{K_I}{\sigma_F}\right)^2 = a\left[1 + \frac{1}{2}\left(\frac{\sigma}{\sigma_F}\right)^2\right] \, . \tag{4.115}$$

Setzt man dies in das K–Kriterium ein, so folgt für die kritische Spannung

$$\sigma_c = \frac{K_{Ic}}{\sqrt{\pi a_{\text{eff}}}} = \frac{K_{Ic}}{\sqrt{\pi[a + (1/2\pi)(K_{Ic}/\sigma_F)^2]}} \, . \tag{4.116}$$

4.7.2 Qualitative Bemerkungen zur plastischen Zone

Genaue Aussagen über die Form der plastischen Zone sowie über die in ihr auftretenden Spannungen und Deformationen lassen sich nur durch die Lösung des entsprechenden elastisch–plastischen Randwertproblemes machen. Eine solche ist selbst für einfach Stoffmodelle (z.B. elastisch–idealplastisch) und Probleme des EVZ oder ESZ nur mit numerischen Methoden möglich.

Einen groben Eindruck von der Form der plastischen Zone kann man erhalten, wenn man den Rand dieser Zone mit der Kontur identifiziert, entlang welcher die Spannungen des elastischen Nahfeldes gerade die Fließbedingung erfüllen. Auf diese Weise erhält man zum Beispiel mit der von Misesschen Fließbedingung (1.78)

$$(\sigma_1 - \sigma_2)^2 + (\sigma_2 - \sigma_3)^2 + (\sigma_3 - \sigma_1)^2 = 6k^2 = 2\sigma_F^2 \, ,$$

und den Hauptspannungen (4.20), (4.21) im Modus I die Kontur

$$r_p(\varphi) = \frac{K_I^2}{2\pi\sigma_F^2} \cos^2 \frac{\varphi}{2} \begin{cases} [3\sin^2 \frac{\varphi}{2} + (1-2\nu)^2] & \text{EVZ} \\ [3\sin^2 \frac{\varphi}{2} + 1] & \text{ESZ} \end{cases} \quad (4.117)$$

Zum Vergleich sind im Bild 4.38a die Konturen dargestellt, die sich nach der von Misesschen und nach der Trescaschen Hypothese ergeben, wobei im EVZ die Querdehnzahl $\nu = 1/4$ gewählt wurde. Beide Hypothesen zeigen einen deutlichen Größenunterschied zwischen EVZ und ESZ.

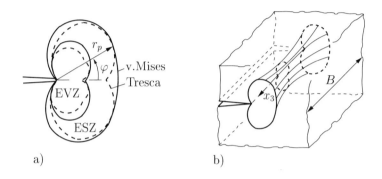

Bild 4.38 Plastische Zone

Auf diesem Resultat basiert auch das *Hundeknochenmodell* nach Bild 4.38b für die Form der plastischen Zone in "dicken" Platten ($B \gg r_p$). Dabei geht man für die Umgebung der Rißfront davon aus, daß im Innern näherungsweise ein EVZ vorherrscht ($\varepsilon_{33} \approx 0$), während der Spannungszustand an der Oberfläche dem ESZ nahekommt ($\sigma_{3i} \approx 0$). Dreidimensionale numerische Untersuchungen zeigen allerdings, daß die Größe der plastischen Zone an der Oberfläche durch dieses Modell meist überschätzt wird.

Im EVZ treten nach (4.22) die maximalen Schubspannungen größtenteils in Schnitten auf, deren Normale in der x_1, x_2-Ebene liegt. Dies legt für das plastische Fließen einen Gleitmechanismus nahe, wie er in Bild 4.39a dargestellt ist. Entsprechende Gleitprozesse führen zur Abstumpfung (blunting) einer ursprünglich scharfen Rißspitze und damit zur "Öffnung" eines Risses. Im Gegensatz zum EVZ tritt $\tau_{\max}$ im ESZ in Schnitten unter 45° zur x_1, x_2-Ebene auf. Dementsprechend wird in "dünnen" Platten ($r_p \gg B$) eher ein Gleitmechanismus nach Bild 4.39b auftreten. Dieser beschränkt die Ausdehnung der plastischen Zone in x_2-Richtung auf die Größenordnung der Plattendicke und begünstigt eine streifenförmige Ausbildung in x_1-Richtung (Bild 4.39c). Auf diesen Mechanismus ist auch die Einschnürung vor der Rißspitze zurückzuführen, die man in diesem Fall beobachtet.

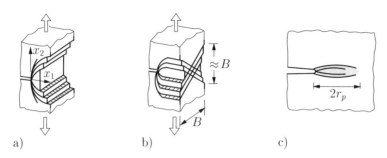

Bild 4.39 Gleitmechanismus: a) im EVZ, b) und c) im ESZ

Die Bruchzähigkeit K_{Ic} ist nach Abschnitt 4.6 direkt mit der für den Bruchprozeß benötigten Energie verbunden: $K_{Ic}^2 \sim \mathcal{G}_c$. In diese geht auch die gesamte Energie ein, welche für den Deformationsprozeß in der plastischen Zone benötigt wird. Damit läßt sich die Abhängigkeit der Bruchzähigkeit von der Dicke B nach Bild 4.21a qualitativ erklären. Für $B \gg r_p$ (dicke Proben) herrscht entlang der Rißfront näherungsweise ein EVZ vor, der nur eingeschränktes plastisches Fließen zuläßt. Dem entspricht eine geringe plastische Energiedissipation und folglich ein kleines K_{Ic}. Für $B \ll r_p$ (dünne Proben) dominiert dagegen der ESZ mit größerer plastischer Zone und geringerer Deformationsbehinderung. Folge ist eine größere plastische Energiedissipation und damit ein größerer K_{Ic}-Wert.

4.8 Stabiles Rißwachstum

Wir betrachten einen geraden Riß in der Ebene unter reiner Modus I-Belastung. Beim Einsetzen und weiteren Verlauf des Rißwachstums muß die Bruchbedingung erfüllt sein, welche sich zum Beispiel nach (4.87) als $\mathcal{G} = \mathcal{G}_c$ ausdrücken läßt. Der Rißwiderstand $\mathcal{G}_c$ ist dabei in den seltensten Fällen konstant, sondern nach Bild 4.40a meist eine vom Rißfortschritt $\Delta a = a - a_0$ abhängige, monoton ansteigende Funktion:

$$\mathcal{G}_c = R(\Delta a) \ . \tag{4.118}$$

Man bezeichnet $R(\Delta a)$ als *Rißwiderstandkurve* (crack resistance curve) oder kurz als *R–Kurve*. So kann der Rißwiderstand bei Metallen ausgehend vom Initiierungswert $\mathcal{G}_{ci}$ bei der Ausgangsrißlänge a_0 im Verlauf eines Rißwachstums von 1 bis 2 Millimetern auf ein mehrfaches von $\mathcal{G}_{ci}$ anwachsen. Eine Ursache hierfür ist die "Bewegung" der plastischen Zone beim Rißfortschritt. Dabei durchlaufen die materiellen Punkte recht unterschiedliche Spannungsgeschichten (Belastung, Entlastung), und die Größe sowie die Form der plastischen Zone ändern sich. Auf eine detaillierte Beschreibung dieses recht komplexen Vorganges verzichtet man häufig, indem man die $R(\Delta a)$-Kurve aus Experimenten bestimmt. Man faßt sie damit insgesamt als eine materialspezifische Funktion auf, die den quasistatischen Rißfortschritt eindeutig charakterisiert.

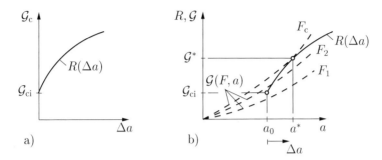

Bild 4.40 Stabiles Rißwachstum

Aufgrund des Anstiegs von R ist es möglich, einen Riß über den Initiierungswert hinaus zu belasten. Folge ist ein Rißfortschritt, dessen Größe durch die Gleichgewichtsbedingung

$$\mathcal{G}(F,a) = R(\Delta a) \qquad (4.119)$$

zwischen Rißausbreitungskraft und Rißwiderstand festgelegt ist (Bild 4.40b). Darin deutet der Parameter F die Abhängigkeit der Rißausbreitungskraft von der Belastung an. Die Gleichgewichtslage ist *stabil*, sofern bei fester Last der Rißwiderstand mit zunehmender Rißlänge stärker ansteigt, als die Rißausbreitungskraft:

$$\left.\frac{\partial \mathcal{G}}{\partial a}\right|_{F=\text{const}} < \frac{dR}{da}. \qquad (4.120)$$

Dann muß nämlich die Last erhöht werden, um den Riß weiter voranzutreiben. Dies ist in Bild 4.40b durch die Schar von $\mathcal{G}$-Kurven für unterschiedliche Lasten ($F_1 < F_2 < \ldots$) angedeutet. Die Grenze des *stabilen Rißwachstums* ist erreicht, wenn der kritische Fall

$$\left.\frac{\partial \mathcal{G}}{\partial a}\right|_{F=\text{const}} = \frac{dR}{da} \qquad (4.121)$$

eintritt. Bei weiterer Laststeigerung ist die Gleichgewichtsbedingung (4.119) nicht mehr erfüllt; der Riß beginnt sich dynamisch auszubreiten. Die kritische Belastung F_c bzw. der zugehörige Wert $\mathcal{G}^*$ hängt sowohl von der Rißgeometrie und der Art der Belastung als auch von der R–Kurve ab.

Man kann die eben gemachten Aussagen auch auf formalem Weg erhalten. Dabei gehen wir davon aus, daß wir es mit einem System zu tun haben, dessen „Gesamtenergie" durch das Gesamtpotential Π und die Bruchflächenenergie Γ gegeben ist: $\Pi^*(a) = \Pi(a) + \Gamma(a)$ (vgl. Abschnitt 4.6.4). Die Gleichgewichtslage eines solchen Systems ist durch die Bedingung $d\Pi^*/da = 0$ gekennzeichnet. Dem entspricht mit $\mathcal{G} = -d\Pi/da$ und $R = d\Gamma/da$ die Gleichung (4.119). Auskunft über die Stabilität gibt die zweite Ableitung. Für $d^2\Pi^*/da^2 > 0$ ist das System in der Gleichgewichtslage stabil, bei $d^2\Pi^*/da^2 = 0$ findet der Übergang zur Instabilität statt. Dies sind genau die Aussagen von (4.120) und (4.121).

Die Untersuchung des stabilen Rißwachstums muß nicht auf der Basis des energetischen Konzepts erfolgen. Wegen der in der linearen Bruchmechanik gegebenen Äquivalenz von K, $\mathcal{G}$ und J kann sie vielmehr mit jeder dieser Größen durchgeführt werden.

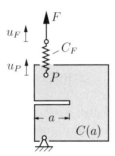

Bild 4.41 Stabilität des Rißwachstums

Im weiteren wollen wir $d\mathcal{G}/da$ für den rißbehafteten Körper nach Bild 4.41 bestimmen, der durch eine Feder mit vorgegebener Verschiebung u_F belastet ist. Mit den Nachgiebigkeiten $C(a)$ und C_F von Körper und Feder gilt zunächst für die angreifende Kraft und für die Verschiebung von P

$$F = \frac{u_F}{C(a) + C_F}, \quad u_P = CF = \frac{C}{C + C_F} u_F. \quad (4.122)$$

Damit lautet das Potential

$$\Pi = \frac{1}{2} F u_P + \frac{1}{2} F(u_F - u_P) = \frac{1}{2} \frac{u_F^2}{C(a) + C_F},$$

und man erhält durch Differenzieren

$$\mathcal{G} = -\frac{d\Pi}{da} = \frac{u_F^2}{2} \frac{C'}{(C + C_F)^2},$$

$$\frac{d\mathcal{G}}{da} = -\frac{d^2\Pi}{da^2} = \frac{u_F^2}{2} \frac{C''(C + C_F) - 2C'^2}{(C + C_F)^3} = \frac{F^2}{2} \left[C'' - \frac{2C'^2}{C + C_F} \right], \quad (4.123)$$

wobei $C' = dC/da$. In $d\mathcal{G}/da$ gehen also nicht nur die Eigenschaften des Körpers, sondern auch die Art der Belastung (C_F) ein. Aus (4.123) kann man noch

Ergebnisse für die beiden Sonderfälle $C_F = 0$ und $C_F \to \infty$ herleiten. Nach (4.122) entspricht der erste einer Belastung des Körpers durch eine in P vorgeschriebene Verschiebung u_F, der zweite einer von $C(a)$ unabhängigen Last (=Totlast). Man erhält

$$\frac{d\mathcal{G}}{da} = \frac{F^2}{2} \begin{cases} C'' - \dfrac{2C'^2}{C} & \text{für } C_F = 0, \\ C'' & \text{für } C_F \to \infty. \end{cases} \quad (4.124)$$

Bei einer zunehmenden Belastung des Körpers in P durch Totlasten ($C_F \to \infty$) wird der Instabilitätspunkt danach immer früher erreicht als bei einer zunehmenden Belastung durch vorgegebene Verschiebungen ($C_F = 0$).

Als Beispiel betrachten wir die DCB–Probe nach Bild 4.27. Mit der Nachgiebigkeit $C(a) = 8a^3/EBh^3$ (vgl. Abschnitt 4.6.3) errechnet sich

$$\frac{d\mathcal{G}}{da} = \begin{cases} -\dfrac{48F^2 a}{EBh^3} & \text{für } C_F = 0, \\ +\dfrac{24F^2 a}{EBh^3} & \text{für } C_F \to \infty. \end{cases} \quad (4.125)$$

Bei Belastung durch vorgegebene Verschiebungen ($C_F = 0$) ist das Rißwachstum also immer stabil.

4.9 Gemischte Beanspruchung

Wir haben uns bisher im wesentlichen auf Bruchkriterien und Rißprobleme im Falle einer reinen Modus I Belastung konzentriert. Dabei konnten wir davon ausgehen, daß ein Rißfortschritt in Richtung der Tangente an der Rißspitze erfolgt, ein gerader Riß sich also in Richtung seiner Längsachse ausbreitet. Wir wollen uns nun mit Bruchkriterien bei *gemischter Beanspruchung* (mixed mode loading) befassen, bei welcher Modus I und Modus II überlagert sind; Modus III soll nicht auftreten. Dann wird der kritische Zustand (=Bruch) durch den Einfluß beider Moden bestimmt. Außerdem setzt die Rißfortpflanzung unter einem bestimmten Winkel zur Tangente an der Rißspitze ein (Bild 4.42). Bei sprödem Material ergibt sich dabei meist eine Richtung, bei der sich die neugeschaffenen Rißoberflächen wie bei einer Modus I Belastung öffnen.

Beim Auftreten beider Moden kann der Zustand an der Rißspitze im Rahmen der linearen Bruchmechanik durch die Spannungsintensitätsfaktoren K_I und K_{II} charakterisiert werden. Ein mixed mode Bruchkriterium läßt sich damit allgemein folgendermaßen ausdrücken (vgl. (4.26)):

$$f(K_I, K_{II}) = 0. \quad (4.126)$$

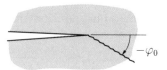

Bild 4.42 Rißausbreitung bei gemischter Beanspruchung

Ähnlich wie bei den Versagenshypothesen in Abschnitt 2 ist es möglich, beliebig viele Bruchkriterien vom Typ (4.126) aufzustellen. Tatsächlich existieren auch viele Hypothesen, die je nach Materialklasse bzw. je nach dominierendem mikroskopischen Versagensmechanismus mehr oder weniger gut mit experimentellen Ergebnissen übereinstimmen. Im folgenden sind einige häufig verwendete Kriterien zusammengestellt, die auch Aussagen über die Rißfortschrittsrichtung machen.

Energetisches Kriterium

Nach (4.75) bzw. (4.87) setzt der Bruchvorgang für

$$\mathcal{G} = \mathcal{G}_c \qquad (4.127)$$

ein, wobei $\mathcal{G} = (K_I^2 + K_{II}^2)/E'$. Führt man mittels $\mathcal{G}_c = K_{Ic}^2/E'$ die Bruchzähigkeit für den Modus I ein, so läßt sich (4.127) auch in der Form

$$K_I^2 + K_{II}^2 = K_{Ic}^2 \qquad (4.128)$$

schreiben. Dieses Kriterium geht von der Annahme aus, daß die Rißfortpflanzung unabhängig von der Größe des Modus II Anteiles immer in tangentialer Richtung erfolgt. Dies trifft in der Regel nur für $K_{II} \ll K_I$ mit hinreichender Genauigkeit zu, weshalb (4.128) auch nur recht eingeschränkt verwendet werden kann.

Kriterium der maximalen Umfangsspannung

Diesem Kriterium, das von F. Erdogan und G.C. Sih (1963) stammt, liegen zwei Annahmen zugrunde: (a) der Riß breitet sich in radialer Richtung φ_0, senkrecht zur maximalen Umfangsspannung $\sigma_{\varphi\max}$ aus, und (b) Rißfortschritt wird initiiert, wenn im Nahfeld die Spannung $\sigma_{\varphi\max} = \sigma_\varphi(\varphi_0)$ im Abstand r_c vor der Rißspitze den gleichen kritischen Wert annimmt, wie im reinen Modus I. Für die Umfangsspannung (vgl. Abschnitte 4.2.1 und 4.2.2)

$$\sigma_\varphi = \frac{1}{4\sqrt{2\pi r_c}} \left[K_I \left(3\cos\frac{\varphi}{2} + \cos\frac{3\varphi}{2} \right) - K_{II} \left(3\sin\frac{\varphi}{2} + 3\sin\frac{3\varphi}{2} \right) \right]$$

gelten damit die Bedingungen

$$\left. \frac{\partial \sigma_\varphi}{\partial \varphi} \right|_{\varphi_0} = 0 , \qquad \sigma_\varphi(\varphi_0) = \frac{K_{Ic}}{\sqrt{2\pi r_c}} ,$$

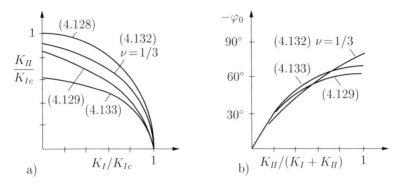

Bild 4.43 Gemischte Beanspruchung: a) Bruchkriterien, b) Rißablenkungswinkel

woraus die beiden Gleichungen

$$K_I \sin\varphi_0 + K_{II}(3\cos\varphi_0 - 1) = 0 ,$$

$$K_I\left(3\cos\frac{\varphi_0}{2} + \cos\frac{3\varphi_0}{2}\right) - K_{II}\left(3\sin\frac{\varphi_0}{2} + 3\sin\frac{3\varphi_0}{2}\right) = 4K_{Ic} \quad (4.129)$$

folgen. Aus der ersten ergibt sich der Ablenkwinkel φ_0. Mit ihm ist durch die zweite festgelegt, wann Versagen eintritt. In den Bildern 4.43a,b sind die entsprechenden Ergebnisse für $K_I, K_{II} \geq 0$ dargestellt. So ergeben sich zum Beispiel im reinen Modus II ($K_I = 0$) für den Ablenkungswinkel $\cos\varphi_0 = 1/3$ bzw. $\varphi_0 = -70,6°$ und für die kritische Belastung $K_{II} = \sqrt{3/4}\, K_{Ic} = 0,866\, K_{Ic}$.

S–Kriterium

Die Formänderungsenergiedichte in der Umgebung der Rißspitze läßt sich im EVZ mit der Nahfeldlösung (4.13), (4.14) in der Form

$$U = \frac{1}{4G}\left[(1-\nu)(\sigma_x^2 + \sigma_y^2) - 2\nu\sigma_x\sigma_y + 2\tau_{xy}^2\right]$$

$$= \frac{1}{r}\left(a_{11}K_I^2 + 2a_{12}K_I K_{II} + a_{22}K_{II}^2\right) = \frac{S}{r} \quad (4.130)$$

ausdrücken, wobei

$$16\pi G a_{11} = (3 - 4\nu - \cos\varphi)(1 + \cos\varphi) ,$$

$$16\pi G a_{12} = 2\sin\varphi\,(\cos\varphi - 1 + 2\nu) , \quad (4.131)$$

$$16\pi G a_{22} = 4(1-\nu)(1-\cos\varphi) + (1+\cos\varphi)(3\cos\varphi - 1) .$$

Von G.C. Sih (1973) wurde nun angenommen, daß (a) der Riß in diejenige radiale

Richtung φ_0 wächst, in der die Stärke S der singulären Formänderungsdichte ein Minimum ist, und daß (b) Rißwachstum einsetzt, wenn $S(\varphi_0)$ einen kritischen Wert S_c erreicht. Letzterer kann durch die Bruchzähigkeit K_{Ic} für den reinen Modus I ersetzt werden (dann ist ja $\varphi_0 = 0$): $S_c = a_{11}(\varphi_0{=}0)K_{Ic}^2$. Damit lauten das Richtungs- und das Bruchkriterium

$$\left.\frac{dS}{d\varphi}\right|_{\varphi_0} = 0 \quad \text{mit} \quad \left.\frac{d^2S}{d\varphi^2}\right|_{\varphi_0} > 0 \, ,$$

$$\left[a_{11}K_I^2 + 2a_{12}K_I K_{II} + a_{22}K_{II}^2\right]_{\varphi_0} = \frac{1-2\nu}{4\pi G} K_{Ic}^2 \, .$$

(4.132)

Der Ablenkungswinkel und die Versagenskurve sind in Bild 4.42 dargestellt. Wählt man $\nu = 1/3$, so liefert diese Hypothese im reinen Modus II für den Ablenkungswinkel $\cos\varphi_0 = 1/9$, d.h. $\varphi_0 = -83,62°$ und für die kritische Belastung $K_{II} = \sqrt{9/11}\, K_{Ic} = 0,905\, K_{Ic}$.

Das S–Kriterium läßt sich auf vielfältige Weise modifizieren. So kann es zweckmäßig sein, nicht von der Formänderungsenergiedichte U, sondern von der Volumenänderungsenergiedichte U_V oder von der Gestaltänderungsenergiedichte U_G auszugehen. Hierauf sei jedoch nicht näher eingegangen.

Kinken–Modell

Dieses Modell geht davon aus, daß die Rißspitze unter gemischter Belastung abknickt, d.h. innerhalb des K_I, K_{II}–bestimmten Nahfeldes einen kleinen "Kinken" (Haken) bildet (Bild 4.44). Physikalisch läßt sich der Kinken als Ersatz für etwaige radiale Mikrorisse in der Umgebung der makroskopischen Rißspitze interpretieren. An der Spitze des Kinken ist das Feld wieder singulär und kann durch die Spannungsintensitätsfaktoren k_I, k_{II} charakterisiert werden. M.A. Hussain, S.L. Pu und I. Underwood (1972) haben angenommen, daß (a) der Kinken sich unter einem Winkel φ_0 ausbildet, für den die Energiefreisetzungsrate $\mathcal{G} = (k_I^2 + k_{II}^2)/E'$ maximal ist, und daß (b) Rißwachstum einsetzt, wenn diese Energiefreisetzungsrate einen kritischen Wert $\mathcal{G}_c$ erreicht. Die Richtungs- und die Versagensbedingung

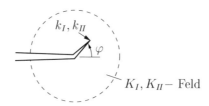

Bild 4.44 Kinken–Modell

lauten danach
$$\left.\frac{d\mathcal{G}}{d\varphi}\right|_{\varphi_0} = 0 \, , \qquad \mathcal{G}(\varphi_0) = \mathcal{G}_c \, , \qquad (4.133)$$

wobei $\mathcal{G}_c = K_{Ic}^2/E'$. Die Lösung dieser Gleichungen setzt die Ermittlung von $k_I(\varphi)$, $k_{II}(\varphi)$ und damit die Lösung des entsprechenden Randwertproblems voraus. Dieses ist nur numerisch möglich; Bild 4.43 zeigt die Ergebnisse für Ablenkungswinkel und Versagenskurve. Für $|\varphi| < 40°$ läßt sich eine Näherungslösung mit 5 Prozent Genauigkeit angeben:

$$k_I \simeq C_{11} K_I + C_{12} K_{II} \, , \qquad k_{II} \simeq C_{21} K_I + C_{22} K_{II} \qquad (4.134a)$$

mit

$$\begin{aligned} C_{11} &= \frac{1}{4} \left(3\cos\frac{\varphi}{2} + \cos\frac{3\varphi}{2} \right) , & C_{12} &= -3\cos^2\frac{\varphi}{2}\sin\frac{\varphi}{2} \, , \\ C_{22} &= \frac{1}{4} \left(\cos\frac{\varphi}{2} + 3\cos\frac{3\varphi}{2} \right) , & C_{21} &= \sin\frac{\varphi}{2}\cos^2\frac{\varphi}{2} \, . \end{aligned} \qquad (4.134b)$$

Die hier diskutierten Bruchkriterien gehen nicht auf den <u>mikroskopischen Versagensmechanismus</u> ein. Dieser kann je nachdem ob der Modus I oder der Modus II dominiert recht unterschiedlich sein, was Auswirkungen auf das Bruchverhalten hat. Aus diesem Grund ist die Anwendbarkeit dieser Kriterien eingeschränkt, und sie dürfen hinsichtlich ihrer physikalischen Interpretation nicht überstrapaziert werden. So versagen die Kriterien oft schon bei einer reinen Modus II Belastung. Aufgrund der fehlenden Rißöffnung "verhaken" sich nämlich die mikroskopisch rauhen Rißoberflächen, was zu veränderten Verhältnissen an der Rißspitze führt. Die tatsächlich vorliegende Rißspitzenbelastung ist dann geringer als durch K_{II} (berechnet unter der Annahme unbelasteter Rißufer) ausgedrückt wird. Um lastfreie Rißufer zu sichern, sollte demnach eine gewisse minimale Rißöffnung vorliegen ($K_I > 0$). Außerdem sind die Bruchkriterien grundsätzlich nur für $K_I \geq 0$ physikalisch sinnvoll. Kommt es zum Rißschließen, so existiert kein Modus I Rißspitzenfeld mehr, sondern es liegt eine reine Modus II Rißspitzenbelastung vor ($K_I = 0$). Ein Beispiel hierfür sind Risse unter kombinierter Druck- und Scherbelastung (=Scherriß). Aufgrund der erwähnten Reibungs- bzw. Verhakungseffekte sind dann zwar die Bruchkriterien kaum anwendbar; verwendbar bleiben aber weiterhin die Richtungskriterien für den Rißablenkungswinkel.

Da die verschiedenen Hypothesen unterschiedlich gut auf unterschiedliche Werkstoffe angewendet werden können, ist vorgeschlagen worden, auf eine physikalisch motivierte Bruchhypothese ganz zu verzichten und statt dessen einen formalen, einfachen Ansatz zu verwenden. Eine Möglichkeit hierfür ist die Darstellung

$$\left(\frac{K_I}{K_{Ic}}\right)^\mu + \left(\frac{K_{II}}{K_{IIc}}\right)^\nu = 1 \, , \qquad (4.135)$$

bei dem die vier Parameter K_{Ic}, K_{IIc}, μ, ν aus Experimenten ermittelt werden müssen.

Hingewiesen sei noch darauf, daß die verschiedenen Hypothesen sich bei kleinem Modus II–Anteil ($K_{II} \ll K_I$) nur wenig voneinander unterscheiden. Dies trifft insbesondere für den Ablenkungswinkel φ_0 zu. So liefern in diesem Fall (4.129), (4.132) und (4.133) das gleiche Ergebnis

$$\varphi_0 \approx -2 \frac{K_{II}}{K_I} \;. \tag{4.136}$$

Als einfaches Beispiel zur gemischten Beanspruchung betrachten wir den schrägen Riß unter einachsigem Zug nach Bild 4.45a. Hierfür gilt

$$K_I = \sigma\sqrt{\pi a}\,\cos^2\gamma\,, \qquad K_{II} = \sigma\sqrt{\pi a}\,\sin\gamma\cos\gamma\;. \tag{4.137}$$

Wendet man das Kriterium der maximalen Umfangsspannung nach (4.129) an, so ergeben sich die in Bild 4.45b,c dargestellten Ergebnisse für den Ablenkungswinkel φ_0 und die kritische Spannung σ_c. Es ist bemerkenswert, daß sich letztere für nicht zu große γ nur schwach ändert.

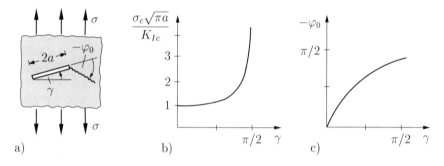

Bild 4.45 Schräger Riß unter einachsigem Zug

4.10 Ermüdungsrißwachstum

Wird ein Bauteil mit einem Riß statisch beansprucht, so tritt keine Rißausbreitung (=Bruch) auf, solange die Rißlänge bzw. die Belastung unterhalb der kritischen Größe liegt. Bei schwingender Beanspruchung stellt man dagegen ein Rißwachstum in "kleinen Schritten" schon bei Belastungen weit unterhalb der kritischen statischen Last fest (vgl. Abschnitt 3.2.1). Man spricht in diesem Fall von *Ermüdungsrißwachstum* (fatigue crack growth). Es wird in der Regel durch die *Rißwachstumsrate* da/dN charakterisiert, wobei N die Lastspielzahl ist. Ursache für das Ermüdungsrißwachstum sind die komplizierten inelastischen Vorgänge, welche sich bei einer periodischen Belastung in der Prozeßzone bzw. in der plastischen Zone abspielen. Bei metallischen Werkstoffen erfährt dort zum Beispiel ein materielles Teilchen plastisches Fließen abwechselnd unter Zug und unter Druck (plastische Hysterese). Damit verbunden sind wechselnde Eigenspannungsfelder sowie eine zunehmende Schädigung des Werkstoffes (z.B. Hohlraumbildung) bis zur vollständigen Trennung.

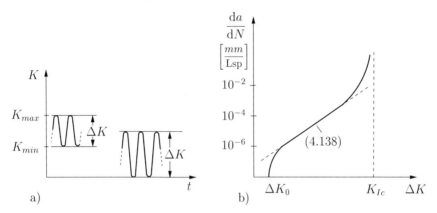

Bild 4.46 Ermüdungsrißwachstum

Wir beschränken uns im weiteren auf eine zyklische Modus I Beanspruchung. Sind die Bedingungen der linearen Bruchmechanik erfüllt (Kleinbereichsfließen), so kann das Ermüdungsrißwachstum unter Verwendung des K–Konzeptes beschrieben werden. Einer periodischen Belastung ist dann ein periodisch veränderlicher Spannungsintensitätsfaktor zugeordnet, dessen Schwingbreite ΔK (Bild 4.46a) als *zyklischer Spannungsintensitätsfaktor* bezeichnet wird. Mißt man für einen Werkstoff die Rißwachstumsraten in Abhängigkeit von ΔK, so ergibt sich qualitativ der in Bild 4.46b dargestellte Verlauf. Unterhalb eines Schwellenwertes ΔK_0 breitet sich der Riß nicht aus; dieser Wert ist meist kleiner als $K_{Ic}/10$. Der mittlere Bereich der Kurve zwischen ΔK_0 und K_{Ic} läßt sich bei logarithmischer Auftragung durch eine Gerade mit dem Anstieg m approximieren. Danach wird das Rißwachstum empirisch durch die Gleichung

$$\frac{\mathrm{d}a}{\mathrm{d}N} = C\,(\Delta K)^m \tag{4.138}$$

beschrieben; sie wird nach P.C. **Paris** (1963) auch *Paris–Gesetz* genannt. Die Konstanten C und m hängen dabei vom Werkstoff und verschiedenen Einflüssen wie Temperatur, Umgebungsmedium oder mittlerem Spannungsintensitätsfaktor ab. Für metallische Werkstoffe sind Exponenten im Bereich $m \approx 2\ldots 4$ typisch.

Es gibt viele verschiedene Ansätze, um die experimentellen Ergebnisse besser als nach (4.138) zu erfassen. So wird unter anderen die R.G. **Foreman**–Beziehung (1967)

$$\frac{\mathrm{d}a}{\mathrm{d}N} = \frac{C(\Delta K)^m}{(1-R)K_{Ic} - \Delta K} \;, \qquad (4.139)$$

verwendet, wobei $R = K_{\min}/K_{\max}$. Daneben existiert eine Reihe von Modellen, die eine vereinfachte Beschreibung des im Detail recht komplexen Vorganges der Ermüdungsrißausbreitung ermöglichen sollen. Eines dieser Modelle geht zum Beispiel davon aus, daß der Rißfortschritt bei jedem Zyklus proportional zur Größe der plastischen Zone ist. Wegen $r_p \sim K_I^2$ (vgl. (4.112)) führt dies auf $\mathrm{d}a/\mathrm{d}N \sim (\Delta K)^2$, d.h. auf einen Exponenten $m = 2$.

Die Kenntnis der Rißwachstumsrate $\mathrm{d}a/\mathrm{d}N$ ermöglicht es, eine Lebensdauervorhersage zu machen. Dies geschieht, indem man die erforderliche Lastspielzahl N_c bestimmt, damit ein Riß die kritische Länge a_c erreicht. Als Beispiel für die Vorgehensweise betrachten wir ein Bauteil, das durch ein konstantes $\Delta\sigma$ schwingend belastet ist. Der zyklische Spannungsintensitätsfaktor sei durch $\Delta K = \Delta\sigma\sqrt{\pi a}\,F(a)$ gegeben, wobei $F(a)$ von der Geometrie des Bauteiles abhängt (vgl. Abschnitt 4.4.1, Tabelle 4.1). Geht man vom Paris–Gesetz (4.138) aus, so erhält man damit durch Integration die Zahl der Lastzyklen um einen Riß der Ausgangsrißlänge a_i auf die Länge a anwachsen zu lassen:

$$N(a) = \frac{1}{C(\Delta\sigma)^m} \int_{a_i}^{a} \frac{\mathrm{d}\bar{a}}{\left[\sqrt{\pi\bar{a}}\,F(\bar{a})\right]^m} \;. \qquad (4.140)$$

Durch Einsetzen der kritischen Rißlänge a_c folgt schließlich N_c.

4.11 Der Grenzflächenriß

Wir haben uns bisher nur mit Rissen in homogenen Materialien beschäftigt. Von beträchtlichem praktischen Interesse sind aber auch Risse, die in der Grenzfläche von zwei Materialien mit unterschiedlichen elastischen Konstanten auftreten. Sie werden als *Grenzflächenrisse*, *Bimaterialrisse* oder *Interface-Risse* bezeichnet. Beispiele hierfür sind Risse in Materialverbunden, in Klebeverbindungen oder Risse in den Grenzflächen von Kompositwerkstoffen (Laminate, Faser-Matrix-Verbunde etc.). Auf solche Risse kann das K-Konzept nicht unbesehen angewendet werden, weil das Rißspitzenfeld hier nicht die gleiche Form wie bei homogenen Materialien hat. Es ist von vornherein ebenfalls nicht klar, inwieweit für solche Risse Parameter wie $\mathcal{G}$ oder J in Bruchkonzepten Verwendung finden können.

Wir betrachten zunächst das Feld an der Spitze eines Bimaterial-Risses, der in der Grenzfläche zwischen den Materialien mit den elastischen Konstanten E_1, ν_1 und E_2, ν_2 liegt (Bild 4.47). Hierbei können wir uns auf den EVZ beschränken, da ein ESZ in der Umgebung der Grenzfläche kaum zu realisieren ist. Um das Rißspitzenfeld zu bestimmen, benutzen wir wieder die komplexe Methode (vgl.

Der Grenzflächenriß

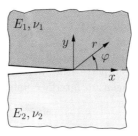

Bild 4.47 Spitze eines Bimaterial-Risses

Abschnitt 4.2.1), die nun aber in der oberen (1) und in der unteren (2) Halbebene getrennt angewendet werden muß. Als Lösungsansatz verwenden wir

$$\Phi_1(z) = A_1 z^\lambda, \quad \Psi_1(z) = B_1 z^\lambda, \quad \Phi_2(z) = A_2 z^\lambda, \quad \Psi_2(z) = B_2 z^\lambda, \quad (4.141)$$

wobei der Exponent λ im Unterschied zu Abschnitt 4.2.1 jetzt auch komplex sein kann. Damit die Verschiebungen an der Rißspitze nichtsingulär werden und die Formänderungsenergie beschränkt bleibt, setzen wir $\mathrm{Re}\,\lambda > 0$ voraus. Die Rand- und Übergangsbedingungen

$$(\sigma_\varphi + \mathrm{i}\,\tau_{r\varphi})^{(1)}_{\varphi=\pi} = 0, \qquad (\sigma_\varphi + \mathrm{i}\,\tau_{r\varphi})^{(1)}_{\varphi=0} = (\sigma_\varphi + \mathrm{i}\,\tau_{r\varphi})^{(2)}_{\varphi=0},$$

$$(\sigma_\varphi + \mathrm{i}\,\tau_{r\varphi})^{(2)}_{\varphi=-\pi} = 0, \qquad (u + \mathrm{i}\,v)^{(1)}_{\varphi=0} = (u + \mathrm{i}\,v)^{(2)}_{\varphi=0}$$

führen auf ein homogenes Gleichungssystem für die vier komplexen Konstanten $A_1 \ldots B_2$ (4 Real- und 4 Imaginärteile). Durch Nullsetzen der 8×8 Koeffizientendeterminante erhält man eine Eigenwertgleichung mit der Lösung

$$\lambda = \begin{cases} 1/2 + n + \mathrm{i}\,\varepsilon \\ n \end{cases} \qquad n = 0, 1, 2, \ldots, \quad (4.142)$$

worin

$$\varepsilon = \frac{1}{2\pi} \ln \frac{\mu_2 \kappa_1 + \mu_1}{\mu_1 \kappa_2 + \mu_2} \quad (4.143)$$

mit $\mu_i = E_i/2(1 + \nu_i)$ und $\kappa_i = 3 - 4\nu_i$ die sogenannte *Bimaterialkonstante* ist. An der Rißspitze $r \to 0$ dominiert das Feld, das zum Eigenwert mit dem kleinsten Realteil, d.h. zu

$$\lambda = 1/2 + \mathrm{i}\,\varepsilon \quad (4.144)$$

gehört. Nach den Kolosovschen Formeln (1.119) und unter Beachtung von $r^{\mathrm{i}\varepsilon} = \mathrm{e}^{\mathrm{i}\varepsilon \ln r}$ zeigen dementsprechend die Spannungen und Verschiebungen ein Verhalten der Art

$$\sigma_{ij} \sim r^{-1/2} \cos(\varepsilon \ln r), \qquad u_i \sim r^{1/2} \cos(\varepsilon \ln r), \quad (4.145)$$

wobei der Kosinus auch durch den Sinus ersetzt werden kann. Das typische singuläre $1/\sqrt{r}$-Verhalten der Spannungen bzw. das $\sqrt{r}$-Verhalten der Verschiebungen tritt also auch an der Bimaterial-Rißsitze auf. Mit Annäherung an die Rißspitze oszillieren die Größen aber zunehmend (oszillierende Singularität).

Wir wollen hier nicht das komplette Rißspitzenfeld angeben, sondern wir beschränken uns auf die Spannungen im Interface und auf die Rißöffnung:

$$(\sigma_y + \mathrm{i}\,\tau_{xy})_{\varphi=0} = \frac{K\,(r/2a)^{\mathrm{i}\varepsilon}}{\sqrt{2\pi r}}\,,$$

$$(v^+ - v^-) + \mathrm{i}\,(u^+ - u^-) = \frac{c_1 + c_2}{2\cosh \pi\varepsilon}\,\frac{K\,(r/2a)^{\mathrm{i}\varepsilon}}{1 + 2\,\mathrm{i}\,\varepsilon}\,\sqrt{\frac{r}{2\pi}}\,.$$

(4.146a)

Hierin sind $2a$ eine beliebige Bezugslänge (z.B. die Rißlänge),

$$K = K_1 + \mathrm{i}\,K_2 \qquad (4.146\mathrm{b})$$

ein komplexer Spannungsintensitätsfaktor und

$$c_1 = (1 + \kappa_1)/\mu_1\,, \qquad c_2 = (1 + \kappa_2)/\mu_2\,. \qquad (4.146\mathrm{c})$$

Danach ist das Rißspitzenfeld eindeutig durch den modifizierten komplexen Spannungsintensitätsfaktor $\overline{K} = K\,(2a)^{-\mathrm{i}\varepsilon}$ charakterisiert. Mit dem Betrag und dem Phasenwinkel

$$|K| = \sqrt{K_1^2 + K_2^2}\,, \qquad \tan\psi = K_2/K_1 \qquad (4.147)$$

läßt er sich auch in der Form

$$\overline{K} = |K|\,\mathrm{e}^{\mathrm{i}\psi}\,(2a)^{-\mathrm{i}\varepsilon} \qquad (4.148)$$

schreiben. Neben den beiden Spannungsintensitätsfaktoren K_1 und K_2 tritt also noch eine Länge $2a$ auf, die mit der Bimaterialkonstante ε gewichtet wird. Deswegen ist eine einfache Aufspaltung in Modus I und Modus II hier zunächst nicht möglich. Die Spannungsintensitätsfaktoren K_1, K_2 können daher auch nicht ohne weiteres diesen Moden zugeordnet werden. Man erkennt dies deutlich, wenn man die Spannungen im Interface nach (4.146a) in reeller Form darstellt:

$$\left\{\begin{array}{c} \sigma_y \\ \tau_{xy} \end{array}\right\} = \frac{1}{\sqrt{2\pi r}} \left\{\begin{array}{c} K_1 \cos[\varepsilon \ln{(r/2a)}] - K_2 \sin[\varepsilon \ln{(r/2a)}] \\ K_1 \sin[\varepsilon \ln{(r/2a)}] + K_2 \cos[\varepsilon \ln{(r/2a)}] \end{array}\right\}\,. \qquad (4.149)$$

Der Spannungsintensitätsfaktor K_1 beschreibt danach im Interface nicht nur Normalspannungen sondern auch Schubspannungen. In gleicher Weise sind K_2 sowohl Schub- als auch Normalspannungen zugeordnet. Dementsprechend sind beim Bimaterialriß beide Moden (genau genommen) untrennbar miteinander verbunden.

Der Grenzflächenriß

Nur im Grenzfall des homogenen Materials ($c_1 = c_2$, $\varepsilon = 0$) reduzieren sich K_1, K_2 auf K_I, K_{II}, und die beiden Moden sind dann separierbar.

Aus (4.146a) geht hervor, daß die Rißöffnung mit Annäherung an die Rißspitze zunehmend oszilliert. Da eine Durchdringung der Rißufer physikalisch nicht möglich ist, muß es folglich vor der Rißspitze zum Rißuferkontakt kommen. Die angegebene Lösung kann also nur außerhalb des Kontaktbereiches das Rißspitzenfeld sinnvoll beschreiben.

Im weiteren bestimmen wir noch die Energiefreisetzungsrate $\mathcal{G} = -\mathrm{d}\Pi/\mathrm{d}a$ für einen Rißfortschritt im Interface (vgl. auch Abschnitt 4.6.2, Gleichung (4.71)). Sie ergibt sich aus

$$\frac{\mathrm{d}\Pi}{\mathrm{d}a} = -\lim_{\Delta a \to 0} \frac{1}{2\Delta a} \int_0^{\Delta a} [\sigma_y(v^+ - v^-) + \tau_{xy}(u^+ - u^-)]\,\mathrm{d}x$$

mit (4.146) zu

$$\mathcal{G} = \frac{(c_1 + c_2)(K_1^2 + K_2^2)}{16\cosh^2(\pi\varepsilon)}\ . \tag{4.150}$$

Danach ist zwar $\mathcal{G}$ durch die beiden Spannungsintensitätsfaktoren eindeutig bestimmt. Umgekehrt lassen sich aber aus $\mathcal{G}$ nur der "Betrag" $(K_1^2 + K_2^2)^{1/2}$ und nicht etwa die einzelnen Komponenten K_1 und K_2 ermitteln.

Man kann zeigen, daß die Energiefreisetzungsrate auch aus dem J-Integral

$$J = \mathcal{G} = \int_C (U\,\mathrm{d}y - t_i u_{i,x}\mathrm{d}c) \tag{4.151}$$

bestimmt werden kann. Dieses ist wegunabhängig, solange der Riß gerade ist, belastungsfreie Rißufer hat und sich die elastischen Konstanten in x-Richtung nicht ändern.

Als einfachstes Beispiel eines Grenzflächenrisses, für das sich eine Lösung in geschlossener Form finden läßt, betrachten wir den Riß im unendlichen Gebiet unter Innendruckbelastung nach Bild 4.48a. Wegen der Kompliziertheit der komplexen Potentiale sei exemplarisch nur Φ'_1 angegeben:

$$\Phi'_1 = \frac{\sigma}{1+\mathrm{e}^{2\pi\varepsilon}}\left[\left(\frac{z+a}{z-a}\right)^{\mathrm{i}\varepsilon}\frac{z - 2\,\mathrm{i}\,\varepsilon\, a}{\sqrt{z^2 - a^2}} - 1\right]\ .$$

Die Spannungsintensitätsfaktoren an der rechten Rißspitze ergeben sich zu

$$K = (1 + 2\,\mathrm{i}\,\varepsilon)\,\sigma\sqrt{\pi a} \quad \text{bzw.} \quad \begin{cases} K_1 = \sigma\sqrt{\pi a}\,, \\ K_2 = 2\,\varepsilon\,\sigma\sqrt{\pi a}\,. \end{cases} \tag{4.152}$$

Überlagern wir diesem Belastungsfall ein homogenes Verzerrungsfeld mit der Zugspannung σ in y-Richtung und geeigneten konstanten Spannungen σ_1, σ_2 in

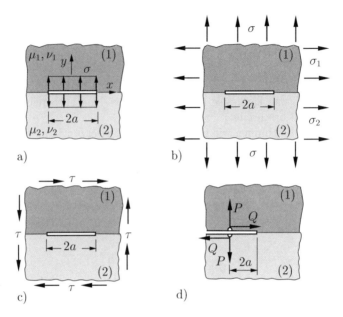

Bild 4.48 Grenzflächenrisse

x-Richtung, dann erhalten wir den Belastungsfall nach Bild 4.48b. Für ihn gelten die gleichen Spannungsintensitätsfaktoren (4.152) wie bei der Innendruckbelastung. Wirkt im Unendlichen nicht eine Zugspannung sondern die Schubspannung τ (Bild 4.48c), dann erhält man

$$K_1 = -2\,\varepsilon\,\tau\,\sqrt{\pi a}\,,\qquad K_2 = \tau\,\sqrt{\pi a}\,. \tag{4.153}$$

Man beachte, daß nach (4.149) in diesem Fall aufgrund von $K_1 < 0$ und $K_2 > 0$ Druckspannungen im Interface auftreten und folglich die Rißspitze geschlossen sein wird. Für die Konfiguration nach Bild 4.48d ergibt sich schließlich (vgl. auch Tabelle 4.1, Nr. 4)

$$K_1 = \frac{P}{\sqrt{\pi a}}\cosh\pi\varepsilon\,,\qquad K_2 = \frac{Q}{\sqrt{\pi a}}\cosh\pi\varepsilon\,. \tag{4.154}$$

An Hand der Beispiele nach Bild 4.48a,b können wir die Länge des Kontaktbereiches an der Rißspitze abschätzen. Zu diesem Zweck identifizieren wir die Kontaktlänge mit dem größten Abstand r_k, bei dem die Rißöffnung $\delta = v^+ - v^-$ aufgrund der Oszillation zum ersten Mal Null wird. Dies führt nach (4.146a) auf die Bedingung $\mathrm{Re}\,[K\,(r_k/2a)^{\mathrm{i}\varepsilon}/(1+2\mathrm{i}\,\varepsilon)] = 0$, und durch Einsetzen von (4.152) ergibt sich $\mathrm{Re}\,[r_k/2a]^{\mathrm{i}\varepsilon} = \cos[\varepsilon\ln(r_k/2a)] = 0$. Hieraus folgt schließlich

$$r_k/2a = \exp\left(-\pi/2\,\varepsilon\right)\,. \tag{4.155}$$

Der Grenzflächenriß

Ein extremer Wert, den ε für $\mu_2 \to \infty$ und $\nu_1 = 0$ annimmt, beträgt $\varepsilon_{\max} = 0,175$. In den meisten praktisch interessierenden Fällen ist allerdings $\varepsilon \ll 1$. So ergeben sich zum Beispiel $\varepsilon = 0,039$ für die Materialkombination Ti/Al_2O_3, $\varepsilon = 0,028$ für Cu/Al_2O_3 und $\varepsilon = 0,004$ für Au/MgO. Setzen wir in (4.155) den Wert $\varepsilon = 0,05$ ein, dann ergibt sich $r_k/2a \approx 2 \cdot 10^{-14}$, d.h. die Kontaktzone ist vernachlässigbar klein. Dies trifft - wie schon angedeutet - auf eine reine Scherbelastung nicht zu. Ist ihr aber zumindest ein kleiner Zug überlagert, der zu einer Rißöffnung führt, dann wird die Kontaktzone wieder vernachlässigbar klein.

Das Rißspitzenfeld eines Bimaterialrisses ist eindeutig durch den modifizierten komplexen K-Faktor nach (4.148) bzw. durch seinen Real- und Imaginärteil bestimmt. Es liegt deshalb nahe, ein Bruchkriterium formal in der Art $\overline{K} = \overline{K}_c$ zu formulieren. Dies stößt jedoch auf mehrere Schwierigkeiten. So ist schon die Übertragung von $\overline{K}$-Faktoren nicht elementar. Für zwei Risse mit den unterschiedlichen Rißlängen $2a^*$ und $2a$ liegen bei gleichem ε nämlich nur dann gleiche Rißspitzenfelder (und damit Rißbeanspruchungen) vor, wenn gilt

$$|K^*|\,\mathrm{e}^{\mathrm{i}\psi^*}(2a^*)^{-\mathrm{i}\varepsilon} = |K|\,\mathrm{e}^{\mathrm{i}\psi}(2a)^{-\mathrm{i}\varepsilon} \tag{4.156a}$$

bzw.

$$|K|^* = |K|\,, \qquad \psi^* = \psi - \varepsilon \ln a/a^* \,. \tag{4.156b}$$

Dementsprechend müssen sich die Phasenwinkel (d.h. K_2/K_1) für beide Konfigurationen voneinander unterscheiden. Weitere Schwierigkeiten bestehen in der Übertragung eines experimentell bestimmten $\overline{K}_c$-Wertes auf eine davon abweichende Situation sowie in ihrer von ε abhängenden Dimension.

Aus den genannten Gründen wendet man häufig eine pragmatische Näherung an. In vielen praktisch relevanten Fällen ist es wegen $\varepsilon \ll 1$ berechtigt, $\overline{K} \approx K$ bzw. $K_1 \approx K_I$ und $K_2 \approx K_{II}$ zu setzen. Damit wird der Rißspitzenzustand in guter Näherung wie bei homogenem Material durch die üblichen Modus I- und Modus II Spannungsintensitätsfaktoren beschrieben. Äquivalent hierzu ist eine Charakterisierung der Rißbeanspruchung durch $K_I^2 + K_{II}^2$ und K_{II}/K_I bzw. durch die Energiefreisetzungsrate $\mathcal{G}$ und den Phasenwinkel ψ. Das Bruchkriterium kann damit in der Form

$$\mathcal{G}(\psi) = \mathcal{G}_c^{(i)}(\psi) \qquad \text{mit} \qquad \tan\psi = \frac{K_{II}}{K_I} \tag{4.157}$$

ausgedrückt werden. Die Interface-Bruchzähigkeit $\mathcal{G}_c^{(i)}$ weist darin im allgemeinen eine starke Abhängigkeit von ψ auf. Wenden wir dieses Bruchkriterium auf die Beispiele nach Bild 4.48a,b an, dann liefert es mit (4.150) und (4.152) bei gegebener Belastung σ eine kritische Rißlänge

$$a_c = \frac{18\cosh^2(\pi\varepsilon)\,\mathcal{G}_c^{(i)}(0)}{\pi(1+4\varepsilon^2)(c_1+c_2)\,\sigma^2}\,. \tag{4.158}$$

Mit $\varepsilon \ll 1$ kann man sie noch zu $a_c \approx 18\,\mathcal{G}_c^{(i)}(0)/\pi(c_1+c_2)\,\sigma^2$ vereinfachen.

Als typisches Anwendungsbeispiel betrachten wir die Delamination zweier Schichten (1) und (2), welche mit der Ausbreitung eines Interfacerisses einhergeht (Bild 4.49a). Mit einem ähnlichen Problem haben wir schon in Abschnitt 4.6.2 befaßt. In Verallgemeinerung hierzu sei nun eine endliche Dicke h_2 der Schicht (2) angenommen, die wie h_1 aber klein im Vergleich zu allen anderen Abmessungen sein soll: $h_1, h_2 \ll a$. Aufgrund einer *Eigendehnung* ε_0 der Schicht (2) zum Beispiel infolge einer Erwärmung herrsche im System ein Eigenspannungszustand. Diesen können wir durch die in beiden Schichten resultierenden Kräfte N und Momente M_1, $M_2 = M_1 + (h_1 + h_2)N/2$ charakterisieren. Die Eigendehnung ε_0 beschreibt dabei den Dehnungsunterschied beider Schichten für den Fall, daß jede einzelne sich unbehindert deformieren kann. Die Energiefreisetzungsrate $\mathcal{G}$ läßt sich exakt mit Hilfe der Balkentheorie ermitteln. Danach ergeben sich für $x \gg h_1, h_2$ zunächst

$$N = f \frac{E_1' h_1 \varepsilon_0}{B}, \qquad f = \left[1 + eH + 3\frac{(1+H)^2 eH}{1+eH^3}\right]^{-1},$$

$$M_1 = -\frac{(1+H)eH^3}{2(1+eH^3)} h_2 N, \qquad M_2 = \frac{(1+H)}{2(1+eH^3)} h_2 N, \qquad (4.159)$$

wobei B die Breite der Schichten ist und die Abkürzungen $e = E_1/E_2$, $H = h_1/h_2$ verwendet wurden. Mit

$$d\Pi = d\Pi^i = -\frac{1}{2}\left[12\frac{M_1^2}{E_1' h_1^3} + 12\frac{M_2^2}{E_2' h_2^3} + \frac{N^2}{E_1' h_1} + \frac{N^2}{E_2 h_2}\right] B\, da,$$

und der Bezugsspannung $\sigma = E_1' \varepsilon_0$ errechnet sich damit

$$\mathcal{G} = f\frac{(1-\nu_1^2)\sigma^2 h_1}{2E_1}. \qquad (4.160)$$

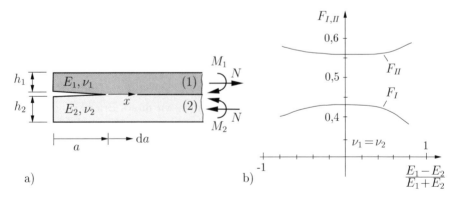

Bild 4.49 Delamination

Danach ergibt sich im Grenzfall $h_1/h_2 \to 0$ mit $f \to 1$ gerade das Ergebnis aus Abschnitt 4.6.2, während der Grenzfall zweier gleicher Schichten ($e = 1$, $H = 1$) auf $f = 0,2$ führt.

Die Spannungsintensitätsfaktoren lassen sich nicht auf eine solch einfache Weise bestimmen. Hierfür ist vielmehr die Lösung des elastischen Randwertproblems für die Umgebung der Rißspitze erforderlich. Allgemein läßt sich die Lösung in der Form

$$K_I = F_I\, N \sqrt{h_1}\,, \qquad K_{II} = F_{II}\, N \sqrt{h_1} \qquad (4.161)$$

darstellen, wobei F_I und F_{II} von $H = h_1/h_2$ und den den elastischen Konstanten abhängen. Für den Sonderfall einer dünnen Schicht auf einem dicken Substrat ($h_1/h_2 \to 0$) und $\nu_1 = \nu_2$ sind F_I, F_{II} in Bild 4.49b dargestellt.

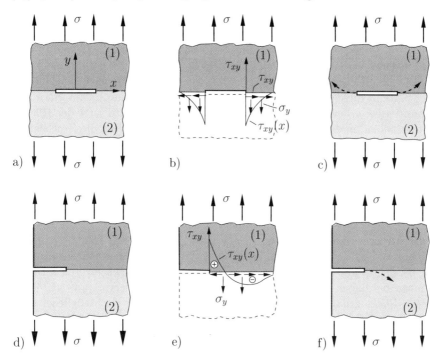

Bild 4.50 Rißablenkung

Aufgrund der unterschiedlichen Materialeigenschaften liegt bei einem Bimaterialriß auch bei ansonsten symmetrischen Konfigurationen meist eine gemischte Beanspruchung durch K_I und K_{II} vor. Dies kann zur Folge haben, daß eine mögliche Rißausbreitung nicht im Interface erfolgt sondern der Riß in eines der beiden Materialien ausweicht. Das Verhalten des Risses hängt dabei sowohl vom Phasenwinkel ψ als auch von den Bruchzähigkeiten des Interfaces und der einzelnen

Materialien ab. An Hand des Beispiels nach Bild 4.50a sei dies durch rein qualitative Überlegungen erklärt. Wir wollen dabei $\mu_1 < \mu_2$, und $\nu_1 = \nu_2$ annehmen, d.h. das Material (1) ist "weicher" als das Material (2). Unter einer Zugbelastung führt dies zu Schubspannungen im Interface, die an der rechten Rißspitze ein negatives K_{II} bzw. einen negativen Phasenwinkel ψ bewirken (Bild 4.50b). Nehmen wir nun an, daß sich der Riß infolge einer Störung schon geringfügig in das Material (1) fortgepflanzt hat, dann können wir die Rißablenkungshypothesen nach Abschnitt 4.9 anwenden. Diese ergeben alle für die entsprechende Situation einen positiven Ablenkungswinkel φ_0, d.h. eine Rißfortpflanzung vom Interface weg in das weichere Material (1) hinein (vgl. auch (4.136)). Wendet man die gleiche Überlegung für eine hypothetische kleine Rißfortpflanzung in das Material (2) an, dann ergibt sich auch hier ein positiver Ablenkungswinkel φ_0, der nun aber den Riß wieder zum Interface zurück führt. Insgesamt hat der Riß also das Bestreben aus dem Interface heraus und in das weichere Material hineinzulaufen (Bild 4.50c). Dies wird allerdings nur eintreten, wenn für die Bruchzähigkeiten gilt: $\mathcal{G}_c^{(1)} \leq \mathcal{G}_c^{(i)}$.

Ein anderes Verhalten ergibt sich für den Bimaterialriß nach Bild 4.50d, bei dem wir die gleichen Materialeigenschaften wie zuvor annehmen. Die Zugbelastung führt in diesem Fall zu einer Schubspannungsverteilung im Interface, die ein positives K_{II} bewirkt (Bild 4.50e). Dementsprechend wird jetzt der Riß die Tendenz haben, in das "steifere" Material hineinzulaufen sofern die Bruchzähigkeit dort geringer ist als im Interface (Bild 4.50f).

4.12 Piezoelektrische Materialien

4.12.1 Grundlagen

Piezoelektrika zeichnen sich dadurch aus, daß Deformationen nicht nur infolge mechanische Kräfte sondern auch infolge angelegter elektrischer Felder auftreten. Man bezeichnet dieses Phänomen als *Elektrostriktion*. Umgekehrt rufen Deformationen bei diesen Materialien auch elektrische Felder hervor, was *piezoelektrischer Effekt* genannt wird. Aufgrund ihrer Verwendung als Stellglieder oder als Sensoren haben unter diesen Werkstoffen insbesondere die ferroelektrischen Keramiken eine große technische Bedeutung erlangt. Bei ihnen tritt ein makroskopischer piezoelektrischer Effekt erst nach einer Polarisierung mittels eines hinreichend starken elektrisches Feldes auf. Infolgedessen verhalten sich diese Werkstoffe dann transversal isotrop, d.h. es existiert eine Vorzugsrichtung, die mit der Polarisationsrichtung übereinstimmt. Ohne in die Details zu gehen, wollen wir im folgenden die wichtigsten Grundgleichungen zur Behandlung bruchmechanischer Fragestellungen zusammenstellen. Hierbei beschränken wir uns auf den sogenannten *Kleinsignalbereich*, der in guter Näherung durch ein lineares Stoffverhalten mit unveränderlicher Polarisierung gekennzeichnet ist. In diesem Fall sind alle wesenlichen Beziehungen ganz analog zu denen, die wir bei den üblichen,

Piezoelektrische Materialien

rein elastischen Materialien schon kennengelernt haben. Allerdings treten jetzt wegen der Kopplung des mechanischen und des elektrischen Problems Zusatzterme auf. Daneben führt das anisotrope Materialverhalten zu einer gewissen Aufblähung der Gleichungen.

Das lineare, gekoppelte elektromechanische Materialverhalten von Piezoelektrika kann beschrieben werden durch (vgl. auch (1.35a))

$$\sigma_{ij} = C_{ijkl}\,\varepsilon_{kl} - e_{kij}\,E_k\,, \qquad D_i = e_{ikl}\,\varepsilon_{kl} + \epsilon_{ik}\,E_k\,. \qquad (4.162)$$

Darin sind D_k die dielektrische Verschiebung, E_i die elektrische Feldstärke und e_{kij} sowie ϵ_{ij} die Tensoren der piezoelektrischen und der dielektrischen Materialkonstanten (man verwechsle die Verzerrungen ε_{ij} nicht mit den Materialkonstanten ϵ_{ik} und e_{ijk} nicht mit dem Permutationssymbol!). Im Fall von transversal isotropen Ferroelektrika, bei denen die Polarisationsrichtung mit der x_3-Richtung zusammenfällt, kann das Stoffgesetz auch in der Matrizenform

$$\begin{bmatrix} \sigma_{11} \\ \sigma_{22} \\ \sigma_{33} \\ \sigma_{23} \\ \sigma_{31} \\ \sigma_{12} \end{bmatrix} = \begin{bmatrix} c_{11} & c_{12} & c_{13} & 0 & 0 & 0 \\ c_{12} & c_{11} & c_{13} & 0 & 0 & 0 \\ c_{13} & c_{13} & c_{33} & 0 & 0 & 0 \\ 0 & 0 & 0 & c_{44} & 0 & 0 \\ 0 & 0 & 0 & 0 & c_{44} & 0 \\ 0 & 0 & 0 & 0 & 0 & c_{66} \end{bmatrix} \begin{bmatrix} \varepsilon_{11} \\ \varepsilon_{22} \\ \varepsilon_{33} \\ 2\varepsilon_{23} \\ 2\varepsilon_{31} \\ 2\varepsilon_{12} \end{bmatrix} - \begin{bmatrix} 0 & 0 & e_{31} \\ 0 & 0 & e_{31} \\ 0 & 0 & e_{33} \\ 0 & e_{15} & 0 \\ e_{15} & 0 & 0 \\ 0 & 0 & 0 \end{bmatrix} \begin{bmatrix} E_1 \\ E_2 \\ E_3 \end{bmatrix}$$

(4.163)

$$\begin{bmatrix} D_1 \\ D_2 \\ D_3 \end{bmatrix} = \begin{bmatrix} 0 & 0 & 0 & 0 & e_{15} & 0 \\ 0 & 0 & 0 & e_{15} & 0 & 0 \\ e_{31} & e_{31} & e_{33} & 0 & 0 & 0 \end{bmatrix} \begin{bmatrix} \varepsilon_{11} \\ \varepsilon_{22} \\ \varepsilon_{33} \\ 2\varepsilon_{23} \\ 2\varepsilon_{31} \\ 2\varepsilon_{12} \end{bmatrix} + \begin{bmatrix} \epsilon_{11} & 0 & 0 \\ 0 & \epsilon_{11} & 0 \\ 0 & 0 & \epsilon_{33} \end{bmatrix} \begin{bmatrix} E_1 \\ E_2 \\ E_3 \end{bmatrix}$$

geschrieben werden, wobei $c_{66} = (c_{11} - c_{12})/2$.

Die Feldstärke läßt sich aus dem elektrischen Potential ϕ herleiten:

$$E_i = -\phi_{,i}\,. \qquad (4.164)$$

Hinzu kommen die Feldgleichungen

$$\sigma_{ij,j} = 0\,, \qquad D_{i,i} = 0\,, \qquad (4.165)$$

wobei wir angenommen haben, daß keine Volumenkräfte und Raumladungen vorhanden sind. Zur vollständigen Beschreibung eines Problems gehören schließlich noch die mechanischen und die elektrischen Randbedingungen. Letztere machen eine Aussage über das Potential ϕ oder die Normalkomponente D_n der dielektrischen Verschiebung am Rand.

In Erweiterung der Formänderungsenergiedichte (vgl. Abschnitt 1.3.1.2) kann man das spezifische elektromechanische Potential (elektrische Enthalpiedichte)

$$W = \frac{1}{2} C_{ijkl}\varepsilon_{ij}\varepsilon_{kl} - e_{kij} E_k \varepsilon_{ij} - \frac{1}{2}\epsilon_{ij} E_i E_j \tag{4.166}$$

einführen. Es existiert dann das Oberflächenintegral

$$J_k = \int_{\partial V} (W\delta_{jk} - \sigma_{ij}u_{i,k} + D_j E_k) n_j \mathrm{d}A \tag{4.167}$$

mit sinngemäß den gleichen Eigenschaften wie der J-Integralvektor (4.93). Schließt ∂V einen Defekt ein, so charakterisiert J_k eine Konfigurationskraft, die bei einer Verschiebung des Defektes um $\mathrm{d}s_k$ eine Änderung der Gesamtenergie Π des piezoelektrischen Systems bewirkt: $\mathrm{d}\Pi = -J_k\,\mathrm{d}s_k$.

Die Grundgleichungen der transversal isotropen Piezoelektrizität lassen sich in vielen Fällen vereinfachen. Ein ebener Verzerrungszustand (EVZ) liegt bei einer Polarisierung in x_3-Richtung vor, wenn die mechanischen und elektrischen Felder unabhängig z.B. von x_2 sind. Mit $u_2 = 0$, $\varepsilon_{22} = \varepsilon_{32} = \varepsilon_{12} = 0$, $E_2 = 0$ reduziert sich das Stoffgesetz (4.163) dann auf

$$\begin{bmatrix} \sigma_{11} \\ \sigma_{33} \\ \sigma_{31} \\ D_1 \\ D_3 \end{bmatrix} = \begin{bmatrix} c_{11} & c_{13} & 0 & 0 & -e_{31} \\ c_{13} & c_{33} & 0 & 0 & -e_{33} \\ 0 & 0 & c_{44} & -e_{15} & 0 \\ 0 & 0 & e_{15} & \epsilon_{11} & 0 \\ e_{31} & e_{33} & 0 & 0 & \epsilon_{33} \end{bmatrix} \begin{bmatrix} \varepsilon_{11} \\ \varepsilon_{33} \\ 2\varepsilon_{31} \\ E_1 \\ E_3 \end{bmatrix}, \tag{4.168}$$

und die Feldgleichungen lassen sich mit $\varepsilon_{ij} = (u_{i,j} + u_{j,i})/2$ folgendermaßen zusammenfassen:

$$c_{11}u_{1,11} + (c_{13} + c_{44})u_{3,13} + c_{44}u_{1,33} + (e_{31} + e_{15})\phi_{,13} = 0\,,$$

$$c_{44}u_{3,11} + (c_{13} + c_{44})u_{1,31} + c_{33}u_{3,33} + e_{15}\phi_{,11} + e_{33}\phi_{,33} = 0\,, \tag{4.169}$$

$$e_{15}u_{3,11} + (e_{15} + e_{31})u_{1,13} + e_{33}u_{3,33} - \epsilon_{11}\phi_{,11} - \epsilon_{33}\phi_{,33} = 0\,.$$

Besonders einfach gestaltet sich der longitudinale (nichtebene) Schubspannungszustand, für den $u_1 = u_3 = 0$, $E_3 = 0$ gilt. Bei einer Polarisierung wieder in x_3-Richtung vereinfacht sich das Stoffgesetz zu

$$\begin{bmatrix} \sigma_{23} \\ \sigma_{12} \\ D_1 \\ D_2 \end{bmatrix} = \begin{bmatrix} c_{44} & 0 & 0 & -e_{15} \\ 0 & c_{44} & -e_{15} & 0 \\ 0 & e_{15} & \epsilon_{11} & 0 \\ e_{15} & 0 & 0 & \epsilon_{11} \end{bmatrix} \begin{bmatrix} 2\varepsilon_{23} \\ 2\varepsilon_{12} \\ E_1 \\ E_2 \end{bmatrix}, \tag{4.170}$$

und es folgen die Feldgleichungen mit $\Delta(.) = \partial^2(.)/\partial x_1^2 + \partial^2(.)/\partial x_3^2$:

$$c_{44}\Delta u_3 + e_{15}\Delta\phi = 0\,, \qquad e_{15}\Delta u_3 - \epsilon_{11}\Delta\phi = 0\,. \tag{4.171}$$

4.12.2 Der Riß im ferroelektrischen Material

Wir betrachten im weiteren einen Riß im ferroelektrischen Material mit zunächst noch beliebiger Polarisationsrichtung (Bild 4.51). Ohne auf die Herleitung einzugehen ergibt sich unter der Annahme, daß die dielektrische Verschiebung entlang der Rißflanken verschwindet (impermeable Ränder: $D_2^- = D_2^+ = 0$) für das Rißspitzenfeld ($r \to 0$) ein Verhalten, das vom gleichen Typ ist wie beim rein elastischen Material:

$$\sigma_{ij} \sim r^{-1/2}, \qquad u_i \sim r^{1/2}, \qquad D_i \sim r^{-1/2}, \qquad \phi \sim r^{1/2}. \tag{4.172}$$

Danach hat die dielektrische Verschiebung genau wie die Spannungen an der Rißfront (Rißspitze) eine Singularität vom Typ $r^{-1/2}$. Das Feld läßt sich vollständig mittels der nunmehr insgesamt vier "Spannungsintensitätsfaktoren" K_I, K_{II}, K_{III} und K_{IV} beschreiben. Der Einfachheit halber seien hier nur die Größen vor der Rißspitze ($\varphi = 0$) angegeben, wobei wir uns auf das Koordinatensystem in Bild 4.51 beziehen:

$$\sigma_{22} = \frac{K_I}{\sqrt{2\pi r}}, \qquad \sigma_{12} = \frac{K_{II}}{\sqrt{2\pi r}}, \qquad \sigma_{13} = \frac{K_{III}}{\sqrt{2\pi r}}, \qquad D_2 = \frac{K_{IV}}{\sqrt{2\pi r}}. \tag{4.173}$$

Dementsprechend beschreibt K_{IV} die Stärke der singulären dielektrischen Verschiebung. Für die Energiefreisetzungsrate (Rißausbreitungskraft) beim geraden Rißfortschritt ergibt sich damit die Darstellung

$$\mathcal{G} = J = -\frac{d\Pi}{da} = C_{MN} K_M K_N \qquad (M, N = I, II, III, IV), \tag{4.174}$$

wobei über M und N zu summieren ist. Darin ist $J = J_1$ die x_1-Komponente der Konfigurationskraft J_k nach (4.167), und die C_{MN} sind Materialkonstanten, die von der Polarisationsrichtung abhängen.

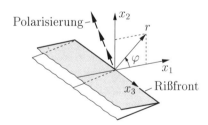

Bild 4.51 Der Riß im ferroelektrischen Material

Ein technisch wichtiger Sonderfall liegt bei einer Polarisierung senkrecht zur Rißflanke vor, wie sie in Bild 4.52a dargestellt ist. Man beachte, daß hier abweichend von den bisherigen Darstellungen die x_3-Achse senkrecht zur Rißflanke steht. Im Fall des EVZ, wenn die Felder unabhängig von x_2 sind und außerdem noch symmetrische Verhältnisse bezüglich der x_1-Achse vorliegen, verschwinden K_{II} und K_{III}. Es liegt dann eine Modus I Rißöffnung vor, und für $r \to 0$ ergeben sich hinter der Rißspitze ($\varphi = \pm \pi$)

$$u_3^\pm = \pm 4 \sqrt{\frac{r}{2\pi}} \left(\frac{K_I}{c_T} + \frac{K_{IV}}{e} \right), \qquad \phi^\pm = \pm 4 \sqrt{\frac{r}{2\pi}} \left(-\frac{K_{IV}}{\epsilon} + \frac{K_I}{e} \right). \qquad (4.175)$$

Darin kennzeichnen c_T, ϵ und e zusammengefaßte elastische, dielektrische und piezoelektrische Materialeigenschaften, die sich durch die Materialkonstanten in (4.168) ausdrücken lassen. Die Energiefreisetzungsrate folgt damit zu

$$\begin{aligned}
\mathcal{G} &= \mathcal{G}_m + \mathcal{G}_e = \left[K_I \left(\frac{K_I}{c_T} + \frac{K_{IV}}{e} \right) \right] + \left[K_{IV} \left(-\frac{K_{IV}}{\epsilon} + \frac{K_I}{e} \right) \right] \\
&= \frac{K_I^2}{c_T} - \frac{K_{IV}^2}{\epsilon} + 2 \frac{K_I K_{IV}}{e}.
\end{aligned} \qquad (4.176)$$

Die beiden Anteile $\mathcal{G}_m$ und $\mathcal{G}_e$ lassen sich als der mechanische und der elektrische Teil der Energiefreisetzungsrate interpretieren.

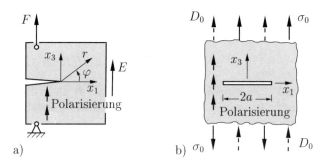

Bild 4.52 Elektromechanische Rißbelastung

Aufgrund der elektromechanischen Kopplung treten bei einer rein mechanischen oder rein elektrischen Belastung im allgemeinen beide Spannungsintensitätsfaktoren K_I und K_{IV} auf. Bestimmte Belastungen können im Sonderfall aber auch nur einen einzigen K-Faktor zur Folge haben. Ein Beispiel hierfür ist der impermeable endliche Riß im unbeschränkten Gebiet nach Bild 4.52b. Infolge einer Belastung durch σ_0 bzw. durch D_0 ergeben sich hier

$$K_I = \sigma_0 \sqrt{\pi a}, \qquad K_{IV} = D_0 \sqrt{\pi a}. \qquad (4.177)$$

Der Rißspitzenzustand ist bei symmetrischer Rißbelastung eindeutig durch K_I und K_{IV} charakterisiert. Dementsprechend läßt sich ein Bruchkriterium für diesen

Fall formal in der Form
$$f(K_I, K_{IV}) = 0 \qquad (4.178)$$
angeben. Konkret vorgeschlagen wurden unter anderen die Kriterien

$$
\begin{aligned}
(A) &\quad \mathcal{G} = \mathcal{G}_c\,, \\
(B) &\quad \mathcal{G}_m = \mathcal{G}_{mc}\,, \\
(C) &\quad K_I = K_{Ic}\,,
\end{aligned}
\qquad (4.179)
$$

wobei das Kriterium (A) häufig vorgezogen wird. Unabhängig vom gewählten Kriterium ist allerdings die Bestimmung sowohl der Beanspruchungsgrößen als auch der materialspezifischen kritischen Größen mit Unsicherheiten behaftet. Der Grund hierfür ist, daß die elektrischen Randbedingungen entlang des Risses bei realen Materialien oft nicht eindeutig festgelegt werden können.

5 Elastisch-plastische Bruchmechanik

5.1 Allgemeines

Belastet man ein Bauteil aus duktilem Material, das einen Riß enthält, so kommt es zunächst in der Umgebung der Rißspitze zur Plastizierung. Dies hat zur Folge, daß mit zunehmender Belastung die Spitze mehr und mehr abstumpft: der Riß öffnet sich. Gleichzeitig wächst der plastische Bereich an, was je nach Werkstoff und Bauteilgeometrie zur völligen Durchplastizierung führen kann. Bei einer bestimmten kritischen Belastung kommt es schließlich zur Initiierung des Rißwachstums. In einem solchen Fall, wenn also kein Kleinbereichsfließen stattfindet, sondern größere plastische Zonen auftreten, kann die lineare Bruchmechanik nicht mehr angewendet werden. Die Bruchparameter und Bruchkonzepte, die wie das K-Konzept auf dem (außerhalb der Prozeßzone) linear elastischen Materialverhalten basieren, haben dann ihre Bedeutung verloren. Man muß in diesem Fall vielmehr Parameter und Konzepte heranziehen, die dem nunmehr in größerem Bereich auftretenden plastischen Materialverhalten Rechnung tragen.

In der elastisch-plastischen Bruchmechanik haben sich zwei alternative Parameter zur Charakterisierung des Rißspitzenzustandes durchgesetzt. Der eine ist das von J. Rice (1968) vorgeschlagene *J-Integral*, welches in der Bedeutung eines Spannungs- bzw. Verformungsintensitätsfaktors und nicht etwa einer Energiefreisetzungsrate gebraucht wird. Beim zweiten handelt es sich um die *Rißspitzenöffnung* δ_t oder $CTOD$ (= crack tip opening displacement), die ein Maß für den Deformationszustand an der Rißspitze sein soll. Dieser Vorschlag geht auf A.H. Cottrell und A.A. Wells (1963) zurück. Während J im wesentlichen durch die Deformationstheorie der Plastizität begründet wird, ist die Verwendung von δ_t eher experimentell und anschaulich motiviert. Wir werden allerdings zeigen, daß beide Größen meist direkt ineinander überführbar sind.

Bei der Behandlung von elastisch–plastischen Rißproblemen werden wir uns auf einfache Materialmodelle der zeitunabhängigen Plastizität, wie zum Beispiel auf das idealplastische Material oder auf die Deformationstheorie beschränken. Außerdem setzen wir voraus, daß die äußere Belastung monoton zunimmt; eine globale Entlastung oder gar eine Wechselbelastung sei ausgeschlossen. Nur dann ist es in wenigen Sonderfällen möglich, zu Lösungen in analytischer Form zu gelangen, die eine Basis für Bruchkonzepte bilden. Bei aufwendigen Materialmodellen oder bei der elastisch–plastischen Analyse von realen Bauteilen ist man dagegen auf numerische Methoden angewiesen. Wie schon in der linearen Bruchmechanik werden wir uns auch hier auf ebene Probleme mit geraden Rissen unter Modus I Belastung konzentrieren.

5.2 Dugdale Modell

In dünnen Platten aus duktilem Material beobachtet man häufig zungenförmige plastische Zonen vor der Rißspitze (Bild 5.1a). Diese kommen im wesentlichen durch Gleiten in Schnitten unter 45° zur Plattenebene zustande, wodurch ihre Ausdehnung in y-Richtung auf die Größenordnung der Plattendicke beschränkt ist (vgl. Abschnitt 4.7.2).

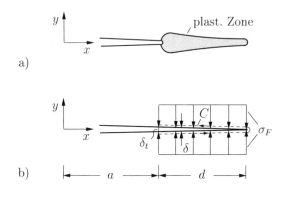

Bild 5.1 Dugdale Modell

Eine einfache Modellierung des entsprechenden elastisch-plastischen Modus I–Problems geht auf D.S. Dugdale (1960) zurück. Hierbei wird das Material als elastisch-idealplastisch angenommen und vorausgesetzt, daß die Ausdehnung der plastischen Zone in y-Richtung klein ist im Vergleich zu ihrer Länge d. Dann kann die plastische Zone als eine Linie (Streifen) angesehen werden, entlang welcher im ESZ nach der Trescaschen Fließbedingung die Fließspannung σ_F wirkt. Damit ist die Aufgabe auf das rein elastische Problem eines Risses zurückgeführt, der fiktiv um die Strecke d verlängert ist und dessen Rißflanken dort durch σ_F belastet sind (Bild 5.1b). Die noch unbekannte Länge d folgt aus der Bedingung, daß die Spannungen nirgends die Fließspannung überschreiten dürfen. Danach darf an der Spitze des fiktiven Risses (=Ende der plastischen Zone) auch keine Spannungssingularität auftreten, d.h. der K–Faktor muß verschwinden. Ausdrücklich sei betont, daß die Länge der plastischen Zone in diesem Modell keinen Einschränkungen unterliegt; sie kann hier durchaus von der Größenordnung der Rißlänge oder einer anderen charakteristischen Länge sein.

Dugdale Modell

Entlang der fiktiven Rißverlängerung tritt eine Relativverschiebung der Rißufer um $\delta = v^+ - v^-$ auf. Diese nimmt an der Rißspitze den Wert δ_t (= Rißspitzenöffnung) an und ist am Ende der plastischen Zone Null. Interpretiert man δ als Resultat der plastischen Deformation, dann ist δ_t ein mögliches Maß für den Verformungszustand an der Rißspitze. Damit läßt sich ein elastisch–plastisches Bruchkriterium für die Initiierung des Rißfortschrittes in der Form

$$\boxed{\delta_t = \delta_{tc}} \tag{5.1}$$

postulieren. Darin ist die kritische Rißöffnung δ_{tc} ein Werkstoffkennwert.

Wir wollen nun noch das J-Integral bestimmen. Hierzu wählen wir zweckmäßig eine Kontur C, die entlang der unteren und der oberen Flanke des Fließstreifens verläuft (Bild 5.1b). Nach (4.105) erhält man dann mit $\mathrm{d}y = 0$ und $\tau_{xy} = 0$ für J den Ausdruck

$$J = -\sigma_F \int_a^{a+d} \frac{\partial}{\partial x}\left[v^+ - v^-\right]\mathrm{d}x = -\sigma_F\left[\,\delta\,\right]_a^{a+d}\,.$$

Hieraus folgt wegen $\delta(a+d) = 0$ und $\delta(a) = \delta_t$ der einfache Zusammenhang

$$J = \sigma_F\,\delta_t\,. \tag{5.2}$$

Im Rahmen des Dugdale Modells ist danach ein Bruchkriterium

$$\boxed{J = J_c} \tag{5.3}$$

äquivalent zum δ_t-Kriterium (5.1). Darin ist $J_c = \sigma_F\,\delta_{tc}$ ein Materialkennwert, der angibt, wann Rißwachstum einsetzt.

Wendet man das Dugdale Modell auf einen Riß der Länge $2a$ im unendlichen Gebiet unter einachsigem Zug an, so ergibt sich die in Bild 5.2 dargestellte Konfiguration. Dabei ist es zweckmäßig, die Lösung durch Superposition der beiden Lastfälle (1) „einachsiger Zug" und (2) „Rißflankenbelastung" zu gewinnen. Mit den Bezeichnungen nach Bild 5.2 gilt für die entsprechenden K-Faktoren (vgl. Abschnitt 4.4.1)

$$K_I^{(1)} = \sigma\sqrt{\pi b}\,,\qquad K_I^{(2)} = -\frac{2}{\pi}\sigma_F\sqrt{\pi b}\,\arccos\frac{a}{b}$$

und für die Verschiebungen in y-Richtung an der physikalischen Rißspitze ($x = a$)

$$v^{(1)}(a) = \frac{2\sigma}{E'}\sqrt{b^2 - a^2}\,,$$

$$v^{(2)}(a) = \frac{4\sigma_F}{\pi E'}\left[-\sqrt{b^2 - a^2}\,\arccos\frac{a}{b} + a\ln\frac{b}{a}\right]\,.$$

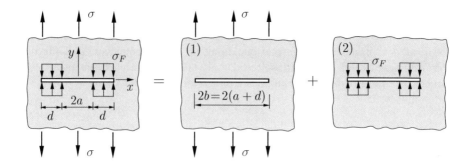

Bild 5.2 Dugdale Modell beim Riß unter einachsigem Zug

Aus der Bedingung $K_I^{(1)} + K_I^{(2)} = 0$ ergibt sich die Größe der plastischen Zone zu

$$d = b - a = a\left[\left(\cos\frac{\pi\sigma}{2\sigma_F}\right)^{-1} - 1\right]. \tag{5.4}$$

Hiermit erhält man für die Rißspitzenöffnung (aus Symmetriegründen ist $v^- = -v^+$)

$$\delta_t = 2\left[v^{(1)}(a) + v^{(2)}(a)\right] = \frac{8\sigma_F}{\pi E'}\,a\ln\left(\cos\frac{\pi\sigma}{2\sigma_F}\right)^{-1} \tag{5.5}$$

und für das J–Integral

$$J = \sigma_F \delta_t = \frac{8\sigma_F^2}{\pi E'}\,a\ln\left(\cos\frac{\pi\sigma}{2\sigma_F}\right)^{-1}. \tag{5.6}$$

In Bild 5.3a ist die Größe der plastischen Zone nach (5.4) dargestellt. Dieses Ergebnis steht für $\sigma \stackrel{<}{\sim} 0{,}9\,\sigma_F$ in guter Übereinstimmung mit experimentellen Resultaten. Für $\sigma \to \sigma_F$ ergibt sich $d \to \infty$, was einer völligen Durchplastizierung entspricht. Dann ist die *Grenzlast* (limit load) erreicht, und Versagen tritt durch *plastischen Kollaps* auf.

Für hinreichend kleine Belastung ($\sigma \ll \sigma_F$) werden die plastischen Zonen so klein, daß Kleinbereichsfließen vorliegt. Wir befinden uns dann im Gültigkeitsbereich der linearen Bruchmechanik. In diesem Fall erhält man mit

$$\left(\cos\frac{\pi\sigma}{2\sigma_F}\right)^{-1} \approx 1 + \frac{1}{2}\left(\frac{\pi\sigma}{2\sigma_F}\right)^2 \quad \text{und} \quad \sigma\sqrt{\pi a} = K_I$$

Dugdale Modell

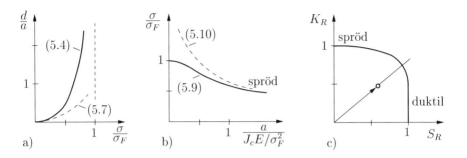

Bild 5.3 a) plastische Zonengröße, b) Versagenslast, c) Versagensgrenzkurve

aus (5.4) die plastische Zonengröße

$$d = 2r_p^D = \frac{a}{2}\left(\frac{\pi\sigma}{2\sigma_F}\right)^2 = \frac{\pi}{8}\left(\frac{K_I}{\sigma_F}\right)^2 . \tag{5.7}$$

Dabei deutet der Buchstabe D an, daß sie mit dem Dugdale Modell bestimmt wurde. Analog ergibt sich für δ_t und für J in diesem Grenzfall

$$\delta_t = \frac{K_I^2}{E'\sigma_F} , \qquad J = \frac{K_I^2}{E'} . \tag{5.8}$$

Dies bedeutet, daß die Bruchkriterien (5.1) und (5.3) der elastisch–plastischen Bruchmechanik im Fall des Kleinbereichsfließens in die Bruchkriterien der linearen Bruchmechanik (K–Konzept) übergehen. Die Ausdehnung der plastischen Zone nach (5.7) stimmt größenordnungsmäßig gut mit der Irwinschen Abschätzung (4.112) für den ESZ überein.

Setzt man (5.6) in das Bruchkriterium (5.3) ein, so erhält man für den allgemeinen elastisch-plastischen Fall mit beliebig großen plastischen Zonen

$$\frac{8}{\pi}\ln\left(\cos\frac{\pi\sigma}{2\sigma_F}\right)^{-1} = \frac{J_cE}{\sigma_F^2}\frac{1}{a} . \tag{5.9}$$

Hieraus folgt im Spezialfall der linearen Bruchmechanik ($\sigma \ll \sigma_F$)

$$\pi\left(\frac{\sigma_{\text{lin}}}{\sigma_F}\right)^2 = \frac{J_cE}{\sigma_F^2}\frac{1}{a} . \tag{5.10}$$

Diese Beziehungen beschreiben bei gegebenen Materialparametern J_c, E, σ_F die Abhängigkeit der Versagenslast σ von der Rißlänge a im allgemeinen elastisch-plastischen Fall bzw. im linearen Fall. Bild 5.3b zeigt, daß für kleine a duktiles

Versagen vorherrscht; die Versagenslast liegt hier in der Nähe der plastischen Grenzlast. Für große a befindet man sich dagegen im Bereich der linearen Bruchmechanik; Versagen wird dann spröd erfolgen.

Eine von der Rißlänge unabhängige Darstellung der Versagensbedingung läßt sich gewinnen, wenn man (5.9) in (5.10) einsetzt. Mit den Bezeichnungen $\sigma/\sigma_{\text{lin}} = K_I/K_{Ic} = K_R$ und $\sigma/\sigma_F = S_R$ ergibt sich auf diese Weise die *Versagensgrenzkurve* (failure assessment curve)

$$K_R = S_R \left[\frac{8}{\pi^2} \ln \left(\cos \frac{\pi}{2} S_R \right)^{-1} \right]^{-1/2}. \quad (5.11)$$

Man kann sie als Versagensbedingung im elastisch-plastischen Bereich zwischen den beiden Grenzfällen des Sprödbruchs ($K_R = 1$) und des plastischen Kollapses ($S_R = 1$) interpretieren (Bild 5.3c). Wegen der direkten Proportionalität von K_I und σ ist ein Belastungsvorgang im Diagramm durch die Bewegung eines Punktes auf einem radialen Strahl nach außen gekennzeichnet. Der Abstand des Punktes zur Grenzkurve kann als ein Maß für die Sicherheit gegenüber Versagen angesehen werden.

Obwohl (5.11) genaugenommen nur für das Beispiel nach Bild 5.2 gilt, wird diese Beziehung wegen ihrer Einfachheit in den technischen Anwendungen häufig auch auf andere Rißkonfigurationen bzw. Bauteile angewendet. Dabei ersetzt man σ durch die Bauteilbelastung P und σ_F durch die entsprechende plastische Grenzlast P_G und sieht (5.11) als universell gültig an.

Das Dugdale Modell ist trotz seiner Einfachheit in der Lage, die wesentlichen Phänomene beim elastisch-plastischen Bruch zu beschreiben. Obwohl ursprünglich nur für dünne Platten im ESZ gedacht, wird es vielfach auch im EVZ oder in modifizierter Form bei dreidimensionalen Problemen (z.B. beim kreisförmigen Riß) angewendet und führt dort zu technisch befriedigenden Resultaten. Seine Grundidee der Modellierung plastischer Bereiche durch Fließstreifen läßt sich vielfältig variieren. So kann man zum Beispiel von mehreren gegeneinander geneigten Fließstreifen ausgehen oder die Verfestigung durch eine geänderte Spannungsverteilung entlang des Fließstreifens berücksichtigen.

5.3 Rißspitzenfeld

Wie in der linearen Bruchmechanik spielt das Feld in der Umgebung der Rißspitze auch in der elastisch plastischen Bruchmechanik eine fundamentale Rolle. Im folgenden werden wir die Rißspitzenfelder für einige Materialmodelle behandeln. Der Einfachheit halber beschränken wir uns hierbei teilweise auf den Modellfall des Modus III.

5.3.1 Idealplastisches Material
5.3.1.1 Longitudinaler Schub, Modus III

Beim nichtebenen (longitudinalen) Schub treten nur die Verschiebung w sowie die Schubspannungen τ_{xz}, τ_{yz} auf. Letztere sind beim idealplastischen Material durch die Fließbedingung

$$\tau_{xz}^2 + \tau_{yz}^2 = \tau_F^2 \tag{5.12}$$

verknüpft. Nach Abschnitt 1.5.3 sind die Schnittlinien, in denen τ_F auftritt (= α-Linien), immer Geraden; in Schnitten senkrecht dazu ist die Schubspannung Null. Für die Umgebung einer Rißspitze mit belastungsfreien Rißflanken erfüllt dementsprechend ein Liniensystem nach Bild 5.4 die Randbedingungen. Führt man Polarkoordinaten r, φ ein (φ fällt hier mit dem Winkel ϕ nach Abschnitt 1.5.2 zusammen), dann gilt für die Spannungen im Bereich des Fächers ($|\varphi| \leq \pi/2$)

$$\tau_{\varphi z} = \tau_F\,, \qquad \tau_{rz} = 0\,. \tag{5.13}$$

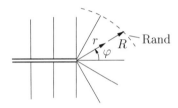

Bild 5.4 α-Linien im Modus III

Entlang einer α-Linie ist der Verschiebungszuwachs $\mathrm{d}w$ konstant, d.h. im Bereich des Fächers gilt $\mathrm{d}w = \mathrm{d}w(\varphi)$ und folglich $\mathrm{d}\gamma_{rz} = \partial(\mathrm{d}w)/\partial r = 0$. Das Verzerrunginkrement $\mathrm{d}\gamma_{\varphi z} = \partial(\mathrm{d}w)/r\partial\varphi$ läßt sich ermitteln, wenn wir annehmen, daß uns $\mathrm{d}\gamma_{\varphi z}(R)$ entlang des Randes $R(\varphi)$ der plastischen Zone bekannt ist:

$$\mathrm{d}\gamma_{\varphi z}(r, \varphi) = \frac{R(\varphi)}{r}\,\mathrm{d}\gamma_{\varphi z}(R)\,. \tag{5.14}$$

Setzen wir einen undeformierten Ausgangszustand voraus, so erhält man daraus durch Integration

$$\gamma_{\varphi z} = \frac{1}{r}\frac{\partial w}{\partial \varphi} = \frac{R(\varphi)}{r}\,\gamma_{\varphi z}(R)\,, \qquad w = \int_0^\varphi R(\varphi)\gamma_{\varphi z}[R(\varphi)]\mathrm{d}\varphi\,; \tag{5.15}$$

dabei wurde $w(\varphi = 0) = 0$ gesetzt. Die Beziehungen (5.12) bis (5.15) gelten im Bereich des Fächers allgemein, d.h. auch für beliebig große plastische Zonen. Sie zeigen, daß die Spannungen durch die Fließspannung beschränkt sind, während die Verzerrungen an der Rißspitze eine $1/r$–Singularität besitzen.

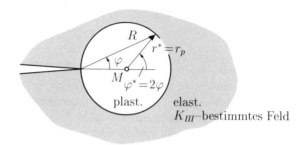

Bild 5.5 Plastische Zone im elastischen Nahfeld

Die Spannungen (5.13) lassen sich auch in anderer Form darstellen. So lauten die kartesischen Komponenten $\tau_{xz} = -\tau_F \sin\varphi$ und $\tau_{yz} = \tau_F \cos\varphi$. Entlang eines Kreises dessen Mittelpunkt M im Abstand r^* vor der Rißspitze liegt (Bild 5.5) folgt daraus mit dem Winkel φ^* die Darstellung

$$\tau_{xz} = -\tau_F \sin\frac{\varphi^*}{2}, \qquad \tau_{yz} = \tau_F \cos\frac{\varphi^*}{2}. \qquad (5.16)$$

Dies entspricht bis auf einen Faktor genau den Spannungen, die sich nach der elastischen Nahfeldlösung (4.6) auf einem Kreis um eine Rißspitze bei M ergeben (dabei sind in (4.6) der Abstand r und der Winkel φ durch die hier benutzten Größen r^* und φ^* zu ersetzen). Man kann diese Tatsache ausnutzen, um eine exakte Lösung für den Fall des Kleinbereichsfließen zu konstruieren. Hierbei ist der plastische Bereich von einem elastischen Bereich umgeben, in welchem die elastische Nahfeldlösung gilt. An der Grenze zwischen beiden Bereichen müssen die Übergangsbedingungen erfüllt sein, das heißt, die Spannungen aus der Lösung im plastischen Bereich und aus der Lösung im elastischen Bereich müssen übereinstimmen. Dies ist in unserem Fall offenbar zu erreichen, wenn man (5.16) mit (4.6) unter Beachtung der unterschiedlichen Notation gleichsetzt: $\tau_F = K_{III}/\sqrt{2\pi r^*}$. Die plastische Zone ist also ein Kreis vor der Rißspitze mit dem Radius

$$r_p = r^* = \frac{1}{2\pi}\left(\frac{K_{III}}{\tau_F}\right)^2. \qquad (5.17)$$

Das gleiche Ergebnis für r_p erhält man übrigens, wenn man die plastische Zone nach Irwin aus der elastischen Nahfeldlösung abschätzt (vgl. auch Abschnitt

Rißspitzenfeld 141

4.7.1). Mit (5.17) gilt für den Rand $R(\varphi)$ der plastischen Zone und für die dort auftretende Verzerrung $\gamma_{\varphi z}(R)$

$$R(\varphi) = 2r_p \cos\varphi = \frac{1}{\pi}\left(\frac{K_{III}}{\tau_F}\right)^2 \cos\varphi \,, \qquad \gamma_{\varphi z}(R) = \frac{\tau_F}{G} \,. \tag{5.18}$$

Aus (5.14) und (5.15) folgen damit im plastischen Bereich

$$\gamma_{\varphi z} = \frac{1}{r}\frac{K_{III}^2}{\pi G \tau_F}\cos\varphi \,, \qquad w = \frac{K_{III}^2}{\pi G \tau_F}\sin\varphi \,. \tag{5.19}$$

Die Rißspitzenöffnung δ_t ist durch die Relativverschiebung der beiden Rißufer an der Rißspitze gegeben; hierfür erhält man

$$\delta_t = w(\frac{\pi}{2}) - w(-\frac{\pi}{2}) = \frac{2}{\pi}\frac{K_{III}^2}{G\tau_F} \,. \tag{5.20}$$

5.3.1.2 Ebener Verzerrungszustand, Modus I

Das Feld in der Umgebung der Rißspitze läßt sich auch in diesem Fall mittels der Gleitlinientheorie nach Abschnitt 1.5.3 ermitteln. Aus Symmetriegründen können wir uns dabei auf die obere Halbebene ($y \geq 0$) beschränken (Bild 5.6a). Entlang der belastungsfreien Rißufer und der x-Achse vor der Rißspitze (=Symmetrielinie) ist $\tau_{xy} = 0$. Die Gleitlinien müssen dort also unter 45° einmünden. Die Verbindung zwischen den auf diese Weise gebildeten Bereichen A und C wird durch den Viertelkreisfächer B hergestellt. Ein entsprechendes Gleitlinienfeld wird nach L. Prandtl auch *Prandtl–Feld* genannt. Mit den im Bild gewählten Bezeichnungen erhält man damit am Rißufer ($\phi = 3\pi/4$, $\sigma_y = 0$, $\tau_{xy} = 0$) aus (1.124) den „Startwert" $\sigma_m = k$. Läuft man von da aus entlang einer β-Linie durch A, B und C ($\phi^A = 3\pi/4$, $\phi^B = \varphi$, $\phi^C = \pi/4$), so liefern die Henckyschen Gleichungen (1.125)

$$\sigma_m^A = k \,, \qquad \sigma_m^B = k(1 + 3\pi/2 - 2\varphi) \,, \qquad \sigma_m^C = k(1+\pi) \,. \tag{5.21}$$

Hieraus ergibt sich nach (1.124) für die Spannungen in den einzelnen Bereichen

$$\begin{pmatrix}\sigma_x \\ \sigma_y \\ \tau_{xy}\end{pmatrix} = \frac{\sigma_F}{\sqrt{3}}\left(\begin{array}{c|c|c} \text{Bereich A} & \text{Bereich B} & \text{Bereich C} \\ 2 & 1+3\pi/2-2\varphi-\sin 2\varphi & \pi \\ 0 & 1+3\pi/2-2\varphi+\sin 2\varphi & 2+\pi \\ 0 & \cos 2\varphi & 0 \end{array}\right), \tag{5.22}$$

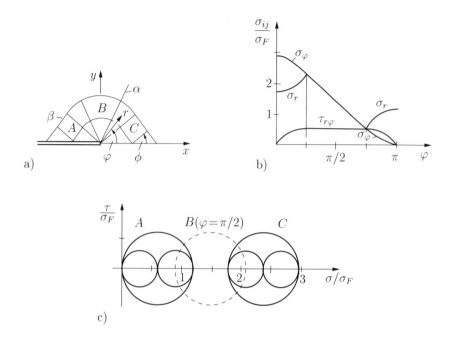

Bild 5.6 Rißspitzenfeld für idealplastisches Material

wobei für k nach von Mises der Wert $k = \sigma_F/\sqrt{3}$ eingesetzt wurde. Rechnet man dies noch in die Komponenten in Polarkoordinaten um, so folgen die in Bild 5.6b dargestellten Verläufe.

Durch (5.22) und (5.21) ist wegen $\sigma_z = \sigma_m$ der Spannungszustand im Rißspitzenbereich vollständig festgelegt. Bild 5.6c zeigt die zugehörigen Mohrschen Kreise in den drei Bereichen. Man erkennt, daß vor der Rißspitze (Bereich C) der hydrostatische Anteil am Spannungszustand relativ hoch ist. Man kann dies als einen Hinweis dafür ansehen, daß dort ein mikroskopisches Porenwachstum begünstigt wird.

Entlang der Gleitlinien sind die Gleitungsänderungen maximal und die Dehnungsänderungen (in Gleitlinienrichtung) Null. Es läßt sich zeigen, daß dies für die Verzerrungen im Fächerbereich B ein Verhalten der Art

$$\varepsilon_{ij} = \frac{1}{r}\widetilde{\varepsilon}_{ij}(\varphi) \qquad (5.23)$$

zur Folge hat. Wie im Modus III tritt eine $1/r$–Verzerrungssingularität auf. Die Bestimmung der Größe von ε_{ij} im gesamten plastischen Bereich und damit auch der Rißöffnung setzt die Kenntnis von ε_{ij} entlang einer Berandung voraus (d.h.

Rißspitzenfeld 143

zum Beispiel an der Grenze zwischen plastischem und elastischem Bereich). Deren Ermittlung ist allerdings bislang mit analytischen Methoden nicht gelungen.

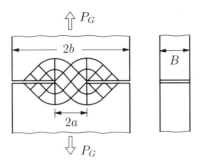

Bild 5.7 Plastische Grenzlast

Die Lösung (5.22) gibt die Möglichkeit, die plastische Grenzlast P_G für die Rißkonfiguration nach Bild 5.7 unmittelbar zu berechnen. Entsprechend dem dargestellten Gleitlinienfeld, welches für $b \gg a$ gültig ist, tritt zwischen den beiden Rißspitzen die Spannung $\sigma_y = \sigma_F(2+\pi)/\sqrt{3}$ auf. Damit wird die Grenzlast

$$P_G = \sigma_y 2aB = \frac{2(2+\pi)}{\sqrt{3}} aB\sigma_F \ . \tag{5.24}$$

Die Approximation des plastischen Materialverhaltens durch ein idealplastisches Material kann nicht vollständig befriedigen. Zwar liefert die Analyse eine Aussage über den singulären Charakter des Verzerrungsfeldes an der Rißspitze, sie legt direkt aber keinen Parameter nahe, der in einem Bruchkriterium Verwendung finden sollte. Daneben ist dieses Materialmodell nicht in der Lage, eine Verfestigung zu beschreiben, die bei vielen Werkstoffen zu beobachten ist. Eine Modellierung, bei der diese Nachteile nicht auftreten, wird im nächsten Abschnitt beschrieben.

5.3.2 Deformationstheorie, HRR–Feld

Im Rahmen der Deformationstheorie (vgl. Abschnitt 1.3.3.3) betrachten wir ein verfestigendes Material, dessen einachsige Spannungs–Dehnungs–Kurve durch das *Ramberg–Osgood–Gesetz*

$$\frac{\varepsilon}{\varepsilon_0} = \frac{\sigma}{\sigma_0} + \alpha \left(\frac{\sigma}{\sigma_0}\right)^n \tag{5.25}$$

approximiert wird (Bild 5.8a). Darin können ε_0, σ_0 für hinreichend kleines α als die Dehnung bzw. Spannung aufgefaßt werden, bei der Fließen einsetzt;

n wird als *Verfestigungsexponent* bezeichnet. Der Grenzfall $n = 1$ entspricht einem vollständig linearen Verhalten, für $n \to \infty$ nähert man sich einem elastisch-idealplastischen Material. Die beiden Terme auf der rechten Seite lassen sich als elastischer und plastischer Anteil der Dehnung interpretieren: $\varepsilon^e/\varepsilon_0 = \sigma/\sigma_0$, $\varepsilon^p/\varepsilon_0 = \alpha(\sigma/\sigma_0)^n$.

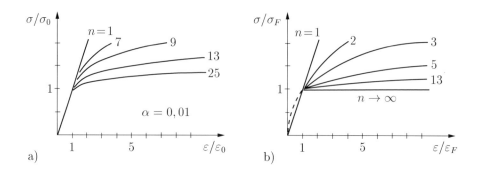

Bild 5.8 Potenzgesetz

In der Umgebung der Rißspitze befinden wir uns im Fließbereich ($\varepsilon/\varepsilon_0 \gg 1$). Wegen der an der Spitze zu erwartenden Verzerrungssingularität werden dort die elastischen Verzerrungen vernachlässigbar im Vergleich zu den plastischen Verzerrungen sein: $\varepsilon_{ij} = \varepsilon_{ij}^p$. Damit vereinfacht sich (5.25) zu

$$\frac{\varepsilon}{\varepsilon_0} = \alpha \left(\frac{\sigma}{\sigma_0}\right)^n , \qquad (5.26)$$

und das allgemeine Stoffgesetz der Deformationstheorie (1.87) lautet

$$\varepsilon_{kk} = 0 , \qquad \varepsilon'_{ij} = \frac{3}{2} \frac{\varepsilon_e}{\sigma_e} \sigma'_{ij} . \qquad (5.27)$$

Einsetzen von (5.26) für die Vergleichsgrößen in (5.27) liefert

$$\varepsilon_{ij} = \varepsilon'_{ij} = \frac{3}{2} \alpha \varepsilon_0 \left(\frac{\sigma_e}{\sigma_0}\right)^n \frac{\sigma'_{ij}}{\sigma_e} , \qquad (5.28)$$

wobei für die Vergleichsspannung und die Vergleichsdehnung die Beziehungen $\sigma_e = (\frac{3}{2}\sigma'_{ij}\sigma'_{ij})^{1/2}$ und $\varepsilon_e = (\frac{2}{3}\varepsilon_{ij}\varepsilon_{ij})^{1/2}$ gelten.

Das Stoffgesetz (5.28) kann man auch erhalten, wenn man von der Spannungs–Dehnungs–Beziehung

Rißspitzenfeld 145

$$\frac{\varepsilon}{\varepsilon_F} = \begin{cases} \sigma/\sigma_F & \text{für} \quad \sigma \leq \sigma_F \\ (\sigma/\sigma_F)^n & \text{für} \quad \sigma \geq \sigma_F \end{cases} \quad (5.29)$$

ausgeht (Bild 5.8b). Im Fließbereich gilt hier das Potenzgesetz $\varepsilon/\varepsilon_F = (\sigma/\sigma_F)^n$. Unter Voraussetzung eines inkompressiblen Materials ergibt sich hieraus gerade die dreidimensionale Verallgemeinerung (5.28), wenn $\varepsilon_F/\sigma_F^n = \alpha\varepsilon_0/\sigma_0^n$ gesetzt wird.

In der Deformationstheorie wird das plastische Materialverhalten wie ein nichtlinear elastisches Verhalten beschrieben, welches in unserem Fall noch dazu inkompressibel ist. Man kann sich hiervon überzeugen, indem man (5.25–5.28) mit (1.56 ff.) vergleicht. Danach treffen alle Beziehungen der nichtlinearen Elastizität auch auf die Deformationstheorie zu. So erhält man zum Beispiel nach (1.59) für die Formänderungsenergiedichte im Rißspitzenbereich

$$\begin{aligned} U &= \frac{n}{n+1}\sigma'_{ij}\varepsilon'_{ij} = \frac{n}{n+1}\frac{\sigma_0}{(\alpha\varepsilon_0)^{1/n}}\left(\frac{2}{3}\varepsilon_{ij}\varepsilon_{ij}\right)^{\frac{1+n}{2n}} \\ &= \frac{n}{n+1}\alpha\varepsilon_0\sigma_0\left(\frac{\sigma_e}{\sigma_0}\right)^{1+n}. \end{aligned} \quad (5.30)$$

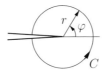

Bild 5.9 Integrationskontur für J–Integral

Die Äquivalenz von Deformationstheorie und Elastizitätstheorie hat zur Folge, daß das J-Integral (4.105) um eine Rißspitze mit geraden, unbelasteten Rißufern wegunabhängig ist (vgl. Abschnitt 4.6.5.3). Diese Eigenschaft erlaubt es, das asymptotische Verhalten der Feldgrößen bei Annäherung an die Rißspitze auf einfache Weise zu bestimmen. Zu diesem Zweck wählen wir nach Bild 5.9 eine kreisförmige Integrationskontur C im Rißspitzenbereich ($r \to 0$). Mit $\mathrm{d}c = r\mathrm{d}\varphi$ läßt sich J damit in der Form

$$J = \int_{-\pi}^{+\pi}[Un_1 - \sigma_{i\beta}u_{i,1}n_\beta]\,r\mathrm{d}\varphi \quad (5.31)$$

schreiben. Wegunabhängigkeit, d.h. Unabhängigkeit von r ist nur dann gesichert, wenn der Klammerausdruck ein $1/r$–Verhalten für $r \to 0$ aufweist. Da beide Terme in der Klammer vom Typ $\sigma_{ij}\varepsilon_{ij}$ sind, muß demnach

$$\sigma_{ij}\varepsilon_{ij} \sim \frac{\hat{f}(\varphi)}{r} = \frac{J}{r}\tilde{f}(\varphi)\,, \qquad U \sim \frac{\hat{U}(\varphi)}{r} = \frac{J}{r}\tilde{U}(\varphi)$$

gelten. Mit (5.28) und (5.30) erhält man damit zum Beispiel für die Spannungen

$$\sigma_{ij} = C\left(\frac{J}{r}\right)^{\frac{1}{n+1}}\tilde{\sigma}_{ij}(\varphi)\,, \tag{5.32}$$

wobei C eine Konstante ist. Es ist zweckmäßig diese durch eine neue, dimensionslose Konstante I zu ersetzen. Wir wählen sie so, daß sowohl $\tilde{\sigma}_{ij}(\varphi)$ als auch der Klammerausdruck, welcher J/r enthält, dimensionslos werden: $C = \sigma_0/(I\alpha\varepsilon_0\sigma_0)^{1/(n+1)}$. Die Feldgrößen lassen sich dann für $r \to 0$ in der folgenden Weise darstellen

$$\begin{aligned}
\sigma_{ij} &= \sigma_0\left(\frac{J}{I\alpha\varepsilon_0\sigma_0 r}\right)^{\frac{1}{n+1}}\tilde{\sigma}_{ij}(\varphi)\,, \\
\varepsilon_{ij} &= \alpha\varepsilon_0\left(\frac{J}{I\alpha\varepsilon_0\sigma_0 r}\right)^{\frac{n}{n+1}}\tilde{\varepsilon}_{ij}(\varphi)\,, \\
u_i - u_{i0} &= \alpha\varepsilon_0 r\left(\frac{J}{I\alpha\varepsilon_0\sigma_0 r}\right)^{\frac{n}{n+1}}\tilde{u}_i(\varphi)\,,
\end{aligned} \tag{5.33}$$

wobei u_{i0} eine Starrkörperbewegung beschreibt. Einsetzen in (5.31) liefert mit $\tilde{\sigma} = (\frac{3}{2}\tilde{\sigma}_{ij}\tilde{\sigma}_{ij})^{1/2}$ noch den Zusammenhang

$$I = \int_{-\pi}^{+\pi}\left\{\left[\frac{n}{n+1}\tilde{\sigma}^{1+n} - \frac{1}{1+n}(\tilde{\sigma}_r\tilde{u}_r + \tilde{\tau}_{r\varphi}\tilde{u}_\varphi + \tilde{\tau}_{rz}\tilde{u}_z)\right]\cos\varphi \right. \\
\left. + \left[\tilde{\sigma}_r(\tilde{u}_r' - \tilde{u}_\varphi) + \tilde{\tau}_{r\varphi}(\tilde{u}_\varphi' + \tilde{u}_r) + \tilde{\tau}_{rz}\tilde{u}_z'\right]\sin\varphi\right\}d\varphi\,. \tag{5.34}$$

Darin kennzeichnen Striche die Ableitung nach φ.

Nach (5.33) weist das an der Rißspitze dominierende Feld Spannungs- und Verzerrungssingularitäten auf, deren Art vom Verfestigungsparameter n abhängt. Für $n = 1$ tritt die bekannte $1/\sqrt{r}$–Singularität der linearen Theorie auf, während sich für $n \to \infty$ nichtsinguläre Spannungen, aber singuläre Verzerrungen vom Typ $1/r$ ergeben. Die in (5.33) auftretenden Winkelfunktionen $\tilde{\sigma}_{ij}$, $\tilde{\varepsilon}_{ij}$, $\tilde{u}_i$ lassen sich mittels dieser einfachen Betrachtung nicht bestimmen. Man erhält sie vielmehr (wie im linearen Fall) aus der Lösung des nunmehr nichtlinearen Randwertproblems. Mit ihnen liegt dann das dominante Rißspitzenfeld bis auf J eindeutig fest. Durch den Parameter J wird die Stärke oder "Intensität" dieses Feldes charakterisiert. Unter Verwendung der Anfangsbuchstaben von J.W. Hutchinson, J.R. Rice und G.F. Rosengren, welche dieses Feld zum ersten Mal untersucht haben, wird es kurz als *HRR–Feld* bezeichnet.

An dieser Stelle sei darauf hingewiesen, daß wir das HRR-Feld (5.33) zwar unter Zuhilfenahme der Deformationstheorie hergeleitet haben, dieses aber auch nach der inkrementellen Theorie gültig ist. Grund hierfür ist, daß die Rißspitzenbelastung durch den alleinigen Lastparameter J festgelegt ist und damit das Potenzgesetz (5.26) zu einer Proportionalbelastung führt. Nach Abschnitt 1.3.3.3 sind in diesem Fall die Deformationstheorie und die inkrementelle Theorie äquivalent.

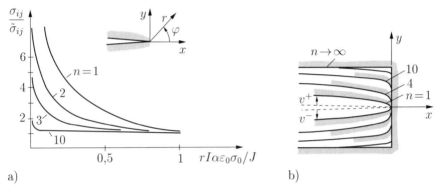

Bild 5.10 HRR–Feld: a) Spannungsverteilung, b) Rißspitzenprofil

In Bild 5.10a ist die r-Abhängigkeit der Spannungen für verschiedene n dargestellt. Man erkennt, daß der Bereich hoher Spannungen, d.h. der Bereich in dem das HRR–Feld tatsächlich dominiert, mit zunehmenden n immer kleiner wird. Die Deformation der Rißspitze ist ebenfalls vom Verfestigungsparameter abhängig (Bild 5.10b); mit wachsendem n "stumpft" das Rißspitzenprofil mehr und mehr ab.

Im folgenden sei für den EVZ noch angedeutet, wie man die komplette Nahfeldlösung erhalten kann. Hierzu formulieren wir das Problem in den Spannungen. Setzt man das Stoffgesetz (5.28) in die Kompatibilitätsbedingung

$$\frac{1}{r}\frac{\partial^2}{\partial r^2}(r\varepsilon_\varphi) + \frac{1}{r^2}\frac{\partial^2 \varepsilon_r}{\partial \varphi^2} - \frac{1}{r}\frac{\partial \varepsilon_r}{\partial r} - \frac{2}{r^2}\frac{\partial}{\partial r}\left(r\frac{\partial \varepsilon_{r\varphi}}{\partial \varphi}\right) = 0 \qquad (5.35)$$

ein, so erhält man

$$\begin{aligned}&-\frac{1}{r}\frac{\partial^2}{\partial r^2}\left[r\sigma^{n-1}(\sigma_r - \sigma_\varphi)\right] + \frac{1}{r^2}\frac{\partial^2}{\partial \varphi^2}\left[\sigma^{n-1}(\sigma_r - \sigma_\varphi)\right] \\ &-\frac{1}{r}\frac{\partial}{\partial r}\left[\sigma^{n-1}(\sigma_r - \sigma_\varphi)\right] - \frac{4}{r^2}\frac{\partial}{\partial r}\left[r\frac{\partial}{\partial \varphi}(\sigma^{n-1}\tau_{r\varphi})\right] = 0,\end{aligned} \qquad (5.36)$$

mit

$$\sigma = \left[\frac{3}{4}(\sigma_r - \sigma_\varphi)^2 + 3\tau_{r\varphi}^2\right]^{1/2} . \qquad (5.37)$$

Im weiteren ist es zweckmäßig, die *Airysche Spannungsfunktion* $\phi(r,\varphi)$ einzuführen, aus der sich die Spannungen folgendermaßen herleiten:

$$\sigma_r = \frac{1}{r}\frac{\partial \phi}{\partial r} + \frac{1}{r^2}\frac{\partial^2 \phi}{\partial \varphi^2} , \qquad \sigma_\varphi = \frac{\partial^2 \phi}{\partial r^2} , \qquad \tau_{r\varphi} = -\frac{\partial}{\partial r}\left(\frac{1}{r}\frac{\partial \phi}{\partial \varphi}\right) . \qquad (5.38)$$

Hiermit werden die Gleichgewichtsbedingungen identisch erfüllt. Wir wählen nun für ϕ den Separationsansatz

$$\phi = A\, r^s \tilde\phi(\varphi) \qquad \text{mit} \qquad s = \frac{2n+1}{n+1} , \qquad (5.39)$$

der dem asymptotischen Charakter des Rißspitzenfeldes nach (5.33) Rechnung trägt. Damit folgt aus (5.36) für die Funktion $\tilde\phi$ die gewöhnliche, nichtlineare Differentialgleichung

$$\frac{n(n+2)}{(n+1)^2}\tilde\sigma^{n-1}\left[\frac{2n+1}{(n+1)^2}\tilde\phi + \tilde\phi''\right] + \left\{\tilde\sigma^{n-1}\left[\frac{2n+1}{(n+1)^2}\tilde\phi + \tilde\phi''\right]\right\}''$$
$$+ \frac{4n}{(n+1)^2}\left[\tilde\sigma^{n-1}\tilde\phi'\right]' = 0 , \qquad (5.40)$$

wobei

$$\tilde\sigma = \left\{\frac{3}{4}\left[\frac{2n+1}{(n+1)^2}\tilde\phi + \tilde\phi''\right]^2 + 3\left[\frac{n}{n+1}\tilde\phi'\right]^2\right\}^{1/2} . \qquad (5.41)$$

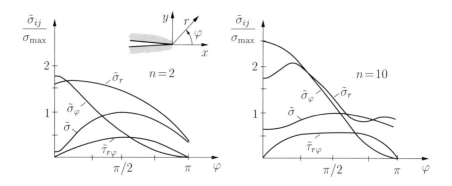

Bild 5.11 HRR–Feld: Winkelverteilung der Spannungen

Das Rißspitzenfeld ist im Modus I symmetrisch bezüglich $\varphi = 0$: $\tau_{r\varphi}(0) = 0$, $\partial \sigma_\varphi / \partial \varphi|_{\varphi=0} = 0$, $\partial \sigma_r / \partial \varphi|_{\varphi=0} = 0$. Außerdem sind die Rißufer belastungsfrei: $\sigma_\varphi(\pi) = 0$, $\tau_{r\varphi}(\pi) = 0$. Dies führt für $\tilde{\phi}$ auf die Randbedingungen

$$\tilde{\phi}'(0) = 0\,, \qquad \tilde{\phi}'''(0) = 0\,, \qquad \tilde{\phi}(\pi) = 0\,, \qquad \tilde{\phi}'(\pi) = 0\,. \tag{5.42}$$

Eine Lösung von (5.40)–(5.42) in geschlossener analytischer Form ist nicht bekannt. Sie kann jedoch mit hoher Genauigkeit mittels numerischer Integration gewonnen werden. In Bild 5.11 ist die Winkelabhängigkeit der Spannungen für zwei verschiedene n–Werte dargestellt. Ein Vergleich mit den Bildern 4.6b und 5.6b zeigt, daß das Feld für $n = 2$ noch dem des linear elastischen Materials nahe kommt, während für $n = 10$ schon eine starke Ähnlichkeit mit dem des idealplastischen Materials festzustellen ist. Unter Verwendung der nunmehr bekannten Funktionen $\tilde{\sigma}_{ij}$, $\tilde{u}_i$ kann schließlich noch der Faktor I nach (5.34) bestimmt werden; einige Werte sind in Tabelle 5.1 zusammengestellt. Es sei angemerkt, daß sich analoge Untersuchungen auch für den Modus II bzw. den ESZ durchführen lassen.

Tabelle 5.1 Werte $I(n)$ und $D(n)$ für den EVZ

n	2	3	5	10	∞
I	5,94	5,51	5,02	4,54	3,72
D	1,72	1,33	1,08	0,93	0,79

5.4 Bruchkriterium

Bei der Formulierung eines Bruchkriteriums der elastisch–plastischen Bruchmechanik kann die gleiche Grundidee angewendet werden, wie beim K–Konzept (vgl. Abschnitt 4.3). Nach (5.33) beschreibt der Parameter J die Intensität des ansonsten vollständig festgelegten Rißspitzenfeldes. Dieses dominiert innerhalb eines Bereiches, dessen Begrenzung nach außen in Bild 5.12a schematisch durch den Radius R gekennzeichnet ist. Seine Gültigkeit ist nach innen begrenzt durch ein Gebiet vom Radius r_N, das nicht durch die Deformationstheorie beschrieben werden kann. In ihm treten zum Beispiel große Verzerrungen oder lokale Entlastungsvorgänge auf. Daneben enthält es die Prozeßzone (Radius ρ), in der sich der Bruchprozeß mit seinen materialspezifischen mikromechanischen Phänomenen (zum Beispiel Porenwachstum) abspielt. Bild 5.12b zeigt eine schematische Zuordnung der einzelnen Gebiete zu entsprechenden Abschnitten im σ-ε–Diagramm. Ist nun der J–bestimmte Bereich II groß im Vergleich zu dem von ihm eingeschlossenen Gebiet III ($R \gg r_N$, ρ), so wird der Zustand in der Prozeß-

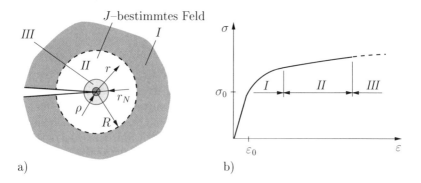

Bild 5.12 Zum Bruchkriterium

zone durch das umgebende Feld, das heißt durch J festgelegt sein. Danach können wir J auch als ein Maß für die "Belastung" des Rißspitzenbereiches ansehen. Erreicht diese Belastung eine materialspezifische kritische Größe J_c, so kommt es zum Einsetzen des Rißfortschrittes:

$$\boxed{J = J_c}\,. \tag{5.43}$$

Basis für das Bruchkriterium (5.43) sind die Deformationstheorie sowie die Annahme der Existenz eines dominanten Rißspitzenfeldes. Dies hat Konsequenzen, auf die hier deutlich hingewiesen werden soll. Die Deformationstheorie stimmt mit der inkrementellen Theorie der Plastizität nur überein, wenn eine monoton zunehmende Proportionalbelastung vorliegt (vgl. Abschnitt 1.3.3.3); Entlastungsvorgänge können mit ihr nicht modelliert werden. Numerische Simulationen haben ergeben, daß entsprechende Verhältnisse in der Umgebung der Rißspitze bei vielen duktilen Materialien in sehr guter Näherung tatsächlich vorliegen, sofern der Riß stationär ist. Ein Rißfortschritt ist dagegen immer mit Entlastungsvorgängen verbunden. Die Bedingung (5.43) gilt daher zunächst nur für die Initiierung des Bruchvorganges. Unter welchen Umständen sie auch beim Rißfortschritt Verwendung finden kann, wird in Abschnitt 5.7 gezeigt.

Die Dominanz des Rißspitzenfeldes ist nur gewährleistet, wenn eine hinreichend große Verfestigung vorliegt (vgl. Bild 5.10a). Mit abnehmender Verfestigung wird der Dominanzbereich immer kleiner, und er verschwindet für ein idealplastisches Material. Dann kann J nicht mehr als Parameter angesehen werden, der den Rißspitzenzustand kontrolliert.

Die Verwendung von J als Bruchparameter ist nicht unmittelbar an das HRR–Feld geknüpft. So kann man das elastisch-plastische Materialverhalten im Rahmen der Deformationstheorie anstelle durch ein Potenzgesetz auch durch einen bilinearen Spannungs–Dehnungs–Verlauf approximieren. Als Ergebnis erhält man in diesem Fall ein dominantes singuläres Rißspitzenfeld, das vom HRR–Feld abweicht, dessen Intensität aber wieder durch J bestimmt wird.

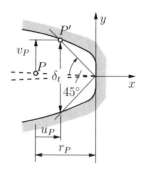

Bild 5.13 Rißspitzenöffnung δ_t

Wie schon erwähnt, findet neben J verschiedentlich auch die Rißspitzenöffnung δ_t als Bruchparameter Verwendung. Man geht dabei von der Vorstellung aus, daß δ_t ein Maß für die plastischen Verzerrungen an der Rißspitze ist, durch welche wiederum der Bruchvorgang kontrolliert wird. Erreicht die Rißspitzenöffnung einen kritischen Wert δ_{tc}, so tritt Rißfortschritt ein:

$$\boxed{\delta_t = \delta_{tc}}.\tag{5.44}$$

Nimmt man an, daß der Deformationszustand an der Rißspitze durch das HRR–Feld hinreichend gut beschrieben wird, so sind δ_t und J äquivalente Parameter, und sie können ineinander überführt werden. Man erkennt dies aus den Gleichungen (5.33), nach denen die Verzerrungen und die Verschiebungen eindeutig mit J zusammenhängen. So lauten die Verschiebungen eines Punktes P auf der oberen Rißflanke (Bild 5.13) unter Verzicht auf den Starrkörperanteil

$$v_P = \alpha\varepsilon_0 r_P \left(\frac{J}{I\alpha\varepsilon_0\sigma_0 r_P}\right)^{\frac{n}{n+1}} \tilde{v}(\pi), \qquad u_P = \alpha\varepsilon_0 r_P \left(\frac{J}{I\alpha\varepsilon_0\sigma_0 r_P}\right)^{\frac{n}{n+1}} \tilde{u}(\pi).$$

Definiert man δ_t durch die Schnittpunkte zweier unter 45° zur x–Achse geneigten Geraden mit der Rißkontur, so gilt

$$v_P = \frac{\delta_t}{2} = r_P - u_P.$$

Aus diesen drei Gleichungen erhält man durch Eliminieren von r_P die Beziehung

$$\delta_t = (\alpha\varepsilon_0)^{1/n} D\, \frac{J}{\sigma_0},\tag{5.45}$$

wobei
$$D = \frac{2}{I} \left[\tilde{v}(\pi) + \tilde{u}(\pi)\right]^{1/n} \tilde{v}(\pi) . \qquad (5.46)$$

Einige Werte für D sind in der Tabelle 5.1 angegeben. Speziell für das idealplastische Material ($n \to \infty$) ergibt sich daraus formal $\delta_t = 0,79\ J/\sigma_0$; dies kommt der aus dem Dugdale Modell hergeleiteten Gleichung (5.2) recht nahe. Dabei ist allerdings zu beachten, daß letztere für den ESZ hergeleitet wurde. Außerdem ist (5.45) für diesen Fall genau genommen nicht mehr gültig. Diese Beziehung setzt nämlich die Dominanz des HRR–Feldes zumindest für $r < r_P$ bzw. für $r \widetilde{<} \delta_t$ voraus, die für das idealplastische Material nicht mehr gegeben ist.

Obwohl J und δ_t äquivalente Parameter sind, bietet die Anwendung von J und damit des Bruchkriterium (5.43) verschiedene Vorteile. So läßt sich die Rißbeanspruchung J mit geringerem Aufwand berechnen als δ_t. Daneben ist die experimentelle Bestimmung des Materialkennwertes δ_{tc} im Gegensatz zu J_c mit Schwierigkeiten verbunden. Daß die Definition der Rißspitzenöffnung einer gewissen Willkür unterliegt, ist ebenfalls von Nachteil. Wir werden uns daher im weiteren nur mit J befassen.

5.5 Bestimmung von J

Die Berechnung von J für ein rißbehaftetes Bauteil bei großen plastischen Zonen bzw. im vollplastischem Zustand kann in der Regel nur mit Hilfe numerischer Methoden erfolgen. Als Verfahren zur Lösung entsprechender elastisch–plastischer Randwertprobleme werden insbesondere die Finite Elemente Methode (FEM) und in neuerer Zeit auch die Randelementmethode angewendet. Dabei macht man sich die verschiedenen Eigenschaften von J zunutze (vgl. Abschnitt 4.6.5.3). Danach läßt sich J zum Beispiel aus einem wegunabhängigen Integral ermitteln, solange die Kontur durch Bereiche verläuft, die entweder rein elastisch sind oder sich plastisch entsprechend der Deformationstheorie verhalten (keine lokalen Entlastungen). Es ist dann oft zweckmäßig eine von der Rißspitze weit entfernte Kontur zu wählen, die möglicherweise durch einen rein elastischen Bereich verläuft. Damit kann man eine aufwendige und genaue Bestimmung der Feldgrößen in der Rißspitzennähe umgehen, welche beim Verfahren der Finiten Elemente eine feine Netzteilung erfordert.

Eine weitere Möglichkeit besteht darin, auf die Bedeutung von J als einer Energiefreisetzungsrate zurückzugreifen. Diese kann man mit der FEM bestimmen indem man einen Rißfortschritt durch Lösen eines Knotens simuliert und die dabei von der Knotenkraft geleistete Arbeit ermittelt. Hierbei muß das Material selbstverständlich als nichtlinear elastisch angesehen werden. Hinsichtlich weiterer Details sei der Leser auf die umfangreiche Spezialliteratur verwiesen.

Bestimmung von J_c 153

Neben den rein numerischen Lösungen für J ist es in bestimmten Fällen möglich, Näherungslösungen auf analytischem Weg herzuleiten bzw. J experimentell zu ermitteln. Letzteres wird im nächsten Abschnitt diskutiert. Hinsichtlich Näherungslösungen sei insbesondere auf das *Ductile Fracture Handbook* (siehe Literaturliste) hingewiesen.

5.6 Bestimmung von J_c

Die Bestimmung von J_c erfolgt in genormten Experimenten. In ihnen werden Proben einer bestimmten Rißlänge a (z.B. CT-Proben nach Bild 4.20) bis zur Rißinitiierung und meist noch darüber hinaus belastet und die Last-Verschiebungs-Kurven registriert (Bild 5.14a). Die Fläche unter der Kurve $F(u_F, a)$ ist dann die von der Kraft F geleistete Arbeit W^a, wobei der Parameter a andeutet, daß F auch von der gewählten Rißlänge abhängt. Die Arbeit W^a entspricht der Formänderungsenergie Π^i, wenn wir davon ausgehen, daß bei einsinniger Belastung (keine Entlastungsvorgänge) das elastisch-plastische Material wie ein nichtlinear elastisches Material beschrieben werden kann:

$$\Pi^i(u_F, a) = W^a = \int_0^{u_F} F(\bar{u}_F, a)\,\mathrm{d}\bar{u}_F \ . \tag{5.47}$$

Dann kann aber auch J definiert werden als $J = -\mathrm{d}\Pi/\mathrm{d}a$, mit $\Pi = \Pi^i + \Pi^a$. Ist nun speziell die Endverschiebung u_F bei einer Änderung der Rißlänge um $\mathrm{d}a$ konstant, so sind $\mathrm{d}\Pi^a = 0$, $\mathrm{d}\Pi = \mathrm{d}\Pi^i$, und man erhält

$$J = -\left.\frac{\mathrm{d}\Pi^i}{\mathrm{d}a}\right|_{u_F} = -\frac{\partial \Pi^i}{\partial a} = -\int_0^{u_F} \left.\frac{\partial F}{\partial a}\right|_{\bar{u}_F} \mathrm{d}\bar{u}_F \ . \tag{5.48}$$

Der tiefgestellte Index soll dabei verdeutlichen, welche Größe bei der Ableitung

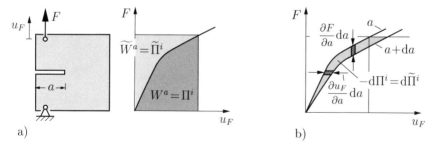

Bild 5.14 Zur Bestimmung und Definition von J

festgehalten wird. Nach (5.48) läßt sich J entsprechend Bild 5.14b formal aus den Last–Verschiebungs–Kurven für zwei Proben mit den Rißlängen a bzw. $a + \mathrm{d}a$ ermitteln.

Eine Methode zur J_c-Bestimmung, die auf diesem Ergebnis basiert, wurde von J.A. Begley und J.D. Landes vorgeschlagen. Hierbei werden für eine Reihe von Proben unterschiedlicher Rißlänge a_1, a_2, a_3, ... die Last–Verschiebungs–Kurven $F(u_F, a_i)$ gemessen (Bild 5.15a). Aus ihnen lassen sich schrittweise Näherungen für $\Pi^i(a, u_F)$ und für $J(u_F, a_j) \approx -\Delta\Pi^i/\Delta a$ gewinnen (Bild 5.15b,c). Mit dem bekannten Rißinitiierungswert u_{Fc} für eine bestimmte Rißlänge (zum Beispiel für a_2) folgt daraus J_c. Nachteile dieser *Mehrprobenmethode* sind ihr großer experimenteller Aufwand sowie ihre Ungenauigkeit.

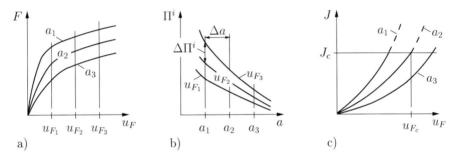

Bild 5.15 Bestimmung von J_c nach der Mehrprobenmethode

Ein alternatives Verfahren, das mit der Messung an einer einzigen Probe auskommt, geht auf J.R. Rice zurück. Zu seiner Herleitung führen wir zunächst die Komplementärenergie

$$\widetilde{\Pi}^i(F, a) = \widetilde{W}^a = \int_0^F u_F(\bar F, a)\, \mathrm{d}\bar F \qquad \text{mit} \qquad \Pi^i + \widetilde{\Pi}^i = u_F F \qquad (5.49)$$

ein (vgl. Abschnitt 1.4 und Bild 5.14a). Unter Beachtung von $(\partial\widetilde{\Pi}^i/\partial F)_a = u_F$ und $F = F(u_F, a)$ folgt dann aus

$$\Pi^i(u_F, a) = u_F F - \widetilde{\Pi}^i(F, a)$$

durch Ableitung

$$\left.\frac{\partial\Pi^i}{\partial a}\right|_{u_F} = u_F \left.\frac{\partial F}{\partial a}\right|_{u_F} - \left.\frac{\partial\widetilde{\Pi}^i}{\partial F}\right|_a \cdot \left.\frac{\partial F}{\partial a}\right|_{u_F} - \left.\frac{\partial\widetilde{\Pi}^i}{\partial a}\right|_F = -\left.\frac{\partial\widetilde{\Pi}^i}{\partial a}\right|_F, \qquad (5.50)$$

Bestimmung von J_c 155

womit man aus (5.48) die Darstellung

$$J = + \left.\frac{\partial \widetilde{\Pi}^i}{\partial a}\right|_F = + \int_0^F \left.\frac{\partial u_F}{\partial a}\right|_{\bar{F}} d\bar{F} \qquad (5.51)$$

erhält. Man kann sich diese Beziehung auch an Hand der in Bild 5.14b dargestellten Flächenelemente veranschaulichen. Sie trifft selbstverständlich nicht nur für die Belastung einer Probe oder eines Bauteiles durch eine Einzelkraft zu, sondern sie gilt sinngemäß auch für die Belastung durch ein Moment.

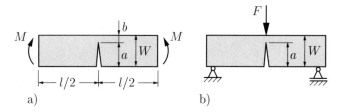

Bild 5.16 Bestimmung von J_c mit einer Probe

Im weiteren betrachten wir eine Probe nach Bild 5.16a, deren Enden unter der Belastung durch ein Moment M eine gegenseitige Verdrehung um den Winkel θ erfahren. Hiefür gilt nach (5.51)

$$J = \int_0^M \left.\frac{\partial \theta}{\partial a}\right|_{\bar{M}} d\bar{M} \, . \qquad (5.52)$$

Der Verdrehwinkel θ ist im allgemeinen abhängig von der Belastung M, den Geometrieparametern a, b, l und vom Stoffgesetz. Charakterisieren wir letzteres unter Vernachlässigung eines linear elastischen Bereiches alleine durch σ_F und einen Verfestigungsparameter n (vgl. Bild 5.8) und machen wir alle Einflußgrößen durch Bezugsgrößen dimensionslos, so gilt

$$\theta = \theta\left(\frac{M}{M_0}, n, \frac{a}{b}, \frac{l}{b}\right) \qquad \text{mit} \qquad M_0 = \frac{\sigma_F b^2}{4} \, . \qquad (5.53)$$

Darin entspricht das Bezugsmoment M_0 dem Grenzmoment für ein idealplastisches Material. Sind $a \gg b$, $l \gg b$ und liegt mit $n \gg 1$ eine nicht zu starke Verfestigung vor, so wird θ von den letzten drei Parametern in erster Näherung nicht abhängen:

$$\theta \approx \theta\left(\frac{M}{M_0}\right) \, . \qquad (5.54)$$

Mit $a = W - b$ bzw. $\mathrm{d}a = -\mathrm{d}b$ erhält man hieraus

$$\left.\frac{\partial \theta}{\partial a}\right|_M = -\left.\frac{\partial \theta}{\partial b}\right|_M = -\frac{\mathrm{d}\theta}{\mathrm{d}(\frac{M}{M_0})} \cdot \frac{4M}{\sigma_F}\left(-\frac{2}{b^3}\right)$$

$$\left.\frac{\partial \theta}{\partial M}\right|_a = \left.\frac{\partial \theta}{\partial M}\right|_b = -\frac{\mathrm{d}\theta}{\mathrm{d}(\frac{M}{M_0})} \cdot \frac{4M}{\sigma_F b^2}$$

und nach Eliminieren von $\mathrm{d}\theta/\mathrm{d}(\frac{M}{M_0})$

$$\left.\frac{\partial \theta}{\partial a}\right|_M = \frac{2M}{b} \cdot \left.\frac{\partial \theta}{\partial M}\right|_a.$$

Einsetzen in (5.52) liefert schließlich

$$J = \frac{2}{b}\int_0^\theta M(\bar{\theta})\mathrm{d}\bar{\theta} = \frac{2}{b}W^a. \tag{5.55}$$

Danach ist die aktuelle Rißbeanspruchung J bis auf den Faktor $2/b$ durch die Arbeit W^a des Momentes gegeben. Erzeugt man die Biegebeanspruchung einer Probe der Dicke B nicht durch ein Moment M sondern nach Bild 5.16b durch eine Kraft F, so folgt aus (5.55) unter Berücksichtigung, daß dort J auf die Einheitsdicke bezogen war

$$J = \frac{2}{B(W-a)}\int_0^{u_F} F(\bar{u}_F)\mathrm{d}\bar{u}_F. \tag{5.56}$$

Mit dem bekannten Initiierungswert u_{Fc} kann damit J_c auf sehr einfache Weise aus der Fläche unter der Last–Verschiebungs–Kurve bestimmt werden.

Die Näherung (5.56) gilt wie schon erwähnt nur für tief angerissene Proben unter Biegung ($a \gg b$). Die Vernachlässigung des elastischen Anteiles im Werkstoffgesetz macht es daneben erforderlich, daß für den größten Teil des Restquerschnittes die plastischen Verzerrungen groß im Vergleich zu elastischen Verzerrungen sind; der Restquerschnitt muß also bei der Rißinitiierung hinreichend weit durchplastiziert sein.

Damit aus Messungen geometrieunabhängige J_c–Werte gewonnen werden können, müssen ähnlich wie in der linearen Bruchmechanik noch bestimmte Größenbedingungen eingehalten werden. Für CT–Proben und für 3–Punkt–Biegeproben verlangt man

$$W - a, B > 25\frac{J_c}{\sigma_F}. \tag{5.57}$$

Wegen der direkten Proportionalität von J_c/σ_F und δ_{tc} (vgl. (5.2), (5.45)) bedeutet dies, daß alle relevanten Abmessungen groß im Vergleich zur Rißspitzenöffnung bei der Rißinitiierung sein müssen. Neben (5.57) muß das Material noch die Forderung einer hinreichend großen Verfestigung erfüllen. Andernfalls ist die Dominanz eines J–bestimmten Rißspitzenfeldes nicht gesichert (siehe Abschnitt 5.4).

5.7 Rißwachstum

5.7.1 J–kontrolliertes Rißwachstum

Die Belastung eines Risses kann im allgemeinen auch bei großen plastischen Zonen auf ein mehrfaches des Initiierungswertes gesteigert werden, womit eine Rißverlängerung um einige Millimeter einhergeht (vgl. auch Abschnitt 4.8). Mit dem Rißwachstum sind insbesondere in den Teilen der plastischen Zone hinter der Rißspitze Entlastungsvorgänge verbunden, welche mit der Deformationstheorie nicht richtig beschrieben werden können. Folglich sind auch die Voraussetzungen für die Anwendung von J nicht erfüllt. Bei geringem Rißwachstum kann J unter bestimmten Bedingungen aber trotzdem noch einen sinnvollen Rißbeanspruchungsparameter darstellen. In solch einem Fall gilt im Verlauf der Rißausbreitung die Bruchbedingung

$$J = J_R(\Delta a) , \qquad (5.58)$$

wobei J_R der von der Rißverlängerung Δa abhängige Rißwiderstand ist. Man nennt $J_R(\Delta a)$ auch die J–*Widerstandskurve* eines Materials; ihr prinzipieller Verlauf ist in Bild 5.17a dargestellt. Der anfängliche steile Anstieg für $J < J_c$ ist

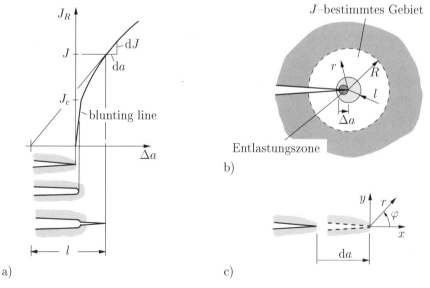

Bild 5.17 J–kontrolliertes Rißwachstum

alleine auf die Abrundung der Rißspitze durch plastische Deformation zurückzuführen. Dieser Teil wird als *blunting line* bezeichnet. Nimmt man an, daß die Rißerweiterung infolge der Abrundung ungefähr der halben Rißöffnung entspricht ($\Delta a \approx \delta_t/2$), so erhält man unter Verwendung von $J = \sigma_F \delta_t$ (vgl. (5.2) und (5.45)) für die blunting line die grobe Abschätzung

$$J \approx 2\sigma_F \Delta a \,. \tag{5.59}$$

An die blunting line schließt sich für $J \geq J_c$ die eigentliche J_R–Kurve an, bei der ein Rißfortschritt durch Materialtrennung zustande kommt.

Bild 5.17b zeigt schematisch die Verhältnisse an der Rißspitze bei einem Rißfortschritt um Δa. Ein J–kontrollierter Zustand kann offenbar nur dann vorliegen, wenn das Rißspitzenfeld des stationären Risses in seinem prinzipiellen Charakter durch den Rißfortschritt nur geringfügig geändert wird. Hierfür ist erforderlich, daß die charakteristische Länge der Entlastungsbereiche, d.h. der Rißfortschritt selbst, klein ist im Vergleich zur Abmessung des J-bestimmten Gebietes: $\Delta a \ll R$. Weitergehende Aussagen kann man erhalten, wenn wir die Änderung des Rißspitzenfeldes mit Hilfe des HRR–Feldes abschätzen. Hierzu nehmen wir an, daß sich das Spannungsfeld nach (5.32)

$$\sigma_{ij}(J, r, \varphi) = C \left(\frac{J}{r}\right)^{\frac{1}{n+1}} \tilde{\sigma}_{ij}(\varphi)$$

mit der fortschreitenden Rißspitze mitbewegt (Bild 5.17c). Aufgrund einer Steigerung der Belastung um $\mathrm{d}J$ und einer Rißspitzenverschiebung um $\mathrm{d}a$ erfährt dann ein materieller Punkt die Spannungsänderung

$$\mathrm{d}\sigma_{ij} = \frac{\partial \sigma_{ij}}{\partial J} \mathrm{d}J - \frac{\partial \sigma_{ij}}{\partial x} \mathrm{d}a \,.$$

Diese kann mit

$$\frac{\partial}{\partial x} = \cos\varphi \, \frac{\partial}{\partial r} - \sin\varphi \, \frac{\partial}{r \partial \varphi}$$

auch in der Form

$$\mathrm{d}\sigma_{ij} = C \left(\frac{J}{r}\right)^{\frac{1}{n+1}} \left\{ \frac{\mathrm{d}J}{J} \left[\frac{\tilde{\sigma}_{ij}(\varphi)}{n+1}\right] + \frac{\mathrm{d}a}{r} \left[\frac{\tilde{\sigma}_{ij}(\varphi)}{n+1} \cos\varphi + \frac{\partial \tilde{\sigma}_{ij}}{\partial \varphi} \sin\varphi \right] \right\} \tag{5.60}$$

geschrieben werden. Darin charakterisiert der erste Term in der geschweiften Klammer eine zum Lastinkrement $\mathrm{d}J$ proportionale Zunahme der Spannungen (= Proportionalbelastung). Dies trifft für den zweiten Term, welcher durch den Rißfortschritt verursacht ist, nicht zu. Beachtet man, daß die Ausdrücke in den eckigen Klammern von gleicher Größenordnung sind, so kann der zweite Term aber für alle r vernachlässigt werden, für welche die Bedingung

$$\frac{\mathrm{d}a}{r} \ll \frac{\mathrm{d}J}{J} \qquad (5.61)$$

erfüllt ist. Wir führen nun mit $J/l = \mathrm{d}J/\mathrm{d}a$ eine belastungsabhängige Länge l ein, welche für hinreichend großen Anstieg $\mathrm{d}J/\mathrm{d}a$ von der Größenordnung des Rißfortschrittes ist (Bild 5.17a). Damit ist der J–bestimmte Bereich, in dem Proportionalbelastung vorliegt, durch

$$l \ll r < R \qquad (5.62)$$

festgelegt (Bild 5.17b). Solange $l \ll R$ ist, kann also ein J-kontrolliertes Rißwachstum erwartet werden. Da die Abmessung R des dominanten Rißspitzenfeldes klein im Vergleich zu jeder relevanten geometrischen Abmessung b eines Bauteiles sein muß (z.B. Restquerschnitt in Bild 5.16) und beim Rißfortschritt (5.58) gilt, kann diese Bedingung auch durch

$$l \ll b \quad \text{bzw.} \quad \frac{b}{J_R}\frac{\mathrm{d}J_R}{\mathrm{d}a} \gg 1 \qquad (5.63)$$

ausgedrückt werden.

5.7.2 Stabiles Rißwachstum

Die Überlegungen zur Stabilität des J-kontrollierten Rißwachstums bei großen plastischen Zonen sind analog zu denen in Abschnitt 4.8. Nach (5.58) ist die Größe des Rißfortschrittes durch die "Gleichgewichtsbedingung"

$$J(F,a) = J_R(\Delta a)$$

festgelegt. Der Gleichgewichtszustand ist stabil, wenn die Bedingung

$$\frac{\partial J}{\partial a} < \frac{\mathrm{d}J_R}{\mathrm{d}a} \qquad (5.64)$$

erfüllt ist. Mit wachsender Rißlänge steigt dann der Rißwiderstand stärker an als die Rißausbreitungskraft. Um den Riß weiter voran zu treiben, muß in einem solchen Fall J gesteigert werden (Bild 5.18a). In der Regel erfordert dies eine Steigerung der äußeren Belastung F. Bei vorgegebener Last ist die Grenze des stabilen Rißwachstums für

$$\left.\frac{\mathrm{d}J}{\mathrm{d}a}\right|_F = \frac{\mathrm{d}J_R}{\mathrm{d}a} \qquad (5.65)$$

erreicht.

Führt man nach P.C. Paris mit

$$T = \frac{E}{\sigma_F^2}\frac{\mathrm{d}J}{\mathrm{d}a} \qquad (5.66)$$

den dimensionslosen *Reißmodul* (tearing modulus) ein, so kann die Stabilitätsbedingung (5.64) auch in der Form

$$T < T_R \qquad (5.67)$$

geschrieben werden.

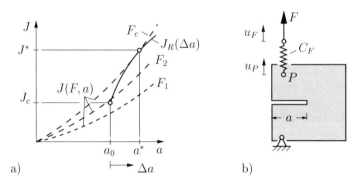

Bild 5.18 Stabiles Rißwachstum

Wir wollen nun $\mathrm{d}J/\mathrm{d}a$ für die Konfiguration nach Bild 5.18b bestimmen, bei der die Belastung des Körpers über eine lineare Feder mit vorgegebener Verschiebung u_F erfolgt. Im Unterschied zum entsprechenden Fall in Abschnitt 4.8 kann der Körper hier allerdings nicht als linear elastisch angesehen werden. Wir gehen zweckmäßig von (5.51) aus. Mit

$$u_F(F,a) = C_F F + u_P(F,a) \qquad \text{bzw.} \qquad \frac{\partial u_F}{\partial a} = \frac{\partial u_P}{\partial a}$$

gilt danach

$$J(F,a) = \int_0^F \left.\frac{\partial u_P}{\partial a}\right|_{\bar F} \mathrm{d}\bar F \;. \qquad (5.68)$$

Durch Ableitung erhält man daraus zunächst

$$\frac{\mathrm{d}J}{\mathrm{d}a} = \frac{\partial J}{\partial F}\frac{\mathrm{d}F}{\mathrm{d}a} + \frac{\partial J}{\partial a} \;. \qquad (5.69)$$

Setzt man die Bedingung (festgehaltene Verschiebung u_F)

$$\frac{\mathrm{d}u_F}{\mathrm{d}a} = \frac{\partial u_F}{\partial F}\frac{\mathrm{d}F}{\mathrm{d}a} + \frac{\partial u_F}{\partial a} = 0 \quad \leadsto \quad \frac{\mathrm{d}F}{\mathrm{d}a} = -\frac{\partial u_F/\partial a}{\partial u_F/\partial F} = -\frac{\partial u_P/\partial a}{C_F + \partial u_P/\partial F}$$

und die aus (5.68) folgende Beziehung

$$\frac{\partial J}{\partial F} = \frac{\partial u_P}{\partial a}$$

ein, so ergibt sich schließlich

$$\left.\frac{\mathrm{d} J}{\mathrm{d} a}\right|_{u_F} = \left.\frac{\partial J}{\partial a}\right|_F - \frac{\left(\frac{\partial u_P}{\partial a}\right)^2}{C_F + \frac{\partial u_P}{\partial F}}. \qquad (5.70)$$

Für die Sonderfälle einer in P vorgegebenen Verschiebung u_F ($C_F = 0$) bzw. einer Totlast ($C_F \to \infty$) erhält man hieraus

$$\frac{\mathrm{d} J}{\mathrm{d} a} = \begin{cases} \left.\dfrac{\partial J}{\partial a}\right|_F - \dfrac{\partial u_P/\partial a}{\partial u_P/\partial F} & \text{für } C_F = 0, \\[1em] \left.\dfrac{\partial J}{\partial a}\right|_F & \text{für } C_F \to \infty. \end{cases} \qquad (5.71)$$

Die konkrete Bestimmung von $\mathrm{d} J/\mathrm{d} a$ für spezielle Geometrien ist in der Regel nur mit Hilfe numerischer Methoden möglich. Für den Fall der tief angerissenen 3–Punkt–Biegeprobe nach Bild 5.16b unter Belastung durch eine vorgegebene Verschiebung u_F läßt sich aber eine einfache Beziehung angeben. Ausgangspunkt ist dabei die Näherung (5.56)

$$J(u_F, a) = \frac{2}{W-a} \int_0^{u_F} F(\bar{u}_F, a) \mathrm{d}\bar{u}_F,$$

wobei J hier auf die Einheitsdicke bezogen ist. Unter Verwendung von (5.48) folgt hieraus

$$\left.\frac{\mathrm{d} J}{\mathrm{d} a}\right|_{u_F} = \frac{2}{(W-a)^2} \int_0^{u_F} F(\bar{u}_F, a)\mathrm{d}\bar{u}_F + \frac{2}{W-a} \int_0^{u_F} \frac{\partial F}{\partial a}\mathrm{d}\bar{u}_F = -\frac{J}{W-a}. \qquad (5.72)$$

Wegen $\mathrm{d} J/\mathrm{d} a < 0$ ist das Rißwachstum unter dieser Bedingung immer stabil.

5.7.3 Stationäres Rißwachstum

5.7.3.1 Rißöffnungswinkel

Eine Verlängerung eines Risses mit großen plastischen Zonen ist häufig weit über die Grenzen des J–kontrollierten Wachstums hinaus möglich. Nach hinreichend großem Rißfortschritt können sich dabei sogar stationäre Verhältnisse in der Umgebung des bewegten Risses ausbilden. Sowohl im Übergangsbereich (zwischen

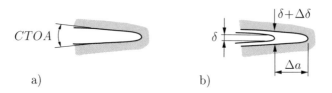

Bild 5.19 Rißöffnungswinkel

J-kontrolliertem Wachstum und stationärem Wachstum) als auch im stationären Bereich kann die Beanspruchung an der Rißspitze nicht mehr durch J charakterisiert werden. Vielmehr müssen in diesem Fall andere Kontrollparameter für den Rißspitzenzustand verwendet werden, von denen angenommen wird, daß sie beim Rißwachstum konstant bleiben. Unter Bezug auf experimentelle Ergebnisse ist vorgeschlagen worden, hierfür den Rißöffnungswinkel zu verwenden. Diese Deformationsgröße kann auf zwei unterschiedliche Arten eingeführt werden:

1) Der *Rißspitzen-Öffnungswinkel CTOA* (crack tip opening angle) ist der aktuelle Öffnungswinkel der Rißflanken in der Nähe der Rißspitze (Bild 5.19a). Diese Definition hat den Vorteil, daß $CTOA$ äquivalent zu J ist, solange ein *J*-kontrollierter Zustand vorliegt. Dann sind nämlich die Verschiebungen und folglich auch der Winkel eindeutig durch J festgelegt. Nachteil von $CTOA$ ist, daß diese Größe schwierig zu messen ist.

2) Der *Rißöffnungswinkel COA* (crack opening angle) ist nach Bild 5.19b die auf eine Rißverlängerung Δa bezogene Öffnungsänderung $\Delta \delta$ an der ursprünglichen Rißspitze:

$$COA = \frac{\Delta \delta}{\Delta a} \, . \tag{5.73}$$

Dieser Parameter ist zwar einfach zu messen, doch ist seine physikalische Signifikanz umstritten.

5.7.3.2 Rißspitzenfeld

Es ist bisher nicht in befriedigendem Maße gelungen das elastisch–plastische Rißspitzenfeld in seiner Entwicklung ausgehend vom Zustand des ruhenden Risses über den Übergangsbereich bis hin zum stationären Zustand allgemein zu beschreiben. Für den stationären Zustand können dagegen bei einfachen Stoffgesetzen Lösungen angegeben werden.

Als Beispiel wollen wir das Rißspitzenfeld eines mit konstanter Geschwindigkeit $\dot{a}$ wachsenden Risses im idealplastischen Material betrachten. Der Einfachheit halber beschränken wir uns auf den Modus III und nehmen an, daß die Bewegung der Rißspitze so langsam (quasistatisch) erfolgt, daß Trägheitskräfte vernachlässigt werden können. Die entsprechenden Grundgleichungen bezüglich eines festen x,y-Koordinatensystems sind in Abschnitt 1.5.3 zusammengestellt. Es ist zweckmäßig diese auf ein x',y'-Koordinatensystem zu transformieren, das sich mit der Rißspitze mitbewegt (Bild 5.20).

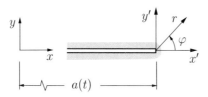

Bild 5.20 Rißwachstum: mitbewegtes Koordinatensystem

Der Zusammenhang zwischen bewegten und festen Koordinaten ist durch

$$x' = x - a(t), \qquad y' = y \tag{5.74}$$

gegeben, wobei $a(t)$ die von der Zeit t abhängige Rißlänge ist. Für eine beliebige Feldgröße $F(x,y,t) = F(x'[x,a(t)], y'[y], t)$ gilt damit allgemein

$$\frac{\partial F}{\partial x} = \frac{\partial F}{\partial x'}, \quad \frac{\partial F}{\partial y} = \frac{\partial F}{\partial y'}, \quad \dot{F} = \left.\frac{\partial F}{\partial t}\right|_{x,y} = \left.\frac{\partial F}{\partial t}\right|_{x',y'} - \dot{a}\,\frac{\partial F}{\partial x'}. \tag{5.75}$$

Setzen wir stationäre Verhältnisse voraus, so verschwindet die Zeitableitung im mitbewegten System, und es wird

$$\dot{F} = -\dot{a}\,\frac{\partial F}{\partial x'}. \tag{5.76}$$

Da nach (5.75) die Ortsableitungen in beiden Systemen gleich sind, behalten die Fließbedingung und die Gleichgewichtsbedingung (1.126) ihre Form im bewegten System bei; es sind nur x durch x' und y durch y' zu ersetzen. Dies hat zur Folge, daß die Gleitlinien und die Spannungsverteilung unverändert vom entsprechenden Randwertproblem für den unbewegten Riß aus Abschnitt 5.3.1.1 übernommen werden können. Danach gilt auch beim bewegten Riß im Bereich des Fächers (vgl. Bild 5.4)

$$\tau_{\varphi z} = \tau_F, \qquad \tau_{rz} = 0. \tag{5.77}$$

Die zugehörigen Verzerrungsänderungen (vgl. (5.14)) können wir ebenfalls übernehmen, wobei wir diese hier auf das Zeitinkrement dt beziehen:

$$\dot{\gamma}_{\varphi z}(\varphi, r) = \frac{\mathrm{d}\gamma_{\varphi z}}{\mathrm{d}t} = \frac{R(\varphi)}{r}\,\dot{\gamma}_{\varphi z}(R), \qquad \dot{\gamma}_{rz} = 0. \tag{5.78}$$

Darin ist $\dot{\gamma}_{\varphi z}(R)$ entlang $R(\varphi)$ vorgegeben. Die Integration von (5.78) erfolgt unter

Verwendung von (5.76). Um sie einfach zu gestalten, wollen wir dabei $R(\varphi) = R_0$ und $\dot{\gamma}_{\varphi z}(R_0) = C\dot{a}/R_0$ annehmen. Die kartesischen Komponenten der Verzerrungsgeschwindigkeit lauten dann zunächst

$$\dot{\gamma}_{xz} = -\frac{C\dot{a}}{r}\sin\varphi\,, \qquad \dot{\gamma}_{yz} = +\frac{C\dot{a}}{r}\cos\varphi\,.$$

Mit
$$\sin\varphi = y'/r\,, \qquad \cos\varphi = x'/r\,, \qquad r^2 = x'^2 + y'^2$$
und (5.76) ergibt sich daraus

$$\frac{\partial\gamma_{xz}}{\partial x'} = \frac{Cy'}{x'^2 + y'^2}\,, \qquad \frac{\partial\gamma_{yz}}{\partial x'} = -\frac{Cx'}{x'^2 + y'^2}$$

sowie nach Integration

$$\gamma_{xz} = C(\pi/2 - \varphi) + f_1(y')\,, \quad \gamma_{yz} = -C\ln\frac{r}{r_0} + f_2(y')\,, \tag{5.79}$$

wobei f_1, f_2, r_0 unbestimmt bleiben. Für $r \to 0$ dominiert der logarithmische Term in γ_{yz}. Beschränken wir uns auf ihn, so lassen sich die Verzerrungen für $r \to 0$ auch in der Form

$$\gamma_{rz} = -C\ln r \sin\varphi\,, \qquad \gamma_{\varphi z} = -C\ln r \cos\varphi \tag{5.80}$$

darstellen. Sie haben danach an der bewegten Rißspitze eine logarithmische Singularität. Diese ist schwächer als die $1/r$–Verzerrungssingularität eines ruhenden Risses.

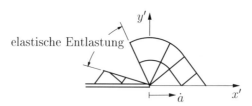

Bild 5.21 Modus I – Rißfortpflanzung im idealplastischen Material

Eine entsprechende Analyse für den bewegten Riß im Modus I ist wesentlich aufwendiger; sie führt wie im Modus III auf eine logarithmische Verzerrungssingularität und auf beschränkte Spannungen. Dabei zeigt sich, daß in diesem Fall das Prandtl–Feld aus Abschnitt 5.3.1.2 nicht im gesamten Rißspitzenbereich gültig ist. Vielmehr tritt im Gegensatz zum ruhenden Riß ein keilförmiger Entlastungsbereich auf, in dem sich das Material elastisch verhält (Bild 5.21). Ähnliche Entlastungsbereiche erhält man, wenn das Stoffverhalten durch ein modifiziertes

Ramberg-Osgood-Gesetz mit elastischer Entlastung modelliert wird. Dann haben allerdings nicht nur die Verzerrungen sondern auch die Spannungen eine vom Verfestigungsexponenten abhängige logarithmische Singularität an der Rißspitze.

5.7.3.3 Energiefluß und J–Integral

Vernachlässigt man Trägheitskräfte und beschränken wir uns nur auf mechanische Energieformen, so gilt nach (4.82)–(4.84) für den Energiefluß $-P^*$ über die Grenze A_P in die Prozeßzone

$$-P^* = -\frac{\mathrm{d}W_\sigma}{\mathrm{d}t} = P - \dot{E} \quad \text{mit} \quad P = \int_{\partial V} t_i \dot{u}_i \, \mathrm{d}A, \quad E = \int_V U^* \mathrm{d}V. \tag{5.81}$$

Darin ist ∂V die Oberfläche des materiellen Volumens V mit Ausnahme der Fläche A_P, welche die Grenze zur Prozeßzone bildet. Durch

$$U^* = \int_0^{\varepsilon_{kl}} \sigma_{ij} \, \mathrm{d}\varepsilon_{ij} = \int_0^t \sigma_{ij} \frac{\partial \varepsilon_{ij}}{\partial \tau} \, \mathrm{d}\tau = \int_0^t \sigma_{ij} \dot{u}_{i,j} \, \mathrm{d}\tau \tag{5.82}$$

wird die spezifische Formänderungsarbeit beschrieben. Diese ist nur beim elastischen Material unabhängig vom Deformationsweg und entspricht auch nur dann der Formänderungsenergiedichte U (vgl. Abschnitt 1.3.1.2).

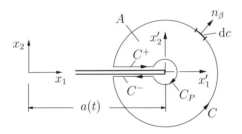

Bild 5.22 Zum Energiefluß in die Rißspitze

Im weiteren betrachten wir das ebene Modus I Problem der Fortpflanzung eines geraden Risses mit lastfreien Rißufern und einer punktförmigen Prozeßzone an der Rißspitze (Bild 5.22). Führen wir mit $\mathrm{d}W_\sigma/\mathrm{d}t = \dot{a}\,\mathrm{d}W_\sigma/\mathrm{d}a = -\dot{a}\,\mathcal{G}^*$ die Energietransportrate $\mathcal{G}^*$ ein und nehmen wir die Umbezeichnungen $A_P \to C_P$, $A \to C + C^+ + C^-$, $V \to A$ vor, so erhält man aus (5.81) für den Energiefluß über die Grenze C_P zunächst

$$\dot{a}\,\mathcal{G}^* = \int_C t_i \dot{u}_i \, \mathrm{d}c - \frac{\mathrm{d}}{\mathrm{d}t} \int_A U^* \mathrm{d}A. \tag{5.83}$$

Dabei wurde berücksichtigt, daß die Rißufer $C^\pm$ belastungsfrei sind. Die Kontur C_P fassen wir im Grenzfall als verschwindend klein auf ($\rho \to 0$). Der Stern an der Energietransportrate soll daneben andeuten, daß im Unterschied zur Energiefreisetzungsrate $\mathcal{G}$ der Energietransport nun nicht notwendigerweise mit einer Potentialänderung eines elastischen Systems verbunden ist, sondern daß das Materialverhalten beliebig (also auch inelastisch) sein kann.

Da sich die Kontur C_P mit der Rißspitze bewegt (C ist dagegen fest), ist die Fläche A zeitlich veränderlich. Bei der Zeitableitung der Formänderungsarbeit muß dementsprechend der Fluß über C_P berücksichtigt werden (Reynoldsches Transporttheorem):

$$\frac{d}{dt} \int_A U^* \, dA = \int_A \frac{dU^*}{dt} \, dA + \dot{a} \int_{C_P} U^* n_1 \, dc \, . \tag{5.84}$$

Mit der Umformung $dU^*/dt = \sigma_{ij} \dot{u}_{i,j} = (\sigma_{ij} \dot{u}_i)_{,j} - \sigma_{ij,j} \dot{u}_i$, der Gleichgewichtsbedingung $\sigma_{ij,j} = 0$ und nach Anwendung des Gaußschen Satzes (die Rißufer $C^\pm$ liefern wegen $t_i = 0$ keinen Beitrag) läßt sich dies auch folgendermaßen schreiben:

$$\begin{aligned}\frac{d}{dt} \int_A U^* \, dA &= \int_A (\sigma_{ij} \dot{u}_i)_{,j} \, dA + \dot{a} \int_{C_P} U^* n_1 \, dc \\ &= \int_C \sigma_{ij} \dot{u}_i n_j \, dc + \int_{C_P} \sigma_{ij} \dot{u}_i n_j \, dc + \dot{a} \int_{C_P} U^* n_1 \, dc \, .\end{aligned}$$

Einsetzen in (5.83) liefert

$$\dot{a} \, \mathcal{G}^* = - \int_{C_P} (\dot{a} \, U^* n_1 + t_i \dot{u}_i) \, dc \, . \tag{5.85}$$

Um zu einer zweckmäßigeren Darstellung zu kommen, gehen wir auf das mit der Rißspitze mitbewegte x_1', x_2'–Koordinatensystem über und sehen ab jetzt die Kontur C und die Fläche A als mitbewegt an. Die Geschwindigkeit $\dot{u}_i$ in (5.85) muß dann nach (5.75) gebildet werden. Hierbei können wir voraussetzen, daß die Verschiebung $u_i(r, \varphi, t)$ an der Rißspitze ($r \to 0$) regulär und ihre Ortsableitungen (Verzerrungen) singulär sind. Dementsprechend dominiert lokal immer das zweite Glied, und es wird wie im stationären Fall $\dot{u}_i = -\dot{a} \, u_{i,1}$ (lokale Stationarität). Für die Energiefreisetzungsrate erhält man damit

$$\mathcal{G}^* = - \int_{C_P} (U^* n_1 - t_i u_{i,1}) \, dc \, . \tag{5.86}$$

Wenden wir nun noch den Gaußschen Satz auf die Fläche A mit dem Rand

$C + C_P + C^+ + C^-$ an ($C^\pm$ liefert wieder keinen Beitrag) und führen wir mit

$$J^* = \int_C (U^* n_1 - t_i u_{i,1}) \, \mathrm{d}c = \int_C (U^* \delta_{1\beta} - \sigma_{i\beta} u_{i,1}) n_\beta \, \mathrm{d}c \qquad (5.87)$$

das modifizierte J–Integral ein, so folgt schließlich

$$\mathcal{G}^* = J^* - \int_A (U^*_{,1} - \sigma_{ij} u_{i,j1}) \, \mathrm{d}A \; . \qquad (5.88)$$

Danach ist die Energietransportrate im allgemeinen Fall *nicht* durch ein wegunabhängiges Konturintegral J^* darstellbar; vielmehr muß das zusätzliche Flächenintegral berücksichtigt werden. Zieht man die Kontur C jedoch auf die Rißspitze zusammen, dann verschwindet das Flächenintegral, und es wird

$$\mathcal{G}^* = \lim_{\rho \to 0} \int_C (U^* n_1 - t_i u_{i,1}) \, \mathrm{d}c \; . \qquad (5.89)$$

Dies stimmt mit (5.86) überein; der Vorzeichenunterschied ist durch den entgegengesetzten Umlaufsinn bedingt.

Im Sonderfall stationärer Verhältnisse verschwindet in (5.88) das Flächenintegral dagegen immer. Nach (5.76) und (5.82) wird dann nämlich $U^*_{,1} = -\dot{U}^*/\dot{a} = -\sigma_{ij} \dot{u}_{i,j}/\dot{a} = \sigma_{ij} u_{i,j1}$. In diesem Fall gilt also

$$\mathcal{G}^* = J^* \; . \qquad (5.90)$$

Unabhängig vom Stoffverhalten kann dann die Energietransportrate durch das J^*–Integral (5.87) ausgedrückt werden, wobei die Kontur C beliebig ist (Wegunabhängigkeit). Dieses Integral unterscheidet sich vom J–Integral (4.105) dadurch, daß bei J^* anstelle der Formänderungsenergiedichte U die spezifische Formänderungsarbeit U^* auftritt.

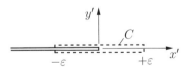

Bild 5.23 Bestimmung von $\mathcal{G}^*$

Als Beispiel betrachten wir das Rißwachstum im idealplastischen Material. Hierfür sind nach Abschnitt 5.7.3.2 die Spannungen in der Umgebung der Rißspitze ($r \to 0$) beschränkt, während die Verzerrungen logarithmisch singulär sind:

$\sigma_{i\beta} \sim \sigma_F$, $u_{i,1} \sim \ln r$. Wählen wir die Kontur C entsprechend Bild 5.23, so erhält man aus (5.89) das Ergebnis

$$\mathcal{G}^* \sim \lim_{\varepsilon \to 0} 2\sigma_F \int_{-\varepsilon}^{+\varepsilon} \ln |x'| \mathrm{d}x' = \lim_{\varepsilon \to 0} 2\sigma_F \left[x'(\ln x' - 1) \right]_{-\varepsilon}^{+\varepsilon} = 0 \ . \tag{5.91}$$

Beim idealplastischen Material findet danach *kein* Energietransport in die Rißspitze statt. Für einen speziellen, energieverzehrenden Trennprozeß in der Prozeßzone steht also keine Energie zur Verfügung. Ursache für dieses "Paradoxon" ist offenbar die zu stark vereinfachende Annahme einer punktförmigen Prozeßzone in Kombination mit einem idealplastischen Materialverhalten.

6 Kriechbruchmechanik

6.1 Allgemeines

Verschiedene Werkstoffe zeigen ein zeitabhängiges Materialverhalten, das sich in Kriech- bzw. Relaxationserscheinungen äußert. Diese finden in der Regel *quasistatisch* statt, d.h. sie erfolgen so "langsam", daß Trägheitskräfte keine Rolle spielen. Belastet man ein rißbehaftetes Bauteil aus einem solchen Material, so kommt es insbesondere in der Umgebung der Rißspitze aufgrund der dort sehr hohen Spannungen zu zeitabhängigen Deformationen. Folge davon kann sein, daß der Bruch oder Rißfortschritt erst zeitverzögert, nach Erreichen einer kritischen Rißspitzendeformation, einsetzt. Es kann aber auch sein, daß mit dem Kriechen an der Rißspitze unmittelbar ein *Kriechrißwachstum* verbunden ist.

Typische Beispiele für Werkstoffe, bei denen ein entsprechendes Verhalten beobachtet werden kann, sind Polymere (bei Raumtemperatur) oder Stähle (bei Temperaturen ab ca. 30% der Schmelztemperatur). Trotz ähnlicher makroskopischer Phänomene unterscheiden sich die Mikromechanismen, die beim Bruch dieser Werkstoffe eine Rolle spielen, deutlich voneinander. Thermisch induziertes Kriechen von Metallen ist mit einem Porenwachstum an den Korngrenzen verbunden. Dieses führt in der Umgebung der Rißspitze zur Bildung von Mikrorissen, zu ihrer Vereinigung und schließlich auf diese Weise zum Rißfortschritt. Bei glasartigen Polymeren (z.B. Plexiglas) geht dem eigentlichen Bruchvorgang dagegen meist die Bildung einer zungenförmigen *craze–zone* vor der Rißspitze voraus. Dabei handelt es sich um eine dünne poröse Schicht von etwa $10^{-3} mm$ Dicke und einigen Millimetern Länge, in der die Makromoleküle bündelförmig im wesentlichen in Richtung der größten Zugspannung (senkrecht zur craze–zone) ausgerichtet sind. Der Trennvorgang findet dann dort bei hinreichend großer Beanspruchung statt, indem die Makromoleküle aus der Matrix "herausgezogen" werden bzw. indem sie zerreißen. Das makroskopische Stoffverhalten von Polymeren kann außerhalb der Prozeßzone in vielen Fällen als linear viskoelastisch beschrieben werden; eine sachgerechte Modellierung des Kriechens von Metallen muß außerhalb der Prozeßzone dagegen im allgemeinen durch nichtlineare Stoffgesetze erfolgen. Wir werden uns dabei, ähnlich wie in der Plastizität, auf möglichst einfache Beschreibungen beschränken (vgl. Abschnitt 1.3.2.1).

Wie schon erwähnt, ist das Kriechen an der Rißspitze besonders ausgeprägt. In manchen Fällen ist das zeitabhängige inelastische Verhalten sogar auf die unmittelbare Umgebung der Rißspitze beschränkt, während das Material ansonsten als linear elastisch angesehen werden kann. Ist diese *Kriechzone* hinreichend klein, so spricht man von *Kleinbereichskriechen*. Zur Charakterisierung des Rißspitzenzustandes lassen sich dann die Parameter der linearen Bruchmechanik (z.B. K_I oder die Rißspitzenöffnung) heranziehen, die nun allerdings zeitabhängig sein können. Parameter der linearen Bruchmechanik lassen sich auch für große Kriechbereiche (z.B. Kriechen des ganzen Bauteiles) verwenden, falls der Werkstoff linear viskoelastisch beschrieben werden kann. Bei nichtlinearem Materialverhalten haben sich als Kontrollparameter integrale Größen als zweckmäßig erwiesen. Häufig angewendet werden hier das $C-$ bzw. das C^*-Integral, welche enge Bezüge zum $J-$Integral der elastisch-plastischen Bruchmechanik haben.

6.2 Bruch von linear viskoelastischen Materialien

6.2.1 Rißspitzenfeld, elastisch-viskoelastische Analogie

Wir wollen uns hier zunächst auf die Betrachtung von stationären Rissen in linear viskoelastischen Körpern beschränken. Die Lösung entsprechender Randwertprobleme läßt sich oft direkt aus den Lösungen der zugeordneten elastischen Probleme gewinnen. So erhält man die Laplace-transformierte Lösung eines viskoelastischen Randwertproblems aus der elastischen Lösung, indem man die elastischen Konstanten geeignet durch die transformierte Kriech- bzw. Relaxationsfunktion ersetzt (vgl. Abschnitt 1.3.2.1). Tauchen in der Lösung des elastischen Problems keine Elastizitätskonstanten auf, so können die Kriech- bzw. die Relaxationsfunktion auch keinen Einfluß auf die viskoelastische Lösung haben; letztere stimmt dann vollständig mit der elastischen Lösung überein.

Ein Beispiel hierfür ist das Spannungsfeld in der Umgebung der Spitze eines stationären Risses. Dieses ist im viskoelastischem Fall genau wie in der linear elastischen Bruchmechanik durch die entsprechenden Gleichungen in (4.6), (4.13) und (4.14) gegeben; allerdings können die $K-$Faktoren je nach äußerer Belastung nun von der Zeit abhängen. In die Verschiebungen an der Rißspitze gehen dagegen im elastischen Fall die Elastizitätskonstanten ein. Sie können daher zunächst noch nicht ohne weiteres auf den viskoelastischen Fall übertragen werden. Ein anderes Beispiel sind Körper, deren Belastung entlang des gesamten Randes vorgegeben ist. Auch in diesem Fall sind die viskoelastische Spannungsverteilung und die elastische Spannungsverteilung gleich. Bei mehrfach zusammenhängenden Gebieten (z.B. bei Innenrissen) muß nur gefordert werden, daß etwaige Belastungen von inneren Rändern jeweils Gleichgewichtsgruppen bilden. Die $K-$Faktoren rißbehafteter viskoelastischer Körper, deren Belastung vorgegeben ist, können also unmittelbar vom elastischen Fall übernommen werden.

Eine besonders einfache Bestimmung der viskoelastischen Spannungen und Deformationen ist möglich, wenn vorausgesetzt wird, daß die Querkontraktionszahl ν wie im elastischen Fall konstant ist (dies trifft näherungsweise auf viele Polymere zu). Wir unterscheiden dabei zwei wichtige Fälle.

1. Fall: Wird ein Körper durch vorgegebene Kräfte der Art $F_i = \hat{F}_i f(t)$ belastet (d.h. alle Kräfte haben das gleiche Zeitverhalten), so sind die viskoelastischen und die elastischen Spannungen gleich: $\sigma_{ij} = \hat{\sigma}_{ij} f(t)$. Dies trifft damit auch auf die Spannungsintensitätsfaktoren zu. Die viskoelastischen Deformationen erhält man aus den entsprechenden elastischen Größen, indem der Schubmodul folgendermaßen ersetzt wird:

$$\frac{1}{G} \to \int_{-\infty}^{t} J_d(t-\tau)\frac{\mathrm{d}f(\tau)}{\mathrm{d}\tau}\,\mathrm{d}\tau\,. \tag{6.1}$$

(Zur Beachtung: in diesem Abschnitt werden mit $J_d(t)$ bzw. mit $J(t)$ Kriechfunktionen bezeichnet; man verwechsle dies nicht mit dem J-Integral!)

2. Fall: Wird ein Körper an einem Teil des Randes durch vorgegebene Verschiebungen der Art $u_i^R = \hat{u}_i^R u(t)$ belastet und ist der Rest des Randes belastungsfrei, so sind die viskoelastischen und die elastischen Deformationen gleich: $u_i = \hat{u}_i u(t)$. Die viskoelastischen Spannungen und Spannungsintensitätsfaktoren ergeben sich aus den elastischen Größen, indem man den Schubmodul wie folgt ersetzt:

$$G \to \int_{-\infty}^{t} G(t-\tau)\frac{\mathrm{d}u(\tau)}{\mathrm{d}\tau}\,\mathrm{d}\tau\,. \tag{6.2}$$

Wendet man (6.1) auf das Rißspitzenfeld an (vgl. (4.6), (4.13), (4.14)), so erkennt man, daß sich die viskoelastischen Verschiebungen von den entsprechenden elastischen Verschiebungen nur durch ihr zeitliches Verhalten unterscheiden; die örtliche Verteilung bleibt gleich.

Wird im Sonderfall die Belastung (Kräfte oder Verschiebungen) zum Zeitpunkt $t = 0$ aufgebracht und dann konstant gehalten, so folgen aus (6.1) bzw. (6.2)

$$1/G \to J_d(t)\,, \qquad G \to G(t)\,. \tag{6.3}$$

Dabei durchläuft zum Beispiel die Relaxationsfunktion $G(t)$ die Werte zwischen dem *instantanen Modul* $G(0) = G_g$ und dem *Gleichgewichtsmodul* $G(\infty) = G_e$ (vgl. Bild 1.6). Entsprechendes trifft auf die Kriechfunktion $J_d(t)$ zu. Damit können die oberen und unteren Grenzen der Deformationen bzw. der Spannungen sofort angegeben werden.

Als Beispiel betrachten wir die Konfiguration nach Bild 6.1a (vgl. auch DCB–Probe, Abschnitt 4.6.3), deren viskoelastisches Stoffverhalten durch den *linearen Standardkörper* approximiert wird. Dieser läßt sich durch das Feder-Dämpfer-Modell in Bild 6.1b veranschaulichen. Unter Annahme von $J_e = 3J_g$ und $G_e = G_g/3$ mit $J_g = 1/G_g$ lauten hierfür die Kriech- und die Relaxationsfunktion

$$J(t) = J_g(3 - 2\mathrm{e}^{-t/\tau_J})\,, \qquad G(t) = \frac{G_g}{3}(1 + 2\mathrm{e}^{-t/\tau_G})\,. \tag{6.4}$$

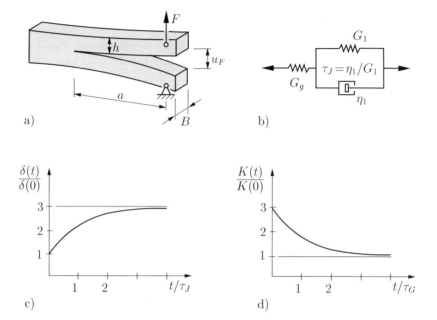

Bild 6.1 a) DCB–Probe, b) Standardkörper, c) $F = const$, d) $u_F = const$

Darin sind τ_G die Relaxationszeit und $\tau_J = \tau_G G_g/G_e = 3\tau_G$ die Retardationszeit des Materials. Die elastische Lösung dieses Problems liefert unter Annahme eines ESZ für den Spannungsintensitätsfaktor K und die Öffnung $\delta = v^+ - v^-$ an der Rißspitze die Ergebnisse

$$K_I = 2\sqrt{3}\,\frac{Fa}{Bh^{3/2}} = \frac{\sqrt{3}}{2}\frac{u_F G(1+\nu)h^{3/2}}{a^2}\,, \qquad \delta = \frac{4K_I}{G(1+\nu)}\sqrt{\frac{r}{2\pi}}\,. \qquad (6.5)$$

Als Belastung des viskoelastischen Körpers betrachten wir zunächst eine zur Zeit $t = 0$ aufgebrachte konstante Kraft F. Der K–Faktor ist dann zeitlich unveränderlich; den Verlauf der Rißspitzenöffnung erhalten wir aus (6.5), indem wir $1/G$ durch $J(t)$ ersetzen:

$$K_I = 2\sqrt{3}\,\frac{Fa}{Bh^{3/2}}\,, \qquad \frac{\delta(t)}{\delta(0)} = \frac{J(t)}{J(0)} = 3 - 2\mathrm{e}^{-t/\tau_J}\,. \qquad (6.6)$$

Danach wächst δ mit der Zeit an und erreicht für $t \to \infty$ das dreifache des instantanen Wertes (Bild 6.1c).

Erfolgt dagegen die Belastung durch eine zur Zeit $t = 0$ aufgebrachte konstante Verschiebung u_F, so bleibt die Rißspitzenöffnung konstant und K ändert sich mit der Zeit. Man erhält seinen Zeitverlauf, indem im K–Faktor nach Gleichung (6.5) G durch $G(t)$ ersetzt wird:

$$\delta = 2\sqrt{3}\,\frac{u_F h^{3/2}}{a^2}\sqrt{\frac{r}{2\pi}} \quad , \quad \frac{K(t)}{K(0)} = \frac{G(t)}{G(0)} = 1 + 2\mathrm{e}^{-t/\tau_G}\ . \tag{6.7}$$

Der Spannungsintensitätsfaktor klingt in diesem Fall mit zunehmender Zeit ab, und er erreicht für $t \to \infty$ ein Drittel des instantanen Wertes (Bild 6.1d).

6.2.2 Bruchkonzept

Das Spannungs- und das Verschiebungsfeld an der Rißspitze haben im viskoelastischen Fall zwar die gleiche Struktur wie bei linear elastischem Materialverhalten, ihr zeitliches Verhalten ist aber im allgemeinen unterschiedlich. Während die Spannungen durch $K(t)$ eindeutig festgelegt sind, werden die Verschiebungen durch $\delta(t)$ bestimmt. So nehmen im Beispiel des vorhergehenden Abschnitts die Deformationen und damit $\delta(t)$ bei festen Spannungen ($K =const$) mit der Zeit zu. Umgekehrt klingen die Spannungen, d.h. auch $K(t)$, bei festen Deformationen ($\delta =const$) zeitlich ab. Das Rißspitzenfeld und damit die aktuelle Belastung der Rißspitze wird also nicht alleine durch den Spannungsintensitätsfaktor sondern durch die aktuelle Größe von K und von δ festgelegt.

Daneben kann man aufgrund des zeitabhängigen Materialverhaltens nicht erwarten, daß der Zustand in der Prozeßzone alleine durch das aktuelle Rißspitzenfeld bestimmt ist. Vielmehr wird dieser von der Geschichte der Rißspitzenbelastung abhängen. Dies wird durch experimentelle Untersuchungen bestätigt. Sie zeigen zum Beipiel für viele viskoelastische Werkstoffe eine deutliche Abhängigkeit der Bruchlast von der Belastungsgeschwindigkeit. Letztere bezeichnen wir als groß, wenn bei einer Laststeigerung die Zeit T bis zum Erreichen der Bruchlast klein ist im Vergleich zur charakteristischen Relaxationszeit: $T \ll \tau_G$. In diesem Fall spielen Kriech- und Relaxationserscheinungen keine Rolle; das Werkstoffverhalten entspricht dann dem eines Körpers mit instantaner Elastizität. Ein Schädigungsprozeß an der Rißspitze zum Beispiel durch Hohlraumbildung findet nur eingeschränkt statt; der Bruchvorgang erfolgt spröd. Bei kleiner Belastungsgeschwindigkeit ($T \gg \tau_G$) relaxiert bzw. kriecht dagegen das Material in der Prozeßzone so, daß es sich immer im Zustand der Gleichgewichtselastizität befindet. Der Schädigungsprozeß an der Rißspitze kann nun so ablaufen, als wäre er zeitlich unbeschränkt.

Wann und ob der kritische Zustand in der Prozeßzone erreicht wird, hängt demnach genaugenommen vom zeitlichen Verlauf der Rißspitzenbelastung ab. Die Bruchbedingung läßt sich damit formal als

$$\mathcal{F}[K(t), \delta(t)] = 0 \tag{6.8}$$

schreiben, wobei das Symbol $\mathcal{F}$ die Abhängigkeit von der Belastungsgeschichte ausdrückt. Da über diese Abhängigkeit meist nicht ausreichend experimentelle Daten vorliegen, verzichtet man häufig auf deren Beschreibung. Vereinfachend nimmt man dann an, daß der Zustand der Prozeßzone alleine durch die aktuellen Deformationen an der Rißspitze, d.h. durch δ charakterisiert wird. Gestützt wird diese Hypothese durch die Beobachtung, daß bei viskoelastischen Materialien die Deformation in vielen Fällen auch ein gutes Maß für den Schädigungszustand des Werkstoffes darstellt. Anstelle von δ, das ja im allgemeinen vom Rißspitzen-abstand r abhängt (vgl. (6.5)), ist es meist zweckmäßig eine geeignet definierte Rißspitzenöffnung δ_t zu verwenden (z.B. 45°-Schnitte mit der Rißkontur, vgl. Bild 5.13). Das vereinfachte Bruchkriterium lautet damit

$$\boxed{\delta_t = \delta_{tc}}. \tag{6.9}$$

Erreicht danach $\delta_t(t)$ den materialspezifischen kritischen Wert δ_{tc}, so kommt es zum Rißfortschritt.

Mit dem Bruchkriterium (6.9) läßt sich die *Bruchzeit, Inkubationszeit* oder *Initiierungszeit* t_i (time of failure) bestimmen, zu der nach einer Belastung Rißfortschritt einsetzt. Als Beispiel hierzu betrachten wir nochmals die DCB–Probe mit dem Stoffgesetz des linearen Standardkörpers unter konstanter Last nach Bild 6.1a,c. Der zeitliche Verlauf von δ_t wird hierfür durch (6.6) beschrieben. Einsetzen in (6.9) und Auflösen nach der Zeit liefert

$$t_i = -\tau_J \ln \frac{3\delta_t(0) - \delta_{tc}}{2\delta_t(0)}. \tag{6.10}$$

Die Verwendung der Parameter $\delta_t(t)$ bzw. $K(t)$ im Bruchkonzept setzt voraus, daß die Größenbedingung erfüllt ist. Danach muß der Bereich, in dem das durch diese Parameter bestimmte Rißspitzenfeld dominiert, groß sein im Vergleich zur Prozeßzone (vgl. Abschnitt 4.3). Vereinfacht modelliert man die Prozeßzone häufig als eine *plastische Zone*, in der ein Fließvorgang stattfindet und in der die Spannungen beschränkt sind. Man spricht dann auch im viskoelastischen Fall wie in der linear elastischen Bruchmechanik von *Kleinbereichsfließen*.

6.2.3 Rißwachstum

Bei viskoelastischen Materialien muß die Rißinitiierung nicht unmittelbar zum Versagen eines Bauteiles führen. Ursache hierfür ist, daß der Riß sich zunächst nur kriechend fortpflanzt. In einem Bauteil unter festgehaltener äußerer Belastung nimmt dabei mit zunehmender Rißlänge auch die Rißwachstumsrate zu. Erst beim Erreichen einer kritischen Rißlänge wird der Riß dann "instabil", d.h. seine Rißgeschwindigkeit wächst unbeschränkt an.

Wir wollen diesen Vorgang am Beispiel eines Risses im ESZ untersuchen, bei dem die Prozeßzone genau wie beim Dugdale-Modell durch einen Streifen modelliert wird, in welchem die Fließspannung σ_0 herrscht (Bild 6.2). Da Kleinbereichsfließen vorliegen soll, muß die Streifenlänge d klein im Vergleich zu allen anderen Längen sein, d.h. die Rißlänge kann im Vergleich zu d als unendlich groß angesehen werden. Bei elastischem Materialverhalten gelten dann für die Streifenlänge d, für die Rißöffnung δ im Streifen und für die Rißspitzenöffnung δ_t die Beziehungen (vgl. (5.7), (5.8))

$$d = \frac{\pi}{8}\left(\frac{K_I}{\sigma_0}\right)^2, \tag{6.11}$$

$$\delta(r) = \frac{4\sigma_0 d}{\pi(1+\nu)G}\left[\sqrt{\frac{r}{d}} + \left(1 - \frac{r}{d}\right)\operatorname{artanh}\sqrt{\frac{r}{d}}\right], \tag{6.12}$$

$$\delta_t = \delta(d) = \frac{K_I^2}{2(1+\nu)G\sigma_0}. \tag{6.13}$$

Ist die Rißbelastung durch K_I vorgegeben, so liegen diese Größen damit eindeutig fest.

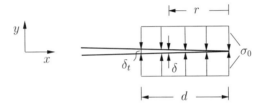

Bild 6.2 Riß im Kleinbereichsfließen

Aus (6.11) bis (6.13) läßt sich unmittelbar die entsprechende viskoelastische Lösung für einen stationären (nicht kriechenden) Riß ermitteln, der zur Zeit $t = 0$ eine Belastung K_I erfährt, welche anschließend konstant gehalten wird. Nach (6.3) muß man hierzu nur $1/G$ durch die Kriechfunktion $J_d(t)$ ersetzen. Für die Streifenlänge d führt dies zu keiner Änderung. Die Rißöffnungen im Streifen und an der Spitze werden nun dagegen zeitabhängig:

$$\delta(r,t) = \frac{4\sigma_0 d}{\pi(1+\nu)}J_d(t)\left[\sqrt{\frac{r}{d}} + \left(1 - \frac{r}{d}\right)\operatorname{artanh}\sqrt{\frac{r}{d}}\right], \tag{6.14}$$

$$\delta_t(t) = \frac{K_I^2}{2(1+\nu)\sigma_0}J_d(t). \tag{6.15}$$

Erreicht δ_t nach der Initiierungszeit t_i den kritischen Wert δ_{tc}, so beginnt der Riß zu wachsen.

Im weiteren betrachten wir den quasistatisch wachsenden Riß nach Bild 6.3. Bei ihm bewegt sich der Fließstreifen in der Zeit t_1 über einen materiellen Punkt x hinweg. Da Kleinbereichsfließen vorliegt, können in diesem Zeitintervall die

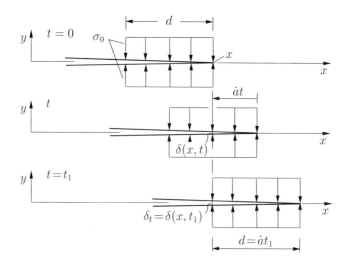

Bild 6.3 Rißfortpflanzung

Streifenlänge d und die Rißwachstumsrate $\dot{a}$ als konstant angesehen werden, d.h. es gilt $d = \dot{a}\,t_1$. Die Rißöffnung $\delta(x,t)$ im Streifen bestimmen wir unter Zuhilfenahme von (6.14), indem wir die Bewegung des Fließstreifens im Zeitbereich $0 \leq \tau \leq t$ als eine zeitliche Aufeinanderfolge infinitesimal gegeneinander verschobener Konfigurationen auffassen:

$$\delta(x,t) = \frac{4\sigma_0 d}{\pi(1+\nu)} \int_0^t J_d(t-\tau)\,\frac{\partial}{\partial \tau}\left[\sqrt{\frac{\dot{a}\tau}{d}} + \left(1 - \frac{\dot{a}\tau}{d}\right)\operatorname{artanh}\sqrt{\frac{\dot{a}\tau}{d}}\,\right]\,\mathrm{d}\tau\,. \quad (6.16)$$

Für die Rißspitzenöffnung ergibt sich daraus mit $\delta_t = \delta(x,t_1)$ und der neuen Variablen $\xi = 1 - \dot{a}\tau/d$ die Darstellung

$$\delta_t = \frac{4\sigma_0 d}{\pi(1+\nu)} \int_0^1 J_d\left(\frac{\xi d}{\dot{a}}\right)\left[\frac{1}{\sqrt{1-\xi}} - \operatorname{artanh}\sqrt{1-\xi}\,\right]\,\mathrm{d}\xi\,. \quad (6.17)$$

Aus dieser Beziehung läßt sich in Verbindung mit der Bruchbedingung (6.9), die ja beim Rißwachstum erfüllt sein muß, die Rißwachstumsrate $\dot{a}$ ermitteln. In vielen Fällen ist es dabei hinreichend, die Kriechfunktion durch das Potenzgesetz

$$J_d(t) = J_g + J_n t^n \quad (6.18)$$

zu approximieren. Darin sind J_g die instantane Nachgiebigkeit und J_n bzw. n

Konstanten. Einsetzen in (6.17) liefert mit (6.9) zunächst

$$\frac{\pi \delta_{tc}(1+\nu)}{4\sigma_0 d} = J_g + J_n P_n \left(\frac{d}{\dot{a}}\right)^n, \qquad (6.19)$$

wobei

$$P_n = \int_0^1 \xi^n \left[\frac{1}{\sqrt{1-\xi}} - \operatorname{artanh}\sqrt{1-\xi}\right] d\xi \qquad (6.20)$$

eine Konstante ist. Durch Auflösen von (6.19) nach $\dot{a}$ erhält man mit (6.11) und der Bezeichnung

$$K_{Ig}^2 = \frac{2(1+\nu)}{J_g} \delta_{tc}\sigma_0 \qquad (6.21)$$

schließlich

$$\dot{a} = \frac{\pi}{8}\left(\frac{J_n P_n}{J_g}\right)^{1/n} \frac{K_{Ig}^2}{\sigma_0^2} \frac{\left[\frac{K_I}{K_{Ig}}\right]^{2(n+1)/n}}{\left[1-\left(\frac{K_I}{K_{Ig}}\right)^2\right]^{1/n}}. \qquad (6.22)$$

Für eine gegebene Rißbelastung K_I liegt damit bei bekannten Materialkennwerten die Rißwachstumsrate $\dot{a}$ fest. Aus (6.22) erkennt man, daß die Rißwachstumsrate unbeschränkt anwächst ($\dot{a} \to \infty$), wenn K_I gegen den Grenzwert K_{Ig} geht. Letzteren kann man als "instantane Bruchzähigkeit" interpretieren; in ihn geht nach (6.21) nur die instantane Nachgiebigkeit J_g ein und nicht etwa die gesamte Kriechfunktion (6.18). In Bild 6.4 ist $\dot{a}$ als Funktion von K_I für den Fall $n = 1/2$ dargestellt.

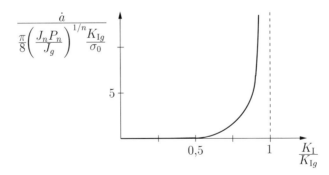

Bild 6.4 Rißwachstumsrate ($n = 1/2$)

Die Gleichung (6.22) ermöglicht es, die Kriechzeit t_c zu bestimmen, die ein Riß benötigt, um von einer Anfangsrißlänge a_0 die kritische Rißlänge a_g zu erreichen,

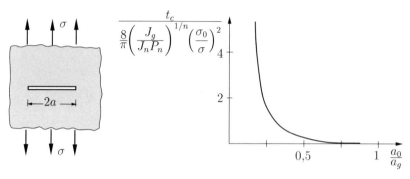

Bild 6.5 Kriechzeit (n=1/2)

bei welcher $\dot{a} \to \infty$ geht. Als einfachstes Beispiel hierzu betrachten wir die unendliche Scheibe mit einem Riß unter einer Zugspannung σ nach Bild 6.5. Hierfür gelten $K_I = \sigma\sqrt{\pi a}$ bzw. $K_{Ig} = \sigma\sqrt{\pi a_g}$. Die kritische Rißlänge ist danach durch

$$a_g = \frac{K_{Ig}^2}{\pi \sigma^2} \qquad (6.23)$$

gegeben. Damit wird aus (6.22)

$$\dot{a} = \frac{\pi}{8}\left(\frac{J_n P_n}{J_g}\right)^{1/n} \frac{K_{Ig}^2}{\sigma_0^2} \frac{[a/a_g]^{(n+1)/n}}{[1 - a/a_g]^{1/n}}, \qquad (6.24)$$

und man erhält durch Trennung der Veränderlichen und Integration von der Ausgangsrißlänge a_0 bis zur kritischen Rißlänge a_g

$$t_c = \frac{8}{\pi^2}\left(\frac{J_g}{J_n P_n}\right)^{1/n}\left(\frac{\sigma_0}{\sigma}\right)^2 \int_{a_0/a_g}^{1} \frac{[1 - a/a_g]^{1/n}}{[a/a_g]^{(n+1)/n}}\,\mathrm{d}(a/a_g). \qquad (6.25)$$

Dementsprechend nimmt die Kriechzeit in diesem Fall mit zunehmender Belastung σ und Ausgangsrißlänge a_0 ab. Bild 6.5 zeigt das Ergebnis für $n = 1/2$.

An dieser Stelle sei angemerkt, daß wir das Kriechrißwachstum aufgrund der geringen Rißgeschwindigkeit quasistatisch behandeln konnten. Für $\dot{a} \to \infty$ wird der Kriechbereich aber verlassen, und die Ergebnisse verlieren für zu große $\dot{a}$ ihre Gültigkeit. Dann hat man es mit einem schnellen Rißwachstum zu tun, bei dem Trägheitskräfte nicht vernachlässigt werden können (vgl. Kapitel 7).

6.3 Kriechbruch von nichtlinearen Materialien

6.3.1 Sekundäres Kriechen, Stoffgesetz

Das Kriechen von metallischen Werkstoffen unter konstanter äußerer Belastung wird in drei Stadien unterteilt (vgl. Abschnitt 1.3.2.2). Unmittelbar mit der Lastaufbringung setzt das primäre Kriechen ein, welches durch eine vom Startwert abnehmende Verzerrungsrate gekennzeichnet ist. Daran schließt sich das sekundäre Kriechen an, bei dem stationäre Verhältnisse mit zeitlich konstanten Kriechraten herrschen. Beim tertiären Kriechen nimmt die Kriechrate dann aufgrund einer fortschreitenden Materialschädigung unbeschränkt zu, und der Werkstoff versagt.

Wir werden uns in diesem Abschnitt auf die Untersuchung der Initiierung und des Wachstums von Rissen in Körpern beschränken, bei denen in der Kriechregion sekundäres Kriechen herrscht. Die Kriechregion kann dabei je nach vorliegenden Verhältnissen entweder auf die unmittelbare Umgebung der Rißspitze beschränkt sein (= Kleinbereichskriechen) oder den gesamten Körper umfassen.

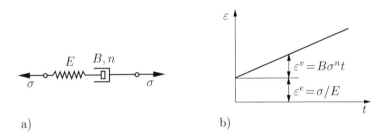

Bild 6.6 Materialverhalten beim Kriechen

Das Materialverhalten approximieren wir durch einen nichtlinearen Maxwell-Körper, dessen Stoffgesetz im einachsigen Fall durch

$$\dot{\varepsilon} = \frac{\dot{\sigma}}{E} + B\sigma^n \qquad (6.26)$$

gegeben ist; er läßt sich durch das Feder-Dämpfer-Modell in Bild 6.6a veranschaulichen. Danach setzt sich die Dehnungsrate aus dem elastischen Anteil $\dot{\varepsilon}^e = \dot{\sigma}/E$ und dem nichtlinear viskosen Anteil (Kriechrate) $\dot{\varepsilon}^v = B\sigma^n$ zusammen, wobei B und $n > 1$ Materialkonstanten sind. Die zugehörige Kriechkurve für eine zur Zeit $t = 0$ aufgebrachte konstante Spannung σ ist in Bild 6.6b dargestellt. In diesem Fall liegen mit $\dot{\sigma} = 0$ bzw. $\dot{\varepsilon}^e = 0$ stationäre Verhältnisse vor und (6.26) reduziert sich auf das Nortonsche Kriechgesetz

$$\dot{\varepsilon} = \dot{\varepsilon}^v = B\sigma^n \qquad (6.27)$$

(vgl. (1.66)). Das instantane Verhalten ($t \to 0$) ist rein elastisch. Anschließend nimmt die Kriechdehnung linear mit t zu. Zur Zeit $t = 1/(EB\sigma^{n-1})$ sind die elastische Dehnung und die Kriechdehnung gleich ($\varepsilon^v = \varepsilon^e$), und nach einer hinreichend großen Zeit gilt $\varepsilon^v \gg \varepsilon^e$; die elastische Dehnung kann dann vernachlässigt werden. Die hierfür erforderliche Zeit ist umso kleiner je größer die Spannung σ ist. Das Stoffgesetz (6.26) reduziert sich auch für zeitlich veränderliche Spannungen auf (6.27) sofern nur $B\sigma^n \gg \dot{\sigma}/E$ gilt. Dies ist der Fall, wenn die Spannung σ sehr groß wird (z.B. in Rißspitzenumgebung) und die zeitliche Spannungsänderung nicht zu schnell erfolgt.

Die dreidimensionale Verallgemeinerung von (6.26) lautet unter Verwendung von (1.39) und (1.72)

$$\dot{\varepsilon}_{ij} = \dot{\varepsilon}_{ij}^e + \dot{\varepsilon}_{ij}^v = -\frac{\nu}{E}\dot{\sigma}_{kk}\delta_{ij} + \frac{1+\nu}{E}\dot{\sigma}_{ij} + \frac{3}{2}B\,\sigma_{\mathrm{e}}^{n-1}\sigma'_{ij} \qquad (6.28)$$

mit $\sigma_{\mathrm{e}} = (\frac{3}{2}\sigma'_{ij}\sigma'_{ij})^{1/2}$. Dabei wurde angenommen, daß die Kriechdehnungen aus einem Fließpotential herleitbar sind und inkompressibel erfolgen ($\dot{\varepsilon}_{kk}^v = 0$). Ist der elastische Anteil vernachlässigbar, so vereinfacht sich (6.28) zu

$$\dot{\varepsilon}_{ij} = \frac{3}{2}B\,\sigma_{\mathrm{e}}^{n-1}\sigma'_{ij}\,. \qquad (6.29)$$

In diesem Fall gilt nach Abschnitt 1.3.2.2 die Analogie zwischen nichtlinear elastischem Verhalten und Kriechen. Konkret bedeutet dies, daß alle Beziehungen und Lösungen, welche für ein nichtlinear elastisches Material mit dem Potenzgesetz nach (1.58) bzw. (5.28) gelten, auf entsprechende Kriechvorgänge mit dem Stoffgesetz (6.29) übertragen werden können, indem die Dehnungen durch die Dehnungsraten ersetzt werden.

An dieser Stelle sei noch darauf hingewiesen, daß ein nichtlinear viskoelastisches Stoffverhalten vom Typ (6.26) bzw. (6.28) in der Literatur häufig als *viskoplastisches* Materialverhalten bezeichnet wird.

6.3.2 Stationärer Riß, Rißspitzenfeld, Belastungsparameter

Wir betrachten einen stationären Riß in einem Bauteil mit dem Stoffverhalten nach (6.28). Die Belastung sei zunächst beliebig, d.h. entweder zeitabhängig oder konstant. An der Rißspitze ($r \to 0$) erwarten wir ein singuläres Spannungsfeld der Art $\sigma_{ij}(r,\varphi,t) = r^\lambda \tilde{\sigma}_{ij}(\varphi,t)$, wobei der Exponent $\lambda < 0$ zunächst noch unbestimmt ist. Durch Einsetzen in (6.28) erkennt man, daß der elastische Anteil im Vergleich zum Kriechanteil vernachlässigbar ist. In der Umgebung der Rißspitze wird das Stoffverhalten also durch (6.29) beschrieben, und die Lösung für das Rißspitzenfeld ist demzufolge analog zur entsprechenden elastischen Lösung. Letztere ist durch das HRR-Feld gegeben, welches in Abschnitt 5.3.2 diskutiert wurde. Mit den Umbenennungen $\alpha\varepsilon_0\sigma_0^n \to B$, $\varepsilon_{ij} \to \dot{\varepsilon}_{ij}$, $u_i \to \dot{u}_i$, $J \to C(t)$ erhält man damit aus (5.33)

$$\begin{aligned}
\sigma_{ij} &= \left(\frac{C(t)}{IBr}\right)^{\frac{1}{n+1}} \tilde{\sigma}_{ij}(\varphi)\,, \\
\dot{\varepsilon}_{ij} &= B\left(\frac{C(t)}{IBr}\right)^{\frac{n}{n+1}} \tilde{\varepsilon}_{ij}(\varphi)\,, \qquad (6.30) \\
\dot{u}_i - \dot{u}_{i0} &= Br\left(\frac{C(t)}{IBr}\right)^{\frac{n}{n+1}} \tilde{u}_i(\varphi)\,.
\end{aligned}$$

Darin sind $I(n)$ und die Winkelfunktionen $\tilde{\sigma}_{ij}(\varphi)$ etc. durch die entsprechenden Größen in Abschnitt 5.3.2 gegeben. Das Feld entspricht damit vom Typ genau dem HRR-Feld. Der zeitabhängige Belastungsparameter ist hier $C(t)$; er kann in Analogie zu (5.31) durch das Konturintegral

$$C(t) = \lim_{r \to 0} \int_{-\pi}^{+\pi} [D\, n_1 - \sigma_{i\beta}\, \dot{u}_{i,1}\, n_\beta]\, r\mathrm{d}\varphi \qquad (6.31)$$

ausgedrückt werden (Bild 5.9), wobei die spezifische Formänderungsenergierate D durch (1.73) gegeben ist. Die Integrationskontur muß dabei im Rißspitzenfeld liegen, da das Stoffgesetz (6.29) ja nur dort gilt. Das $C(t)$-Integral ist also im allgemeinen nicht wegunabhängig. Um $C(t)$ für eine konkrete Rißkonfiguration und eine vorgegebene Belastung zu bestimmen, muß das vollständige zeitabhängige Randwertproblem mit dem Stoffgesetz (6.28) gelöst werden. Dies ist in der Regel nur mit Hilfe numerischer Methoden möglich. Die Feldgrößen in Rißspitzennähe erlauben dann mit (6.31) die Ermittlung des Belastungsparameters.

Im weiteren nehmen wir an, daß die Belastung des Bauteiles zeitlich konstant bleibt. Dies hat zur Folge, daß sich nach hinreichend großer Zeit im Bauteil ein stationärer Kriechzustand einstellt ($\dot{\sigma}_{ij} = 0$ für $t \to \infty$), bei dem die elastischen Dehnungen vernachlässigbar sind. Dann gelten (6.29) und die Analogie zum elastischen Fall nicht nur in der Umgebung der Rißspitze, sondern im gesamten Körper. Das Rißspitzenfeld ist damit wieder durch (6.30) gegeben, wobei der Belastungsparameter nun allerdings zeitunabhängig ist:

$$C^* = C(t \to \infty)\,. \qquad (6.32)$$

Er kann durch das Konturintegral

$$C^* = \int_C [D\, n_1 - \sigma_{i\beta}\, \dot{u}_{i,1}\, n_\beta]\, \mathrm{d}c \qquad (6.33)$$

ausgedrückt werden, welches jetzt im Unterschied zu (6.31) wegunabhängig ist (vgl. J-Integral). Vom elastischen Problem lassen sich eine Reihe weiterer Beziehungen übertragen. So ergibt sich zum Beispiel aus der Darstellung (5.48) für J die analoge Darstellung für C^*

$$C^* = -\left.\frac{\mathrm{d}\dot{\Pi}^i}{\mathrm{d}a}\right|_{\dot{u}_F} \qquad (6.34)$$

mit

$$\dot{\Pi}^i = \int_0^{\dot{u}_F} F\, \mathrm{d}\dot{u}_F\,. \qquad (6.35)$$

Daneben können natürlich auch alle Lösungen für spezielle Rißprobleme übernommen werden (siehe Abschnitte 5.5 und 5.6).

Wir betrachten nun die Entwicklung des Rißspitzenfeldes in einem Bauteil, das einer zur Zeit $t = 0$ aufgebrachten konstanten Belastung unterliegt. Das instantane Verhalten ist rein elastisch. An der Rißspitze liegt damit anfangs ein K-bestimmtes Feld vor, dessen Dominanzbereich in Bild 6.7a durch R_K gekennzeichnet ist. Für $t > 0$ entwickelt sich innerhalb des elastischen Rißspitzenfeldes eine Kriechzone mit einem charakteristischen Radius ρ und einem $C(t)$-bestimmten Feld, dessen Dominanzradius R_C ist (Bild 6.7b). Sowohl ρ als auch R_C wachsen mit der Zeit an. Außerhalb der Kriechzone sind die Kriechdehnungen noch so klein, daß sie im Vergleich zu den elastischen Dehnungen vernachlässigt werden können. Der Fall des Kleinbereichskriechen liegt vor, solange $\rho \ll R_K$ ist. Dies ist bis zu einer bestimmten Zeit t_1 der Fall. Die Rißspitzenbelastung kann in diesem sogenannten *Kurzzeitbereich* durch den konstanten K-Faktor beschrieben werden. Mit weiter zunehmender Zeit breitet sich die Kriechzone zum Großbereichs-

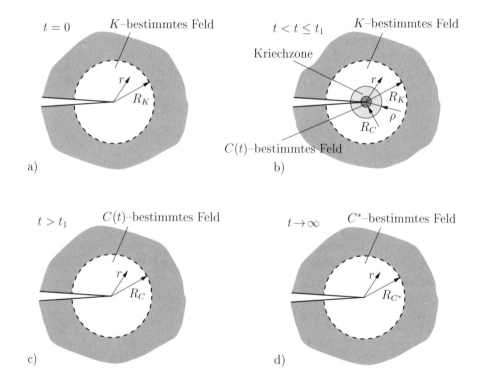

Bild 6.7 Zeitliche Entwicklung des Rißspitzenfeldes

kriechen aus. Dann kontrolliert das $C(t)$-bestimmte Feld den Rißspitzenzustand (Bild 6.7c). Für $t \to \infty$ stellt sich schließlich im Körper ein stationärer Kriechzustand ein, bei dem die Rißspitzenbelastung durch C^* gegeben ist (Bild 6.7d).

Die Entwicklung der Kriechzone im Kurzzeitbereich (Kleinbereichskriechen) läßt sich einfach abschätzen. Hierzu nehmen wir an, daß die Grenze ρ der Kriechzone näherungsweise durch die Bedingung $\varepsilon_e^v = \varepsilon_e^e$ für die Vergleichsdehnungen auf dem Ligament festgelegt ist und daß außerhalb der Kriechzone die zeitlich konstante Spannungsverteilung des K-bestimmten Feldes gilt. Für eine konstante Vergleichsspannung σ_e ergibt sich damit aus dem Stoffgesetz zunächst die charakteristische Zeit (vgl. Abschnitt 6.3.1)

$$t = \frac{1}{EB\,\sigma_e^{n-1}}. \tag{6.36}$$

Bei ihr erreicht die Kriechzone gerade einen materiellen Punkt, in dem bis zu dieser Zeit die Spannung σ_e des K-bestimmten Feldes herrschte. Im weiteren vernachlässigen wir außerdem in Bild 6.7b den Übergangsbereich zwischen dem K- und dem C-bestimmten Feld, d.h. wir setzen $R_C = \rho$. Die Spannungen werden dann außerhalb der Kriechzone durch (4.19), innerhalb der Kriechzone durch (6.30) beschrieben:

$$\sigma_e(r) \sim \begin{cases} \dfrac{K}{\sqrt{r}} & r \geq \rho \\ \left(\dfrac{C(t)}{Br}\right)^{\frac{1}{n+1}} & r \leq \rho. \end{cases} \tag{6.37}$$

An der Grenze $r = \rho$ zwischen beiden Bereichen müssen die Spannungen die gleiche Größenordnung haben:

$$\frac{K}{\sqrt{\rho}} \sim \left(\frac{C(t)}{B\rho}\right)^{\frac{1}{n+1}}. \tag{6.38}$$

Unter Verwendung von (6.36) und (6.37) ergeben sich damit für die Größe $\rho(t)$ der Kriechzone und für $C(t)$ die zeitlichen Abhängigkeiten

$$\rho(t) = \alpha_1 K^2 (EBt)^{\frac{2}{n-1}}, \qquad C(t) = \alpha_2 \frac{K^2}{Et}, \tag{6.39}$$

wobei die α_i dimensionslose Konstanten von der Größenordnung 1 sind. Eine grobe Abschätzung für die Zeit t_1, bis zur der Kleinbereichskriechen herrscht, können wir hieraus noch erhalten, indem wir $C(t_1) \approx C^*$ setzen:

$$t_1 = \alpha_2 \frac{K^2}{EC^*}. \tag{6.40}$$

Zum Abschluß wollen wir noch untersuchen, wann es zur Rißinitiierung kommt. Hierzu verwenden wir das einfache Bruchkriterium (6.9) $\delta_t = \delta_{tc}$, wobei δ_t die

Rißöffnung in einem bestimmten Abstand r_c von der Rißspitze sei. Bei hinreichend großer Belastung kommt es noch im Kurzzeitbereich zur Initiierung. Dann gilt mit (6.30) und (6.39)

$$\dot{\delta}_t = 2Br_c \tilde{u}_2(\pi) \left(\frac{\alpha_2 K^2}{EIBr_c t} \right)^{\frac{n}{n+1}}. \qquad (6.41)$$

Durch Zeitintegration und anschließendes Einsetzen in das Bruchkriterium erhält man für diesen Fall die Inkubations- oder Initiierungszeit

$$t_i = \left(\frac{\delta_{tc}}{2Br_c \tilde{u}_2(\pi)} \right)^{n+1} \left(\frac{EIBr_c}{\alpha_2 K^2} \right)^n. \qquad (6.42)$$

Sie ist danach umgekehrt proportional zu K^{2n}. Bei ausreichend kleiner Belastung setzt der Rißfortschritt dagegen erst ein, wenn im Bauteil ein stationärer Kriechzustand mit dem Belastungsparameter C^* herrscht. In diesem Fall folgt aus (6.30)

$$\dot{\delta}_t = 2Br_c \tilde{u}_2(\pi) \left(\frac{C^*}{IBr_c} \right)^{\frac{n}{n+1}}, \qquad (6.43)$$

woraus sich durch Zeitintegration und mit dem Bruchkriterium die Initiierungszeit

$$t_i = \frac{\delta_{tc}}{2Br_c \tilde{u}_2(\pi)} \left(\frac{IBr_c}{C^*} \right)^{\frac{n}{n+1}} \qquad (6.44)$$

ergibt. Sie ist nun umgekehrt proportional zu $C^{*\frac{n}{n+1}}$.

6.3.3 Kriechrißwachstum

6.3.3.1 Hui-Riedel-Feld

Nach der Initiierung wächst der Riß kriechend. Zur Beschreibung dieses Vorganges bestimmen wir zunächst das Rißspitzenfeld, wobei wir stationäre Verhältnisse und exemplarisch den ESZ voraussetzen wollen. Bei der Herleitung gehen wir ähnlich vor, wie in Abschnitt 5.3.2 beim HRR-Feld; zweckmäßig verwenden wir dabei das mitbewegte Koordinatensystem nach Bild 5.20. Setzt man das Stoffgesetz (6.28) unter Beachtung von (5.76) in die Kompatibilitätsbedingung (5.35) ein, so ergibt sich

$$\frac{\dot{a}}{E} \frac{\partial}{\partial x_1'} [\Delta(\sigma_r + \sigma_\varphi)]$$
$$+ \frac{B}{4} \left\{ \frac{1}{r} \frac{\partial^2}{\partial r^2} \left[r\sigma^{n-1}(2\sigma_\varphi - \sigma_r) \right] + \frac{1}{r^2} \frac{\partial^2}{\partial \varphi^2} \left[\sigma^{n-1}(2\sigma_r - \sigma_\varphi) \right] \right. \qquad (6.45)$$
$$\left. - \frac{1}{r} \frac{\partial}{\partial r} \left[\sigma^{n-1}(2\sigma_r - \sigma_\varphi) \right] - \frac{3}{r^2} \frac{\partial}{\partial r} \left[r \frac{\partial}{\partial \varphi} (\sigma^{n-1} \tau_{r\varphi}) \right] \right\} = 0$$

mit
$$\sigma = \left(\sigma_r^2 + \sigma_\varphi^2 - \sigma_r\sigma_\varphi + \tau_{r\varphi}^2\right)^{1/2} \tag{6.46}$$
und
$$\frac{\partial}{\partial x_1'} = \cos\varphi \frac{\partial}{\partial r} - \sin\varphi \frac{\partial}{r\partial\varphi}, \quad \Delta = \frac{\partial^2}{\partial r^2} + \frac{1}{r^2}\frac{\partial^2}{\partial \varphi^2} + \frac{1}{r}\frac{\partial}{\partial r}. \tag{6.47}$$

Wir führen nun die Airysche Spannungsfunktion $\phi(r,\varphi)$ mit den Definitionen (5.38) ein, wodurch die Gleichgewichtsbedingungen identisch erfüllt werden. Für das Rißspitzenfeld wählen wir den Ansatz

$$\phi = A r^s \tilde{\phi}(\varphi). \tag{6.48}$$

Damit folgt aus (6.45)

$$\frac{\dot{a}}{E} r^{s-3} D_1(\tilde{\phi}) + B A^{n-1} r^{n(s-2)} D_2(\tilde{\phi}) = 0, \tag{6.49}$$

wobei

$$\begin{aligned}
D_1 &= [(s-4)\cos\varphi - \sin\varphi \frac{\partial}{\partial\varphi}]\left[(s-2)^2(s^2\tilde{\phi} + \tilde{\phi}'') + (s^2\tilde{\phi} + \tilde{\phi}'')''\right], \\
D_2 &= \Big\{n(s-2)[1+n(s-2)]\tilde{\sigma}^{n-1}[s(2s-3)\tilde{\phi} - \tilde{\phi}''] \\
&\quad + [\tilde{\sigma}^{n-1}(s(1-s)\tilde{\phi} + 2\tilde{\phi}'')]'' - n(s-2)\tilde{\sigma}^{n-1}[s(1-s)\tilde{\phi} + 2\tilde{\phi}''] \\
&\quad + 3[1+n(s-2)](s-1)(\tilde{\sigma}^{n-1}\tilde{\phi}')'\Big\}, \\
\tilde{\sigma} &= \left[s^2(3-3s+s^2)\tilde{\phi}^2 + s(3-s)\tilde{\phi}\tilde{\phi}' + \tilde{\phi}''^2 + (s-1)^2\tilde{\phi}'^2\right]^{1/2}.
\end{aligned} \tag{6.50}$$

Der erste Term auf der linken Seite von (6.49) beschreibt den elastischen Anteil, der zweite Term den Kriechanteil des Rißspitzenfeldes. Um den noch unbekannten Exponenten s zu bestimmen, gehen wir zuerst von der Hypothese aus, daß der erste Term, d.h. der elastische Verzerrungsanteil, vernachlässigbar ist. Dies führt auf genau dieselben Beziehungen wie beim stehenden Riß. Das zugehörige Rißspitzenfeld ist nach (6.30) vom HRR-Typ mit $\sigma_{ij} \sim r^{-1/(n+1)}$ bzw. $\phi \sim r^{(2n+1)/(n+1)}$; der Exponent s hat in diesem Fall den Wert $s = \frac{2n+1}{n+1}$. Zur Überprüfung der Richtigkeit der Hypothese setzen wir dies in (6.49) ein. Der erste Term ist dann vom Typ $r^{-(n+2)/(n+1)}$ und der zweite vom Typ $r^{-n/(n+1)}$. Für $r \to 0$ dominiert danach der erste Term, was einen Widerspruch zur ursprünglichen Hypothese darstellt. Anders als beim stehenden Riß kann der elastische Verzerrungsanteil beim wachsenden Riß also nicht vernachlässigt werden.

Wir nehmen nun umgekehrt an, daß in (6.49) der Kriechanteil im Vergleich zum elastischen Anteil vernachlässigt werden kann. Dann erhält man ein elastisches Rißspitzenfeld mit $\sigma_{ij} \sim r^{-1/2}$ bzw. $\phi \sim r^{3/2}$, und es gilt $s = 3/2$. Setzen wir dies zur Überprüfung der Annahme wieder in (6.49) ein, so ist der erste Term vom Typ $r^{-3/2}$ und der zweite vom Typ $r^{-n/2}$. In Übereinstimmung mit der Annahme dominiert danach für $n < 3$ der erste Term tatsächlich an der Rißspitze ($r \to 0$). In diesem Fall stellt sich also das elastische Rißspitzenfeld ein, welches im Modus I durch (4.13) gegeben ist (vgl. auch Abschnitt 4.2.2). Dagegen ergibt sich für $n \geq 3$ ein Widerspruch zur Annahme, da dann die Terme von gleicher Größenordnung sind ($n = 3$) bzw. der zweite Term dominiert ($n > 3$).

Aus den vorhergehenden Überlegungen folgt, daß für $n > 3$ beide Terme in (6.49) das gleiche asymptotische Verhalten für $r \to 0$ haben müssen. Somit gilt $s - 3 = n(s - 2)$, und es ergibt sich $s = \frac{2n-3}{n-1}$. Die Amplitude A können wir nun noch ohne Beschränkung der Allgemeinheit durch $A = (\dot{a}/EB)^{1/(n-1)}$ festlegen. Damit reduziert sich (6.49) auf die gewöhnliche nichtlineare Differentialgleichung 5. Ordnung

$$D_1(\tilde{\phi}) + D_2(\tilde{\phi}) = 0 \tag{6.51}$$

für die noch unbekannte Funktion $\tilde{\phi}(\varphi)$. Vier der zugehörigen Randbedingungen für den Modus I sind durch (5.42) gegeben; hinzu kommt die Bedingung, daß die Lösung an der Stelle $\varphi = 0$ regulär sein muß. Die Lösung von (6.51) unter Beachtung der Randbedingungen kann durch numerische Integration gewonnen werden. Hiermit liegen die Spannungsfunktion und folglich die Spannungen und Verzerrungen im Rißspitzenbereich ($r \to 0$) eindeutig fest. Sie haben die allgemeine Form

$$\begin{aligned} \sigma_{ij} &= \left(\frac{\dot{a}}{EBr}\right)^{\frac{1}{n-1}} \tilde{\sigma}_{ij}(\varphi) \,, \\ \varepsilon_{ij} &= \frac{1}{E}\left(\frac{\dot{a}}{EBr}\right)^{\frac{1}{n-1}} \tilde{\varepsilon}_{ij}(\varphi) \,. \end{aligned} \tag{6.52}$$

Nach C.Y. Hui und H. Riedel, die das Kriechrißwachstum intensiv untersuchten, wird dieses Feld als *Hui-Riedel-Feld* bezeichnet. Im Unterschied zum stehenden Riß (HRR-Feld) haben die Spannungen und die Verzerrungen des Hui-Riedel-Feldes das gleiche asymptotische Verhalten.

In Bild 6.8 ist die Winkelabhängigkeit der Spannungen und Verzerrungen für den Fall $n = 5$ dargestellt. Man beachte, daß mit Annäherung an die Rißflanken ($\varphi \to \pm\pi$) die Größen $\tilde{\sigma}$, $\tilde{\varepsilon}$, $\tilde{\varepsilon}_\varphi$ unbeschränkt anwachsen. Es ist dies als Resultat der Verzerrungsgeschichte zu verstehen, die ein materielles Partikel in der Umgebung der x-Achse erfährt, wenn sich die Rißspitze an ihm vorbeibewegt. Eine weitere bemerkenswerte Eigenschaft des Feldes (6.52) besteht darin, daß seine Amplitude alleine durch die Rißgeschwindigkeit $\dot{a}$ und die Materialparameter EB festgelegt ist. Anders als beim HRR-Feld besteht hier keine explizite Abhängigkeit der Amplitude von der äußeren Belastung oder von der Geometrie des Bauteiles.

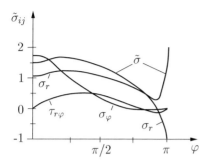 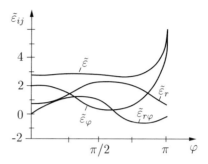

Bild 6.8 Hui-Riedel-Feld, Winkelverteilung der Feldgrößen (ESZ, $n = 5$)

Bei der Herleitung des Rißspitzenfeldes haben wir stationäre Verhältnisse ($\dot{a} = const$) vorausgesetzt. Dies ist nicht unbedingt erforderlich; vielmehr gelten die Ergebnisse auch für den instationären Fall ($\dot{a} \neq const$). Man erkennt dies aus der Zeitableitung von (6.48) für den allgemeinen (instationären) Fall, die nach (5.75) durch $\dot{\phi} = (\partial \phi/\partial t) - \dot{a}(\partial \phi/\partial x'_1)$ gegeben ist. Unter Beachtung von (6.47) ist der erste Term vom Typ r^s und der zweite vom Typ r^{s-1}. Dementsprechend wird das asymptotische Verhalten von $\dot{\phi}$ für $r \to 0$ im instationären genau wie im stationären Fall allein durch den zweiten Term, d.h. durch die von uns benutzte Beziehung (5.76), beschrieben.

Analoge Untersuchungen können natürlich auch für den EVZ und den Modus II durchgeführt werden. Die Struktur des Rißspitzenfeldes (6.52) ändert sich in diesen Fällen aber nicht.

6.3.3.2 Kleinbereichskriechen

Im weiteren setzen wir voraus, daß das Rißwachstum unter Bedingungen des Kleinbereichskriechens stattfindet. Daneben wollen wir $n > 3$ und wie im vorhergehenden Abschnitt einen ESZ annehmen. Die dann in der Umgebung einer Rißspitze herrschenden Verhältnisse sind schematisch in Bild 6.9 dargestellt. In das K-bestimmte Feld mit dem Dominanzradius R_K ist die Kriechzone mit dem charakteristischen Radius $\rho \ll R_K$ eingebettet. Innerhalb der Kriechzone, an der Rißspitze befindet sich das Hui-Riedel-Feld, dessen Dominanzradius R_{HR} ist.

Die genaue Ermittlung des Feldes im Übergangsbereich zwischen K-bestimmtem Feld und Hui-Riedel-Feld ist nur mit Hilfe numerischer Methoden möglich. Wir wollen uns deshalb hier mit einer Näherungslösung begnügen, aus der aber alle wesentlichen Aspekte ablesbar sind. Wir gehen dabei ähnlich vor, wie beim Kleinbereichskriechen des stehenden Risses (vgl. Abschnitt 6.3.2). Um die Größe ρ des Kriechbereiches zu bestimmen, nehmen wir zuerst an, daß diese Grenze

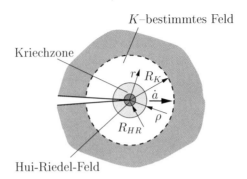

Bild 6.9 Rißwachstum bei Kleinbereichskriechen, $n > 3$

näherungsweise durch die Bedingung $\varepsilon_e^v = \varepsilon_e^e$ für die Vergleichsdehnungen auf dem Ligament festgelegt ist und daß bis zu dieser Grenze die Spannungsverteilung des K-bestimmten Feldes gilt. Letztere ist für die Vergleichsspannung auf dem Ligament im ESZ durch $\sigma_e = K/\sqrt{2\pi r}$ gegeben. Damit folgt nach (6.26) unter Beachtung von $(.)^{\cdot} = -\dot{a}\,\partial(.)/\partial r$ (auf dem Ligament ist $x_1 = r$)

$$\varepsilon_e^e = \frac{\sigma_e}{E} = \frac{K}{E\sqrt{2\pi r}},$$
$$-\dot{a}\frac{\partial \varepsilon_e^v}{\partial r} = B\,\sigma_e^n = \frac{BK^n}{(2\pi r)^{n/2}} \quad \rightarrow \quad \varepsilon_e^v = \frac{2BK^n}{(2\pi)^{n/2}(n-2)\dot{a}\,r^{(n-2)/2}}\,. \tag{6.53}$$

Die Integration bei ε_e^v erfolgte dabei in den Grenzen von $R_K \to \infty$ bis r. Gleichsetzen der beiden Dehnungen bei $r = \rho$ liefert

$$\rho = \left[\frac{2}{(2\pi)^{(n-1)/2}(n-2)}\frac{EBK^{n-1}}{\dot{a}}\right]^{\frac{2}{n-3}}, \tag{6.54}$$

womit sich

$$\varepsilon_e^v(\rho) = \varepsilon_e^e(\rho) = \frac{1}{E}\left[\pi(n-2)\frac{\dot{a}}{EBK^2}\right]^{\frac{1}{n-3}} \tag{6.55}$$

ergibt. Im weiteren vernachlässigen wir wieder den Übergangsbereich zwischen dem K-bestimmten Feld und dem Hui-Riedel-Feld und setzen in erster Näherung $\rho = R_{HR}$. Für die Kriechdehnung erhalten wir dann nach (6.53) und (6.52)

$$\varepsilon_e^v(r) = \varepsilon_e^v(\rho)\begin{cases} \left(\dfrac{\rho}{r}\right)^{\frac{n-2}{2}} & r \geq \rho \\ \left(\dfrac{\rho}{r}\right)^{\frac{1}{n-1}} & r \leq \rho\,. \end{cases} \tag{6.56}$$

Um das Rißwachstum zu beschreiben, benötigen wir noch ein Bruchkriterium. Zu diesem Zweck nehmen wir an, daß das Rißwachstum so erfolgt, daß die Kriechdehnung ε_e^v in einem bestimmten Abstand r_c vor der Rißspitze gerade den kritischen Wert ε_c annimmt: $\varepsilon_e^v(r_c) = \varepsilon_c$. Man beachte, daß in diesem Kriterium nur die Kriechdehnung und nicht etwa die Gesamtdehnung auftritt. Physikalisch kann man dies dadurch begründen, daß die Vergleichs-Kriechdehnung ein Maß für das entstandene Porenvolumen ist, welches seinerseits wieder den Schädigungszustand des Materials beschreibt. Setzen wir (6.56) mit (6.54), (6.55) in dieses Bruchkriterium ein, so erhält man

$$\frac{1}{\bar{K}} = \begin{cases} \left(\dfrac{\rho}{r_c}\right)^{\frac{n-3}{2}} & r_c \geq \rho \\ \left(\dfrac{\rho}{r_c}\right)^{-\frac{n-3}{2(n-1)}} & r_c \leq \rho \end{cases} \quad (6.57)$$

bzw.

$$\dot{\bar{a}} = \begin{cases} \bar{K}^n & r_c \geq \rho \\ 1 & r_c \leq \rho, \end{cases} \quad (6.58)$$

wobei

$$\dot{\bar{a}} = \frac{n-2}{2}\,\frac{\dot{a}}{E^n B\, r_c\, \varepsilon_c^{n-1}}\,, \qquad \bar{K} = \frac{K}{E\varepsilon_c\sqrt{2\pi r_c}} \quad (6.59)$$

die dimensionslose Rißgeschwindigkeit bzw. der dimensionslose K-Faktor sind.

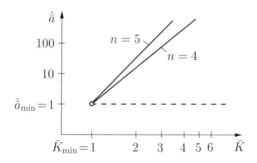

Bild 6.10 Rißgeschwindigkeit

Durch (6.58) werden zwei Lösungen für die Rißgeschwindigkeit beschrieben; sie sind in Bild 6.10 dargestellt. Aus (6.57) kann man daneben entnehmen, daß die Bedingungen $r_c \geq \rho$ bzw. $r_c \leq \rho$ in jedem Fall $\bar{K} \geq 1$ zur Folge haben. Der minimale K-Faktor, für den eine Rißausbreitung möglich ist, ist danach durch

$\bar K = 1$ bzw. durch
$$K_{\min} = E\varepsilon_c\sqrt{2\pi r_c} \tag{6.60}$$
gegeben. Ihm zugeordnet ist eine minimale Geschwindigkeit $\dot{\bar a} = 1$ bzw.

$$\dot a_{\min} = \frac{2}{n-2}\, E^n B\, r_c\, \varepsilon_c^{n-1}\,. \tag{6.61}$$

Wir betrachten nun den Lösungsast $\dot{\bar a} = 1$ und denken uns die Rißgeschwindigkeit $\dot a$ bei konstantem K durch eine Störung etwas erhöht. Dann führt dies nach (6.54) zu einer Verkleinerung der Kriechzone, was zur Folge haben kann, daß $r_c > \rho$ ist. Dann gilt aber der andere Lösungsast, und die Geschwindigkeit "springt" auf den zugehörigen höheren Wert. In diesem Sinn bezeichnen wir den unteren Lösungsast als *instabil*. Die physikalisch interessante Lösung ist dementsprechend durch den oberen Lösungsast $\dot{\bar a} = \bar K^n$, d.h. durch die Beziehung

$$\dot a = \frac{2}{n-2}\, \frac{B\, r_c}{\varepsilon_c}\left(\frac{K}{\sqrt{2\pi r_c}}\right)^n \tag{6.62}$$

gegeben. Danach wächst die Rißgeschwindigkeit mit K^n.

7 Dynamische Probleme der Bruchmechanik

7.1 Allgemeines

Bis jetzt haben wir bei der Untersuchung der Rißinitiierung und der Rißfortpflanzung immer quasistatische Verhältnisse vorausgesetzt. Dies ist nicht mehr möglich, wenn die Trägheitskräfte oder hohe Verzerrungsraten das Bruchverhalten wesentlich beeinflussen. So ist es eine bekannte Tatsache, daß ein Material unter schlagartiger dynamischer Belastung eher versagt, als unter einer langsam aufgebrachten Last. Eine Ursache hierfür besteht in der Änderung des Materialverhaltens. Plastisches oder viskoses Fließen findet mit steigenden Belastungsraten in immer geringerem Maße statt: das Material verhält sich im dynamischen Fall häufig "spröder" als im statischen Fall. Dies sowie möglicherweise geänderte Versagensmechanismen in der Prozeßzone führen daneben meist zur Änderung der Bruchzähigkeit. Eine andere Ursache liegt darin, daß es bei einer dynamischen Belastung infolge der Trägheitskräfte zu höheren Spannungen in der Umgebung einer Rißspitze kommen kann als im entsprechenden quasistatischen Fall.

Läuft ein Riß durch das Material, so erreicht er nach einer kurzen Beschleunigungsphase häufig eine sehr hohe Geschwindigkeit. Diese kann zum Beispiel über $1000\,m/s$ betragen. Bei dieser schnellen Rißausbreitung spielen die Trägheitskräfte und die hohen Verzerrungsraten eine wichtige Rolle und bestimmen das Bruchverhalten wesentlich mit. Letzteres ist aus Schadensfällen und aus gezielten Experimenten zum Teil gut bekannt. So überschreitet ein schneller Riß eine bestimmte Grenzgeschwindigkeit nur in Ausnahmefällen. Unter bestimmten Umständen verzweigt er sich ein- oder mehrfach, oder er wird hinsichtlich seiner Ausbreitungsrichtung instabil. Dies äußert sich darin, daß er selbst unter symmetrischen Verhältnissen versucht, von der geraden Bahn abzuweichen. Ein weiterer (oft erwünschter) dynamischer Vorgang ist der *Rißarrest*, d.h. das Verzögern und schließliche Stoppen eines Risses.

Ein Verständnis der genannten Phänomene und ihre sachgerechte quantitative Beschreibung ist nur mit einer dynamischen Bruchtheorie möglich. Einige Grundzüge werden wir in den folgenden Abschnitten behandeln. Hierbei wollen wir uns im Sinne der linearen Bruchmechanik auf die Behandlung des Bruchs spröder Körper beschränken, deren Verhalten mit Hilfe der linearen Elastizitätstheorie beschrieben werden kann. Zwei typische Probleme stehen im Vordergrund der Betrachtung: a) der stationäre (stehende) Riß unter einer dynamischen Belastung und b) der instationäre (schnell laufende) Riß. Hinsichtlich des

Bruchkonzeptes werden wir auf die schon bekannten Größen wie K-Faktoren oder Energiefreisetzungsraten zurückgreifen.

7.2 Einige Grundlagen der Elastodynamik

Die Grundgleichungen der linearen Elastodynamik sind durch die Bewegungsgleichungen (1.20), die kinematischen Beziehungen (1.25) und das Elastizitätsgesetz (1.37) gegeben. Setzt man sie ineinander ein, so erhält man im Fall verschwindender Volumenkräfte ($f_i = 0$) die *Navier-Lamé-Gleichungen*

$$(\lambda + \mu)u_{j,ji} + \mu u_{i,jj} = \rho \ddot{u}_i \quad . \tag{7.1}$$

Führt man ein Skalarpotential ϕ und ein Vektorpotential ψ_k so ein, daß

$$u_1 = \phi_{,1} + \psi_{3,2} - \psi_{2,3}, \quad u_2 = \phi_{,2} + \psi_{1,3} - \psi_{3,1}, \quad u_3 = \phi_{,3} + \psi_{2,1} - \psi_{1,2}, \tag{7.2}$$

so folgen aus (7.1) die *Helmholtzschen Wellengleichungen*

$$c_1^2 \phi_{,ii} = \ddot{\phi}, \qquad c_2^2 \psi_{k,ii} = \ddot{\psi}_k \tag{7.3}$$

mit

$$c_1^2 = \frac{\lambda + 2\mu}{\rho}, \qquad c_2^2 = \frac{\mu}{\rho}. \tag{7.4}$$

Darin beschreiben das Skalarpotential ϕ eine Volumenänderung (Dilatation) und das Vektorpotential ψ_k eine reine Gestaltänderung bei konstantem Volumen (Distorsion). Entsprechend ist c_1 die Ausbreitungsgeschwindigkeit der *Dilatationswellen* (*Longitudinalwellen*) und c_2 die Ausbreitungsgeschwindigkeit der *Distorsionswellen* oder *Scherwellen* (*Transversalwellen*). Ihre Größe ist für einige Materialien in Tabelle 7.1 angegeben. Mit diesen Geschwindigkeiten breiten sich Störungen (Dilatation bzw. Gestaltänderung) in einem Körper aus, solange sie auf keine Berandungen treffen.

Tabelle 7.1 Wellengeschwindigkeiten

Material	c_1 [m/s]	c_2 [m/s]	c_R [m/s]
Stahl	6000	3200	2940
Aluminium	6300	3100	2850
Glas	5800	3300	3033
PMMA	2400	1000	920

Für ebene Probleme vereinfacht sich die Darstellung. So reduziert sich (7.3) im EVZ mit $u_3 = 0$ bzw. mit $\psi_1 = \psi_2 = 0$ und der Bezeichnung $\psi = \psi_3$ auf die

Einige Grundlagen der Elastodynamik 193

beiden Wellengleichungen

$$c_1^2\, \phi_{,ii} = \ddot{\phi}\,, \qquad c_2^2\, \psi_{,ii} = \ddot{\psi}\,. \tag{7.5}$$

Der ESZ wird durch die gleichen Beziehungen beschrieben; es müssen dann nur die elastischen Konstanten in den Wellenfortpflanzungsgeschwindigkeiten geändert werden (vgl. Abschnitt 1.5.1).

Neben den Transversal- und den Longitudinalwellen spielen die *Rayleigh-Wellen* oder *Oberflächenwellen* eine wichtige Rolle bei dynamischen Rißproblemen. Es handelt sich dabei um Wellen, die sich entlang einer freien Oberfläche ausbreiten und die ins Innere hinein schnell (exponentiell) abklingen. Zu ihrer Beschreibung betrachten wir einen Körper im EVZ, der die obere Halbebene mit dem Rand $x_2 = 0$ einnimmt und machen den Ansatz

$$\phi = A \exp^{-\alpha x_2} \cos k(x_1 - c_R t)\,, \qquad \psi = B \exp^{-\beta x_2} \cos k(x_1 - c_R t)\,, \tag{7.6}$$

Darin sind c_R die noch unbekannte Geschwindigkeit der Rayleigh-Wellen und k die Wellenzahl. Einsetzen in (7.5) liefert α bzw. β, und aus den Randbedingungen $\sigma_{22}(x_1,0) = 0$, $\sigma_{12}(x_1,0) = 0$ ergeben sich das Verhältnis A/B sowie die folgende Beziehung für c_R:

$$R(c_R) = 4\sqrt{1 - \left(\frac{c_R}{c_1}\right)^2}\sqrt{1 - \left(\frac{c_R}{c_2}\right)^2} - \left[2 - \left(\frac{c_R}{c_2}\right)^2\right]^2 = 0\,. \tag{7.7}$$

Man bezeichnet $R(c_R)$ als *Rayleigh-Funktion*. Gleichung (7.7) kann auch in der Form

$$\left(\frac{c_R}{c_2}\right)^6 - 8\left(\frac{c_R}{c_2}\right)^4 + \frac{8(2-\nu)}{1-\nu}\left(\frac{c_R}{c_2}\right)^2 - \frac{8}{1-\nu} = 0 \tag{7.8}$$

geschrieben werden. Die Geschwindigkeit der Rayleigh-Wellen c_R hängt danach wie c_1 und c_2 nur von den Materialkonstanten und nicht etwa von der Wellenzahl bzw. der Wellenlänge ab. Für $0 \leq \nu \leq 1/2$ folgt $0.864 \leq c_R/c_2 \leq 0.955$. Insbesondere erhält man für $\nu = 1/4$ die Geschwindigkeit $c_R = 0.919 c_2$; dieser Wert wurde in Tabelle 7.1 zugrunde gelegt.

Besonders einfach ist der nichtebene (longitudinale) Schubspannungszustand. Bei ihm gehen wir zweckmäßig direkt von (7.1) aus. Mit $u_1 = u_2 = 0$ und der Bezeichnung $w = u_3$ erhält man

$$c_2^2\, w_{,ii} = \ddot{w}\,. \tag{7.9}$$

Die Bewegung wird in diesem Fall durch eine einzige Wellengleichung mit der charakteristischen Wellenfortpflanzungsgeschwindigkeit c_2 beschrieben; Rayleighwellen treten hier nicht auf.

7.3 Dynamische Belastung des stationären Risses

7.3.1 Rißspitzenfeld, K-Konzept

Das Rißspitzenfeld eines dynamisch belasteten stationären Risses unterscheidet sich nicht von dem des statischen Falles. Man kann dies direkt aus den Feldgleichungen (7.1) erkennen. Dabei gehen wir davon aus, daß die Verschiebungen an der Rißspitze ($r \to 0$) nichtsingulär und die Spannungen singulär sind, d.h. es gilt $u_i = r^\lambda \tilde{u}_i(\varphi, t)$ mit $0 < \lambda < 1$. Die Glieder auf der linken Seite von (7.1) sind dann aufgrund der zweifachen Ortsableitung vom Typ $r^{\lambda-2}$, während die rechte Seite vom Typ r^λ ist. Die Trägheitskräfte sind damit für $r \to 0$ von höherer Ordnung klein und brauchen nicht berücksichtigt zu werden. Das Rißspitzenfeld leitet sich folglich im dynamischen Fall aus denselben Gleichungen her wie im statischen Fall und stimmt dementsprechend mit dem statischen Rißspitzenfeld nach Abschnitt 4.2 überein. Der einzige Unterschied zur Statik besteht darin, daß die Spannungsintensitätsfaktoren nunmehr von der Zeit abhängen: $K_I = K_I(t)$ etc.. Letztere können in der Regel nicht aus der Statik übernommen werden, sondern ergeben sich aus der Lösung des dynamischen Randwertproblems (Anfangs-Randwertproblem). Hierbei müssen die Trägheitskräfte dann sehr wohl berücksichtigt werden.

Da das Rißspitzenfeld durch die K-Faktoren eindeutig bestimmt ist, liegt es nahe, das K-Konzept auch bei der dynamischen Belastung eines Risses zu verwenden. Danach findet im Modus I die Initiierung des Rißwachstums statt, wenn die Bedingung

$$K_I(t) = K_{Ic} \tag{7.10}$$

erfüllt ist. Die Anwendung dieser Beziehung wird allerdings durch zwei Fakten erschwert. Wie schon erwähnt, ist die Bruchzähigkeit K_{Ic} von der Belastungsrate $\dot{K}_I$ bzw. von einer charakteristischen Belastungszeit τ abhängig: $K_{Ic} = K_{Ic}(\tau)$. Ihre Bestimmung setzt insbesondere bei impulsartigen Belastungen einen großen experimentellen Aufwand voraus, der nur von gut ausgestatteten Labors erbracht werden kann. Infolgedessen steht heute nur eine recht beschränkte Zahl zuverlässiger Materialdaten zur Verfügung. Zum anderen ist (7.10) nur gültig, wenn der Dominanzbereich des K-bestimmten Feldes hinreichend groß im Vergleich zu allen anderen charakteristischen Längen ist. Dieser kann in der Dynamik von der Zeit abhängen und unter Umständen kleiner sein als in der Statik. So ist zum Beispiel aufgrund der beschränkten Wellenausbreitungsgeschwindigkeiten bei einer stoßartigen Rißbelastung eine gewisse Zeit erforderlich, um ein hinreichend großes dominantes Rißspitzenfeld "aufzubauen".

7.3.2 Energiefreisetzungsrate, energetisches Bruchkonzept

Die Energiefreisetzungsrate ist definiert als Abnahme der Gesamtenergie eines Körpers beim Rißfortschritt. Da im dynamischen Fall die kinetische Energie K

berücksichtigt werden muß, gilt allgemein

$$\mathcal{G} = -\frac{\mathrm{d}(\Pi + K)}{\mathrm{d}a} \ . \tag{7.11}$$

Im vorliegenden Fall des stationären Risses ($\dot{a} = 0$) ist der Rißfortschritt dabei als "quasistatisch" (bzw. als gedacht) aufzufassen.

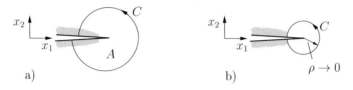

Bild 7.1 Zur Energiefreisetzungsrate

Wegen der in (7.11) zusätzlich auftretenden kinetischen Energie können wir für $\mathcal{G}$ die Beziehungen der Statik (vgl. Abschnitte 4.6.2–4.6.5) nicht unbesehen übernehmen. Wir werden hier aber auf eine Herleitung verzichten, sondern bedienen uns des Ergebnisses für den allgemeineren Fall des laufenden Risses in Abschnitt 7.4.3. Danach ergibt sich aus Gleichung (7.34) für die Energiefreisetzungsrate beim ebenen Problem eines geraden stationären Risses (Rißgeschwindigkeit = Null) mit belastungsfreien Rißufern

$$\mathcal{G} = \int_C (U\delta_{1\beta} - \sigma_{i\beta}\, u_{i,1})n_\beta \,\mathrm{d}c + \int_A \sigma_{ij,j}\, u_{i,1}\,\mathrm{d}A \ . \tag{7.12}$$

Darin ist A die von einer beliebigen Kontur C eingeschlossene Fläche, welche die Rißspitze von einem Rißufer zum anderen Rißufer umläuft (Bild 7.1a). Im Unterschied zum statischen Fall ist die Energiefreisetzungsrate nun nicht mehr durch das wegunabhängige J-Integral gegeben, sondern es taucht in (7.12) ein zusätzliches Flächenintegral auf (vgl. auch Abschnitt 4.6.5.3). Dieses verschwindet nur dann, wenn man die Kontur auf die Rißspitze zusammenzieht (Bild 7.1b):

$$\mathcal{G} = \lim_{C \to 0} \int_C (U\delta_{1\beta} - \sigma_{i\beta}\, u_{i,1})n_\beta \,\mathrm{d}c \ . \tag{7.13}$$

Die angegebenen Beziehungen sind auch im allgemeinen, nichtlinear elastischen Fall gültig, da kein spezielles Elastizitätsgesetz vorausgesetzt wurde. Liegt linear elastisches Materialverhalten vor, so stimmen beim stationären Riß wie schon erwähnt die Rißspitzenfelder des dynamischen und des statischen Falls überein. Aus (7.13) folgt damit unmittelbar, daß der aus der Statik bekannte Zusammenhang

$$\mathcal{G} = \frac{1}{E'}(K_I^2 + K_{II}^2) + \frac{1}{2G} K_{III}^2 \tag{7.14}$$

auch im dynamischen Fall gilt. Dementsprechend sind zum Beispiel im reinen Modus I wegen $\mathcal{G} = K_I^2/E'$ das K-Konzept und das energetische Konzept

$$\mathcal{G} = \mathcal{G}_c \tag{7.15}$$

genau wie in der Statik äquivalent. Hierin ist $\mathcal{G}_c(\tau)$ die für den Rißfortschritt benötigte Energie; sie kann von der Belastungsrate bzw. von der charakteristischen Belastungszeit τ abhängen. Angemerkt sei an dieser Stelle noch, daß (7.12) in Verbindung mit (7.14) vorteilhaft bei der Bestimmung dynamischer K-Faktoren mittels numerischer Methoden benutzt werden kann.

7.3.3 Beispiele

Die Bestimmung dynamischer Spannungsintensitätsfaktoren ist mit Hilfe verschiedener Methoden möglich. Zu ihnen zählen insbesondere die experimentellen und die numerischen Methoden; analytische Verfahren sind nur in wenigen Sonderfällen anwendbar. Experimentelle Methoden erlauben die Ermittlung sowohl des Zeitverlaufes $K_I(t)$ der Rißspitzenbelastung als auch des Initiierungswertes $K_{Ic}(\tau)$. Als besonders geeignet hat sich dabei das sogenannte *Kaustikenverfahren* erwiesen. Mit numerischen Methoden kann die Rißspitzenbelastung $K_I(t)$ bestimmt werden. Erfolgreich eingesetzt werden hierbei die Randelementmethode (BEM), das Verfahren der Finiten Elemente (FEM) und das Differenzenverfahren. Im folgenden werden die Ergebnisse von drei Beispielen diskutiert, die mit diesen Verfahren gewonnen wurden.

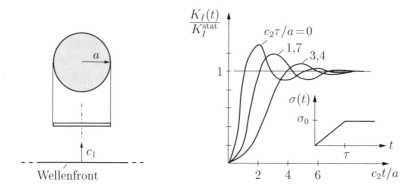

Bild 7.2 Stoßbelastung eines kreisförmigen Risses im unendlichen Gebiet

Als erstes Beispiel betrachten wir den rotationssymmetrischen Fall eines kreisförmigen Risses (penny shaped crack) im unendlichen Gebiet, der durch eine senkrecht auftreffende Spannungswelle mit der charakteristischen Belastungszeit τ und der Amplitude σ_0 stoßartig belastet wird (Bild 7.2). Trifft die Welle zur Zeit $t = 0$ auf den Riß, so wächst $K(t)$ zunächst an, erreicht einen Spitzenwert und nähert sich dann oszillierend dem entsprechenden statischen Wert $K_I^{\text{stat}} = 2\sigma_0\sqrt{\pi a}/\pi$. Das Abklingen kann dadurch erklärt werden, daß mit den am Riß reflektierten bzw. gestreuten Wellen laufend Energie ins Unendliche abgestrahlt wird. Diese Wellen tragen nicht mehr zur Rißbelastung bei. Für $\tau = 0$ liegt der Spitzenwert um zirka 25 Prozent über K_I^{stat}. Er wird etwa zur Zeit $t_R = 2a/c_R$ erreicht, welche die Rayleighwellen benötigen, um den Rißdurchmesser $2a$ zu durchlaufen. Mit zunehmender Belastungszeit τ verringert sich der Spitzenwert. Eine merkliche dynamische Überhöhung tritt nur für Belastungszeiten auf, die in der Größenordnung von $\tau c_2/a \lesssim 1$ liegen. Dies ist zum Beipiel bei einem Riß von $2a = 20\,mm$ Länge in einer Stahlplatte für $\tau \approx 6 \cdot 10^{-6}s$ der Fall. Solch kurze Belastungszeiten treten nur in seltenen Situationen auf.

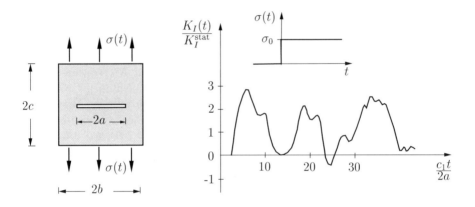

Bild 7.3 Stoßbelastung eines Risses im Rechteckgebiet
(ESZ, $\nu = 0.25$; $a : b : c = 9.5 : 100 : 60$)

In einem zweiten Beispiel befinde sich ein gerader Riß in einem endlichen Rechteckgebiet, welches von beiden Seiten einen idealen Stoß $\sigma_0 H(t)$ erfährt (Bild 7.3). Darin ist $H(t)$ die Heaviside-Funktion. Das auf den Riß treffende Wellenprofil wird in diesem Fall durch die Ränder des Gebietes mitbestimmt. Im Unterschied zum vorhergehenden Beispiel findet hier außerdem keine laufende Energieabstrahlung statt. Der $K(t)$-Verlauf ist qualitativ eine Schwingung, deren "Schwingungsdauer" im wesentlichen durch die Laufzeit einer Welle über die Länge $2c$ bestimmt ist. Dieser Schwingung sind lokale Spitzen überlagert, die ebenfalls durch Wellenlaufzeiten mit unterschiedlichen Geschwindigkeiten (c_1, c_2, c_R) erklärt werden können. Aufgrund der fehlenden Dämpfung klingt die Oszillation von $K(t)$ nicht ab.

Als letztes Beispiel sei eine stoßbelastete 3-Punkt-Biegeprobe untersucht, wie sie zur Bestimmung dynamischer K_{Ic}-Werte verwendet werden kann (Bild 7.4).

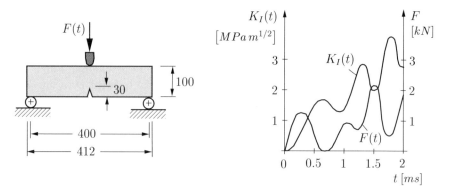

Bild 7.4 Stoßbelastung einer 3-Punkt-Biegeprobe

Für eine vorgegebene Auftreffgeschwindigkeit des Fallgewichtes wurde dabei der Belastungsverlauf $F(t)$ gemessen, aus dem dann der dargestellte $K_I(t)$-Verlauf resultiert. Man erkennt, daß die Zeitverläufe von $F(t)$ und $K_I(t)$ insbesondere bei kleinen Zeiten völlig verschieden sind, d.h. aus der momentanen Größe von F kann nicht auf die momentane Größe von K_I geschlossen werden. Angemerkt sei noch, daß die Probe bei solchen Belastungen eine Bewegung ausführt, bei der es zum ein- oder mehrfachen Kontaktverlust (Abheben) zwischen Probe und Fallgewicht sowie zwischen Probe und Lagern kommt.

7.4 Der laufende Riß

7.4.1 Rißspitzenfeld

Wir betrachten einen Riß, der sich mit der Geschwindigkeit $\dot{a}$ und der Beschleunigung $\ddot{a}$ ausbreitet (Bild 7.5). Als einfachsten Fall untersuchen wir zunächst das dynamische Rißspitzenfeld für den Modus III (longitudinaler Schub). Das entsprechende Problem wird durch die Bewegungsgleichung (7.9) beschrieben, die wir zweckmäßig auf die mitbewegten Koordinaten x', y' transformieren (vgl. Abschnitt 5.7.3.2). Mit $x' = x - a(t)$, $y' = y$ gilt dann für eine beliebige Feldgröße (hier die Verschiebung w)

$$\frac{\partial^2 w}{\partial x^2} = \frac{\partial^2 w}{\partial x'^2}, \quad \frac{\partial^2 w}{\partial y^2} = \frac{\partial^2 w}{\partial y'^2}, \quad \ddot{w} = \frac{\partial^2 w}{\partial t^2} - 2\dot{a}\frac{\partial^2 w}{\partial x' \partial t} - \ddot{a}\frac{\partial w}{\partial x'} + \dot{a}^2\frac{\partial^2 w}{\partial x'^2}. \quad (7.16)$$

An der Rißspitze ($r \to 0$) erwarten wir ein nichtsinguläres Verschiebungsfeld vom Typ $w(r, \varphi, t) = r^\lambda \tilde{w}(\varphi, t)$ und ein singuläres Spannungsfeld ($0 \leq \lambda < 1$).

Der laufende Riß

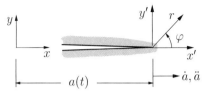

Bild 7.5 Laufender Riß

Unter Beachtung von

$$\frac{\partial}{\partial x'} = \cos\varphi \frac{\partial}{\partial r} - \sin\varphi \frac{\partial}{r\partial\varphi} \quad , \quad \frac{\partial}{\partial y'} = \sin\varphi \frac{\partial}{\partial r} + \cos\varphi \frac{\partial}{r\partial\varphi}$$

dominiert für $r \to 0$ dementsprechend bei $\ddot{w}$ das letzte Glied über die ersten drei, und es wird $\ddot{w} = \dot{a}^2 \partial^2 w / \partial x'^2$. Damit lautet die Bewegungsgleichung für das Rißspitzenfeld

$$\frac{\partial^2 w}{\partial x'^2} + \frac{1}{\alpha_2^2} \frac{\partial^2 w}{\partial y'^2} = 0 \quad \text{mit} \quad \alpha_2^2 = 1 - \frac{\dot{a}^2}{c_2^2} \,. \tag{7.17}$$

Führen wir noch die neuen Koordinaten

$$x_2 = r_2 \cos\varphi_2 = x' = r\cos\varphi \quad , \quad y_2 = r_2 \sin\varphi_2 = \alpha_2 \, y' = \alpha_2 \, r \sin\varphi \tag{7.18}$$

ein (Stauchung der y-Koordinate), so ergibt sich daraus die Potentialgleichung

$$\frac{\partial^2 w}{\partial x_2^2} + \frac{\partial^2 w}{\partial y_2^2} = 0 \,. \tag{7.19}$$

Ihre Lösung erfolgt am einfachsten unter Verwendung der komplexen Methode (vgl. Abschnitte 1.5.2 und 4.2.1). Danach gilt

$$\begin{aligned} Gw &= \operatorname{Re} \Omega(z_2) \quad , \\ \tau_{xz} - \mathrm{i}\frac{\tau_{yz}}{\alpha_2} &= \Omega'(z_2) \,, \end{aligned} \tag{7.20}$$

wobei $z_2 = x_2 + \mathrm{i}\, y_2 = r_2 \mathrm{e}^{\mathrm{i}\varphi_2}$. Im weiteren kann man genauso vorgehen wie im statischen Fall. Als dominante Lösung, welche die Randbedingungen erfüllt, erhält man $\Omega = A z_2^{1/2}$. Definieren wir den Spannungsintensitätsfaktor wie in der Statik durch

$$K_{III} = \lim_{r \to 0} \sqrt{2\pi r} \, \tau_{yz}(\varphi = 0) \,, \tag{7.21}$$

so ergibt sich schließlich das Rißspitzenfeld

$$\left\{\begin{array}{c} \tau_{xz} \\ \tau_{yz} \end{array}\right\} = \frac{K_{III}}{\sqrt{2\pi r_2}} \left\{\begin{array}{c} -\frac{1}{\alpha_2} \sin\frac{\varphi_2}{2} \\ \cos\frac{\varphi_2}{2} \end{array}\right\}, \qquad w = \frac{2K_{III}}{G\alpha_2} \sqrt{\frac{r_2}{2\pi}} \sin\frac{\varphi_2}{2} . \qquad (7.22)$$

Seine Struktur ist ähnlich wie im statischen Fall. Die Spannungen haben an der Rißspitze eine Singularität vom Typ $r^{-1/2}$. Die Winkelverteilung der Feldgrößen ist allerdings von α_2, d.h. von der Rißgeschwindigkeit $\dot a$ abhängig. Steht der Riß ($\dot a = 0$), dann ergibt sich mit $\alpha_2 = 1$ und $r_2 = r$, $\varphi_2 = \varphi$ genau das gleiche Feld wie im statischen Fall (vgl. (4.6)).

Die Vorgehensweise im Modus I ist analog zu der im Modus III. Die Transformation von (7.5) auf das mitbewegte System liefert für $r \to 0$ zunächst

$$\frac{\partial^2 \phi}{\partial x'^2} + \frac{1}{\alpha_1^2} \frac{\partial^2 \phi}{\partial y'^2} = 0, \qquad \frac{\partial^2 \psi}{\partial x'^2} + \frac{1}{\alpha_2^2} \frac{\partial^2 \psi}{\partial y'^2} = 0 \qquad \text{mit} \qquad \alpha_i^2 = 1 - \frac{\dot a^2}{c_i^2} . \qquad (7.23)$$

Führen wir in die erste Gleichung die Koordinaten

$$x_1 = r_1 \cos\varphi_1 = x' = r\cos\varphi , \qquad y_1 = r_1 \sin\varphi_1 = \alpha_1 y' = \alpha_1 r \sin\varphi \qquad (7.24)$$

und in die zweite Gleichung die Koordinaten (7.18) ein, so ergeben sich daraus die beiden Potentialgleichungen

$$\frac{\partial^2 \phi}{\partial x_1^2} + \frac{\partial^2 \phi}{\partial y_1^2} = 0 , \qquad \frac{\partial^2 \psi}{\partial x_2^2} + \frac{\partial^2 \psi}{\partial y_2^2} = 0 . \qquad (7.25)$$

Ihre Lösung für das dominante symmetrische Rißspitzenfeld (Modus I) kann man in der Form $\phi = A\,\mathrm{Re}\,z_1^{3/2}$, $\psi = B\,\mathrm{Im}\,z_2^{3/2}$ angeben, wobei $z_1 = x_1 + \mathrm{i} y_1 = r_1 \mathrm{e}^{\mathrm{i}\varphi_1}$, $z_2 = x_2 + \mathrm{i} y_2 = r_2 \mathrm{e}^{\mathrm{i}\varphi_2}$; die reellen Konstanten A, B folgen aus den Randbedingungen (belastungsfreie Rißufer). Mit der Definition für den Spannungsintensitätsfaktor

$$K_I = \lim_{r \to 0} \sqrt{2\pi r}\,\sigma_y(\varphi = 0) \qquad (7.26)$$

erhält man auf diese Weise

$$\left\{\begin{array}{c} \sigma_x \\ \sigma_y \\ \tau_{xy} \end{array}\right\} = \frac{K_I f}{\sqrt{2\pi}} \left\{\begin{array}{c} (1 + 2\alpha_1^2 - \alpha_2^2)\dfrac{\cos(\varphi_1/2)}{\sqrt{r_1}} - \dfrac{4\alpha_1\alpha_2}{1+\alpha_2^2} \dfrac{\cos(\varphi_2/2)}{\sqrt{r_2}} \\ -(1+\alpha_2^2)\dfrac{\cos(\varphi_1/2)}{\sqrt{r_1}} + \dfrac{4\alpha_1\alpha_2}{1+\alpha_2^2} \dfrac{\cos(\varphi_2/2)}{\sqrt{r_2}} \\ 2\alpha_1 \dfrac{\sin(\varphi_1/2)}{\sqrt{r_1}} - 2\alpha_1 \dfrac{\sin(\varphi_2/2)}{\sqrt{r_2}} \end{array}\right\} \qquad (7.27\mathrm{a})$$

$$\left\{ \begin{array}{c} u \\ v \end{array} \right\} = \frac{K_I 2f}{G\sqrt{2\pi}} \left\{ \begin{array}{c} \sqrt{r_1}\cos\frac{\varphi_1}{2} - \sqrt{r_2}\dfrac{2\alpha_1\alpha_2}{1+\alpha_2^2}\cos\frac{\varphi_2}{2} \\ -\alpha_1\sqrt{r_1}\sin\frac{\varphi_1}{2} + \sqrt{r_2}\dfrac{2\alpha_1}{1+\alpha_2^2}\sin\frac{\varphi_2}{2} \end{array} \right\} \quad (7.27b)$$

mit
$$f = \frac{1+\alpha_2^2}{R(\dot{a})} = \frac{1+\alpha_2^2}{4\alpha_1\alpha_2 - (1+\alpha_2^2)^2}. \quad (7.28)$$

Darin ist $R(\dot{a})$ die in (7.7) definierte Rayleigh-Funktion. Die Spannungen und Verschiebungen haben danach prinzipiell das gleiche r-Verhalten, wie in der Statik. Ihre Größe und ihre Winkelverteilung hängen aber von der Rißgeschwindigkeit ab; die Rißbeschleunigung hat keinen Einfluß. Das Rißspitzenfeld ist eindeutig festgelegt, wenn der K-Faktor sowie die Geschwindigkeit bekannt sind. Man kann dies auch an den speziellen Ergebnissen für die Spannung σ_y vor der Rißspitze ($\varphi = 0$) und für die Rißöffnung $\delta = v(\pi) - v(-\pi)$ erkennen:

$$\sigma_y = \frac{K_I}{\sqrt{2\pi r}}, \quad \delta = \frac{K_I}{G}\sqrt{\frac{r}{2\pi}}\frac{4\alpha_1(1-\alpha_2^2)}{R(\dot{a})}. \quad (7.29)$$

Während σ_y durch K_I eindeutig bestimmt ist, wächst δ bei festem K_I mit der Rißgeschwindigkeit an und geht für $\dot{a} \to c_R$ gegen Unendlich.

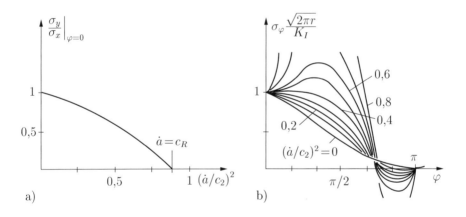

Bild 7.6 Einfluß der Rißgeschwindigkeit auf die Spannungen ($\nu = 1/4$)

Aus dem Rißspitzenfeld lassen sich einige Schlüsse auf das Verhalten eines schnell laufenden Risses ziehen. Bild 7.6a zeigt, daß das Spannungsverhältnis σ_y/σ_x vor der Rißspitze ($\varphi = 0$) mit wachsender Rißgeschwindigkeit abnimmt. Dementsprechend nimmt die Tendenz zur Materialtrennung in Ebenen senkrecht zur ursprünglichen Ausbreitungsrichtung immer mehr zu. Erreicht der Riß die Rayleighwellengeschwindigkeit, so wird das Spannungsverhältnis Null: eine Rißausbreitung in Richtung von $\varphi = 0$ wird dann unmöglich. Die Rayleighwellengeschwindigkeit kann also als eine obere Schranke für die Rißgeschwindigkeit angesehen werden.

In Bild 7.6b ist die Winkelverteilung der Umfangsspannung σ_φ in Abhängigkeit von der Rißgeschwindigkeit dargestellt. Während sich das Spannungsmaximum für hinreichend kleine Geschwindigkeiten bei $\varphi = 0$ befindet, liegt es für $\dot{a} \widetilde{>} 0.6\, c_2$ bei $\varphi \widetilde{>} \pi/3$. Geht man davon aus, daß die Rißausbreitung in Richtung der maximalen Umfangsspannung stattfindet, so bedeutet dies, daß der Riß bei $\dot{a} \widetilde{>} 0.6\, c_2$ instabil hinsichtlich seiner Ausbreitungsrichtung wird. Hierauf hat zum ersten Mal E.H. Yoffe (1951) hingewiesen. Man kann diese Stabilitätsgrenze als eine andere obere Schranke für die Rißgeschwindigkeit auffassen.

7.4.2 Energiefreisetzungsrate

Wir wollen nun die Energiefreisetzugsrate $\mathcal{G}$ für das ebene Problem eines geradlinig laufenden Risses mit lastfreien Rißufern und punktförmiger Prozeßzone bestimmen. Dabei gehen wir genau wie in Abschnitt 5.7.3.3 vor, wobei nun aber die kinetische Energie berücksichtigt werden muß und das Material als elastisch angesehen wird. Für den Energiefluß $-P^*$ in die Prozeßzone gilt dann zunächst allgemein

$$-P^* = P - \dot{E} - \dot{K}\;, \qquad (7.30)$$

wobei E die Formänderungsenergie und K die kinetische Energie sind. Angewendet auf die Situation in Bild 7.7 erhält man daraus für den Energiefluß $-P^* = \dot{a}\mathcal{G}$

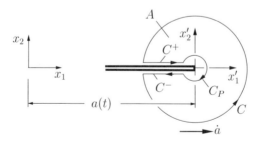

Bild 7.7 Zur Energiefreisetzungsrate

Der laufende Riß

über die Kontur C_P (vgl. (5.83))

$$\dot{a}\mathcal{G} = \int_C t_i \dot{u}_i \mathrm{d}c - \frac{\mathrm{d}}{\mathrm{d}t}\int_A U \mathrm{d}A - \frac{\mathrm{d}}{\mathrm{d}t}\int_A \frac{1}{2}\rho \dot{u}_i \dot{u}_i \mathrm{d}A \ . \tag{7.31}$$

Hierin sind U die Formänderungsenergiedichte und $\rho \dot{u}_i \dot{u}_i/2$ die spezifische kinetische Energie; die Kontur C_P wird als verschwindend klein angesehen ($C_P \to 0$). Analog zum Vorgehen in Abschnitt 5.7.3.3 ergibt sich daraus nach einigen Schritten mit dem Reynoldschen Transporttheorem, der Umformung $\mathrm{d}U/\mathrm{d}t = \sigma_{ij}\dot{u}_{i,j} = (\sigma_{ij}\dot{u}_i)_{,j} - \sigma_{ij,j}\dot{u}_i$, der Bewegungsgleichung $\sigma_{ij,j} = \rho \ddot{u}_i$ und dem Gaußschen Satz

$$\dot{a}\mathcal{G} = -\int_{C_P} \left[\dot{a}\left(U + \frac{1}{2}\rho \dot{u}_i \dot{u}_i\right)n_1 + t_i \dot{u}_i\right]\mathrm{d}c \ . \tag{7.32}$$

Wir gehen nun auf das mitbewegte Koordinatensystem x_1', x_2' über und fassen auch A und C als mitbewegt auf. Da wir voraussetzen können, daß u_i an der Rißspitze regulär, $u_{i,1}$ dagegen singulär ist (vgl. (7.27)), gilt nach (5.75) dann an der Rißspitze $\dot{u}_i = -\dot{a}u_{i,1}$. Aus (7.31) erhält man damit

$$\mathcal{G} = -\int_{C_P} \left[\left(U + \frac{1}{2}\dot{a}^2 \rho\, u_{i,1}u_{i,1}\right)n_1 - t_i u_{i,1}\right]\mathrm{d}c \ . \tag{7.33}$$

Wenden wir unter Beachtung von $t_i = \sigma_{ij}n_j$ noch den Gaußschen Satz auf die Fläche A mit dem Rand $C + C_P + C^+ + C^-$ an (C^+, C^- liefern keinen Beitrag), so folgt für die Energiefreisetzungsrate schließlich

$$\boxed{\mathcal{G} = \int_C \left[(U + \frac{1}{2}\dot{a}^2 \rho u_{i,1}u_{i,1})n_1 - t_i u_{i,1}\right]\mathrm{d}c + \int_A (\sigma_{ij,j}u_{i,1} - \dot{a}^2 \rho u_{i,11}u_{i,1})\mathrm{d}A} \ . \tag{7.34}$$

Die Beziehung (7.34) vereinfacht sich in verschiedenen Spezialfällen. Für ein Rißwachstum mit der konstanten Geschwindigkeit $\dot{a}$ unter stationären Verhältnissen verschwindet das Flächenintegral wegen $\sigma_{ij,j} = \rho \ddot{u}_i$ und $\ddot{u}_i = \dot{a}^2 u_{i,11}$ (vgl. auch (7.16)). Dann gilt

$$\mathcal{G} = \int_C \left[\left(U + \frac{1}{2}\dot{a}^2 \rho u_{i,1}u_{i,1}\right)n_1 - t_i u_{i,1}\right]\mathrm{d}c \ . \tag{7.35}$$

Im Sonderfall $\dot{a} = 0$ vereinfacht sich (7.34) auf (7.12). Liegen zusätzlich noch statische Verhältnisse vor ($\sigma_{ij,j} = 0$), so reduziert sich $\mathcal{G}$ auf das J-Integral (4.105).

Die Kontur C kann in (7.34) beliebig gewählt werden. Ziehen wir sie auf die Rißspitze zusammen, dann verschwindet das Flächenintegral, und es wird

$$\mathcal{G} = \lim_{C \to 0}\int_C \left[\left(U + \frac{1}{2}\dot{a}^2 \rho u_{i,1}u_{i,1}\right)n_1 - t_i u_{i,1}\right]\mathrm{d}c \ . \tag{7.36}$$

Hieraus läßt sich der Zusammenhang zwischen $\mathcal{G}$ und K_I im Modus I bestimmen, indem man (7.27) einsetzt:

$$\mathcal{G} = \frac{\alpha_1(1-\alpha_2^2)}{2GR(\dot{a})} K_I^2 = \frac{\alpha_1(1-\alpha_2^2)}{4\alpha_1\alpha_2 - (1+\alpha_2^2)^2} \frac{K_I^2}{2G}. \tag{7.37}$$

Danach ist die Energiefreisetzungsrate durch den Spannungsintensitätsfaktor und die Rißgeschwindigkeit eindeutig festgelegt. Nach (7.7) verschwindet die Funktion R für die Rayleighwellengeschwindigkeit. Für $K_I \neq 0$ wächst dementsprechend $\mathcal{G}$ unbeschränkt an, wenn die Rißgeschwindigkeit gegen die Rayleighwellengeschwindigkeit geht. Umgekehrt geht bei beschränktem $\mathcal{G}$ der Spannungsintensitätsfaktor für $\dot{a} \to c_R$ gegen Null.

Im Fall eines laufenden Risses unter einer gemischten Rißspitzenbelastung durch K_I, K_{II} und K_{III} ergibt sich die allgemeine Beziehung

$$\mathcal{G} = \frac{1}{2G} \left[\frac{(1-\alpha_2^2)(\alpha_1 K_I^2 + \alpha_2 K_{II}^2)}{4\alpha_1\alpha_2 - (1+\alpha_2^2)^2} + \frac{K_{III}^2}{\alpha_2} \right]. \tag{7.38}$$

Sie geht für $\dot{a} = 0$ in (7.14) über.

7.4.3 Bruchkonzept, Rißgeschwindigkeit, Rißverzweigung, Rißarrest

Im Rahmen der linearen Bruchmechanik kann das K-Konzept auch beim schnellen Rißwachstum angewendet werden. Danach muß während des Rißfortschrittes im Modus I zu jeder Zeit die Bruchbedingung

$$K_I(t) = K_{Id} \tag{7.39}$$

erfüllt sein. Hierin ist die *dynamische Bruchzähigkeit* K_{Id} ein Materialparameter, welcher in erster Näherung nur von der Rißgeschwindigkeit abhängt: $K_{Id} = K_{Id}(\dot{a})$. Sein qualitativer Verlauf ist in Bild 7.8 dargestellt. Ausgehend vom Initiierungswert K_{Ic} wächst die Bruchzähigkeit meist zunächst nur schwach, dann aber stark mit der Rißgeschwindigkeit an. Als eine Ursache für dieses Verhalten kann man die mögliche Änderung der Trennmechanismen in der Prozeßzone ansehen. Ein bekanntes Indiz hierfür ist, daß die Rauhigkeit der Bruchoberflächen mit der Geschwindigkeit stark zunimmt. Eine weitere Ursache liegt in der Tatsache, daß (anders als in der Statik) K_I alleine das Rißspitzenfeld bzw. den Zustand in der Prozeßzone nicht mehr eindeutig charakterisiert. Nach Abschnitt 7.4.1 hängen nämlich die Spannungen und Deformationen noch von der Rißgeschwindigkeit ab. Während des Rißwachstums muß auch die energetische Bruchbedingung

$$\mathcal{G}(t) = \mathcal{G}_d(\dot{a}) \tag{7.40}$$

erfüllt sein. Darin ist $\mathcal{G}_d(\dot{a})$ der materialspezifische und geschwindigkeits-

Der laufende Riß

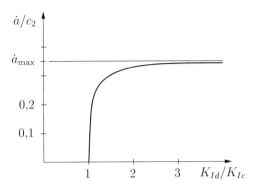

Bild 7.8 Abhängigkeit der Bruchzähigkeit von der Rißgeschwindigkeit

abhängige Rißwiderstand. Aufgrund des Zusammenhanges (7.36) zwischen $\mathcal{G}$ und K_I sind die Bruchbedingungen (7.39) und (7.40) äquivalent.

Aus Messungen ist bekannt, daß Risse auch in sehr spröden Materialien eine Maximalgeschwindigkeit von $\dot{a}_{max} \approx 0.5\, c_2$ nicht überschreiten (Ausnahmen sind Rißspitzen, denen durch besondere Maßnahmen von außen, z.B. über einen Laser, Energie zugeführt wird). Hierfür lassen sich einige Gründe anführen; trotzdem steht eine allseits befriedigende Begründung für diese Tatsache zur Zeit noch aus. So wird zum Beispiel als eine Erklärung für die Maximalgeschwindigkeit die Instabilität der geraden Rißfortpflanzung für Geschwindigkeiten $\dot{a} \stackrel{\sim}{>} 0.6c_2$ herangezogen (vgl. Abschnitt 7.4.1). Hierfür spricht die mit der Rißgeschwindigkeit zunehmende Rauhigkeit (Welligkeit) der Bruchoberfläche sowie die zunehmende Tendenz zur Bildung von Sekundärrissen. Hierbei handelt es sich um Nebenrisse geringer Länge, die in der Umgebung des Hauptrisses liegen oder von diesem abzweigen. Mit der Welligkeit und mit einer hohen Zahl von Sekundärrissen läßt sich auch die Zunahme der dynamischen Bruchzähigkeit bzw. des Rißwiderstandes qualitativ begründen. So ist insbesondere die Sekundärrißbildung ein Mechanismus, der stark zu einer Energiedissipation beitragen kann. Gegen die 'Instabilitätshypothese' spricht allerdings, daß die gemessenen Maximalgeschwindigkeiten oft deutlich unter der Instabilitätsgeschwindigkeit liegen. Ein anderer, rein qualitativer Erklärungsversuch geht von der diskreten Natur der Bindungslösung aus. Nach dieser Vorstellung breitet sich ein Riß in 'Sprüngen' längs diskreter Elemente mit einer charakteristischen Mikrostrukturlänge l_M aus. Um die gesamte Information über den vorhergehenden 'Sprung' auf das nächste Element zu übertragen (maximaler Abstand $2l_M$), bedarf es einer charakteristischen Wellenlaufzeit $\tau \approx 2l_M/c_2$ (statt c_2 könnte man auch c_R wählen). Nimmt man an, daß nach dieser Zeit der nächste 'Sprung' erfolgt, so gelangt man unabhängig von der genauen Größe der Mikrostrukturlänge auf die durchschnittliche Rißgeschwindigkeit $\dot{a} \approx l_M/\tau \approx c_2/2$.

Ein häufig auftretendes Phänomen bei der schnellen Rißfortpflanzung ist die Rißverzweigung (Bild 7.9a). Sie tritt bevorzugt bei Geschwindigkeiten nahe der Grenzgeschwindigkeit $\dot{a}_{max}$ auf, kann aber (abhängig vom Material) auch bei kleineren Geschwindigkeiten beobachtet werden. Einer tatsächlichen Verzweigung gehen dabei in der Regel eine zunehmende Rauhigkeit der Bruchoberfläche sowie die Bildung von Sekundärrissen voraus, die man als 'Versuche' von Verzweigungen interpretieren kann. Ähnlich wie für die Rißgeschwindigkeit gibt es auch für die Rißverzweigung zur Zeit noch keine allgemein akzeptierte Begründung bzw. ein gesichertes Verzweigungskriterium. Die meisten Erklärungsversuche basieren auf der Analyse des Rißspitzenfeldes eines einzelnen laufenden Risses bzw. eines sich gerade verzweigenden Risses. So wurde zum Beispiel auch das Verzweigungsphänomen in Zusammenhang mit der Richtungsinstabilität gebracht, die bei einer Rißgeschwindigkeit von $\dot{a} \approx 0.6\,c_2$ auftritt. Hierdurch können aber nicht Verzweigungen bei kleineren Geschwindigkeiten sowie der beobachtete Verzweigungswinkel von $\alpha \approx 28°$ erklärt werden. Eine Begründung für letzteren ergibt sich allerdings aus der plausiblen Annahme, daß beide Rißspitzen sich nach der Verzweigung jeweils unter lokalen Modus I Bedingungen fortpflanzen. Auf der Basis einer solchen Hypothese liefert schon eine quasistatische Analyse Resultate, die mit der Beobachtung sehr gut übereinstimmen.

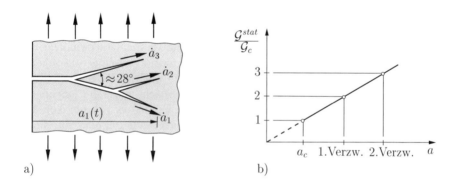

Bild 7.9 Rißverzweigung

Eine notwendige Bedingung für die Rißverzweigung ist ein hinreichender Energiefluß in die Prozeßzone, d.h. eine hinreichend große Energiefreisetzungsrate $\mathcal{G}$, welche die Bildung zweier Risse und deren anschließende Fortpflanzung ermöglicht. Die Bestimmung von $\mathcal{G}$ ist in der Regel aufwendig, da diese Größe im allgemeinen von der Geometrie des Bauteiles, von der Zeit bzw. der aktuellen Rißlänge und von der Rißgeschwindigkeit abhängt. Eine einfache, grobe Abschätzung für $\mathcal{G}$ kann man aber unter Vernachlässigung der Trägheitskräfte aus dem entsprechenden statischen Problem gewinnen. Auf diese Weise ergibt sich zum Beispiel für einen Seitenriß unter einachsigem Zug (vgl. Tabelle 4.1, Nr.5) $\mathcal{G} \approx \mathcal{G}^{stat} = (K_I^{stat})^2/E' = 1.26\,\pi\sigma^2 a$. Nimmt man nun vereinfachend noch an, daß Verzweigungen gerade dann erfolgen, wenn $\mathcal{G}$ jeweils ein ganzzahliges Vielfaches der zur Initiierung eines Risses erforderlichen Rate $\mathcal{G}_c$ erreicht, so ergibt sich das in Bild 7.9b dargestellte Ergebnis. Dieses hat allerdings nur qualitativen Charakter.

Von großer praktischer Bedeutung - weil in Bauteilen meist erwünscht - ist der *Rißarrest* oder Rißstopp. Er tritt auf, wenn beim laufenden Riß der Spannungsintensitätsfaktor soweit abfällt, daß die Bruchbedingung (7.39) nicht mehr erfüllt ist; der Riß kommt dann zum Stillstand. Die Arrestbedingung kann man in der Form

$$K_I(t) = K_{Ia} \tag{7.41}$$

schreiben, wobei $K_{Ia} = \min[K_{Id}(\dot{a})]$ als *Arrestzähigkeit* bezeichnet wird. Da der Rißarrest in einem Bauteil ein dynamischer Vorgang ist, bedarf es zu seiner Behandlung im allgemeinen einer vollständigen dynamischen Analyse der Struktur (unter Berücksichtigung der Trägheitskräfte und Wellenphänomene). Es hat sich jedoch gezeigt, daß in vielen praktischen Fällen eine quasistatische Untersuchung zu hinreichend guten Ergebnissen führt.

7.4.4 Beispiele

Die Untersuchung des schnellen Rißwachstums ist in der Regel recht aufwendig - unabhängig davon, ob experimentelle, numerische oder analytische Methoden zur Anwendung gelangen. Sie vereinfacht sich jedoch erheblich, wenn angenommen werden kann, daß das Rißwachstum mit konstanter Geschwindigkeit $\dot{a}$ unter stationären Verhältnissen erfolgt. Die Transformation der Wellengleichungen (7.5) für den EVZ auf das mit der Geschwindigkeit $\dot{a}$ mitbewegte System x', y' führt dann nämlich mit $\partial(\cdot)/\partial t = 0$ und $\ddot{a} = 0$ auf genau die Potentialgleichungen (7.25), welche wir schon in Abschnitt 7.4.1 kennengelernt haben. Ihre Lösung läßt sich allgemein in der Form $\phi = \mathrm{Re}\,\Phi(z_1)$, $\psi = \mathrm{Re}\,\Psi(z_2)$ angeben.

Als Beispiel hierzu wollen wir das klassische *Problem von Yoffe* betrachten. Hierbei handelt es sich um die Bewegung eines Risses konstanter Länge in einem unendlichen Gebiet unter einachsigem Zug σ (Bild 7.10a). Dieser Riß öffnet sich also vorne und schließt sich (physikalisch unrealistisch) hinten wieder. Das entsprechende statische Problem wurde in Abschnitt 4.4.1 untersucht. Als Ansätze für Φ und Ψ wählen wir

$$\Phi'(z_1) = A_1\sqrt{z_1^2 - a^2} + A_2 z_1 \quad , \qquad \Psi'(z_2) = \mathrm{i}\,B_1\sqrt{z_2^2 - a^2} + \mathrm{i}\,B_2 z_2 \,, \tag{7.42}$$

aus denen sich die Verschiebungen und Spannungen mit Hilfe von (7.2) und dem Elastizitätsgesetz ermitteln lassen. Die Randbedingungen $\sigma_y = 0$, $\tau_{xy} = 0$ für

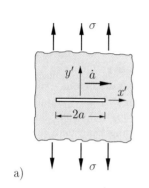
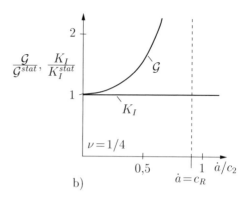

Bild 7.10 Problem von Yoffe

$|x'| < a$ (lastfreie Rißflanken) und $\sigma_y = \sigma$, $\sigma_x = 0$ für $z_i \to \infty$ liefern für die Konstanten

$$A_1 = \frac{\sigma}{G}\frac{1+\alpha_2^2}{R(\dot a)}, \qquad A_2 = \frac{\sigma}{G}\left[\frac{2(\alpha_1^2-\alpha_2^2)}{R(\dot a)} - \frac{1}{1+\alpha_2^2}\right],$$
$$B_1 = \frac{\sigma}{2}\frac{2\alpha_1}{R(\dot a)}, \qquad B_2 = \frac{\sigma}{2}\left[\frac{(\alpha_1^2-\alpha_2^2)(1+\alpha_2^2)}{\alpha_2 R(\dot a)} - \frac{1}{2\alpha_2}\right]; \qquad (7.43)$$

die Symmetriebedingungen $v = 0$, $\tau_{xy} = 0$ für $|x'| > a$ sind automatisch erfüllt. Damit liegen die Spannungen und Verschiebungen im gesamten Gebiet eindeutig fest. Insbesondere erhält man für die Spannung σ_y vor der Rißspitze und für die Verschiebung v der oberen bzw. unteren Rißflanke

$$\sigma_y = \sigma\frac{x'}{\sqrt{x'^2 - a^2}}, \qquad v^\pm = \pm\frac{\sigma}{G}\frac{\alpha_1(1-\alpha_2^2)}{R(\dot a)}\sqrt{a^2 - x'^2}. \qquad (7.44)$$

Während σ_y unabhängig von $\dot a$ ist (d.h. genau wie im statischen Fall verteilt ist), nimmt die Rißöffnung mit der Geschwindigkeit immer mehr zu und geht für $\dot a \to c_R$ gegen unendlich. Dementsprechend ergibt sich für den K-Faktor der gleiche Wert wie in der Statik: $K_I = \sigma\sqrt{\pi a}$. Die Energiefreisetzungsrate wächst nach (7.37) dagegen mit der Rißgeschwindigkeit unbeschränkt an (Bild 7.10b).

Als zweites Beispiel behandeln wir die stationäre Ausbreitung eines halbunendlichen Risses im unendlichen Scheibenstreifen, dessen Ränder nach Bild 7.11a um den konstanten Betrag 2δ gegeneinander verschoben sind. In diesem Fall kann man die Energiefreisetzungsrate recht einfach aus (7.35) ermitteln. Hierzu wählen wir die Kontur C so, daß ihr rechter bzw. linker vertikaler Teil weit von der Rißspitze entfernt im ungestörten Bereich liegen (Bild 7.11a). Dort gilt im EVZ vor

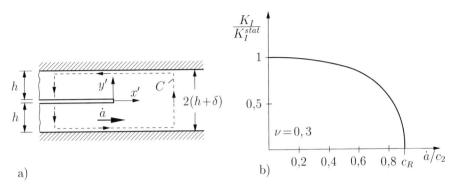

Bild 7.11 Stationäres Rißwachstum im Scheibenstreifen

bzw. hinter der Rißspitze

$$x_1' \gg h: \quad \varepsilon_{22} = \frac{\delta}{h}, \quad \sigma_{22} = \frac{2G\delta(1-\nu)}{h(1-2\nu)}, \quad u_{i,1} = 0$$

$$x_1' \ll -h: \quad \varepsilon_{22} = \sigma_{22} = u_{i,1} = 0 \,.$$

Mit $U = \frac{1}{2}\sigma_{22}\varepsilon_{22}$ liefert damit alleine der vertikale Teil von C vor der Rißspitze einen Beitrag (die Beiträge der horizontalen Teile von C heben sich auf), und man erhält

$$\mathcal{G} = 2h\,U|_{x_1' \gg h} = \frac{2(1-\nu)}{1-2\nu}\,\frac{G\delta^2}{h}\,. \tag{7.45}$$

Die Energiefreisetzungsrate ist danach unabhängig von der Rißgeschwindigkeit; das Ergebnis (7.45) gilt also gleichermaßen für den stehenden Riß. Der K-Faktor folgt damit aus (7.37) zu

$$K_I(\dot{a}) = 2G\delta\sqrt{\frac{(1-\nu)R(\dot{a})}{h(1-2\nu)(1-\alpha_2^2)\alpha_1}}\,. \tag{7.46}$$

Er klingt mit zunehmender Geschwindigkeit ab und geht für $\dot{a} \to c_R$ gegen Null (Bild 7.11b). An dieser Stelle sei noch darauf hingewiesen, daß man mit ähnlichen Überlegungen zur Energiefreisetzungsrate auch das schnelle Rißwachstum in langen Rohren behandeln kann. Dies stellt in der Praxis einen wichtigen Anwendungsfall dar.

In einem weiteren Beispiel sei das instationäre Wachstum eines Randrisses in einer Rechteckscheibe aus Araldit untersucht, die durch einen idealen Stoß $\sigma H(t)$ belastet ist. Das Bild 7.12 zeigt die Ergebnisse einer numerischen Analyse im ESZ für drei verschiedene Bruchkriterien. Im Fall (a) wurde das K-Kriterium (7.39) zugrunde gelegt, wobei $K_{Id}(\dot{a})$ in Anlehnung an experimentelle Daten durch

$$K_{Id}^{(a)} = K_{Ic}[1 + 2{,}5(\dot{a}/c_2)^2 + 3{,}9 \cdot 10^4(\dot{a}/c_2)^{10}] \tag{7.47}$$

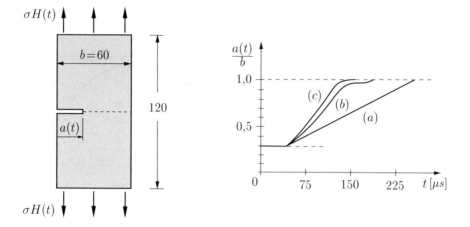

Bild 7.12 Schnelles Wachstum eines Randrisses; a(0)=29.5 mm

mit $K_{Ic} = 0.69\,\text{MPa}\sqrt{\text{m}}$ approximiert wurde. Im Fall (b) wurde ebenfalls das K-Kriterium herangezogen, die Bruchzähigkeit vereinfacht aber als geschwindigkeitsunabhängig angesehen: $K_{Id}^{(b)} = K_{Ic}$. Im Fall (c) schließlich wurde die energetische Bruchbedingung (7.40) angewendet, wobei $\mathcal{G}_d$ ebenfalls vereinfacht als unabhängig von der Geschwindigkeit betrachtet wurde: $\mathcal{G}_d^{(c)} = \mathcal{G}_c = K_{Ic}^2/E$. Unter Verwendung von (7.37) läßt sich das energetische Kriterium in das K-Kriterium überführen; die Bruchzähigkeit ist in diesem Fall durch

$$K_{Id}^{(c)} = K_{Ic}\sqrt{\frac{R(\dot a)}{(1-\nu)\alpha_1(1-\alpha_2^2)}} \qquad (7.48)$$

gegeben. Die drei Fälle unterscheiden sich damit nur durch unterschiedliche $K_{Id}(\dot a)$-Verläufe, wobei im gesamten Geschwindigkeitsbereich $K_{Id}^{(c)} \leq K_{Id}^{(b)} \leq K_{Id}^{(a)}$ ist. Dementsprechend bewegt sich der Riß für (c) am schnellsten und für (a) am langsamsten durch die Scheibe. Die erreichten Maximalgeschwindigkeiten betragen $\dot a^{(c)} \approx \dot a^{(b)} = 0.74\,c_2$ bzw. $\dot a^{(a)} = 0.37\,c_2$. Erstere ist unrealistisch hoch, während die zweite im Bereich experimenteller Beobachtungen liegt. Es ist bemerkenswert, daß sich die Rißgeschwindigkeit im realitätsnahen Fall (a) trotz des zeitlich stark veränderlichen Spannungsfeldes über die Lauflänge kaum ändert.

Wie bereits angesprochen, können Spannungswellen, die sich infolge einer stoßartigen Belastung in einem rißbehafteten Bauteil ausbreiten, aufgrund von Reflexionen wiederholt mit dem Riß wechselwirken. Dies führt zu einem komplexen zeitlichen K-Verlauf (vgl. Bild 7.3), wobei im allgemeinen eine gemischte (unsymmetrische) Rißspitzenbelastung nach Abschnitt 4.9 vorliegt. Ein Riß durchläuft dann eine krummlinige Bahn, die durch die Charakteristik der dynamischen Belastung bzw. durch die an jeder Stelle auftretende momentane Rißspitzenbelastung bestimmt wird. Dies sei an Hand eines Beispiels illustriert, bei dem die Rißausbreitung (inklusive der Richtung) "frei" erfolgt, d.h. nur durch ein Bruchkriterium gemäß Abschnitt 4.9 kontrolliert wird. Wir betrachten dazu nach Bild 7.13 eine Rechteckscheibe, deren Symmetrie durch die Lage des Anfangsrandrisses leicht gestört ist. Die Belastung erfolgt durch einen idealen Stoß $\sigma H(t)$ auf den vertikalen Rändern sowie nach unterschiedlichen Zeitfunktionen $\sigma_a(t)$ und $\sigma_b(t)$ auf den horizontalen Rändern. In Bild 7.13 sind die aus numerischen Simulationen für unterschiedliche Belastungsgeschwindigkeiten ($\dot\sigma_a(t) \ll \dot\sigma_b(t)$) gewonnenen Rißverläufe dargestellt. Zu ihrer inkrementellen Ermittlung wurde das Bruchkriterium der maximalen Umfangsspannung (Abschnitt 4.9) und für die Bruchzähigkeit die Beziehung (7.47) verwendet. Bei der Auswertung des Bruchkriteriums gelten jetzt jedoch nicht mehr die Beziehungen (4.129). Vielmehr ist für den schnell laufenden Riß vom dynamischen Rißspitzenfeld $\sigma_\varphi(K_I, K_{II}, \dot a, \varphi)$ auszugehen (vgl. (7.27)).

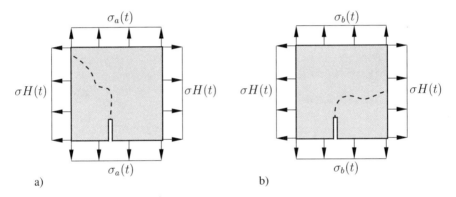

Bild 7.13 Rißverläufe infolge Wellenbelastung; $\dot\sigma_a \ll \dot\sigma_b$

Die beiden völlig unterschiedlichen Rißverläufe in Bild 7.13 können durch Überlagerungseffekte der von den Scheibenrändern ausgehenden Spannungswellen erklärt werden. Bei diesen Überlagerungen kommt es zu bestimmten Zeiten zu starken Änderungen des Spannungszustandes an der Rißspitze. Welcher Spannungszustand sich genau ergibt und welche Rißfortschrittsrichtung daraus resultiert hängt somit auf komplizierte Weise von der das Wellenprofil bestimmenden Randbelastung $\sigma_a(t)$ bzw. $\sigma_b(t)$ ab.

8 Mikromechanik und Homogenisierung

8.1 Allgemeines

Reale Materialien weisen bei genauem Hinsehen, z.b. durch ein Mikroskop, eine Vielzahl von Heterogenitäten auf, auch wenn sie makroskopisch homogen erscheinen mögen. Solche Abweichungen von der Homogenität können zum Beispiel durch Risse, Hohlräume, Bereiche aus einem Fremdmaterial, durch einzelne Schichten oder Fasern eines Laminates, durch Korngrenzen oder auch durch Unregelmäßigkeiten in einem Kristallgitteraufbau gegeben sein. Wir wollen sie im Weiteren als *Defekte* in einem verallgemeinerten Sinne bezeichnen. Gegenstand mikromechanischer Untersuchungen ist das Verhalten solcher Inhomogenitäten oder Defekte sowie ihre Wirkung auf die globalen Eigenschaften eines Materials. So können Heterogenitäten jeder Art aufgrund ihrer lokalen Wirkung als Spannungskonzentratoren beispielsweise zur Bildung und Vereinigung von Mikrorissen oder Mikroporen führen und damit den Ausgangspunkt einer fortschreitenden Materialschädigung bilden (vgl. Abschnitt 3.1.2 sowie Kapitel 9).

Defekte liegen auf unterschiedlichen Längenskalen vor, die für ein konkretes Material und den jeweiligen Defekttyp charakteristisch sind (Bild 8.1). Eine wichtige Aufgabe der Mikromechanik ist folglich die Verknüpfung mechanischer Zusammenhänge auf unterschiedlichen *Skalen*. Ausgehend von einer *makroskopischen* Betrachtungsebene bilden dabei die auf einer feineren Skala – der jeweiligen *Mikroebene* – vorliegenden Heterogenitäten und ihre räumliche Verteilung die sogenannte *Mikrostruktur* eines Materials. Was in einem konkreten Fall als Makroebene und Mikroebene anzusehen ist, hängt von der Problemstellung ab und ist eine Frage der Modellbildung. Wie in Bild 8.1 angedeutet, kann man zum Beispiel in einem technischen Bauteil eine Mikrostruktur in Form zahlreicher Risse im Millimeterbereich identifizieren. Das bei dieser Betrachtung scheinbar homogene Material zwischen den einzelnen Rissen kann bei einem metallischen Werkstoff jedoch selbst wieder als Makroebene bezüglich einer polykristallinen Mikrostruktur mit charakteristischen Längen (Korngröße) im Mikrometerbereich angesehen werden. Und das einzelne Korn wiederum kann die Rolle der Makroebene übernehmen gegenüber der durch diskrete Versetzungen geprägten noch feineren Mikrostruktur des Kristallgitters. Ein wesentlicher Vorteil dieser Betrachtungsweise besteht darin, daß ein makroskopisch komplexes und rein phänomenologisch nur schwer zu beschreibendes Materialverhalten auf elementare Vorgänge auf der Mikroebene zurückgeführt wird. Die Behandlung mikromechanischer Probleme kann nach wie vor im Rahmen der Kontinuumsmechanik erfolgen. Einem materiellen Punkt der Makroebene wird dabei durch die zusätzliche Berücksichtigung einer feineren Skala – der Mikroebene – eine räumliche Defektverteilung als Mikrostruktur zugeordnet.

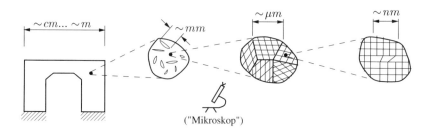

Bild 8.1 Makro- und Mikroebenen, charakteristische Skalen

Die Untersuchung von Defekten läßt sich nach zwei wesentlichen Fragestellungen gliedern. Gegenstand des Interesses kann zum einen das Verhalten eines Defektes auf seiner *eigenen* charakteristischen Skala sein, wozu auch die Wechselwirkung mit weiteren dort vorliegenden Defekten zählt. Andererseits kann die Frage nach der Auswirkung vieler Defekte auf das *makroskopischen* Stoffverhalten auf einer größeren Skala im Vordergrund stehen. Im letzteren Fall wird das gesamte Verhalten der Mikrostruktur als mechanischer Zustand eines materiellen Punktes der Makroebene interpretiert. Dieser Mikro-Makro-Übergang erfolgt formal durch geeignete Mittelungsprozesse und wird als *Homogenisierung* bezeichnet. Veränderungen der Mikrostruktur drücken sich dabei in einer Änderung der makroskopischen oder *effektiven* Eigenschaften eines Materials aus. Eine mikrostrukturelle Entwicklung wie das Wachstum von Mikrorissen oder -poren, die zu einer Reduktion makroskopischer Festigkeitseigenschaften führt, wird als Materialschädigung bezeichnet und wegen ihrer Bedeutung für die Bruch- und Versagensmechanik gesondert in Kapitel 9 behandelt.

Das vorliegende Kapitel dient der Einführung in grundlegende Konzepte und Methoden der Mikromechanik. Neben der Charakterisierung typischer Defekte und ihrer lokalen Wirkung werden wir uns mit der Frage des Übergangs von der Mikro- zur Makroebene befassen sowie mit der Ableitung effektiver Materialeigenschaften aus einer gegebenen Mikrostruktur. Dabei wird im wesentlichen linear elastisches Materialverhalten vorausgesetzt, jedoch auch ein kurzer Einblick in die Behandlung elastisch-plastischer und thermoelastischer Materialien gegeben.

Erste theoretische Untersuchungen zum Verhalten von Materialien mit Mikrostruktur gehen auf J.C. Maxwell (1831-1879), Lord Rayleigh (1842-1919) und A. Einstein (1879-1955) zurück. Während sich die ersten beiden mit der Bestimmung effektiver elektrischer Leitfähigkeiten eines heterogenen Materials befaßten, untersuchte letzterer die effektive Viskosität eines Fluids, das kugelförmige Partikel enthält. In der Festkörpermechanik stand zunächst die Frage nach der Bestimmung der elastischen Konstanten eines Vielkristalls aus denen eines Einkristalls im Vordergrund. Die ersten Ansätzen hierzu kamen von W. **Voigt** (1850-1919) und A. **Reuss** (1900-1968); wesentliche Beiträge lieferten in der zweiten Hälfte des vergangenen Jahrhunderts dann unter anderen E. **Kröner** (1919-2000) und R. **Hill**. Die dabei entwickelten analytischen Näherungsmethoden und Modelle, die sich auch auf moderne Kompositmaterialien anwenden lassen, wurden in jüngerer Zeit auf inelastisches Materialverhalten verallgemeinert. Sie dienen darüber hinaus als Grundlage zur Behandlung des "inversen Problems", d.h. der Entwicklung (Design) neuer Kompositmaterialien mit einer hinsichtlich des makroskopischen Verhaltens optimierten Mikrostruktur.

8.2 Ausgewählte Defekte und Grundlösungen

In einem elastischen Material sind mit Defekten immer inhomogene Spannungs- und Verzerrungsfelder verbunden, durch welche die Defekte charakterisiert werden können. Wir unterscheiden dabei zwischen Defekten, die selbst Quelle eines sogenannten *Eigendehnungs-* oder *Eigenspannungsfeldes* sind (Versetzungen, Einschlüsse) und solchen, die erst unter der Wirkung einer äußeren Belastung eine Störung des homogenen (räumlich konstanten) Feldes bewirken wie beispielsweise Partikel aus Fremdmaterial, Löcher oder Risse. Im letzteren Fall *materieller Inhomogenitäten* ist es möglich und zweckmäßig, das gesamte Verzerrungs- und Spannungsfeld in zwei Teile aufzuspalten: (1) in einen homogenen Anteil, wie er in einem defektfreien Material vorläge, sowie (2) in die durch den Defekt hervorgerufene Abweichung. Den zweiten Anteil bezeichnet man als die dem Defekt *äquivalente Eigendehnung* bzw. *Eigenspannung*. Diese Aufspaltung gestattet es, unabhängig von der physikalischen Ursache eine formale Äquivalenz herzustellen zwischen einem inhomogenen Material und einem homogenen Material, in welchem eine bestimmte Eigendehnungs- bzw. Eigenspannungsverteilung vorliegt.

Wir werden im folgenden einige typische Defekte anhand von Grundlösungen in einem unendlich ausgedehnten linear elastischen Medium diskutieren und dabei zunächst die Wirkung von Eigendehnungen in einem homogenen Material untersuchen.

8.2.1 Eigendehnungen

8.2.1.1 Dilatationszentrum

Als Dilatations- oder Dehnungszentrum bezeichnet man die Idealisierung eines "punktförmigen" Bereiches, der eine "unendlich" starke radiale Expansion (Eigendehnung) erfährt. Ein Dilatationszentrum ruft ein singuläres, in isotropem Material radialsymmetrisches Dehnungs- und Spannungsfeld mit Zug in Umfangsrichtung und Druck in radialer Richtung hervor. Aufgrund seiner Wirkung kann

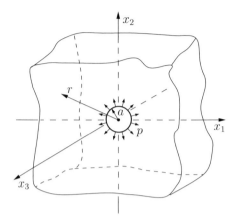

Bild 8.2 Dilatationszentrum

ein Dilatationszentrums auch als kugelförmiger Bereich vom Radius a interpretiert werden, in dem der Druck p herrscht (Bild 8.2). Das Verschiebungs- und Spannungsfeld im umgebenden Material besitzt in Kugelkoordinaten (r, φ, ϑ) die Darstellung

$$u_r = p\,\frac{a^3}{4\mu r^2}\,, \quad u_\varphi = u_\vartheta = 0\,,$$

$$\sigma_{rr} = -p\,\frac{a^3}{r^3}\,, \quad \sigma_{\varphi\varphi} = \sigma_{\vartheta\vartheta} = p\,\frac{a^3}{2r^3}\,, \quad \sigma_{r\varphi} = \sigma_{r\vartheta} = \sigma_{\varphi\vartheta} = 0\,. \qquad (8.1)$$

Ein Dilatationszentrum kann unter anderem als einfaches Modell für die Wirkung eines Zwischengitteratomes (punktförmiger Defekt) in einem umgebenden Kristallgitter dienen.

8.2.1.2 Gerade Stufen- und Schraubenversetzung

Versetzungen sind linienförmige Defekte in kristallinen Festkörpern (vgl. Abschnitt 3.1.2). Ihre Wirkung kann kontinuumsmechanisch durch einen als *Burgers-Vektor* bezeichneten konstanten Sprung $\boldsymbol{b}$ beschrieben werden, den das Verschiebungsfeld bei einem Umlauf um die Versetzungslinie (x_3-Achse in Bild 8.3) erfährt (vgl. Bild 3.2).

Für eine gerade Stufenversetzung nach Bild 8.3a mit dem Betrag b des Burgers-Vektors läßt sich das resultierende Verschiebungs- und Spannungsfeld in linear elastischem, isotropem Material wie folgt angeben:

$$u_1 = \frac{D}{2\mu}\left(2(1-\nu)\varphi + \frac{x_1 x_2}{r^2}\right)\,, \quad u_2 = \frac{D}{2\mu}\left(-(1-2\nu)\ln r + \frac{x_2^2}{r^2}\right)\,, \qquad (8.2\text{a})$$

Defekte und Grundlösungen

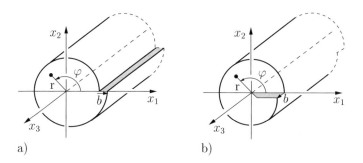

Bild 8.3 a) Gerade Stufenversetzung, b) gerade Schraubenversetzung

$$\sigma_{11} = -D\,x_2\,\frac{3x_1^2+x_2^2}{r^4}\,, \quad \sigma_{12} = D\,x_1\,\frac{x_1^2-x_2^2}{r^4}\,, \quad \sigma_{22} = D\,x_2\,\frac{x_1^2-x_2^2}{r^4}\,. \quad (8.2\mathrm{b})$$

Darin sind $D = b\mu/2\pi(1-\nu)$ und $r^2 = x_1^2 + x_2^2$. Die entsprechenden Felder einer geraden Schraubenversetzung (Bild 8.3b) haben die einfachere Darstellung

$$u_3 = \frac{b}{2\pi}\,\varphi\,, \qquad \sigma_{13} = -\frac{b\mu}{2\pi}\frac{x_2}{r^2}\,, \qquad \sigma_{23} = \frac{b\mu}{2\pi}\frac{x_1}{r^2}\,. \qquad (8.3)$$

8.2.1.3 Einschluß

Im Gegensatz zu den vorangegangenen Beispielen punkt- oder linienfömiger Defekte betrachten wir nun die der Situation einer räumlichen Eigendehnungsverteilung $\varepsilon_{ij}^t(\boldsymbol{x})$. Solche Verzerrungen resultieren beispielsweise aus Phasentransformationen in Festkörpern, bei denen sich die Atome in einem Gitter mit veränderter Geometrie neu anordnen. Da sie ursächlich nicht mit Spannungen verknüpft sind, nennt man sie auch *spannungsfreie Transformationsverzerrungen* (hochgestelltes t). Formal können alle Verzerrungsanteile, die in einem Material bei Abwesenheit von Spannungen auftreten als Eigendehnungen aufgefaßt werden. In diesem Sinne sind auch thermische oder plastische Verzerrungen (vgl. Abschnitt 1.3.3) als Eigendehnungen interpretierbar. Die Gesamtverzerrung ε_{ij} setzt sich im Rahmen infinitesimaler Deformationen additiv zusammen aus den elastischen Verzerrungen $\varepsilon_{ij}^e = C_{ijkl}^{-1}\sigma_{kl}$ und den Eigendehnungen: $\varepsilon_{ij} = \varepsilon_{ij}^e + \varepsilon_{ij}^t$. Damit gilt

$$\sigma_{ij} = C_{ijkl}\left(\varepsilon_{kl} - \varepsilon_{kl}^t\right). \qquad (8.4)$$

Liegen nur in einem Teilbereich Ω des homogenen Materials von Null verschiedene Eigendehnungen vor, so bezeichnet man diesen Bereich als *Einschluß* und das umgebende eigendehnungsfreie Material als *Matrix* (Bild 8.4). Ausdrücklich

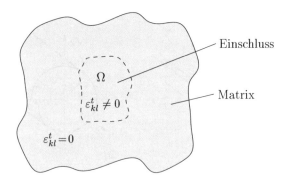

Bild 8.4 Einschluß in Matrix

sei darauf hingewiesen, daß ein Einschluß die gleichen elastischen Eigenschaften besitzt wie die Matrix. Ist dies nicht der Fall, so spricht man von einer *Inhomogenität*.

Für beliebige Einschlußgeometrien Ω und Eigendehnungsfelder $\varepsilon_{kl}^t(\boldsymbol{x})$ ist es nicht möglich, die Spannungsverteilung und das Gesamtverzerrungs- bzw. Verschiebungsfeld in einfacher geschlossener Form anzugeben. Einige Spezialfälle sind im folgenden Abschnitt diskutiert.

8.2.1.4 Eshelby-Lösung

Die wohl wichtigste analytische Grundlösung der Mikromechanik geht auf J. D. Eshelby (1916-1981) zurück. Betrachtet wird ein *ellipsoidförmiger* Einschluß Ω im unendlichen Gebiet mit den Hauptachsen a_i (Bild 8.5):

$$(x_1/a_1)^2 + (x_2/a_2)^2 + (x_3/a_3)^2 \leq 1 \ .$$

Unterliegt der Einschluß einer *konstanten* Eigendehnung $\varepsilon_{kl}^t = const$, so ergibt sich hierfür die bemerkenswerte Lösung, daß die Gesamtverzerrungen ε_{kl} *innerhalb* des Einschlusses Ω ebenfalls *konstant* sind. Sie hängen über den vierstufigen *Eshelby-Tensor* S_{ijkl} linear von den Eigendehnungen ab:

$$\boxed{\varepsilon_{ij} = S_{ijkl}\,\varepsilon_{kl}^t = const \quad \text{in} \quad \Omega} \ . \tag{8.5}$$

Mit (8.4) lassen sich die in Ω dann ebenfalls konstanten Spannungen wie folgt darstellen

$$\sigma_{ij} = C_{ijmn}\,(S_{mnkl} - I_{mnkl})\,\varepsilon_{kl}^t = const \quad \text{in} \quad \Omega \ , \tag{8.6}$$

wobei

$$I_{mnkl} = \frac{1}{2}(\delta_{mk}\delta_{nl} + \delta_{ml}\delta_{nk}) \tag{8.7}$$

Defekte und Grundlösungen

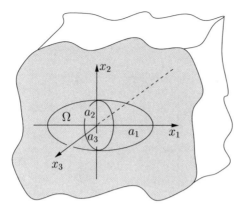

Bild 8.5 Ellipsoid Ω im unendlichen Gebiet

der symmetrische Einheitstensor vierter Stufe ist. Der Eshelby-Tensor ist symmetrisch in den vorderen und hinteren beiden Indizes, im allgemeinen jedoch nicht bezüglich einer Vertauschung dieser Paare:

$$S_{ijkl} = S_{jikl} = S_{ijlk} \,, \qquad S_{ijkl} \neq S_{klij} \,. \tag{8.8}$$

Seine Komponenten hängen für isotropes Material nur von der Querkontraktionszahl ν, den Hauptachsen a_i und deren Orientierung bezüglich des x_1, x_2, x_3-Koordinatensystems ab. Wegen der Länge der entsprechenden Ausdrücke verzichten wir hier auf ihre Darstellung und verweisen auf die Spezialliteratur (z.B. T. Mura, 1982).

Außerhalb des Einschlusses Ω sind die Verzerrungs- und Spannungsfelder nicht konstant. Sie zeigen mit zunehmendem Abstand r vom Einschluß ein asymptotisches Abklingverhalten vom Typ $\varepsilon_{ij}, \sigma_{ij} \sim r^{-3}$ für $r \to \infty$, das dem eines Dilatationszentrums entspricht. Das Resultat von Eshelby (1957) gilt allgemein für anisotropes Material, jedoch ist nur im Fall eines isotropen Materials eine geschlossene Darstellung des Tensors S_{ijkl} und der Felder außerhalb von Ω möglich. Die Eshelby-Lösung für ellipsoidförmige Einschlüsse ist von fundamentaler Bedeutung für analytische Homogenisierungsverfahren; wir werden in späteren Abschnitten intensiven Gebrauch von ihr machen.

Vom allgemeinen Ellipsoid ausgehend lassen sich diverse Spezialfälle ableiten. So ergibt sich beispielsweise die zweidimensionale Lösung für einen unendlich langen elliptischen Zylinder im ebenen Verzerrungszustand durch den Grenzübergang $a_3 \to \infty$ (Bild 8.6). Das äußere Verzerrungs- und Spannungsfeld in der x_1, x_2-Ebene zeigt dann ein asymptotisches Verhalten von $\varepsilon_{ij}, \sigma_{ij} \sim r^{-2}$ für $r \to \infty$. Die nichtverschwindenden Komponenten des Eshelby-Tensors bei iso-

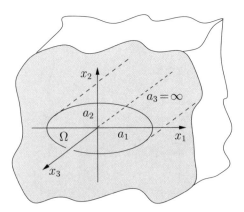

Bild 8.6 Elliptischer Zylinder

tropem Material ergeben sich für die Hauptachsenorientierung nach Bild 8.6 zu

$$S_{1111} = \frac{1}{2(1-\nu)} \left\{ \frac{a_2^2 + 2a_1 a_2}{(a_1+a_2)^2} + (1-2\nu)\frac{a_2}{a_1+a_2} \right\},$$

$$S_{2222} = \frac{1}{2(1-\nu)} \left\{ \frac{a_1^2 + 2a_1 a_2}{(a_1+a_2)^2} + (1-2\nu)\frac{a_1}{a_1+a_2} \right\},$$

$$S_{1122} = \frac{1}{2(1-\nu)} \left\{ \frac{a_2^2}{(a_1+a_2)^2} - (1-2\nu)\frac{a_2}{a_1+a_2} \right\},$$

$$S_{2211} = \frac{1}{2(1-\nu)} \left\{ \frac{a_1^2}{(a_1+a_2)^2} - (1-2\nu)\frac{a_1}{a_1+a_2} \right\}, \qquad (8.9)$$

$$S_{1212} = \frac{1}{2(1-\nu)} \left\{ \frac{a_1^2 + a_2^2}{2(a_1+a_2)^2} + \frac{1-2\nu}{2} \right\},$$

$$S_{1133} = \frac{\nu}{2(1-\nu)} \frac{2a_2}{a_1+a_2}, \qquad S_{2233} = \frac{\nu}{2(1-\nu)} \frac{2a_1}{a_1+a_2},$$

$$S_{1313} = \frac{a_2}{2(a_1+a_2)}, \qquad S_{2323} = \frac{a_1}{2(a_1+a_2)}.$$

Für einen kugelförmigen Einschluß ($a_i = a$) verschwindet bei isotropem Material die Abhängigkeit von den Hauptachsen und deren Orientierung (geometrische Isotropie), und der Eshelby-Tensor reduziert sich zu

$$S_{ijkl} = \alpha \frac{1}{3} \delta_{ij}\delta_{kl} + \beta \left(I_{ijkl} - \frac{1}{3}\delta_{ij}\delta_{kl} \right), \qquad (8.10)$$

Defekte und Grundlösungen

wobei

$$\alpha = \frac{1+\nu}{3(1-\nu)} = \frac{3K}{3K+4\mu}, \qquad \beta = \frac{2(4-5\nu)}{15(1-\nu)} = \frac{6(K+2\mu)}{5(3K+4\mu)} \qquad (8.11)$$

zwei skalare Parameter sind. Diese vollständige (elastische und geometrische) Isotropie des Problems gestattet eine Aufspaltung der Verzerrungen (8.5) in den kugelsymmetrischen und deviatorischen Anteil, wodurch die Bedeutung der Parameter α und β deutlich wird:

$$\varepsilon_{kk} = \alpha\,\varepsilon_{kk}^t, \qquad \varepsilon'_{ij} = \beta\,\varepsilon_{ij}^{t\,\prime} \qquad \text{in } \Omega. \qquad (8.12)$$

Als einfaches Beispiel betrachten wir die thermische Expansion infolge einer konstanten Temperaturerhöhung ΔT in einem kugelförmigen Bereich vom Radius a. Der Erwärmung zugeordnet ist eine Eigendehnung

$$\varepsilon_{ij}^t = \begin{cases} k\Delta T\,\delta_{ij}, & r \le a \\ 0, & r > a \end{cases} \qquad (8.13)$$

mit dem thermischen Ausdehnungskoeffizienten k. Nach (8.12) ergibt sich im Einschluß ($r \le a$) für die Dehnungen $\varepsilon_{kk} = 3\alpha k\,\Delta T$, $\varepsilon'_{ij} = 0$ bzw. in Kugelkoordinaten (r, φ, ϑ)

$$\varepsilon_r = \varepsilon_\varphi = \varepsilon_\vartheta = \frac{1+\nu}{3(1-\nu)} k\,\Delta T. \qquad (8.14)$$

Die Lösung außerhalb des Einschlusses ($r > a$) lautet

$$\varepsilon_r = -2\frac{1+\nu}{3(1-\nu)}\left(\frac{a}{r}\right)^3 k\,\Delta T, \qquad \varepsilon_\varphi = \varepsilon_\vartheta = \frac{1+\nu}{3(1-\nu)}\left(\frac{a}{r}\right)^3 k\,\Delta T. \qquad (8.15)$$

8.2.1.5 Defekt-Energien

Die auf der Mikroebene eines Materials vorliegenden Defekte wirken sich über die von ihnen hervorgerufenen Spannungs- und Verzerrungsfelder auf den Energiehaushalt des Materials aus. Mit einer Defektentwicklung (z.B. Verschiebung oder Vergrößerung) sind daher auch Energieänderungen verbunden, die wiederum durch die Wirkung *verallgemeinerter (materieller) Kräfte* (vgl. Abschnitt 4.6.5.2) erklärt werden können. Von Bedeutung dafür sind Energieanteile, in denen die Wechselwirkung äußerer Felder und defektinduzierter Felder zum Ausdruck kommt.

Im folgenden betrachten wir einen beliebigen Einschluß Ω in einem endlichen Gebiet V auf dessen Rand ∂V eine Last t_i^0 wirke (Bild 8.7); Volumenkräfte seien vernachlässigbar. Aufgrund der Linearität des Problems können alle Felder additiv in einen Anteil infolge der äußeren Last (Index 0) und einen Anteil infolge

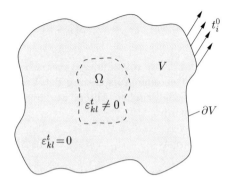

Bild 8.7   Einschluß Ω in berandetem Gebiet unter äußerer Last

der Eigendehnung $\varepsilon_{ij}^t(\boldsymbol{x})$ des Einschlusses (ohne Index) aufgespalten werden. Das Gesamtpotential lautet damit

$$
\begin{aligned}
\Pi &= \frac{1}{2}\int_V (\sigma_{ij}^0 + \sigma_{ij})(\varepsilon_{ij}^0 + \underbrace{\varepsilon_{ij} - \varepsilon_{ij}^t}_{\varepsilon_{ij}^e})\,\mathrm{d}V - \int_{\partial V} t_i^0(u_i^0 + u_i)\,\mathrm{d}A \\
&= \underbrace{\frac{1}{2}\int_V \sigma_{ij}^0 \varepsilon_{ij}^0 \,\mathrm{d}V - \int_{\partial V} t_i^0 u_i^0 \,\mathrm{d}A}_{\Pi^0} + \underbrace{\frac{1}{2}\int_V \sigma_{ij}(\varepsilon_{ij} - \varepsilon_{ij}^t)\,\mathrm{d}V}_{\Pi^t} \qquad (8.16)\\
&+ \underbrace{\frac{1}{2}\int_V (\sigma_{ij}^0(\varepsilon_{ij} - \varepsilon_{ij}^t) + \sigma_{ij}\varepsilon_{ij}^0)\,\mathrm{d}V}_{=0\ (*)} - \underbrace{\int_{\partial V} t_i^0 u_i \,\mathrm{d}A}_{\Pi^W}\,.
\end{aligned}
$$

Das Verschwinden des mit $(*)$ bezeichneten Terms kann wie folgt gezeigt werden. Durch Einsetzen des Elastizitätsgesetzes werden zunächst die Terme im Integranden zusammengefaßt. Anwenden des Gaußschen Satzes liefert ein Randintegral sowie ein Volumenintegral, deren Integranden jeweils verschwinden, da Eigendehnungen alleine keine Spannungen auf ∂V hervorrufen ($t_i|_{\partial V} = 0$) und die Gleichgewichtsbedingung $\sigma_{ij,j} = 0$ erfüllt ist:

$$
(*) = \frac{1}{2}\int_V [\varepsilon_{kl}^0 \underbrace{C_{ijkl}(\varepsilon_{ij} - \varepsilon_{ij}^t)}_{\sigma_{kl}} + \sigma_{ij}\varepsilon_{ij}^0]\,\mathrm{d}V = \int_V \sigma_{ij}\varepsilon_{ij}^0 \,\mathrm{d}V
$$
$$
= \int_{\partial V} t_i u_i^0 \,\mathrm{d}A - \int_V \sigma_{ij,j} u_i^0 \,\mathrm{d}V = 0\,.
$$

Defekte und Grundlösungen 223

Der Anteil Π^0 des Gesamtpotentials (8.16) ist die potentielle Energie infolge der äußeren Randlast allein und hier nicht weiter von Bedeutung. Die nur aus der Eigendehnung herrührende Energie Π^t wird auch als *Selbstenergie* des Defektes bezeichnet; sie läßt sich weiter umformen zu

$$\Pi^t = \frac{1}{2}\int_V \sigma_{ij}(\varepsilon_{ij} - \varepsilon^t_{ij})\,\mathrm{d}V = \underbrace{\frac{1}{2}\int_V \sigma_{ij}\varepsilon_{ij}\,\mathrm{d}V}_{=\,0,\ \mathrm{vgl.}\ (*)} - \frac{1}{2}\int_V \sigma_{ij}\varepsilon^t_{ij}\,\mathrm{d}V = -\frac{1}{2}\int_\Omega \sigma_{ij}\varepsilon^t_{ij}\,\mathrm{d}V\ .$$

(8.17)

Speziell für einen ellipsoidförmigen Einschluß im unendlichen Gebiet und eine konstante Eigendehnung ist auch die Spannung σ_{ij} in Ω konstant. Dann vereinfacht sich Π^t mit (8.6) weiter zu

$$\Pi^t = -\frac{1}{2}\sigma_{ij}\varepsilon^t_{ij}V_\Omega = -\frac{1}{2}C_{ijmn}(S_{mnkl} - I_{mnkl})\varepsilon^t_{ij}\varepsilon^t_{kl}V_\Omega\ ,$$

(8.18)

wobei V_Ω das Einschlußvolumen bezeichnet.

Die *Wechselwirkungsenergie* Π^W des Einschlusses ist definiert als $\Pi^W = \Pi - \Pi^0 - \Pi^t$ und somit gleich dem verbleibenden Term in (8.16). Dieser bringt die Arbeit der von den Eigendehnungen hervorgerufenen Verschiebungen an der äußeren Last zum Ausdruck; er läßt sich mit obigen Argumenten ebenfalls noch umformen:

$$\begin{aligned}\Pi^W &= -\int_{\partial V} t^0_i u_i\,\mathrm{d}A = -\int_V \sigma^0_{ij}\varepsilon_{ij}\,\mathrm{d}V = -\int_V \varepsilon^0_{ij}C_{ijkl}\underbrace{(\varepsilon^e_{kl} + \varepsilon^t_{kl})}_{\varepsilon_{kl}}\,\mathrm{d}V \\ &= -\underbrace{\int_V \varepsilon^0_{ij}\sigma_{ij}\,\mathrm{d}V}_{=\,0,\ \mathrm{vgl.}\ (*)} - \int_V \sigma^0_{ij}\varepsilon^t_{ij}\,\mathrm{d}V = -\int_\Omega \sigma^0_{ij}\varepsilon^t_{ij}\,\mathrm{d}V\ .\end{aligned}$$

(8.19)

Bei konstanter Eigendehnung und homogener äußerer Belastung ($\sigma^0_{ij} = const$) vereinfacht sich dies zu

$$\Pi^W = -\sigma^0_{ij}\varepsilon^t_{ij}V_\Omega\ .$$

(8.20)

Den Zusammenhang zwischen der Wechselwirkungsenergie und der auf einen Defekt wirkenden verallgemeinerten Kraft illustrieren wir am Beispiel eines Dilatationszentrums nach Abschnitt 8.2.1.1. Die Eigendehnung eines sich am Ort $\boldsymbol{x} = \boldsymbol{\xi}$ befindenden Dilatationszentrums kann mit Hilfe der *Diracschen Deltafunktion* $\delta(.)$ auch als

$$\varepsilon^t_{ij}(\boldsymbol{x}) = q\,\delta(\boldsymbol{x} - \boldsymbol{\xi})\,\delta_{ij}$$

(8.21)

geschrieben werden, wobei q die *Intensität* des Dilatationszentrums bezeichnet. Einsetzen in (8.19) liefert die Abhängigkeit der Wechselwirkungsenergie vom Ort des Dilatationszentrums:

$$\Pi^W(\boldsymbol{\xi}) = -\int_V \sigma^0_{ij}(\boldsymbol{x})\varepsilon^t_{ij}(\boldsymbol{x})\,\mathrm{d}V = -q\int_V \sigma^0_{jj}(\boldsymbol{x})\delta(\boldsymbol{x} - \boldsymbol{\xi})\,\mathrm{d}V = -q\,\sigma^0_{jj}(\boldsymbol{\xi})\ .$$

(8.22)

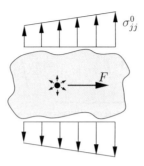

Bild 8.8   Verallgemeinerte Kraft auf Dilatationszentrum

Sie hängt danach nur vom hydrostatischen Anteil σ_{jj}^0 des durch die äußeren Lasten hervorgerufenen Feldes ab. In Analogie zu Abschnitt 4.6.5.2 bestimmen wir die verallgemeinerte Kraft $\boldsymbol{F}$ auf das Dilatationszentrum über die bei seiner Verschiebung $d\boldsymbol{\xi}$ freigesetzte Energie $d\Pi = -F_k d\xi_k$. Da sich bei einer Verschiebung des Dilatationszentrums nur die Wechselwirkungsenergie ändert, ergibt sich

$$F_k = -\frac{\partial \Pi^W}{\partial \xi_k} = q\,\frac{\partial \sigma_{jj}^0(\boldsymbol{\xi})}{\partial \xi_k}\,. \qquad (8.23)$$

Die verallgemeinerte Kraft auf ein Dilatationszentrum ist also proportional zum Gradienten des hydrostatischen Anteils des äußeren Spannungsfeldes (Bild 8.8).

Man kann dieses Beispiel auch als Modell für die spannungsunterstützte Diffusion eines Zwischengitteratoms in einem Kristallgitter ansehen. Danach bewirkt die verallgemeinerte Kraft eine bevorzugte Wanderung des Zwischengitteratoms in Bereiche größerer hydrostatischen Zugspannung, d.h. größerer Abstände zwischen den Gitteratomen.

8.2.2   Inhomogenitäten

8.2.2.1   Konzept der äquivalenten Eigendehnung

Wir wenden uns nun der zweiten Defektklasse zu, die nicht durch Eigendehnungen in einem homogenen Material sondern durch inhomogene, d.h. ortsabhängige Materialeigenschaften ausgezeichnet ist. Das Ziel ist es, solche Defekte zunächst durch eine *äquivalente* Eigendehnung in einem homogenen Ersatz- oder *Vergleichs*material zu charakterisieren, um dann das Eshelby-Resultat auf inhomogene Materialien zu übertragen. Dazu betrachten wir ein Gebiet V, dessen inhomogenes Stoffverhalten durch den ortsabhängigen Elastizitätstensor $C_{ijkl}(\boldsymbol{x})$ beschrieben sei und auf dessen Rand ∂V die Verschiebungen $\hat{u}_i$ vorgegeben sind (Bild 8.9a). Unter Vernachlässigung von Volumenkräften wird dieses Randwert-

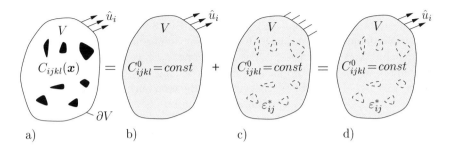

Bild 8.9 a) Heterogenes Material, b) homogenes Vergleichsmaterial, c) äquivalente Eigendehnung, d) homogenisiertes Ausgangsproblem

problem beschrieben durch

$$\sigma_{ij,j} = 0 \ , \qquad \sigma_{ij} = C_{ijkl}(\boldsymbol{x})\,\varepsilon_{kl} \ , \qquad u_i|_{\partial V} = \hat{u}_i \ . \tag{8.24}$$

Zusätzlich betrachten wir das geometrisch gleiche Gebiet V unter derselben Randbedingung jedoch nun für ein *homogenes Vergleichsmaterial* mit den konstanten elastischen Eigenschaften C_{ijkl}^0 (Bild 8.9b). Die bei diesem Problem vorliegenden Felder kennzeichnen wir mit dem Index 0:

$$\sigma_{ij,j}^0 = 0 \ , \qquad \sigma_{ij}^0 = C_{ijkl}^0\,\varepsilon_{kl}^0 \ , \qquad u_i^0|_{\partial V} = \hat{u}_i \ . \tag{8.25}$$

Bildet man die *Differenzfelder*

$$\tilde{u}_i = u_i - u_i^0 \ , \qquad \tilde{\varepsilon}_{ij} = \varepsilon_{ij} - \varepsilon_{ij}^0 \ , \tag{8.26}$$

so folgt für die Differenzspannung

$$\begin{aligned}
\tilde{\sigma}_{ij} &= \sigma_{ij} - \sigma_{ij}^0 = C_{ijkl}(\boldsymbol{x})\,\varepsilon_{kl} - C_{ijkl}^0 \Big(\underbrace{\varepsilon_{kl} - \tilde{\varepsilon}_{kl}}_{\varepsilon_{ij}^0} \Big) \\
&= C_{ijkl}^0 \Big[\tilde{\varepsilon}_{kl} + \underbrace{C_{klmn}^{0\,-1}[\,C_{mnpq}(\boldsymbol{x}) - C_{mnpq}^0\,]\varepsilon_{pq}}_{-\varepsilon_{kl}^*} \Big] \ .
\end{aligned} \tag{8.27}$$

Für die Differenzfelder gelten demnach die Gleichungen

$$\tilde{\sigma}_{ij,j} = 0 \ , \qquad \tilde{\sigma}_{ij} = C_{ijkl}^0 \Big(\tilde{\varepsilon}_{kl} - \varepsilon_{kl}^* \Big) \ , \qquad \tilde{u}_i|_{\partial V} = 0 \ . \tag{8.28}$$

Durch sie wird ein Randwertproblem für ein *homogenes Material* C_{ijkl}^0 mit *Eigendehnung* $\varepsilon_{kl}^*(\boldsymbol{x})$ und auf dem Rand ∂V verschwindenden Verschiebungen beschrieben (Bild 8.9c). Dabei wird

$$\varepsilon_{ij}^* = -\,C_{ijkl}^{0\,-1}\Big[\,C_{klmn}(\boldsymbol{x}) - C_{klmn}^0\,\Big]\varepsilon_{mn} \tag{8.29}$$

als die zur Heterogenität des Materials *äquivalente Eigendehnung* bezeichnet. Unter Verwendung eines zunächst beliebigen homogenen Vergleichsmaterials wurde somit das ursprüngliche komplexe Problem nach Bild 8.9a reduziert auf das leichter zu behandelnde Problem nach Bild 8.9d mit homogenem Material und einer Eigendehnungsverteilung. Diese hängt zwar immer noch vom Verzerrungsfeld des Originalproblems ab, jedoch nur über die Abweichung $C_{ijkl}(\boldsymbol{x}) - C^0_{ijkl}$ in den elastischen Eigenschaften. Diese Vorgehensweise, die man auch als eine *Filterung* bezeichnen kann, ist in mehrfacher Hinsicht von praktischer Bedeutung. So kennen wir schon Grundlösungen für Eigendehnungsprobleme in homogenem Material, wie zum Beispiel die Eshelby'sche Lösung, die nun formal auf materielle Inhomogenitäten übertragbar sind. Zum anderen bewirkt die Differenz $C_{ijkl}(\boldsymbol{x}) - C^0_{ijkl}$ in (8.29) bei geeigneter Wahl von C^0_{ijkl}, daß sich Fehler in der Approximation von $\varepsilon_{ij}(\boldsymbol{x})$ bei der Lösung des Randwertproblems (8.28) geringer auswirken als im Ausgangsproblem (8.24). Die in (8.29) auftretende, auch als *Spannungspolarisation* bezeichnete Größe

$$\tau_{ij}(\boldsymbol{x}) = \left[C_{ijkl}(\boldsymbol{x}) - C^0_{ijkl} \right] \varepsilon_{kl}(\boldsymbol{x}) \tag{8.30}$$

bringt diesen Zusammenhang zum Ausdruck. Sie beschreibt die Abweichung der "wahren" Spannung $\sigma_{ij} = C_{ijkl}\varepsilon_{kl}$ von der Spannung, welche die "wahre" Verzerrung ε_{kl} im homogenen Vergleichsmaterial hervorrufen würde. Die Spannungspolarisation τ_{ij} wird im Rahmen einer Variationsformulierung in Abschnitt 8.3.3.2 noch eine wichtige Rolle spielen.

Die Methode der Subtraktion eines Randwertproblems für homogenes (defektfreies) Material wurde im Prinzip schon in Abschnitt 4.4.1 bei der Aufspaltung in zwei Teilprobleme (Bild 4.9) angewandt. Die im dortigen Teilproblem (2) auftretende fiktive Rißbelastung kann auch als Eigenspannung, der Verschiebungssprung – wie wir noch sehen werden – auch als Eigendehnung interpretiert werden.

Liegt zusätzlich zur Materialinhomogenität $C_{ijkl}(\boldsymbol{x})$ auch noch eine "echte" Eigendehnung $\varepsilon^t_{ij}(\boldsymbol{x})$ nach Abschnitt 8.2.1.3 vor, so führt die obige Vorgehensweise auf eine im homogenen Vergleichsmaterial wirksame äquivalente Eigendehnung von

$$\varepsilon^*_{ij} = -C^{0\,-1}_{ijkl} \left[\left(C_{klmn}(\boldsymbol{x}) - C^0_{klmn} \right) \varepsilon_{mn} - C_{klmn}(\boldsymbol{x})\, \varepsilon^t_{mn} \right]. \tag{8.31a}$$

Angesichts der häufig auftretenden tensoriellen Ausdrücke werden wir uns im folgenden der leichterer Lesbarkeit halber neben der Indexnotation auch der symbolischen Schreibweise bedienen: σ_{ij}, ε_{ij}, $C_{ijkl} \to \boldsymbol{\sigma}, \boldsymbol{\varepsilon}, \boldsymbol{C}$ (vgl. Kapitel 1). In dieser Schreibweise nimmt beispielsweise Gleichung (8.31a) die folgende Form an:

$$\boldsymbol{\varepsilon}^* = -\boldsymbol{C}^{0\,-1} : \left[\left(\boldsymbol{C}(\boldsymbol{x}) - \boldsymbol{C}^0 \right) : \boldsymbol{\varepsilon} - \boldsymbol{C}(\boldsymbol{x}) : \boldsymbol{\varepsilon}^t \right]. \tag{8.31b}$$

Zur Unterscheidung vom Einheitstensor zweiter Stufe $\boldsymbol{I}$ wird der Einheitstensor vierter Stufe (8.7) durch das Symbol $\boldsymbol{1}$ dargestellt. Die Vertauschung des ersten und zweiten Indexpaares eines vierstufigen Tensors wird durch ein hochgestelltes T (Transposition) gekennzeichnet: $A_{mnij} B_{mnkl} = (\boldsymbol{A}^T : \boldsymbol{B})_{ijkl}$.

8.2.2.2 Ellipsoidförmige Inhomogenitäten

Als wichtigen Spezialfall, der es uns gestattet, das Eshelby-Resultat anzuwenden, betrachten wir nun eine ellipsoidförmige Materialinhomogenität Ω in einer unendlich ausgedehnten Matrix (Bild 8.10a). Die jetzt stückweise konstanten Eigenschaften sind gegeben durch den Elastizitätstensor $\boldsymbol{C}_\mathrm{I}$ in Ω (Inhomogenität) und $\boldsymbol{C}_\mathrm{M}$ in der umgebenden Matrix. Im Unendlichen sei das homogene Verzerrungsfeld $\boldsymbol{\varepsilon}^0 = const$ vorgegeben. Als Vergleichsmaterial wählen wir das der Matrix, also $\boldsymbol{C}^0 = \boldsymbol{C}_\mathrm{M}$. Unter Verwendung von (8.26) und (8.29) ergibt sich damit die äquivalente Eigendehnung in Ω zu

$$\boldsymbol{\varepsilon}^*(\boldsymbol{x}) = -\boldsymbol{C}_\mathrm{M}^{-1} : \left(\boldsymbol{C}_\mathrm{I} - \boldsymbol{C}_\mathrm{M}\right) : \left(\tilde{\boldsymbol{\varepsilon}}(\boldsymbol{x}) + \boldsymbol{\varepsilon}^0\right) . \tag{8.32}$$

Außerhalb von Ω ist $\boldsymbol{\varepsilon}^* = \boldsymbol{0}$, so daß zur Bestimmung der Differenzverzerrung $\tilde{\boldsymbol{\varepsilon}}(\boldsymbol{x})$ in (8.28) das Eshelby-Resultat

$$\tilde{\boldsymbol{\varepsilon}} = \boldsymbol{S} : \boldsymbol{\varepsilon}^* = const \tag{8.33}$$

angewendet werden kann. Die hierfür vorausgesetzte Konstanz der Eigendehnungen wird durch Einsetzen von (8.33) in (8.32) bestätigt. Auflösen nach $\boldsymbol{\varepsilon}^*$ liefert die äquivalente Eigendehnung infolge einer im Unendlichen vorgegebenen konstanten Verzerrung $\boldsymbol{\varepsilon}^0$ (Bild 8.10b):

$$\boldsymbol{\varepsilon}^* = -\left[\boldsymbol{S} + (\boldsymbol{C}_\mathrm{I} - \boldsymbol{C}_\mathrm{M})^{-1} : \boldsymbol{C}_\mathrm{M}\right]^{-1} : \boldsymbol{\varepsilon}^0 \quad \text{in } \Omega . \tag{8.34}$$

Mit (8.33) und (8.34) kann die Gesamtverzerrung $\boldsymbol{\varepsilon} = \boldsymbol{\varepsilon}^0 + \tilde{\boldsymbol{\varepsilon}}$ in der Inhomogenität Ω in Abhängigkeit von der äußeren Belastung $\boldsymbol{\varepsilon}^0$ als

$$\boldsymbol{\varepsilon} = \underbrace{\left[\boldsymbol{1} + \boldsymbol{S} : \boldsymbol{C}_\mathrm{M}^{-1} : (\boldsymbol{C}_\mathrm{I} - \boldsymbol{C}_\mathrm{M})\right]^{-1}}_{\boldsymbol{A}_\mathrm{I}^\infty} : \boldsymbol{\varepsilon}^0 = const \tag{8.35a}$$

geschrieben werden. Der Tensor vierter Stufe $\boldsymbol{A}_\mathrm{I}^\infty$, welcher den Zusammenhang zwischen der Verzerrung $\boldsymbol{\varepsilon}$ in der Inhomogenität und der äußeren Belastung $\boldsymbol{\varepsilon}^0$ herstellt, wird auch als *Einflußtensor* bezeichnet. Mit der Beziehung (8.35a) kann nun auch die in Ω ebenfalls konstante Spannung $\boldsymbol{\sigma} = \boldsymbol{C}_\mathrm{I} : \boldsymbol{\varepsilon}$ angegeben werden, die aus einer konstanten Belastung $\boldsymbol{\sigma}^0 = \boldsymbol{C}_\mathrm{M} : \boldsymbol{\varepsilon}^0$ im Unendlichen resultiert:

$$\boldsymbol{\sigma} = \boldsymbol{C}_\mathrm{I} : \boldsymbol{A}_\mathrm{I}^\infty : \boldsymbol{C}_\mathrm{M}^{-1} : \boldsymbol{\sigma}^0 . \tag{8.35b}$$

Als konkretes Beispiel wollen wir $\boldsymbol{\sigma}$ für eine kugelförmige isotrope Inhomogenität bestimmen, die sich in einer isotropen Matrix befindet. Dabei beschränken wir uns auf den hydrostatischen Anteil. In (8.35b) bzw. in $\boldsymbol{A}_\mathrm{I}^\infty$ sind dann gemäß (8.11) nur $\boldsymbol{S}$ durch $\alpha(\nu_\mathrm{M})$ sowie $\boldsymbol{C}_\mathrm{I}$ und $\boldsymbol{C}_\mathrm{M}$ durch die Kompressionsmoduli $3K_\mathrm{I}$ bzw. $3K_\mathrm{M}$ zu ersetzen:

$$\sigma_{ii} = 3K_\mathrm{I} \left[1 + \alpha \frac{3K_\mathrm{I} - 3K_\mathrm{M}}{3K_\mathrm{M}}\right]^{-1} \frac{\sigma_{ii}^0}{3K_\mathrm{M}} \quad \text{in } \Omega . \tag{8.36}$$

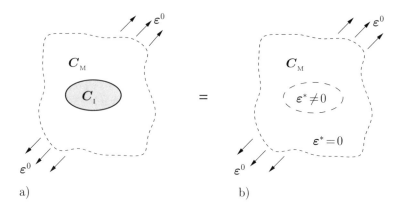

Bild 8.10 a) Ellipsoidförmige Inhomogenität, b) homogenes Material mit Eigendehnung

Nach (8.11) ist $\alpha = 2/3$ für $\nu_M = 1/3$. Mit diesen Werten folgt aus (8.36) für eine "harte" Inhomogenität ($K_I \gg K_M$) eine hydrostatische Spannung in Ω von $\sigma_{ii} \approx 1.5\,\sigma_{ii}^0$. Für eine "weiche" Inhomogenität ($K_I \ll K_M$) ergibt sich dagegen $\sigma_{ii} \ll \sigma_{ii}^0$.

Außerhalb einer ellipsoidförmigen Inhomogenität sind die Spannungen und Verzerrungen nicht konstant. Die zum äquivalenten Eigendehnungsproblem (8.28) gehörenden Differenzfelder $\tilde{\boldsymbol{\sigma}}$, $\tilde{\boldsymbol{\varepsilon}}$, $\tilde{\boldsymbol{u}}$ zeigen dort das gleiche asymptotische Verhalten wie die in Abschnitt 8.2.1.4 diskutierte Lösung des Einschlußproblems.

8.2.2.3 Hohlräume und Risse

Einen Sonderfall materieller Inhomogenitäten stellen Hohlräume (Poren) und Risse in einem sonst homogenen Matrixmaterial dar. Man kann diese Bereiche formal als Materialien mit verschwindender Steifigkeit ansehen. Es ist dann möglich, durch Nullsetzen der Steifigkeit der Inhomogenität ($\boldsymbol{C}_I = \boldsymbol{0}$) und geeignete Interpretation der dort vorliegenden Verzerrung (siehe auch Abschnitt 8.3.1.2) die für allgemeine Inhomogenitäten gewonnenen Ergebnisse auf ellipsoidförmige Poren sowie auf Risse als deren Grenzfall (eine verschwindende Halbachse) zu spezialisieren. Es ist jedoch anschaulicher, das Randwertproblem für solche Defekte in homogenem Matrixmaterial unter konstanter Belastung im Unendlichen direkt zu behandeln. Es sind dann Randbedingungen auf dem Hohlraumrand oder Riß zu berücksichtigen, wobei wir im folgenden annehmen wollen, daß diese Ränder belastungsfrei sind. In Hinblick auf die später benötigten Größen genügt uns die Kenntnis der Verschiebungen auf dem jeweiligen Defektrand. Sie seien nachfolgend für drei wichtige Fälle angegeben. Die gesamten Spannungs- und Deforma-

Defekte und Grundlösungen

tionsfelder können bei Bedarf der Spezialliteratur entnommen werden (siehe z.B. H.G. Hahn, 1985).

a) Kreisloch (2D)
Für eine unendlich ausgedehnte isotrope Scheibe mit einem kreisförmigen Loch vom Radius a unter konstanter Fernfeldbelastung σ_{ij}^0 (Bild 8.11a) lauten die Verschiebungen auf dem Lochrand ($r = a$) in Polarkoordinaten im ESZ

$$u_r(a,\varphi) = \frac{a}{E}\left[\sigma_{11}^0\left(3\cos^2\varphi - \sin^2\varphi\right) + \sigma_{22}^0\left(3\sin^2\varphi - \cos^2\varphi\right) + 8\sigma_{12}^0\sin\varphi\cos\varphi\right] \tag{8.37}$$

$$u_\varphi(a,\varphi) = 4\frac{a}{E}\left[-\sigma_{11}^0\sin\varphi\cos\varphi + \sigma_{22}^0\sin\varphi\cos\varphi + \sigma_{12}^0\left(\cos^2\varphi - \sin^2\varphi\right)\right].$$

b) Gerader Riß (2D)
Auf einem geraden Riß der Länge $2a$ in einer unendlich ausgedehnten isotropen Scheibe im ESZ unter konstanter Belastung σ_{ij}^0 im Unendlichen (Bild 8.11b) erfährt das Verschiebungsfeld einen Sprung $\Delta\boldsymbol{u}$. Er kann im x_1, x_2-Koordinatensystem wie folgt dargestellt werden (vgl. Abschnitt 4.4.1)

$$\Delta u_i(x_1) = \frac{4\sigma_{i2}^0}{E}\sqrt{a^2 - x_1^2} \qquad (i, j = 1, 2). \tag{8.38}$$

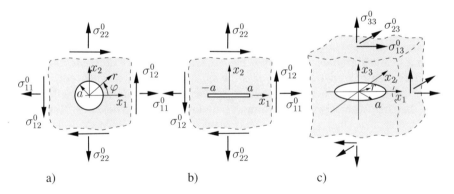

Bild 8.11 a) Kreisloch, b) gerader Riß, c) kreisförmiger Riß (3D)

c) Kreisförmiger ('penny shaped') Riß (3D)
Der Verschiebungssprung über einen kreisförmigen Riß vom Radius a, dessen Normale mit der lokalen x_3-Richtung zusammenfällt (Bild 8.11c) lautet

$$\Delta u_i(r) = \frac{16(1-\nu^2)}{\pi E(2-\nu)}\,\sigma^0_{i3}\,\sqrt{a^2-r^2} \qquad (i=1,2)\,,$$

$$\Delta u_3(r) = \frac{8(1-\nu^2)}{\pi E}\,\sigma^0_{33}\,\sqrt{a^2-r^2}$$

(8.39)

mit $r = \sqrt{x_1^2 + x_2^2}$.

8.3 Effektive elastische Materialeigenschaften

Wie bereits angesprochen besitzt ein makroskopisch scheinbar homogenes Material auf einer mikroskopischen Betrachtungsebene im allgemeinen eine heterogene Mikrostruktur. Wir wollen nun untersuchen, wie sich diese auf die übergeordnete Makroebene, d.h. auf einer gröberen Skala, auswirkt. Dabei werden wir uns zur Beschreibung der Heterogenität auf die zuvor betrachteten ausgewählten Inhomogenitäten bzw. Defekte beschränken. Unter noch zu diskutierenden Voraussetzungen ist es möglich, durch gedankliche *Verschmierung* der feinskaligen Heterogenität das Material auf der Makroebene als homogen zu beschreiben und ihm ortsunabhängige *effektive* Eigenschaften zuzuordnen, in welche die Mikrostruktur in einem gemittelten Sinne eingeht. Dieser Mikro-Makro-Übergang wird als *Homogenisierung* bezeichnet. Um effektive Materialeigenschaften handelt es sich beispielsweise bei dem an geeigneten Probekörpern gemessenen Elastizitätsmodul oder der Querkontraktionszahl von Stahl; in vielen technischen Anwendungen läßt sich durch diese einfachen makroskopischen Größen das Verhalten des mikroskopisch äußerst komplex aufgebauten Werkstoffs (anisotrope Kristallite, Korngrenzen, Versetzungen, etc.) hinreichend gut beschreiben. Natürlich ist die Messung von Materialeigenschaften nur sinnvoll, wenn das Ergebnis nicht vom konkreten Probekörper abhängt oder davon, ob der Versuch kraft- oder weggesteuert durchgeführt wird. Der Probekörper muß *repräsentativ* für das Material sein. Bei der theoretischen Bestimmung makroskopischer effektiver Materialeigenschaften aus einer gegebenen Mikrostruktur gelten analoge Anforderungen, auf die wir im folgenden genauer eingehen werden.

8.3.1 Grundlagen

8.3.1.1 Repräsentatives Volumenelement (RVE)

Im Rahmen eines deterministischen und kontinuumsmechanischen Zugangs kann der Vorgang der Homogenisierung und die Rolle der makroskopischen und mikroskopischen Betrachtungsebenen mit ihren typischen Skalen anhand von Bild 8.12 veranschaulicht werden. An einem beliebigen Ort $\boldsymbol{x}^{\text{makro}}$ der Makroebene (z.B.

Effektive elastische Eigenschaften   231

eines Bauteils), auf der das Material als homogen, d.h. mittels ortsunabhängiger effektiver Eigenschaften beschrieben werden soll, wird durch Vergrößerung (Mikroskop) die räumlich ausgedehnte feinskalige Mikrostruktur sichtbar.

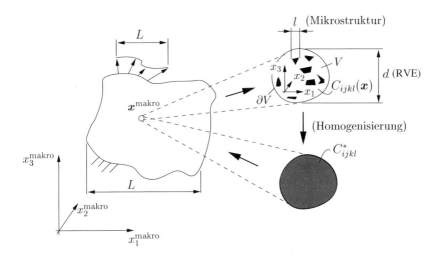

Bild 8.12 Homogenisierung und charakteristische Längen

Wir nehmen an, daß das Materialverhalten auf der Mikroebene bekannt und linear elastisch ist. Führen wir dort ein zusätzliches Koordinatensystem ein, so kann die Mikrostruktur durch die Abhängigkeit des Elastizitätstensors $C_{ijkl}(\boldsymbol{x})$ von den Ortskoordinaten x_i der Mikroebene beschrieben werden. Genau wie bei der Messung makroskopischer Materialeigenschaften am repräsentativen Probekörper betrachten wir einen Volumenbereich V der Mikroebene, der *repräsentativ* für das gesamte Material sein soll. Anhand dieses Volumenbereichs werden dem Material über einen Homogenisierungsprozeß Makroeigenschaften in Form des räumlich konstanten *effektiven Elastizitätstensors* C^*_{ijkl} zugewiesen. Damit dieses Ergebnis unabhängig von $\boldsymbol{x}^{\text{makro}}$ ist, muß die Gesamtheit der durch $C_{ijkl}(\boldsymbol{x})$ beschriebenen und zu C^*_{ijkl} beitragenden mikrostrukturellen Details ebenfalls unabhängig vom Ort auf der Makroebene sein. Man sagt auch, als Voraussetzung einer Homogenisierung müssen die Defekte (Heterogenitäten) *statistisch homogen* im Material verteilt sein. Außerdem darf C^*_{ijkl} nicht von der Größe oder Form des gewählten Volumenbereichs V abhängen. Bei einer regellosen Defektverteilung muß der Bereich V also eine hinreichend große Anzahl von Einzeldefekten enthalten und damit in seiner Abmessung d sehr viel größer sein als eine charakteristische Länge l der Mikrostruktur. Letztere ist zum Beispiel durch die typische Größe oder den Abstand von Einzeldefekten gegeben (Bild 8.12). Wie die elastischen Eigenschaften $C_{ijkl}(\boldsymbol{x})$ mit dieser "Wellenlänge" l fluktuieren, so schwanken auch die Spannungs- und Verzerrungsfelder auf der Mikroebene. Andererseits muß der Volumenbereich V aber auch so klein sein, daß er auf der Makroebene näherungsweise als Punkt angesehen werden kann (Bild 8.12). Eine charakteristische Länge L auf dieser Ebene ist gegeben durch die Geometrie, durch die räumliche Variation der Belastung oder durch die sich im makroskopisch homogenen Material einstellenden Spannungs- und Verzerrungsfelder ("Makrofelder"). Damit in einer konkreten Situation die Wahl eines zur Homogenisierung geeigneten Volumenbereichs möglich ist, müssen die charakteristischen Längen also die Voraussetzung

$$\boxed{l \ll d \ll L} \tag{8.40}$$

erfüllen. Der Bereich V wird dann als *Repräsentatives Volumenelement* (RVE) bezeichnet.

Offensichtlich kann die beidseitige Einschränkung von d nach (8.40) unter Umständen die Existenz eines RVE und damit eine sinnvolle Homogenisierung ausschließen. Eine solche Situation liegt beispielsweise an einer makroskopischen Rißspitze vor, wo die Verzerrungen im homogenen Material singulär werden, sich also über beliebig kleine Längen L stark ändern. Die Größe d eines RVE müßte nach (8.40) unendlich klein werden und würde den notwendigen skalenmäßigen Abstand zur Mikrostruktur (l) jedes realen Materials verletzen. Man nimmt üblicherweise an, daß dies erst in der Prozeßzone (vgl. Abschnitt 4.1) erfolgt. Ähnliches gilt in der Mikrosystemtechnik, in der Bauteile oft so klein sind, daß klassische, anhand herkömmlicher (großer) Proben gemessene Materialeigenschaften nicht mehr zu ihrer Beschreibung verwendet werden können. Diese Beispiele betreffen beide den rechten Teil der Ungleichung (8.40), den wir wie auch die statistische Homogenität des Materials im folgenden als erfüllt ansehen wollen. Den linken Teil der Ungleichung, nämlich die Bedingung für die Mindestgröße d eines RVE werden wir in Abschnitt 8.3.1.3 anhand des konkreten Homogenisierungsprozesses diskutieren, der quantitative Aussagen gestattet. Als praktische Anhaltswerte können beispielsweise für Keramiken und polykristalline Metalle $d \approx 0.1\text{mm}$ und für Beton $d \approx 100\text{mm}$ angesehen werden (vgl. Bild 8.1).

Besondere Vorsicht ist auch bei der Beschreibung sogenannter *Gradientenmaterialien* mit räumlich veränderlichen makroskopischen Eigenschaften geboten. Bei ihnen weist die Verteilung der mikrostrukturellen Details eine Ortsabhängigkeit auf, so daß die zur Definition effektiver Eigenschaften vorausgesetzte statistische Homogenität der Mikrostruktur streng genommen nicht gegeben ist. Die Verwendung solcher effektiver Eigenschaften stellt daher nur eine pragmatische Näherung dar.

Die Voraussetzung der statistischen Homogenität einer lokal unregelmäßigen Defektverteilung erübrigt sich im Sonderfall einer streng periodischen Defektanordnung. Dann ist bereits eine *Einheitszelle* dieser Anordnung repräsentativ für das gesamte heterogene Material.

Effektive elastische Eigenschaften   233

8.3.1.2 Mittelungen

Über die Zweiskalenbetrachtung nach Bild 8.12 wird einem materiellen Punkt der Makroebene ein Volumenbereich V der Mikroebene zugeordnet; dort liegen Spannungen und Verzerrungen als fluktuierende (Mikro-) Felder vor. Die den mechanischen Zustand des makroskopischen Punktes beschreibenden *Makrospannungen* und *-verzerrungen* definieren wir als die Volumenmittelwerte

$$\langle \sigma_{ij} \rangle = \frac{1}{V} \int_V \sigma_{ij}(\boldsymbol{x}) \, \mathrm{d}V \, , \qquad \langle \varepsilon_{ij} \rangle = \frac{1}{V} \int_V \varepsilon_{ij}(\boldsymbol{x}) \, \mathrm{d}V \qquad (8.41)$$

der mikroskopischen Felder und verwenden als Abkürzung dafür das Klammersymbol $\langle \cdot \rangle$. Mit Hilfe des Gaußschen Satzes können die Makrogrößen (8.41) auch durch Integrale über den Rand ∂V des Mittelungsbereichs ausgedrückt werden. Setzen wir voraus, daß keine Volumenkräfte auftreten, so gilt mit der Gleichgewichtsbedingung $\sigma_{ik,k} = 0$ und $x_{j,k} = \delta_{jk}$ für die Spannungen zunächst die Identität

$$(x_j \, \sigma_{ik})_{,k} = x_{j,k} \, \sigma_{ik} + x_j \, \sigma_{ik,k} = \sigma_{ij} \, .$$

Einsetzen in (8.41) liefert für die Makrospannungen die Darstellung

$$\langle \sigma_{ij} \rangle = \frac{1}{V} \int_V (x_j \, \sigma_{ik})_{,k} \, \mathrm{d}V = \frac{1}{V} \int_{\partial V} x_j \, \sigma_{ik} \, n_k \, \mathrm{d}A = \frac{1}{V} \int_{\partial V} t_i \, x_j \, \mathrm{d}A \, . \qquad (8.42)$$

Für die Makroverzerrungen ergibt sich

$$\langle \varepsilon_{ij} \rangle = \frac{1}{2V} \int_V (u_{i,j} + u_{j,i}) \, \mathrm{d}V = \frac{1}{2V} \int_{\partial V} (u_i \, n_j + u_j \, n_i) \, \mathrm{d}A \, . \qquad (8.43)$$

In (8.42) und (8.43) wurde stillschweigend die Differenzierbarkeit des Spannungs- und Verschiebungsfeldes und damit die Anwendbarkeit des Gaußschen Satzes in ganz V angenommen. Dies ist jedoch gerade im Fall heterogener Materialien mit sich sprungartig ändernden Eigenschaften nicht gegeben. Trotzdem gelten die Darstellungen (8.42) und (8.43) der Makrogrößen durch Randintegrale ganz allgemein, d.h. unabhängig vom Stoffverhalten und auch für Mikrostrukturen, die Hohlräume oder Risse enthalten. Um dies zu zeigen, betrachten wir nach Bild 8.13a eine innere Grenzfläche S, die im Volumenbereich V zwei Teilbereiche V_1 und V_2 mit unterschiedlichen Eigenschaften voneinander trennt und an der die Spannungen und Verschiebungen im allgemeinen nicht differenzierbar sind. Der Gaußsche Satz ist daher auf den Teilbereichen getrennt anzuwenden, wobei S einmal als Rand von V_2 (äußere Normale n_j) sowie als innerer Rand von V_1 (äußere Normale $-n_j$) auftritt. Für die Spannungen führt dies auf

$$\int_V \sigma_{ij} \, \mathrm{d}V = \int_{V_1} \sigma_{ij} \, \mathrm{d}V + \int_{V_2} \sigma_{ij} \, \mathrm{d}V = \int_{\partial V} t_i \, x_j \, \mathrm{d}A + \int_S (t_i^{(2)} - t_i^{(1)}) \, x_j \, \mathrm{d}A \qquad (8.44)$$

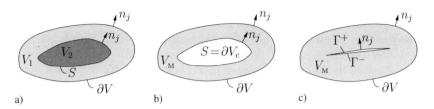

Bild 8.13 Volumenbereich V mit a) innerer Grenzfläche S, b) Hohlraum, c) Riß $\Gamma = \Gamma^+ + \Gamma^-$

und für den Verschiebungsgradienten auf

$$\int\limits_V u_{i,j}\,\mathrm{d}V = \int\limits_{V_1} u_{i,j}\,\mathrm{d}V + \int\limits_{V_2} u_{i,j}\,\mathrm{d}V = \int\limits_{\partial V} u_i\,n_j\,\mathrm{d}A + \int\limits_S (u_i^{(2)} - u_i^{(1)})\,n_j\,\mathrm{d}A\,. \quad (8.45)$$

Darin sind $t_i^{(1,2)}$ und $u_i^{(1,2)}$ der Randspannungs- und der Randverschiebungsvektor in V_1 und V_2 entlang der Fläche S. Wegen $t_i^{(1)} = t_i^{(2)}$ und $u_i^{(1)} = u_i^{(2)}$ an der Grenzfläche verschwinden in (8.44) und (8.45) die Integrale über S. Die Darstellungen der Makrogrößen

$$\langle\sigma_{ij}\rangle = \frac{1}{V}\int\limits_{\partial V} t_i\,x_j\,\mathrm{d}A\,, \qquad \langle\varepsilon_{ij}\rangle = \frac{1}{2V}\int\limits_{\partial V} (u_i\,n_j + u_j\,n_i)\,\mathrm{d}A \quad (8.46)$$

gelten daher auch bei unstetigem Materialverhalten. Da dies unabhängig vom konkreten Material und der Geometrie des Teilbereichs V_2 gilt, umfaßt dieses Ergebnis auch den Sonderfall von Hohlräumen, den man durch den Grenzübergang zu einer verschwindenden Steifigkeit des Materials in V_2 erhält (Bild 8.13b). Durch einen weiteren Übergang $S \to \Gamma$ zu einem unendlich dünnem Bereich V_2 (Bild 8.13c) wird auch die Situation von Rissen abgedeckt.

In vielen Fällen besteht der Volumenbereich V aus n Teilvolumnia V_α ($\alpha = 1,...,n$) mit den Volumenanteilen $c_\alpha = V_\alpha/V$ und $\sum\limits_{\alpha=1}^n c_\alpha = 1$, in denen die elastischen Eigenschaften $\boldsymbol{C}_\alpha$ jeweils konstant sind. Man spricht dann von einer Mikrostruktur aus *diskreten Phasen*, und es gilt

$$\langle\boldsymbol{\sigma}\rangle = \sum_{\alpha=1}^n c_\alpha\,\langle\boldsymbol{\sigma}\rangle_\alpha\,, \qquad \langle\boldsymbol{\varepsilon}\rangle = \sum_{\alpha=1}^n c_\alpha\,\langle\boldsymbol{\varepsilon}\rangle_\alpha\,, \quad (8.47)$$

wobei

$$\langle\boldsymbol{\sigma}\rangle_\alpha = \frac{1}{V_\alpha}\int\limits_{V_\alpha}\boldsymbol{\sigma}\,\mathrm{d}V\,, \qquad \langle\boldsymbol{\varepsilon}\rangle_\alpha = \frac{1}{V_\alpha}\int\limits_{V_\alpha}\boldsymbol{\varepsilon}\,\mathrm{d}V \quad (8.48)$$

Effektive elastische Eigenschaften 235

die *Phasenmittelwerte* der Spannungen und Verzerrungen sind. Für diese ist dann jeweils

$$\langle \boldsymbol{\sigma} \rangle_\alpha = \boldsymbol{C}_\alpha : \langle \boldsymbol{\varepsilon} \rangle_\alpha \quad \text{in} \quad V_\alpha \,. \tag{8.49}$$

Für eine Mikrostruktur, die nur Hohlräume oder Risse enthält, ist es zweckmäßig, die Makrogrößen (8.46) in einer anderen Form darzustellen. Dazu bilden wir zunächst für den Fall von Hohlräumen die mittlere Verzerrung $\langle \varepsilon_{ij} \rangle_M$ des umgebenden Matrixvolumens $V_M = c_M V$. Unter Verwendung des Gaußschen Satzes erhält man (vgl. Bild 8.13b)

$$\begin{aligned}\langle \varepsilon_{ij} \rangle_M &= \frac{1}{2V_M} \int_{V_M} (u_{i,j} + u_{j,i}) \, dV \\ &= \frac{1}{2V_M} \int_{\partial V} (u_i n_j + u_j n_i) - \frac{1}{2V_M} \int_{\partial V_c} (u_i n_j + u_j n_i) \, dA \,,\end{aligned}$$

wobei ∂V_c den Hohlraumrand bezeichnet. Ersetzt man das erste Integral auf der rechten Seite durch (8.43), so ergibt sich für die Makroverzerrung

$$\boxed{\langle \varepsilon_{ij} \rangle = c_M \langle \varepsilon_{ij} \rangle_M + \underbrace{\frac{1}{2V} \int_{\partial V_c} (u_i n_j + u_j n_i) \, dA}_{\langle \varepsilon_{ij} \rangle_c}} \,. \tag{8.50a}$$

Für Risse erhält man daraus mit $\partial V_c \to \Gamma = \Gamma^+ + \Gamma^-$ (Bild 8.13c) und $\Delta u_i = u_i^+ - u_i^-$ den Zusammenhang

$$\boxed{\langle \varepsilon_{ij} \rangle = c_M \langle \varepsilon_{ij} \rangle_M + \underbrace{\frac{1}{2V} \int_{\Gamma} (\Delta u_i n_j + \Delta u_j n_i) \, dA}_{\langle \varepsilon_{ij} \rangle_c}} \,. \tag{8.50b}$$

Die Makroverzerrung setzt sich im Fall von Hohlräumen oder Rissen also zusammen aus der mittleren Matrixverzerrung sowie der Größe $\langle \boldsymbol{\varepsilon} \rangle_c$, die als die mittlere Verzerrung der Defektphase bezeichnet wird (c für *cavity* oder *crack*):

$$\langle \boldsymbol{\varepsilon} \rangle = c_M \langle \boldsymbol{\varepsilon} \rangle_M + \langle \boldsymbol{\varepsilon} \rangle_c \,. \tag{8.51}$$

Im Gegensatz dazu ist für belastungsfreie Löcher und Risse die Makrospannung allein durch die mittlere Matrixspannung gegeben:

$$\langle \boldsymbol{\sigma} \rangle = c_M \langle \boldsymbol{\sigma} \rangle_M \,. \tag{8.52}$$

Ist das Matrixmaterial homogen mit $\boldsymbol{C}_M = const$, so ergibt sich mit $\langle \boldsymbol{\sigma} \rangle_M = \boldsymbol{C}_M : \langle \boldsymbol{\varepsilon} \rangle_M$ und (8.47) sowie (8.50a)

$$\langle \boldsymbol{\sigma} \rangle = \boldsymbol{C}_M : \left(\langle \boldsymbol{\varepsilon} \rangle - \langle \boldsymbol{\varepsilon} \rangle_c \right) \quad \text{bzw.} \quad \langle \boldsymbol{\varepsilon} \rangle = \boldsymbol{C}_M^{-1} : \langle \boldsymbol{\sigma} \rangle + \langle \boldsymbol{\varepsilon} \rangle_c \,. \tag{8.53}$$

Nach dieser Darstellung kann $\langle \varepsilon \rangle_c$ auch als eine zusätzlich zur elastischen Matrixverzerrung auftretende Eigendehnung interpretiert werden. Makroskopisch wirkt sich der Verschiebungssprung längs eines Risses daher wie eine auf die Rißfläche lokalisierte Eigendehnung aus – ähnlich dem Fall einer Versetzung (Abschnitt 8.2.1.2). Diese Analogie wurde bereits in Abschnitt 4.4.2 bei der Modellierung eines Risses durch eine Versetzungsverteilung ausgenutzt. Enthält das Material nur Risse, so ist der Volumenanteil der Matrix $c_\mathrm{M} = 1$.

8.3.1.3 Effektive elastische Konstanten

Analog zum Elastizitätsgesetz im Mikrobereich

$$\sigma_{ij}(\boldsymbol{x}) = C_{ijkl}(\boldsymbol{x})\,\varepsilon_{kl}(\boldsymbol{x}) \tag{8.54}$$

ist der *effektive Elastizitätstensor* C^*_{ijkl} durch die Beziehung zwischen den Makrospannungen und Makroverzerrungen (8.41) definiert:

$$\boxed{\langle \sigma_{ij} \rangle = C^*_{ijkl}\,\langle \varepsilon_{kl} \rangle}\,. \tag{8.55}$$

An die Interpretierbarkeit von C^*_{ijkl} als *Materialeigenschaft* sind einige Forderungen geknüpft. So ist es plausibel, die Gleichheit der mittleren Formänderungsenergiedichte $\langle U \rangle$ des Volumenbereichs V zu verlangen, wenn diese mittels der mikroskopischen oder makroskopischen Größen gebildet wird:

$$\langle U \rangle = \langle \tfrac{1}{2}\varepsilon_{ij}\,C_{ijkl}\,\varepsilon_{kl} \rangle = \tfrac{1}{2}\langle \varepsilon_{ij} \rangle C^*_{ijkl}\langle \varepsilon_{kl} \rangle\,. \tag{8.56}$$

Diese auch als *Hill-Bedingung* (Hill, 1963) bezeichnete Forderung kann mit (8.54) und (8.55) in der Form

$$\boxed{\langle \sigma_{ij}\,\varepsilon_{ij} \rangle = \langle \sigma_{ij} \rangle \langle \varepsilon_{ij} \rangle} \tag{8.57}$$

geschrieben werden. Führen wir die *Fluktuationen* $\tilde{\sigma}_{ij}(\boldsymbol{x}) = \sigma_{ij}(\boldsymbol{x}) - \langle \sigma_{ij} \rangle$ und $\tilde{\varepsilon}_{ij}(\boldsymbol{x}) = \varepsilon_{ij}(\boldsymbol{x}) - \langle \varepsilon_{ij} \rangle$ der Mikrofelder um ihre Mittelwerte ein, so folgt daraus

$$\langle \tilde{\sigma}_{ij}\,\tilde{\varepsilon}_{ij} \rangle = 0\,. \tag{8.58}$$

Die Spannungsschwankungen (Fluktuationen) dürfen im Mittel also keine Arbeit an den Verzerrungsschwankungen leisten. Unter Verwendung des Gaußschen Satzes und der Gleichgewichtsbedingung $\sigma_{ik,k} = 0$ kann dies durch Größen auf dem Rand des Mittelungsbereichs ausgedrückt werden:

$$\frac{1}{V}\int_{\partial V} \Bigl(u_i - \langle \varepsilon_{ij} \rangle x_j\Bigr)\Bigl(\sigma_{ik} - \langle \sigma_{ik} \rangle\Bigr)n_k\,\mathrm{d}A = 0\,. \tag{8.59}$$

Effektive elastische Eigenschaften 237

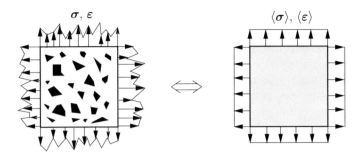

Bild 8.14 Auf dem RVE-Rand fluktuierende Mikrofelder und ihre Mittelwerte

In dieser Form ist die Hill-Bedingung auch so zu interpretieren, daß die in einem heterogenen Material auf dem Rand eines RVE fluktuierenden Felder im energetischen Sinne gleichwertig sind zu ihren Mittelwerten (Bild 8.14). Wie bereits in Abschnitt 8.3.1.1 diskutiert, ist dies nur zu erwarten, wenn der Mittelungsbereich V eine hinreichend große Anzahl von Defekten enthält.

Um die Felder $\sigma_{ij}(\boldsymbol{x})$ und $\varepsilon_{ij}(\boldsymbol{x})$ in einem Volumenbereich V der Mikroebene tatsächlich berechnen zu können, ist die Gleichgewichtsbedingung $\sigma_{ij,j} = 0$ und das Elastizitätsgesetz (8.54) durch Randbedingungen auf ∂V zu ergänzen, d.h. es ist ein Randwertproblem zu formulieren. Der heterogene Volumenbereich soll äquivalent zu demselben Bereich aus homogenem (effektivem) Material sein und gleichzeitig auf der Makroebene einen Punkt repräsentiert, welcher nur homogene Spannungen und Verzerrungen "wahrnimmt". Es liegt deshalb nahe, solche homogenen Zustände auch als Randbedingungen auf ∂V vorzugeben. Dazu gibt es zwei Möglichkeiten:

a) *lineare Verschiebungen*: $\quad u_i = \varepsilon_{ij}^0 x_j \quad$ auf $\partial V \quad$ mit $\quad \varepsilon_{ij}^0 = const$.

Hierfür folgt aus (8.43) mit $\int_{\partial V} x_i n_j \, dA = V \delta_{ij}$ das Ergebnis

$$\boxed{\langle \varepsilon_{ij} \rangle = \varepsilon_{ij}^0} \ . \tag{8.60a}$$

b) *uniforme Spannungen*: $\quad t_i = \sigma_{ij}^0 n_j \quad$ auf $\partial V \quad$ mit $\quad \sigma_{ij}^0 = const$.

Aus (8.42) erhält man hierfür

$$\boxed{\langle \sigma_{ij} \rangle = \sigma_{ij}^0} \ . \tag{8.60b}$$

Für einen beliebigen heterogenen Volumenbereich V sind danach vorgegebene homogene Randverzerrungen ε_{ij}^0 gleich dem Volumenmittelwert der Verzerrungen. Analog sind vorgegebene homogene Randspannungen σ_{ij}^0 gleich dem Mittelwert der Spannungen in V, sofern dort keine Volumenkräfte wirken. Bei homogenem Material sind die beiden Typen von Randbedingungen äquivalent und rufen in einem Volumenbereich homogene Felder hervor. Die Beziehungen (8.60a) und (8.60b) werden häufig auch als *'average strain theorem'* und *'average stress theorem'* bezeichnet.

Anhand von (8.59) sieht man, daß durch beide Typen von Randbedingungen die Hill-Bedingung identisch, d.h. unabhängig vom Bereich V erfüllt wird. Dies ist nicht verwunderlich, da die aus der Hill-Bedingung folgende Ersetzbarkeit auf ∂V fluktuierender durch homogene Felder in den Randbedingungen (a) oder (b) bereits vorweg genommen wurde. Desweiteren wird die Hill-Bedingung in der Form (8.57) bzw. (8.59) bei Zugrundelegung der Randbedingungen (a) oder (b) unabhängig von einer Verknüpfung der Felder σ_{ij} und ε_{ij} erfüllt. Sie kann daher auf beliebige statisch zulässige Spannungsfelder $\sigma_{ij}^{(1)}$ und kinematisch zulässige Verzerrungsfelder $\varepsilon_{ij}^{(2)}$ verallgemeinert werden:

$$\boxed{\langle \sigma_{ij}^{(1)} \varepsilon_{ij}^{(2)} \rangle = \langle \sigma_{ij}^{(1)} \rangle \langle \varepsilon_{ij}^{(2)} \rangle} . \qquad (8.61)$$

Dieser Zusammenhang, von dem wir später wiederholt Gebrauch machen werden, folgt unter den Randbedingungen (a) oder (b) auch direkt aus dem allgemeinen Arbeitssatz (1.96).

Aufgrund der Eindeutigkeit der Lösungen von Randwertproblemen der linearen Elastizitätstheorie hängen die Felder im Gebiet V *linear* von der "Belastung", d.h. von den Parametern ε_{ij}^0 oder σ_{ij}^0 der Randbedingungen (a) oder (b) ab. Sie können damit in der folgenden Form dargestellt werden:

a) $\quad \varepsilon_{ij}(\boldsymbol{x}) = A_{ijkl}(\boldsymbol{x})\, \varepsilon_{kl}^0 \qquad$ für $\qquad u_i = \varepsilon_{ij}^0\, x_j \quad$ auf ∂V, $\qquad$ (8.62a)

b) $\quad \sigma_{ij}(\boldsymbol{x}) = B_{ijkl}(\boldsymbol{x})\, \sigma_{kl}^0 \qquad$ für $\qquad t_i = \sigma_{ij}^0\, n_j \quad$ auf ∂V. $\qquad$ (8.62b)

Darin sind $A_{ijkl}(\boldsymbol{x})$ bzw. $B_{ijkl}(\boldsymbol{x})$ die Komponenten sogenannter *Einflußtensoren* $\boldsymbol{A}(\boldsymbol{x})$ und $\boldsymbol{B}(\boldsymbol{x})$. Diese Einflußtensoren repräsentieren die vollständige Lösung des jeweiligen Randwertproblems und hängen von der Mikrostruktur im gesamten Volumenbereich V ab. Dabei erfüllt $A_{ijkl}(\boldsymbol{x})$ bezüglich seiner ersten beiden Indizes (genau wie ε_{ij}) die Kompatibilitätsbedingung (1.30). Entsprechend erfüllt $B_{ijkl}(\boldsymbol{x})$ die Gleichgewichtsbedingung: $B_{ijkl,j}(\boldsymbol{x}) = 0$. Außerdem kann man durch Mittelung von (8.62a), (8.62b) über V und unter Beachtung von (8.60a), (8.60b) erkennen, daß der Mittelwert dieser Funktionen der Einheitstensor (8.7) ist:

$$\langle \boldsymbol{A} \rangle = \boldsymbol{1} , \qquad \langle \boldsymbol{B} \rangle = \boldsymbol{1} . \qquad (8.63)$$

Für den effektiven Elastizitätstensor $\boldsymbol{C}^*$ bzw. den effektiven Nachgiebigkeitstensor $\boldsymbol{C}^{*-1}$ gelten nach (8.54) und (8.55) in symbolischer Schreibweise die Zusammenhänge

$$\boldsymbol{C}^* : \langle \boldsymbol{\varepsilon} \rangle = \langle \boldsymbol{\sigma} \rangle = \langle \boldsymbol{C} : \boldsymbol{\varepsilon} \rangle \qquad \text{bzw.} \qquad \boldsymbol{C}^{*-1} : \langle \boldsymbol{\sigma} \rangle = \langle \boldsymbol{\varepsilon} \rangle = \langle \boldsymbol{C}^{-1} : \boldsymbol{\sigma} \rangle . \qquad (8.64)$$

Sie führen im Fall der Randbedingung (a) durch Einsetzen von (8.62a) auf die Darstellung

$$\boldsymbol{C}^{*\,(a)} = \langle \boldsymbol{C} : \boldsymbol{A} \rangle \qquad (8.65a)$$

und im Fall (b) mittels (8.62b) auf

$$\boldsymbol{C}^{*\,(b)} = \langle \boldsymbol{C}^{-1} : \boldsymbol{B} \rangle^{-1} \,. \qquad (8.65b)$$

Durch Einsetzen von (8.62a) und (8.62b) in den Energieausdruck (8.56) erhält man damit die alternativen Darstellungen

$$\boldsymbol{C}^{*\,(a)} = \langle \boldsymbol{A}^T : \boldsymbol{C} : \boldsymbol{A} \rangle \quad \text{bzw.} \quad \boldsymbol{C}^{*\,(b)} = \langle \boldsymbol{B}^T : \boldsymbol{C}^{-1} : \boldsymbol{B} \rangle^{-1} \,, \qquad (8.66)$$

aus denen die Symmetrie des effektiven Elastizitätstensors bezüglich des ersten und des zweiten Indexpaares ersichtlich ist.

Durch das hochgestellte (a) bzw. (b) soll hervorgehoben werden, daß diese über einen zunächst beliebigen heterogenen Volumenbereich V gebildeten Mittelwerte im allgemeinen vom Typ der Randbedingungen auf ∂V abhängen. Deswegen kann man bei $\boldsymbol{C}^{*\,(a)}$ bzw. $\boldsymbol{C}^{*\,(b)}$ streng genommen noch nicht von effektiven *Materialeigenschaften* sprechen, da das gewählte Volumen V nicht von vornherein die Voraussetzungen eines RVE erfüllen muß. Der Abstand zwischen $\boldsymbol{C}^{*\,(a)}$ und $\boldsymbol{C}^{*\,(b)}$ (im Sinn einer geeigneten Norm) kann als Maß für die Güte eines Mittelungsbereiches angesehen werden. Erst wenn der Bereich V so beschaffen ist, daß $\boldsymbol{C}^{*\,(a)} = \boldsymbol{C}^{*\,(b)} = \boldsymbol{C}^*$, kann $\boldsymbol{C}^*$ als (eindeutige) makroskopische Materialeigenschaft interpretiert werden. Es versteht sich, daß dies auch für jeden größeren Bereich, der V enthält gewährleistet sein muß.

Eine wichtige Aufgabe der Mikromechanik ist es, mit Hilfe der in Abschnitt 8.2 vorgestellten Grundlösungen und geeigneten Approximationen explizite Darstellungen für die Einflußtensoren $\boldsymbol{A}(\boldsymbol{x})$ oder $\boldsymbol{B}(\boldsymbol{x})$ und damit für die Mikrofelder sowie die effektiven elastischen Konstanten herzuleiten. Wir werden dazu im folgenden Abschnitt eine Reihe unterschiedlicher Methoden diskutieren.

8.3.2 Analytische Näherungsmethoden

8.3.2.1 Allgemeines

Nach (8.65a) oder (8.65b) lassen sich die effektiven elastischen Konstanten $\boldsymbol{C}^*$ als die mit einem Einflußtensor (z.B. $\boldsymbol{A}(\boldsymbol{x})$) *gewichteten Mittelwerte* der mikroskopischen elastischen Eigenschaften $\boldsymbol{C}(\boldsymbol{x})$ darstellen. Für eine reale Mikrostruktur ist jedoch weder die exakte Funktion $\boldsymbol{C}(\boldsymbol{x})$ bekannt, noch läßt sich im allgemeinen der zugehörige Einflußtensor in geschlossener Form angeben. Man ist also bei der Modellierung der Mikrostruktur hinsichtlich der verfügbaren Information wie auch der Darstellung von Einflußtensoren auf geeignete Approximationen angewiesen.

Es bietet sich an, sich zunächst auf Mikrostrukturen aus diskreten Phasen mit jeweils homogenen elastischen Eigenschaften gemäß (8.49) zu beschränken, was für viele Materialien tatsächlich auch zutrifft (z.B. Polykristalle, Komposite). Unter Beachtung von (8.60a), (8.60b) folgt dann aus (8.62a), (8.62b) für die Phasenmittelwerte bei vorgegebenen Makroverzerrungen $\langle \varepsilon \rangle = \varepsilon^0$ bzw. Makrospannungen $\langle \sigma \rangle = \sigma^0$

$$\langle \varepsilon \rangle_\alpha = \boldsymbol{A}_\alpha : \langle \varepsilon \rangle \quad \text{bzw.} \quad \langle \sigma \rangle_\alpha = \boldsymbol{B}_\alpha : \langle \sigma \rangle \tag{8.67}$$

mit

$$\boldsymbol{A}_\alpha = \langle \boldsymbol{A} \rangle_\alpha \quad \text{und} \quad \boldsymbol{B}_\alpha = \langle \boldsymbol{B} \rangle_\alpha . \tag{8.68}$$

Darin drücken die konstanten Einflußtensoren $\boldsymbol{A}_\alpha$ bzw. $\boldsymbol{B}_\alpha$ den über das Volumen einer Phase α gebildeten Mittelwert eines Feldes in Abhängigkeit von der entsprechenden Makrogröße aus. Aus (8.65a) und (8.65b) wird damit

$$\boldsymbol{C}^{*\,(a)} = \sum_{\alpha=1}^{n} c_\alpha \boldsymbol{C}_\alpha : \boldsymbol{A}_\alpha \quad \text{bzw.} \quad \boldsymbol{C}^{*\,(b)} = \left(\sum_{\alpha=1}^{n} c_\alpha \boldsymbol{C}_\alpha^{-1} : \boldsymbol{B}_\alpha \right)^{-1} , \tag{8.69}$$

wobei wegen

$$\sum_{\alpha=1}^{n} c_\alpha \boldsymbol{A}_\alpha = \boldsymbol{1} , \quad \sum_{\alpha=1}^{n} c_\alpha \boldsymbol{B}_\alpha = \boldsymbol{1} \tag{8.70}$$

zur Darstellung der effektiven elastischen Konstanten $\boldsymbol{C}^*$ nur die Einflußtensoren $\boldsymbol{A}_\alpha$ oder $\boldsymbol{B}_\alpha$ von $n-1$ Phasen benötigt werden.

Der Einfachheit halber werden wir uns im folgenden auf ein zweiphasiges Material beschränken; die diskutierten Methoden gelten jedoch allgemein. Bezeichnen wir die eine Phase als Matrix (M) und die andere als Inhomogenität (I), so folgt aus (8.69) und (8.70)

$$\boxed{\boldsymbol{C}^{*\,(a)} = \boldsymbol{C}_\mathrm{M} + c_\mathrm{I} (\boldsymbol{C}_\mathrm{I} - \boldsymbol{C}_\mathrm{M}) : \boldsymbol{A}_\mathrm{I}} \tag{8.71a}$$

bzw.

$$\boxed{\boldsymbol{C}^{*\,(b)} = \left(\boldsymbol{C}_\mathrm{M}^{-1} + c_\mathrm{I} (\boldsymbol{C}_\mathrm{I}^{-1} - \boldsymbol{C}_\mathrm{M}^{-1}) : \boldsymbol{B}_\mathrm{I} \right)^{-1}} . \tag{8.71b}$$

Diese Beziehungen sind nicht unmittelbar auf den Spezialfall einer homogenen Matrix anwendbar, die als zweite "Phase" Hohlräume oder Risse enthält. In diesem Fall drücken wir die lineare Abhängigkeit der in (8.50a), (8.50b) definierten mittleren Hohlraum- oder Rißverzerrung $\langle \varepsilon \rangle_c$ von den jeweils vorgegebenen Makrogrößen ε^0 bzw. σ^0 durch Einflußtensoren $\boldsymbol{D}$ und $\boldsymbol{H}$ aus:

$$\langle \varepsilon \rangle_c = \boldsymbol{D} : \langle \varepsilon \rangle \quad \text{für } \langle \varepsilon \rangle = \varepsilon^0 \; , \quad \langle \varepsilon \rangle_c = \boldsymbol{H} : \langle \sigma \rangle \quad \text{für } \langle \sigma \rangle = \sigma^0 . \tag{8.72}$$

Mit (8.53) ergibt sich dann aus (8.64) für die effektiven elastischen Konstanten

$$\boxed{\boldsymbol{C}^{*\,(a)} = \boldsymbol{C}_\mathrm{M} : (\boldsymbol{1} - \boldsymbol{D})} \quad \text{bzw.} \quad \boxed{\boldsymbol{C}^{*\,(b)} = \left[\boldsymbol{C}_\mathrm{M}^{-1} + \boldsymbol{H} \right]^{-1}} . \tag{8.73}$$

Effektive elastische Eigenschaften   241

In Anbetracht der Tatsache, daß Hohlräume und Risse eine Reduktion der effektiven Steifigkeit eines Materials bewirken, kann der Einflußtensor D auch als *Schädigungsmaß* interpretiert werden (vgl. Kapitel 9), während H eine zusätzliche Nachgiebigkeit beschreibt.

Im folgenden werden wir einige Approximationen, Modelle und Methoden diskutieren, die eine näherungsweise Bestimmung effektiver elastischer Eigenschaften erlauben.

8.3.2.2 Voigt- und Reuss-Approximation

In einem homogenen Material folgen aus den Randbedingungen (8.60a) oder (8.60b) homogene Spannungen und Verzerrungen. Für einen heterogenen Volumenbereich besteht daher die einfachste Näherung darin, in Einklang mit den Randbedingungen (a) oder (b) je eines der Mikrofelder als konstant zu approximieren.

Setzt man nach Voigt (1889) die Verzerrungen in V als konstant an ($\varepsilon = \langle \varepsilon \rangle = const$), so folgt aus (8.62a) für den Einflußtensor $A = 1$. Nach (8.65a) bzw. (8.69) wird der effektive Elastizitätstensor in diesem Fall durch den *Mittelwert der Steifigkeiten* angenähert:

$$\boxed{C^*_{(\text{Voigt})} = \langle C \rangle = \sum_{\alpha=1}^{n} c_\alpha C_\alpha}. \tag{8.74a}$$

Analog dazu geht der Ansatz von Reuss (1929) von einem konstanten Spannungsfeld aus ($\sigma = \langle \sigma \rangle = const$), was der Approximation $B = 1$ in (8.62b) entspricht. Dies führt nach (8.65b) bzw. (8.69) als Näherung für den effektiven Nachgiebigkeitstensor auf die *mittlere Nachgiebigkeit*

$$\boxed{C^{*-1}_{(\text{Reuss})} = \langle C^{-1} \rangle = \sum_{\alpha=1}^{n} c_\alpha C_\alpha^{-1}}. \tag{8.74b}$$

Für den Sonderfall diskreter Phasen aus *isotropem* Material ergeben sich daraus für den effektiven Kompressions- und Schubmodul die Näherungen

$$K^*_{(\text{Voigt})} = \sum_{\alpha=1}^{n} c_\alpha K_\alpha, \qquad \mu^*_{(\text{Voigt})} = \sum_{\alpha=1}^{n} c_\alpha \mu_\alpha \tag{8.75a}$$

bzw.

$$K^{*-1}_{(\text{Reuss})} = \sum_{\alpha=1}^{n} \frac{c_\alpha}{K_\alpha}, \qquad \mu^{*-1}_{(\text{Reuss})} = \sum_{\alpha=1}^{n} \frac{c_\alpha}{\mu_\alpha}. \tag{8.75b}$$

Man beachte, daß danach das makroskopische Verhalten immer als isotrop approximiert wird, obwohl in Wirklichkeit eine Anisotropie aufgrund der geometrischen Anordnung der Phasen vorliegen kann (z.B. faserverstärkte Materialien).

Im Fall einer Matrix mit Hohlräumen oder Rissen führt die verschwindende Steifigkeit bzw. unendliche Nachgiebigkeit dieser Defektphase auf die Voigt- und Reuss-Approximationen

$$C^*_{(\text{Voigt})} = c_{\text{M}} C_{\text{M}} \quad \text{bzw.} \quad C^*_{(\text{Reuss})} = 0 \:. \tag{8.76}$$

Ist hingegen eine der Phasen starr (z.B. $C_{\text{I}} \to \infty$), so erhält man

$$C^*_{(\text{Voigt})} \to \infty \quad \text{bzw.} \quad C^*_{(\text{Reuss})} = \frac{1}{c_{\text{M}}} C_{\text{M}} \:. \tag{8.77}$$

Die Approximation effektiver elastischer Eigenschaften durch die mittleren Steifigkeiten bzw. mittleren Nachgiebigkeiten wird gelegentlich auch als "Mischungsregel" bezeichnet. Sie ist nur in den eindimensionalen Sonderfällen einer "Parallelschaltung" unterschiedlicher Materialien (Voigt) oder einer "Reihenschaltung" (Reuss) exakt. Im allgemeinen wird bei Annahme konstanter Verzerrungen das lokale Gleichgewicht (z.B. an Phasengrenzen) und bei konstanten Spannungen die Kompatibilität der Deformation verletzt. Neben diesem offensichtlichen Defizit haben die einfachen Ansätze von Voigt und Reuss jedoch den Vorteil, daß die resultierenden Approximationen exakte Schranken für die tatsächlichen effektiven elastischen Konstanten eines heterogenen Materials darstellen. In Abschnitt 8.3.3.1 werden wir zeigen, daß $K^*_{(\text{Reuss})} \leq K^* \leq K^*_{(\text{Voigt})}$, $\mu^*_{(\text{Reuss})} \leq \mu^* \leq \mu^*_{(\text{Voigt})}$ gilt.

Da die Voigt- und Reuss-Approximationen häufig sehr weit auseinander liegen, besteht ein pragmatischer Verbesserungsansatz zur Bestimmung der effektiven Konstanten in der Verwendung der Mittelwerte

$$K^* \approx \frac{1}{2} \left(K^*_{(\text{Reuss})} + K^*_{(\text{Voigt})} \right) , \quad \mu^* \approx \frac{1}{2} \left(\mu^*_{(\text{Reuss})} + \mu^*_{(\text{Voigt})} \right) \:. \tag{8.78}$$

8.3.2.3 Wechselwirkungsfreie ("dünne") Defektverteilung

Mit Hilfe der in Abschnitt 8.2.2 bereitgestellten exakten Grundlösungen ist es möglich, mikromechanische Modelle zu entwickeln, die sowohl das lokale Gleichgewicht als auch die Kompatibilität der Deformation gewährleisten. Wir betrachten dabei ein zweiphasiges Material bestehend aus einer homogenen Matrix mit $C_{\text{M}} = const$, die nur eine Sorte jeweils gleicher Defekte (die 2. Phase) enthält. In Hinblick auf die verfügbaren Grundlösungen werden diese entweder als ellipsoidförmige elastische Inhomogenitäten mit $C_{\text{I}} = const$, als Kreislöcher (2D) oder als gerade (2D) bzw. kreisförmige (3D) Risse approximiert.

Die einfachste Situation liegt vor, wenn die Inhomogenitäten bzw. Defekte so "dünn" in einer homogenen Matrix verteilt sind, daß ihre Wechselwirkung untereinander oder mit dem Rand des betrachteten Volumenbereichs (RVE) vernachlässigt werden kann ('dilute distribution'). Nach Bild 8.15 kann dann jeder Defekt als allein in einem unendlichen Gebiet unter der Wirkung eines homogenen

Feldes $\varepsilon^0 = \langle \varepsilon \rangle$ oder $\sigma^0 = \langle \sigma \rangle$ betrachtet werden. Die charakteristischen Abmessungen der Defekte müssen dazu klein sein im Vergleich zu ihren Abständen untereinander und zum Rand des RVE. Die unter dieser Idealisierung gewonnenen Lösungen sind selbst zwar nur für sehr kleine Volumenanteile ($c_I \ll 1$) gültig; sie bilden jedoch den Ausgangspunkt für wichtige Verallgemeinerungen.

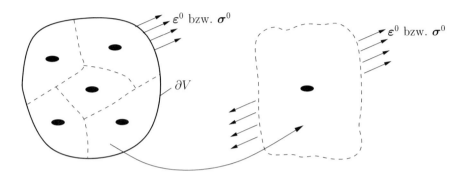

Bild 8.15 Modell der dünnen Defektverteilung

a) Ellipsoidförmige Inhomogenitäten

Im Fall einer ellipsoidförmigen Inhomogenität Ω ist nach Abschnitt 8.2.2.2 die Verzerrung in der Inhomogenität konstant ($\varepsilon = \langle \epsilon \rangle_I$ in Ω) und über den in (8.35a) eingeführten Einflußtensor $\boldsymbol{A}_I^\infty$ gegeben. Nach (8.71a) lautet also der effektive Elastizitätstensor für ein Material mit dünn verteilten ellipsoidförmigen Inhomogenitäten gleicher Orientierung, gleicher Achsenverhältnisse und dem Volumenanteil c_I

$$\boldsymbol{C}_{(DD)}^{*(a)} = \boldsymbol{C}_M + c_I(\boldsymbol{C}_I - \boldsymbol{C}_M) : \boldsymbol{A}_I^\infty , \qquad (8.79a)$$

wobei (DD) für 'dilute distribution' steht. Einsetzen von (8.35a) führt auf die Darstellung

$$\boxed{\boldsymbol{C}_{(DD)}^{*(a)} = \boldsymbol{C}_M + c_I(\boldsymbol{C}_I - \boldsymbol{C}_M) : [\boldsymbol{1} + \boldsymbol{S}_M : \boldsymbol{C}_M^{-1} : (\boldsymbol{C}_I - \boldsymbol{C}_M)]^{-1}} \qquad (8.79b)$$

mit dem vom Matrixmaterial abhängigen Eshelby-Tensor $\boldsymbol{S}_M$. Liegen mehrere Sorten von ellipsoidförmigen Inhomogenitäten mit z.B. unterschiedlicher Orientierung vor, so ist von (8.69) auszugehen, wobei die individuellen Einflußtensoren $\boldsymbol{A}_\alpha^\infty$ dann über den Eshelby-Tensor die jeweilige Orientierung der Ellipsoide wiederspiegeln.

In (8.79a,b) kommt durch das hochgestellte (a) zum Ausdruck, daß dieses Resultat nur für den Fall (a) vorgegebener Makroverzerrungen gilt. Wertet man das Modell der dünnen Defektverteilung für vorgegebene Makrospannungen (b) aus, so kommt man bei endlichem Volumenanteil c_I zu einem von $\boldsymbol{C}^{*\,(\mathrm{a})}_{(\mathrm{DD})}$ abweichenden Ergebnis.

Im Gegensatz zur Voigt- oder Reuss-Approximation ist das durch (8.79a,b) beschriebene effektive Stoffverhalten auch bei isotropem Material der beiden Phasen im allgemeinen anisotrop aufgrund einer im Eshelby-Tensor berücksichtigten möglichen Vorzugsorientierung der Ellipsoide. Im Sonderfall kugelförmiger isotroper Inhomogenitäten in einer isotropen Matrix ist auch das makroskopische (effektive) Verhalten isotrop, und (8.79b) kann mit (8.10) bzw. (8.12) in den volumetrischen und den deviatorischen Anteil aufgespalten werden:

$$K^*_{(\mathrm{DD})} = K_\mathrm{M} + c_\mathrm{I}\frac{(K_\mathrm{I}-K_\mathrm{M})K_\mathrm{M}}{K_\mathrm{M}+\alpha\,(K_\mathrm{I}-K_\mathrm{M})}\,,$$

$$\mu^*_{(\mathrm{DD})} = \mu_\mathrm{M} + c_\mathrm{I}\frac{(\mu_\mathrm{I}-\mu_\mathrm{M})\mu_\mathrm{M}}{\mu_\mathrm{M}+\beta\,(\mu_\mathrm{I}-\mu_\mathrm{M})}\,. \qquad (8.80)$$

Entsprechend dem Modell einer Matrix mit dünn verteilten Inhomogenitäten ergeben sich die effektiven elastischen Konstanten aus denen der Matrix und einem (kleinen) in c_I *linearen* Zusatzterm. Die Parameter α und β des Eshelby-Tensors hängen nach (8.11) von der Querkontraktionszahl $\nu_\mathrm{M} = (3K_\mathrm{M}-2\mu_\mathrm{M})/(6K_\mathrm{M}+2\mu_\mathrm{M})$ und damit von beiden Moduli K_M und μ_M des Matrixmaterials ab. Sie bewirken daher eine Kopplung der Kompressions- und Schubsteifigkeit. Der effektive Elastizitätsmodul kann aus $E^* = 9K^*\mu^*/(3K^*+\mu^*)$ bestimmt werden.

Wir betrachten abschließend noch den Spezialfall starrer kugelförmiger Inhomogenitäten ($K_\mathrm{I}, \mu_\mathrm{I} \to \infty$) in einer inkompressiblen Matrix ($K_\mathrm{M} \to \infty$). Mit dem Wert $\beta = 2/5$ aus (8.11) führt (8.80) auf ein makroskopisch inkompressibles Material mit

$$\mu^*_{(\mathrm{DD})} = \mu_\mathrm{M}\left(1+\frac{5}{2}c_\mathrm{I}\right)\,. \qquad (8.81)$$

Beachtet man die Analogie zwischen der linearen Elastizitätstheorie und einem Newtonschen (linear viskosen) Fluid, so entspricht dieses Resultat genau der von A. Einstein (1906) gefundenen Beziehung für die effektive Viskosität einer Suspension aus einem zähen Fluid und starren Partikeln.

b) Kreislöcher (2D)

Als zweiten Anwendungsfall des Modells der dünnen Defektverteilung behandeln wir eine unendlich ausgedehnte isotrope Scheibe im ESZ mit Kreislöchern vom Radius a (Bild 8.16). Aufgrund der vernachlässigten Wechselwirkung erhält man die mittlere Verzerrung $\langle\varepsilon_{ij}\rangle_c$ jedes einzelnen Loches bei homogener äußerer Belastung σ^0_{ij} mittels (8.50a) durch Integration der Grundlösung (8.37) über den Lochrand:

$$\langle\varepsilon_{ij}\rangle_c = \frac{1}{2A}\int_0^{2\pi}(\,u_i n_j + u_j n_i\,)\,a\,\mathrm{d}\varphi\,. \qquad (8.82)$$

Effektive elastische Eigenschaften 245

Darin sind $u_1 = u_r \cos \varphi - u_\varphi \sin \varphi$, $u_2 = u_r \sin \varphi + u_\varphi \cos \varphi$, $n_1 = \cos \varphi$, $n_2 = \sin \varphi$. In diesem zweidimensionalen Problem erfolgt die Mittelung über die Fläche A der Scheibe, so daß statt des Flächenintegrals in (8.50a) nur ein Kurvenintegral auszuwerten ist.

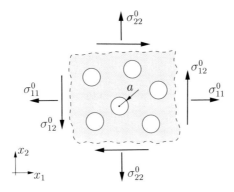

Bild 8.16   Scheibe mit Kreislöchern

Aus dem Zusammenhang (8.72) zwischen mittlerer Lochverzerrung und äußerer Belastung $\boldsymbol{\sigma}^0$ ergibt sich der zusätzliche Nachgiebigkeitstensor $\boldsymbol{H}^\infty$, mit dem nach (8.73) der effektive Elastizitätstensor bei dünner Defektverteilung dargestellt werden kann:

$$\boxed{\boldsymbol{C}^{*\,(\text{b})}_{(\text{DD})} = \left[\boldsymbol{C}_{\text{M}}^{-1} + \boldsymbol{H}^\infty\right]^{-1}}. \tag{8.83}$$

Die nichtverschwindenden Komponenten von $\boldsymbol{H}^\infty$ lauten

$$H^\infty_{1111} = H^\infty_{2222} = \frac{3c}{E}, \qquad H^\infty_{1122} = H^\infty_{2211} = -\frac{c}{E},$$

$$H^\infty_{1212} = H^\infty_{2121} = H^\infty_{1221} = H^\infty_{2112} = \frac{4c}{E} \tag{8.84}$$

mit dem Flächenanteil $c = \pi a^2 / A$ der Löcher und dem Elastizitätsmodul E des Matrixmaterials. Mit $C^{-1}_{1111} = 1/E$ und $C^{-1}_{1212} = 1/2\mu$ lassen sich daraus der effektive Elastizitäts- und Schubmodul ableiten:

$$E^*_{(\text{DD})} = \frac{E}{1 + 3c} \approx E\,(1 - 3c), \quad \mu^*_{(\text{DD})} = \frac{E}{2(1 + \nu + 4c)} \approx \mu\,\Big(1 - \frac{4c}{1 + \nu}\Big). \tag{8.85}$$

Wie zu erwarten nehmen beide Steifigkeiten mit wachsendem Lochanteil ab.

c) Gerade Risse (2D)

Genau wie beim Kreisloch läßt sich für einen geraden Riß der Länge $2a$ dessen mittlere Verzerrung gemäß (8.50b) bei homogener äußerer Belastung aus der

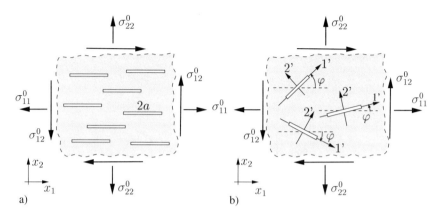

Bild 8.17 a) Parallele und b) statistisch gleichverteilte Rißorientierung

Grundlösung (8.38) ermitteln (vgl. Bild 8.11b):

$$\langle\varepsilon_{11}\rangle_c = 0$$

$$\langle\varepsilon_{12}\rangle_c = \frac{1}{2A}\int_{-a}^{a}\Delta u_1(x_1)\,\mathrm{d}x_1 = \frac{a^2}{A}\frac{\pi}{E}\sigma_{12}^0 = f\,\frac{\pi}{E}\sigma_{12}^0 \qquad (8.86)$$

$$\langle\varepsilon_{22}\rangle_c = \frac{1}{A}\int_{-a}^{a}\Delta u_2(x_1)\,\mathrm{d}x_1 = f\,\frac{2\pi}{E}\sigma_{22}^0\;.$$

Dem Volumen- oder Flächenanteil eines Defektes entsprechend wurde hier der *Rißdichteparameter* $f = a^2/A$ eingeführt, der wegen der vorausgesetzten dünnen Verteilung klein sein muß: $f \ll 1$. Die nichtverschwindenden Komponenten des zusätzlichen Nachgiebigkeitstensors lauten damit

$$H^{\infty}_{1212} = H^{\infty}_{2121} = H^{\infty}_{1221} = H^{\infty}_{2112} = f\,\frac{\pi}{E}\;,\qquad H^{\infty}_{2222} = f\,\frac{2\pi}{E}\;. \qquad (8.87)$$

Für eine Scheibe aus homogenem isotropem Material, die *parallele* Risse der einheitlichen Länge $2a$ enthält (Bild 8.17a), ergeben sich nach (8.83) die effektiven elastischen Konstanten

$$E^*_{1(\mathrm{DD})} = E\;,\qquad E^*_{2(\mathrm{DD})} = \frac{E}{1+2\pi f} \approx E\,(1 - 2\pi f)\;,$$

$$\mu^*_{12(\mathrm{DD})} = \frac{E}{2(1+\nu+\pi f)} \approx \mu\left(1 - \frac{\pi f}{1+\nu}\right)\;. \qquad (8.88)$$

Aufgrund der ausgezeichneten Rißorientierung ist das effektive Materialverhalten hier *anisotrop* mit einer normal zu den Rissen geringeren Steifigkeit.

Liegen die Risse hingegen mit *statistisch gleichverteilten* Orientierungen vor (Bild 8.17b), so kann im Rahmen des Modells der dünnen Verteilung der zusätzliche Nachgiebigkeitstensor (8.87) der Einzelbeiträge über alle Orientierungen gemittelt werden zu

$$H^\infty_{ijkl} = \frac{1}{2\pi}\int_0^{2\pi} H^\infty_{i'j'k'l'}(\varphi)\,\mathrm{d}\varphi \quad \leadsto \quad H^\infty_{1111} = H^\infty_{1212} = H^\infty_{2121} = H^\infty_{2222} = f\,\frac{\pi}{E}. \tag{8.89}$$

Da das Material dann auch makroskopisch keine ausgezeichnete Richtung besitzt, ist das effektive Verhalten isotrop mit

$$E^*_{(\mathrm{DD})} = \frac{E}{1+\pi f} \approx E\,(1-\pi f)\,, \qquad \mu^*_{(\mathrm{DD})} = \frac{E}{2(1+\nu+\pi f)} \approx \mu\,(1-\frac{\pi f}{1+\nu})\,. \tag{8.90}$$

d) Kreisförmige ('penny shaped') Risse (3D)
Mit der gleichen Vorgehensweise wie zuvor erhält man aus der Grundlösung (8.39) für einen kreisförmigen Riß vom Radius a im unendlichen Gebiet unter der Belastung σ^0_{ij} den zusätzlichen Nachgiebigkeitstensor aus (8.50b) und (8.72). Im lokalen Koordinatensystem mit der Rißnormalen in x_3-Richtung lauten dessen nichtverschwindende Komponenten

$$H^\infty_{3333} = f\,\frac{16(1-\nu^2)}{3E}\,, \qquad H^\infty_{1313} = H^\infty_{2323} = f\,\frac{32(1-\nu^2)}{3E(2-\nu)}\,, \tag{8.91}$$

wobei der Rißdichteparameter nun (3D) durch $f = a^3/V$ definiert ist. Damit ergeben sich die effektiven elastischen Konstanten eines Materials, das aus einer isotropen Matrix mit dünn verteilten *parallelen* und gleich großen Rissen besteht, zu

$$E^*_{1(\mathrm{DD})} = E^*_{2(\mathrm{DD})} = E\,, \quad \nu^*_{12(\mathrm{DD})} = \nu\,, \quad \mu^*_{12(\mathrm{DD})} = \mu = \frac{E}{2(1+\nu)}\,,$$

$$E^*_{3(\mathrm{DD})} = \frac{3E}{3+f16(1-\nu^2)}\,,$$

$$\mu^*_{13(\mathrm{DD})} = \mu^*_{23(\mathrm{DD})} = \mu\left[1+f\,\frac{16(1-\nu)}{3(2-\nu)}\right]^{-1}\,,$$

$$\nu^*_{13(\mathrm{DD})} = \nu^*_{23(\mathrm{DD})} = \nu\left[1+f\,\frac{16(1-2\nu)(\nu^2-1)}{3\nu(2-\nu)}\right]\left[1+f\,\frac{16(1-\nu^2)}{3}\right]^{-1}. \tag{8.92}$$

Man beachte, daß $E^*_{1(\mathrm{DD})}$, $\nu^*_{12(\mathrm{DD})}$ und $\mu^*_{12(\mathrm{DD})}$ nicht unabhängig voneinander sind und durch alleine 2 Konstanten gegeben sind. Das damit durch insgesamt 5 unabhängige Größen charakterisierte makroskopische Materialverhalten weist

Isotropie in der x_1, x_2-Ebene auf und besitzt mit der x_3-Achse (Rißnormale) eine ausgezeichnete Richtung. Diese Art der Anisotropie wird als *Transversalisotropie* bezeichnet (vgl. (1.42), (1.43)).

Bei gleichhäufigem Auftreten aller möglichen Rißorientierungen ist das makroskopische Verhalten wieder isotrop. Die Mittelung

$$H^\infty_{ijkl} = \frac{1}{4\pi} \int_0^{2\pi} \int_0^\pi H^\infty_{i'j'k'l'}(\varphi, \vartheta) \, \cos\vartheta \, \mathrm{d}\vartheta \, \mathrm{d}\varphi$$

von (8.91) über alle Raumrichtungen liefert

$$H^\infty_{1111} = H^\infty_{2222} = H^\infty_{3333} = \frac{f}{E} \frac{16(1-\nu^2)(10-3\nu)}{45(2-\nu)}$$

$$H^\infty_{1122} = H^\infty_{2233} = H^\infty_{3311} = -\frac{f}{E} \frac{16\nu(1-\nu^2)}{45(2-\nu)} \qquad (8.93)$$

$$H^\infty_{1212} = H^\infty_{2323} = H^\infty_{3131} = \frac{f}{E} \frac{32(1-\nu^2)(5-\nu)}{45(2-\nu)},$$

woraus die effektiven Elastizitätskonstanten

$$E^*_{(\mathrm{DD})} = E \left[1 + f \frac{16(1-\nu^2)(10-3\nu)}{45(2-\nu)}\right]^{-1} \approx E \left[1 - f \frac{16(1-\nu^2)(10-3\nu)}{45(2-\nu)}\right],$$

$$\mu^*_{(\mathrm{DD})} = \mu \left[1 + f \frac{32(1-\nu^2)(5-\nu)}{45(2-\nu)}\right]^{-1} \approx \mu \left[1 - f \frac{32(1-\nu^2)(5-\nu)}{45(2-\nu)}\right]$$

(8.94)

folgen.

8.3.2.4 Mori-Tanaka-Modell

Die Approximation einer dünnen, wechselwirkungsfreien Defektverteilung ist gleichbedeutend mit der Annahme, daß in hinreichendem Abstand von einem Defekt näherungsweise das konstante Verzerrungs- bzw. Spannungsfeld $\boldsymbol{\varepsilon}^0$ bzw. $\boldsymbol{\sigma}^0$ der vorgegebenen äußeren Belastung wirkt. Diese Annahme ist ein erster Ansatzpunkt zu einer Verfeinerung des Modells in Hinblick auf die Berücksichtigung der Wechselwirkung von Defekten und damit ihres endlichen Volumenanteils. Im Mori-Tanaka-Modell (1973) wird dazu das Verzerrungs- oder Spannungsfeld in der Matrix in hinreichend großem Abstand von einem Defekt durch den Mittelwert $\langle\boldsymbol{\varepsilon}\rangle_\mathrm{M}$ bzw. $\langle\boldsymbol{\sigma}\rangle_\mathrm{M}$ approximiert (Bild 8.18). Die Belastung eines jeden Defektes hängt somit über die mittlere Matrixverzerrung $\langle\boldsymbol{\varepsilon}\rangle_\mathrm{M}$ bzw. Matrixspannung $\langle\boldsymbol{\sigma}\rangle_\mathrm{M}$ vom Vorhandensein weiterer Defekte ab. Allerdings wird bei dieser Wechselwirkung die Fluktuation der Felder vernachlässigt.

Effektive elastische Eigenschaften 249

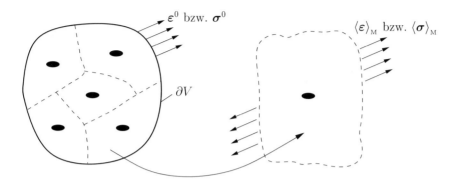

Bild 8.18 Defektwechselwirkung bei Mori-Tanaka-Modell

Durch die idealisierte Betrachtung eines einzelnen Defektes in einer unendlich ausgedehnten Matrix unter einer homogenen *effektiven Belastung* $\langle\varepsilon\rangle_M$ bzw. $\langle\sigma\rangle_M$ entspricht das Mori-Tanaka-Modell formal dem der dünnen Verteilung (vgl. Bild 8.15) und gestattet die Verwendung der bereits bekannten Tensoren $\boldsymbol{A}_I^\infty$ und $\boldsymbol{H}^\infty$ zur Beschreibung der mittleren Defektverzerrung:

$$\langle\varepsilon\rangle_I = \boldsymbol{A}_I^\infty : \langle\varepsilon\rangle_M \qquad \text{bzw.} \qquad \langle\varepsilon\rangle_c = \boldsymbol{H}^\infty : \langle\sigma\rangle_M \ . \tag{8.95}$$

Zur Darstellung der effektiven Materialeigenschaften wird die mittlere Defektverzerrung in Abhängigkeit von den Makrogrößen $\langle\varepsilon\rangle = \varepsilon^0$ bzw. $\langle\sigma\rangle = \sigma^0$ benötigt (vgl. (8.67)); wir eliminieren daher die Matrixgrößen $\langle\varepsilon\rangle_M$ und $\langle\sigma\rangle_M$. Mit $\langle\varepsilon\rangle = c_M \langle\varepsilon\rangle_M + c_I \langle\varepsilon\rangle_I$ führt (8.95) im Fall ellipsoidförmiger Inhomogenitäten auf $\langle\varepsilon\rangle_I = \boldsymbol{A}_{I\,(MT)} : \langle\varepsilon\rangle$, wobei

$$\boldsymbol{A}_{I\,(MT)} = \left[c_I \boldsymbol{1} + c_M \boldsymbol{A}_I^{\infty\,-1}\right]^{-1} = \left[\boldsymbol{1} + c_M \boldsymbol{S}_M : \boldsymbol{C}_M^{-1} : (\boldsymbol{C}_I - \boldsymbol{C}_M)\right]^{-1} \tag{8.96a}$$

der Einflußtensor des Mori-Tanaka-Modells ist. Bei Hohlräumen und Rissen geht (8.95) mit $\langle\sigma\rangle = c_M \langle\sigma\rangle_M$ in $\langle\varepsilon\rangle_c = \boldsymbol{H}_{(MT)} : \langle\sigma\rangle$ über mit dem zusätzlichen Nachgiebigkeitstensor

$$\boldsymbol{H}_{(MT)} = \frac{1}{c_M} \boldsymbol{H}^\infty \ . \tag{8.96b}$$

Als effektive elastische Konstanten erhält man damit nach (8.71a) bzw. (8.73) für die beiden Defektklassen

$$\boxed{\boldsymbol{C}^*_{(MT)} = \begin{cases} \boldsymbol{C}_M + c_I (\boldsymbol{C}_I - \boldsymbol{C}_M) : \boldsymbol{A}_{I\,(MT)} & \text{(Ellipsoide)} \\ \left[\boldsymbol{C}_M^{-1} + \boldsymbol{H}_{(MT)}\right]^{-1} & \text{(Hohlräume, Risse)} \end{cases}} \ . \tag{8.97}$$

Aus den Gleichungen (8.96a) und (8.97) erkennt man, daß das Mori-Tanaka-Modell – im Gegensatz zum Modell der dünnen Verteilung – die Grenzfälle $c_I = 0$ und $c_I = 1$ (homogenes Material) korrekt wiedergibt, formal also bei beliebigem Volumenanteil c_I anwendbar ist. Allerdings kann die Grundannahme (Defekt in homogenem Feld) nur bei kleinen oder großen Werten von c_I erfüllt werden. Im letzteren Fall übernimmt dann die Inhomogenität die Rolle der Matrix. Bei Hohlräumen liefern (8.96b) und (8.97) einen makroskopischen Verlust der Tragfähigkeit des Materials ($\boldsymbol{C}^*_{(MT)} \to 0$) für den Grenzfall $c_M \to 0$, der jedoch unrealistisch ist.

Man kann zeigen, daß die auf dem Mori-Tanaka-Modell basierenden Approximationen für die effektiven Eigenschaften eines Materials unabhängig vom Typ der vorgegebenen Makrogrößen $\boldsymbol{\varepsilon}^0$ oder $\boldsymbol{\sigma}^0$ sind. Für einen kleinen Defektvolumenanteil ($c_I \ll 1$) gehen sie asymptotisch in die Ergebnisse der dünnen Verteilung über.

Im Sonderfall einer isotropen Matrix, die isotrope kugelförmige Inhomogenitäten enthält, liefert das Mori-Tanaka-Modell unabhängig von deren räumlicher Anordnung ein isotropes effektives Verhalten mit den elastischen Konstanten (vgl. (8.80))

$$K^*_{(MT)} = K_M + c_I \frac{(K_I - K_M) K_M}{K_M + \alpha (1 - c_I)(K_I - K_M)},$$

$$\mu^*_{(MT)} = \mu_M + c_I \frac{(\mu_I - \mu_M) \mu_M}{\mu_M + \beta (1 - c_I)(\mu_I - \mu_M)}. \qquad (8.98)$$

Eine aus der geometrischen Defektanordnung möglicherweise resultierende makroskopische Anisotropie ist also mit diesem Modell (wie beim Modell der dünnen Verteilung) nicht wiedergebbar. Man beachte, daß die effektiven Konstanten (8.98) im Gegensatz zu (8.80) nun nichtlinear von der Konzentration c_I der Inhomogenitäten abhängen. Sie reduzieren sich im Grenzfall starrer Kugeln ($K_I, \mu_I \to \infty$) in einer inkompressiblen Matrix ($K_M \to \infty$, $\beta = 2/5$) auf (vgl. (8.81))

$$\mu^*_{(MT)} = \mu_M \left(1 + \frac{5}{2} \frac{c_I}{(1 - c_I)}\right). \qquad (8.99)$$

Für das 2D-Beispiel einer Scheibe im ESZ mit Kreislöchern vom Flächenanteil c nach Bild (8.16) liefert die Mori-Tanaka-Methode durch Einsetzen von (8.84) in (8.96b), (8.97)

$$E^*_{(MT)} = E \frac{1 - c}{1 + 2c}, \qquad \mu^*_{(MT)} = \mu \frac{(1 - c)(1 + \nu)}{1 + \nu + c(3 - \nu)}. \qquad (8.100)$$

Risse haben aufgrund ihres verschwindenden Volumens ($c_M = 1$) keinen Einfluß auf die mittlere Spannung: $\langle \boldsymbol{\sigma} \rangle_M = \langle \boldsymbol{\sigma} \rangle$. Dadurch erhalten wir mit dem

Mori-Tanaka-Modell für ein Material mit geraden oder kreisförmigen Rissen die gleichen effektiven elastischen Konstanten, wie unter der Annahme der dünnen Rißverteilung bei vorgegebenen Makrospannungen (siehe (8.88), (8.90), (8.92) bzw. (8.94)). Auf Risse angewendet sagt das Mori-Tanaka-Modell demnach auch bei beliebig hoher Rißdichte keinen Verlust der makroskopischen Tragfähigkeit voraus.

8.3.2.5 Selbstkonsistenzmethode

Bei der analytischen Bestimmung effektiver Materialeigenschaften beschränkt man sich wegen der Verfügbarkeit geschlossener Grundlösungen in der Regel auf die Betrachtung eines Einzeldefektes im unendlichen Gebiet. Die Wechselwirkung von Defekten hatten wir dabei im vorigen Abschnitt durch geeignete Approximation der Belastung der einzelnen Defekte berücksichtigt, wofür ihr hinreichender Abstand in einer homogenen Matrix Voraussetzung war. Diese Situation ist jedoch häufig nicht gegeben. So grenzen z.B. bei einem Polykristall die Inhomogenitäten in Form einzelner Körner direkt aneinander und es liegt gar keine ausgezeichnete Matrixphase vor. In Hinblick auf diesen Anwendungsfall wurde die Selbstkonsistenzmethode entwickelt. Bei ihr wird die gesamte Umgebung jedes einzelnen Defektes zu einer unendlich ausgedehnten homogenen Matrix *verschmiert*, deren elastische Eigenschaften gerade durch die zu bestimmenden effektiven Eigenschaften des heterogenen Materials gegeben sind (Bild 8.19). Die Lösung des

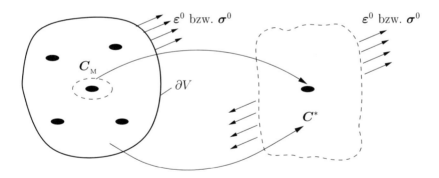

Bild 8.19 Modell der Selbstkonsistenzmethode

entsprechenden Randwertproblems (Einzeldefekt unter Belastung $\varepsilon^0 = \langle\varepsilon\rangle$ bzw. $\sigma^0 = \langle\sigma\rangle$) im Innern des Defektes ergibt sich formal aus der Lösung bei dünner Defektverteilung indem die Matrixeigenschaften durch die effektiven Eigenschaften ersetzt werden (vgl. Bild 8.15). Für die mittlere Defektverzerrung und die Einflußtensoren gilt dementsprechend bei ellipsoidförmigen Inhomogenitäten

$$\langle \varepsilon \rangle_\mathrm{I} = \boldsymbol{A}_{\mathrm{I\,(SK)}} : \langle \varepsilon \rangle \,,$$

$$\boldsymbol{A}_{\mathrm{I\,(SK)}} = \boldsymbol{A}_\mathrm{I}^\infty (\boldsymbol{C}_\mathrm{M} = \boldsymbol{C}^*) = \left[\boldsymbol{1} + \boldsymbol{S}^* : \boldsymbol{C}^{*-1} : (\boldsymbol{C}_\mathrm{I} - \boldsymbol{C}^*) \right]^{-1}$$

(8.101a)

und bei Hohlräumen und Rissen

$$\langle \varepsilon \rangle_c = \boldsymbol{H}_\mathrm{(SK)} : \langle \boldsymbol{\sigma} \rangle \,, \qquad \boldsymbol{H}_\mathrm{(SK)} = \boldsymbol{H}^\infty (\boldsymbol{C}_\mathrm{M} = \boldsymbol{C}^*) \,. \qquad (8.101\mathrm{b})$$

Die effektiven elastischen Eigenschaften ergeben sich durch Einsetzen in (8.71a) bzw. (8.73). Von ihnen fordern wir, daß sie gerade die zur Darstellung der Einflußtensoren in (8.101a), (8.101b) verwendeten effektiven Matrixeigenschaften $\boldsymbol{C}^*$ sind, was den Begriff *Selbstkonsistenz* erklärt. Damit führt die Selbstkonsistenzmethode auf eine implizite Darstellung des effektiven Elastizitätstensors in Form nichtlinearer algebraischer Gleichungen. Diese lauten mit (8.71a) bzw. (8.73)

$$\boxed{\boldsymbol{C}^*_\mathrm{(SK)} = \begin{cases} \boldsymbol{C}_\mathrm{M} + c_\mathrm{I} (\boldsymbol{C}_\mathrm{I} - \boldsymbol{C}_\mathrm{M}) : \boldsymbol{A}_\mathrm{I}^\infty (\boldsymbol{C}^*_\mathrm{(SK)}) & \text{(Ellipsoide)} \\ \left[\boldsymbol{C}_\mathrm{M}^{-1} + \boldsymbol{H}^\infty (\boldsymbol{C}^*_\mathrm{(SK)}) \right]^{-1} & \text{(Hohlräume, Risse)} \end{cases}} \,. \qquad (8.102)$$

Wie das Mori-Tanaka-Modell liefert auch die Selbstkonsistenzmethode ein eindeutiges, d.h. von den Makrogrößen unabhängiges Ergebnis, welches die Grenzfälle für einphasiges Material korrekt enthält. Man beachte auch, daß bei der Selbstkonsistenzmethode bereits in dem für die Grundlösung $\boldsymbol{A}_\mathrm{I}^\infty (\boldsymbol{C}^*_\mathrm{(SK)})$ bzw. $\boldsymbol{H}^\infty (\boldsymbol{C}^*_\mathrm{(SK)})$ anzusetzenden effektiven Materialverhalten eine aus der relativen Defektorientierung oder -anordnung resultierende makroskopische Anisotropie zu berücksichtigen ist. Als Beispiel seien hier parallele Risse genannt, die als Defekte selbst eine ausgezeichnete Richtung besitzen. Aber auch durch Vorzugsrichtungen in der räumlichen Verteilung isotroper Defekte kann eine makroskopische Anisotropie bedingt sein. Nur bei vollständiger (materieller und geometrischer) Isotropie der Mikrostruktur ergibt sich auch ein isotropes effektives Verhalten. Typisches Beispiel hierfür ist eine isotrope Verteilung kugelförmiger Inhomogenitäten aus isotropem Material in einer isotropen Matrix. In diesem Fall lassen sich nach Einsetzen der Parameter $\alpha^*(\nu^*)$, $\beta^*(\nu^*)$ des isotropen Eshelby-Tensors (8.11) die Bestimmungsgleichungen für den effektiven Kompressions- und Schubmodul in der Form

$$0 = \frac{c_\mathrm{M}}{K^*_\mathrm{(SK)} - K_\mathrm{I}} + \frac{c_\mathrm{I}}{K^*_\mathrm{(SK)} - K_\mathrm{M}} - \frac{3}{3K^*_\mathrm{(SK)} + 4\mu^*_\mathrm{(SK)}} \,,$$

$$0 = \frac{c_\mathrm{M}}{\mu^*_\mathrm{(SK)} - \mu_\mathrm{I}} + \frac{c_\mathrm{I}}{\mu^*_\mathrm{(SK)} - \mu_\mathrm{M}} - \frac{6 \left(K^*_\mathrm{(SK)} + 2\mu^*_\mathrm{(SK)} \right)}{5\mu^*_\mathrm{(SK)} \left(3K^*_\mathrm{(SK)} + 4\mu^*_\mathrm{(SK)} \right)}$$

(8.103)

angeben. An dieser Darstellung wird deutlich, daß bei der Selbstkonsistenzmethode keine der beteiligten Phasen mehr die ausgezeichnete Rolle einer umgebenden Matrix spielt, was der Situation einer polykristallinen Mikrostruktur oder eines Durchdringungsgefüges gerecht wird.

Für den Sonderfall starrer Kugeln ($K_I \to \infty$, $\mu_I \to \infty$) in einer inkompressiblen Matrix ($K_M \to \infty$) liefert die Selbstkonsistenzmethode im Gegensatz zu (8.81) und (8.99)

$$\mu^*_{(SK)} = \frac{2\mu_M}{2 - 5c_I} \, . \tag{8.104}$$

Daraus folgt bereits bei einem Volumenanteil der Kugeln von $c_I = 2/5$ die makroskopische Starrheit des Materials ($\mu^*_{(SK)} \to \infty$). Auch der Sonderfall kugelförmiger Poren ($K_I \to 0$, $\mu_I \to 0$) in einer inkompressiblen Matrix ($K_M \to \infty$) läßt sich direkt aus (8.103) ableiten zu

$$K^*_{(SK)} = \frac{4\mu_M(1 - 2c_I)(1 - c_I)}{c_I(3 - c_I)} \, , \qquad \mu^*_{(SK)} = \frac{3\mu_M(1 - 2c_I)}{3 - c_I} \, . \tag{8.105}$$

Hieraus erkennt man, daß die Selbstkonsistenzmethode für ein poröses Material bei einem Porenvolumenanteil von 50% ($c_I = 1/2$) den völligen Verlust der makroskopischen Tragfähigkeit ($K^*_{(SK)} \to 0$, $\mu^*_{(SK)} \to 0$) vorhersagt. Das durch (8.104) und (8.105) beschriebene makroskopische Grenzverhalten eines heterogenen Materials ist qualitativ richtig, da statistisch bereits bei einem Volumenanteil starrer Partikel oder Poren deutlich unterhalb von 1 starre Brücken oder Hohlräume vorliegen, die das gesamte Material durchziehen und dessen effektives Verhalten bestimmen. Man bezeichnet diesen Effekt auch als *Perkolation*; die entsprechende statistische Theorie heißt Perkolationstheorie. Diese vermeintliche Stärke der Selbstkonsistenzmethode wird allerdings dadurch relativiert, daß die zur Homogenisierbarkeit eines heterogenen Materials vorausgesetzte statistische Homogenität (RVE) durch das Vorhandensein solcher Brücken verletzt wird.

Ein weiterer Kritikpunkt an der Selbstkonsistenzmethode liegt in ihrer Vermischung der eigentlich strikt getrennten mikro- und makroskopischen Betrachtungsebenen. So wird ein einzelner, nur auf der Mikroebene "sichtbarer" Defekt in ein nur auf der Makroebene definiertes effektives Medium eingebettet. Um diese Inkonsequenz abzumindern, kann im Rahmen einer *verallgemeinerten Selbstkonsistenzmethode* der Defekt und die unendlich ausgedehnte effektive Matrix durch eine begrenzte Schicht des wahren Matrixmaterials getrennt werden. Auf diese recht aufwendige Methode sei hier jedoch nicht näher eingegangen.

Zum Abschluß wollen wir noch die Ergebnisse der Selbstkonsistenzmethode nach (8.102) für Kreislöcher und Risse auswerten. Beim Problem einer Scheibe mit isotrop verteilten kreisförmigen Löchern (makroskopische Isotropie) ist dazu lediglich in (8.84) der Elastizitätsmodul E der Matrix durch $E^*_{(SK)}$ zu ersetzen, was auf

$$E^*_{(SK)} = E(1-3c), \quad \mu^*_{(SK)} = \frac{E(1-3c)}{2[1+c+\nu(1-3c)]} \quad (8.106)$$

führt. Der völlige Verlust der effektiven Steifigkeit der Scheibe wird danach bereits für einen Flächenanteil an Löchern von $c = 1/3$ vorausgesagt. Experimentell ermittelte oder auf der Perkolationstheorie basierende Werte sind dagegen etwa doppelt so groß (siehe Bild 8.21).

Die Anwendung der Selbstkonsistenzmethode auf Materialien mit parallelen Rissen erfordert wie schon erwähnt wegen der makroskopischen Anisotropie die etwas aufwendige Grundlösung eines Einzelrisses in einem anisotropen Material. Unter Verweis auf die Spezialliteratur (T. Mura, 1982) verzichten wir daher auf eine weitere Behandlung und beschränken uns auf die Situation statistisch gleichverteilter Rißorientierungen, für die das effektive Materialverhalten isotrop ist. Im Fall gerader Risse der Länge $2a$ in einer Scheibe (ESZ) ist dann in (8.89) nur E durch $E^*_{(SK)}$ zu ersetzen. Für den effektiven Elastizitäts- und Schubmodul ergibt sich auf diese Weise

$$E^*_{(SK)} = E(1-\pi f), \quad \mu^*_{(SK)} = \frac{E(1-\pi f)}{2[1+\nu(1-\pi f)]}. \quad (8.107)$$

Hiernach wird ein völliger Verlust der makroskopischen Steifigkeit für $f = 1/\pi$ vorhergesagt. Bei diesem Wert ist die von einem Riß bei Variation seiner Richtung überstrichene Fläche πa^2 gleich der Bezugsfläche A des Materials. Für das dreidimensionale Problem kreisförmiger Risse statistisch gleichverteilter Orientierung erhält man den isotropen zusätzlichen Nachgiebigkeitstensor $\boldsymbol{H}_{(SK)} = \boldsymbol{H}^\infty(\boldsymbol{C}^*_{(SK)})$ aus (8.93) durch Ersetzen von E und ν durch $E^*_{(SK)}$ und $\nu^*_{(SK)}$, was mit (8.102) auf nichtlineare Gleichungen für die effektiven isotropen Elastizitätskonstanten führt:

$$\frac{\nu^*_{(SK)}}{E^*_{(SK)}} = \frac{\nu}{E} + f\frac{16\nu^*_{(SK)}(1-\nu^{*2}_{(SK)})}{45(2-\nu^*_{(SK)})E^*_{(SK)}},$$

$$\frac{1+\nu^*_{(SK)}}{E^*_{(SK)}} = \frac{1+\nu}{E} + f\frac{32(1-\nu^{*2}_{(SK)})(5-\nu^*_{(SK)})}{45(2-\nu^*_{(SK)})E^*_{(SK)}}. \quad (8.108)$$

8.3.2.6 Differentialschema

Im Gegensatz zur Selbstkonsistenzmethode, bei der jede Phase des heterogenen Materials mit ihrem vollen Volumenanteil in einem einzigen Schritt in die effektive Matrix eingebettet wird, basiert das Differentialschema auf einer Unterteilung dieser Einbettung in infinitesimale Schritte. Man kann damit gedanklich

Effektive elastische Eigenschaften

die tatsächliche Herstellung eines heterogenen Materials durch schrittweises Einbringen einer Phase (Inhomogenität) in ein ursprünglich homogenes Ausgangsmaterial (Matrix) verbinden, wobei unerheblich ist, welcher Phase die Rolle des Ausgangsmaterials zukommt. Da in jedem Schritt nur ein infinitesimales Volumen $\mathrm{d}V$ der Defekt- oder Inhomogenitätsphase mit dem Elastizitätstensor $\boldsymbol{C}_\mathrm{I}$ in eine unendlich ausgedehnte homogene Matrix eingebettet wird, sind das Modell der dünnen Verteilung und die entsprechenden Beziehungen für die effektiven Eigenschaften dann exakt. In einem beliebigen Schritt wird die Matrix durch die effektiven Eigenschaften $\boldsymbol{C}^*(c_\mathrm{I})$ charakterisiert, die dem bis dahin eingebetteten Volumenanteil $c_\mathrm{I} = V_\mathrm{I}/V$ entsprechen.

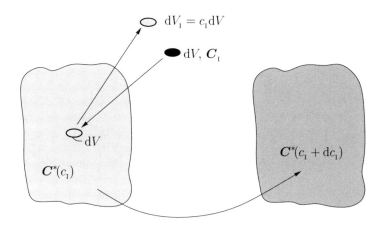

Bild 8.20 Differentialschema

Die Vorgehensweise ist in Bild 8.20 anhand einer ellipsoidförmigen Inhomogenität dargestellt. Unter Erhaltung des Gesamtvolumens V wird ein infinitesimales Volumen $\mathrm{d}V$ der Inhomogenitätsphase eingebracht, wozu das gleiche Volumen aus dem effektiven Matrixmaterial entfernt werden muß. Dabei ändert sich der Volumenanteil der Inhomogenitätsphase auf $c_\mathrm{I} + \mathrm{d}c_\mathrm{I}$, und ihre Volumenbilanz kann für diesen Vorgang wie folgt geschrieben werden

$$(c_\mathrm{I} + \mathrm{d}c_\mathrm{I})\, V = c_\mathrm{I}\, V - c_\mathrm{I}\,\mathrm{d}V + \mathrm{d}V \quad \leadsto \quad \frac{\mathrm{d}V}{V} = \frac{\mathrm{d}c_\mathrm{I}}{1 - c_\mathrm{I}}\ . \tag{8.109}$$

Weil in diesem Schritt nur ein infinitesimales Volumen $\mathrm{d}V$ (Volumenanteil $\mathrm{d}V/V$) eingebettet wird, ist die Beziehung (8.79a) des Modells der dünnen Verteilung exakt und lautet auf die vorliegende Situation angewandt

$$\boldsymbol{C}^*(c_\mathrm{I} + \mathrm{d}c_\mathrm{I}) = \underbrace{\boldsymbol{C}^*(c_\mathrm{I})}_{\text{Matrix}} + \frac{\mathrm{d}V}{V}\Big(\boldsymbol{C}_\mathrm{I} - \underbrace{\boldsymbol{C}^*(c_\mathrm{I})}_{\text{Matrix}}\Big) : \boldsymbol{A}_\mathrm{I}^\infty\ . \tag{8.110}$$

Darin hängt der Einflußtensor vom effektiven Matrixmaterial ab: $\boldsymbol{A}_{\mathrm{I}}^{\infty}(\boldsymbol{C}^*(c_{\mathrm{I}}))$.
Mit $\boldsymbol{C}^*(c_{\mathrm{I}} + \mathrm{d}c_{\mathrm{I}}) = \boldsymbol{C}^*(c_{\mathrm{I}}) + \mathrm{d}\boldsymbol{C}^*(c_{\mathrm{I}})$ und (8.109) erhält man

$$\boxed{\frac{\mathrm{d}\boldsymbol{C}^*(c_{\mathrm{I}})}{\mathrm{d}c_{\mathrm{I}}} = \frac{1}{1-c_{\mathrm{I}}} \left(\boldsymbol{C}_{\mathrm{I}} - \boldsymbol{C}^*(c_{\mathrm{I}})\right) : \boldsymbol{A}_{\mathrm{I}}^{\infty}} . \qquad (8.111)$$

Das Differentialschema führt also auf eine nichtlineare gewöhnliche Differentialgleichung für den effektiven Elastizitätstensor in Abhängigkeit vom Volumenanteil c_{I} der eingebetteten Phase. Das Ausgangsmaterial (zweite Phase) tritt nur in der Anfangsbedingung auf: $\boldsymbol{C}^*(c_{\mathrm{I}} = 0) = \boldsymbol{C}_{\mathrm{M}}$. Im Fall der vollständigen (materiellen und geometrischen) Isotropie erhält man aus (8.111) für den effektiven Kompressions- und Schubmodul das folgende gekoppelte Differentialgleichungssystem

$$\frac{\mathrm{d}K^*_{(\mathrm{DS})}}{\mathrm{d}c_{\mathrm{I}}} = \frac{1}{1-c_{\mathrm{I}}} \left(K_{\mathrm{I}} - K^*_{(\mathrm{DS})}\right) \frac{3K^*_{(\mathrm{DS})} + 4\mu^*_{(\mathrm{DS})}}{3K_{\mathrm{I}} + 4\mu^*_{(\mathrm{DS})}} ,$$
(8.112)
$$\frac{\mathrm{d}\mu^*_{(\mathrm{DS})}}{\mathrm{d}c_{\mathrm{I}}} = \frac{1}{1-c_{\mathrm{I}}} \left(\mu_{\mathrm{I}} - \mu^*_{(\mathrm{DS})}\right) \frac{5\mu^*_{(\mathrm{DS})}\left(3K^*_{(\mathrm{DS})} + 4\mu^*_{(\mathrm{DS})}\right)}{\mu^*_{(\mathrm{DS})}\left(9K^*_{(\mathrm{DS})} + 8\mu^*_{(\mathrm{DS})}\right) + 6\mu_{\mathrm{I}}\left(K^*_{(\mathrm{DS})} + 2\mu^*_{(\mathrm{DS})}\right)}$$

mit den Anfangsbedingungen $K^*_{(\mathrm{DS})}(c_{\mathrm{I}} = 0) = K_{\mathrm{M}}$, $\mu^*_{(\mathrm{DS})}(c_{\mathrm{I}} = 0) = \mu_{\mathrm{M}}$.

Für das Beispiel starrer Kugeln (I) in einer inkompressiblen Matrix (M) reduziert sich (8.112) auf

$$\frac{\mathrm{d}\mu^*_{(\mathrm{DS})}}{\mathrm{d}c_{\mathrm{I}}} = \frac{1}{1-c_{\mathrm{I}}} \frac{5\mu^*_{(\mathrm{DS})}}{2} \qquad (8.113)$$

mit der Lösung

$$\mu^*_{(\mathrm{DS})}(c_{\mathrm{I}}) = \frac{\mu_{\mathrm{M}}}{(1-c_{\mathrm{I}})^{5/2}} . \qquad (8.114)$$

Im Gegensatz zur Selbstkonsistenzmethode (vgl. (8.104)) liefert das Differentialschema offenbar erst für $c_{\mathrm{I}} \to 1$ die Starrheit des effektiven Materials.

Bei der Anwendung des Differentialschemas auf Materialien mit Hohlräumen oder Rissen sind diese als die einzubettende Phase zu behandeln. Im Fall kreisförmiger Löcher in einer Scheibe nach Bild 8.16 gehen wir dabei direkt von den Beziehungen (8.85) bei dünner Lochverteilung aus, die wir in der Form

$$\frac{1}{E^*_{(\mathrm{DD})}} = \frac{1}{E} + c\,\frac{3}{E} , \qquad \frac{1}{2\mu^*_{(\mathrm{DD})}} = \frac{1}{2\mu} + c\,\frac{4}{E} \qquad (8.115)$$

schreiben. Die inkrementelle Erhöhung $\mathrm{d}c$ des Flächenanteils c der Löcher führt dann mit der gleichen Vorgehensweise wie bei den Inhomogenitäten auf die

Effektive elastische Eigenschaften

Differentialgleichungen

$$\frac{dE_{(DS)}^{*-1}}{dc} = \frac{1}{1-c}\frac{3}{E_{(DS)}^{*}}, \qquad \frac{d\mu_{(DS)}^{*-1}}{dc} = \frac{1}{1-c}\frac{8}{E_{(DS)}^{*}} \qquad (8.116)$$

mit den Anfangsbedingungen $E_{(DS)}^{*}(c=0) = E$, $\mu_{(DS)}^{*}(c=0) = \mu$. Die erste Differentialgleichung in kann direkt, die zweite erst nach Einsetzen von $E_{(DS)}^{*}(c)$ integriert werden. Dies führt auf die Lösungen

$$E_{(DS)}^{*}(c) = E(1-c)^3, \qquad \mu_{(DS)}^{*}(c) = \mu\frac{3(1+\nu)(1-c)^3}{4+(3\nu-1)(1-c)^3}. \qquad (8.117)$$

Ähnlich wie im vorhergehenden Beispiel liefert das Differentialschema im Gegensatz zur Selbstkonsistenzmethode den Grenzfall völligen makroskopischen Steifigkeitsverlustes erst für $c \to 1$.

Zum besseren Vergleich sind die Resultate der verschiedenen Näherungsmethoden für den effektiven Elastizitätsmodul einer Scheibe mit Kreislöchern in Bild 8.21 einander gegenübergestellt. Zusätzlich angegeben sind experimentelle Ergebnisse und die Perkolationsgrenze, die bereits für einen Flächenanteil $c < 1$ den völligen makroskopischen Steifigkeitsverlust ($E^* \to 0$) zeigen. Dies wird quantitativ lediglich von der Selbstkonsistenzmethode (SK) vorhergesagt. Das Modell der dünnen (Loch-) Verteilung (DD) ist voraussetzungsgemäß nur für sehr kleine Werte von c gültig.

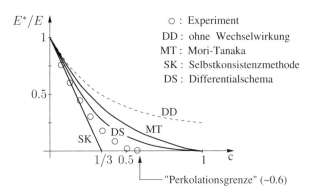

Bild 8.21 Effektiver Elastizitätsmodul einer Scheibe mit isotrop verteilten Kreislöchern

Tabelle 8.1   Effektive elastische Konstanten

1	K_I, μ_I ; K_M, μ_M	**kugelförmige Inhomogenitäten** $$K^* = K_M + c_I \frac{(K_I - K_M) K_M}{K_M + \alpha(1-c_I)(K_I - K_M)}$$ $$\mu^* = \mu_M + c_I \frac{(\mu_I - \mu_M) \mu_M}{\mu_M + \beta(1-c_I)(\mu_I - \mu_M)}$$
2	K, μ	**kugelförmige Poren** $$K^* = K\left(1 - \frac{c}{1 - \alpha(1-c)}\right)$$ $$\mu^* = \mu\left(1 - \frac{c}{1 - \beta(1-c)}\right)$$
3	E_M, ν_M ; E_I, ν_I	**unidirektionale Fasern (Inhomogenitäten)** $$E_3^* = c_I E_I + (1-c_I) E_M, \quad \mu_{12}^* = \frac{2+c_I}{5(1-c_I)} E_M,$$ $$\mu_{13}^* = \mu_{23}^* = \frac{2(1+c_I)}{5(1-c_I)} E_M, \quad \nu_{31}^* = \nu_{32}^* = 1/4,$$ $$\frac{1}{E_{1,2}^*} = \frac{1}{4}\left(\frac{1}{\mu_{12}^*} + \frac{5(1-c_I)}{2E_M(2+c_I)} + \frac{1}{4E_3^*}\right)$$ für $\nu_I = \nu_M = 1/4, \quad E_I \gg E_M, \quad c_I < 1$
4	E, ν	**unidirektionale Hohlzylinder (EVZ)** $$E_{1,2}^* = \frac{(1-c)E}{1+c(2-3\nu^2)}, \quad \mu_{12}^* = \frac{(1-c)\mu}{1+3c-4\nu c}$$
5	E_M, ν_M ; E_I, ν_I	**isotrop verteilte Fasern** $$E^* = \frac{c_I}{6} E_I + \frac{1 + c_I/4 + c_I^2/6}{1-c_I} E_M, \quad \nu^* = \frac{1}{4}$$ für $\nu_I = \nu_M = 1/4, \quad E_I \gg E_M, \quad c_I < 1$

Tabelle 8.1 Effektive elastische Konstanten (Fortsetzung)

6	K_M, μ_M	**parallele Kreisrisse im 3D** $$E^*_{1,2} = E, \quad E^*_3 = \frac{3E}{3 + f\,16(1-\nu^2)}, \quad \nu^*_{12} = \nu,$$ $$\nu^*_{13} = \nu^*_{23} = \nu\left[1 + f\frac{16(1-2\nu)(\nu^2-1)}{3\nu(2-\nu)}\right]\frac{E^*_3}{E},$$ $$\mu^*_{12} = \frac{E}{2(1+\nu)}, \quad \mu^*_{13} = \mu^*_{23} = \mu\left[1 + f\frac{16(1-\nu)}{3(2-\nu)}\right]^{-1}$$
7	K_M, μ_M	**isotrop verteilte Kreisrisse im 3D** $$E^* = E\left[1 + f\frac{16(1-\nu^2)(10-3\nu)}{45(2-\nu)}\right]^{-1},$$ $$\mu^* = \mu\left[1 + f\frac{32(1-\nu)(5-\nu)}{45(2-\nu)}\right]^{-1}$$
8	E, ν	**Kreislöcher im 2D (ESZ)** $$E^* = E\,\frac{1-c}{1+2c}, \quad \mu^* = E\,\frac{1-c}{2(1+\nu+c(3-\nu))}$$
9	E, ν	**parallele Risse im 2D (ESZ)** $$E^*_1 = E, \quad E^*_2 = \frac{E}{1+2\pi f}, \quad \mu^*_{12} = \frac{E}{2(1+\nu+\pi f)}$$
10	E, ν	**isotrop verteilte Risse im 2D (ESZ)** $$E^* = \frac{E}{1+\pi f}, \quad \mu^* = \frac{E}{2(1+\nu+\pi f)}$$

In gleicher Weise wie bei Löchern läßt sich das Differentialschema zur Homogenisierung von Materialen mit verteilten Rissen der Rißdichte f anwenden. Unter Verzicht auf die Herleitung sei hier nur das Ergebnis für den isotropen Fall gleichverteilter Risse gleicher Größe im ESZ angegeben:

$$E^*_{(DS)}(f) = E(1-f)^\pi \,, \qquad \mu^*_{(DS)}(f) = \mu \, \frac{(1+\nu)(1-f)^\pi}{1+\nu(1-f)^\pi} \,. \qquad (8.118)$$

Auch hier erfolgt der Verlust der makroskopischen Tragfähigkeit des Materials erst für den Grenzfall $f \to 1$. Für kleine Werte von f geht (8.118) asymptotisch in das Ergebnis (8.90) für die dünne Verteilung über.

In Tabelle 8.1 sind effektive elastische Konstanten für einige Fälle mit isotroper oder transversalisotroper Mikrostruktur zusammengestellt. Dabei wurde jeweils eine möglichst einfache Darstellung gewählt. Deutlich betont sei noch einmal, daß es sich bei diesen Konstanten um Approximationen handelt, deren Güte mit wachsendem Defektvolumenanteil (c_1, c, f) abnimmt.

8.3.3 Energieprinzipien und Schranken

In den vorangegangenen Abschnitten haben wir die effektiven elastischen Eigenschaften eines heterogenen Materials durch Lösen des Randwertproblems für ein RVE bestimmt. Hierbei waren wir auf Näherungen und Vereinfachungen angewiesen. So haben wir zum Beispiel das RVE als unendlich ausgedehnt angesehen und die Wirkung verteilter Inhomogenitäten immer mit Hilfe der Grundlösung für einen einzelnen Defekt erfaßt. Die unterschiedlichen Vereinfachungen der mikromechanischen Modelle führten auf unterschiedliche Approximationen der effektiven Eigenschaften. Diese Näherungslösungen können recht weit auseinander liegen und zeigen in Sonderfällen ein qualitativ unterschiedliches Verhalten (siehe z.B. Bild 8.21). Daneben liegen keine Aussagen über die Genauigkeit der Verfahren vor. Es ist daher wünschenswert, einen exakten Bereich anzugeben, in dem die effektiven Eigenschaften eines heterogenen Materials überhaupt liegen können. Den Schlüssel dazu bilden die Extremalprinzipien der Elastizitätstheorie, welche es gestatten, aus Energieausdrücken obere und untere Schranken für die effektiven Eigenschaften abzuleiten.

8.3.3.1 Voigt- und Reuss-Schranken

Die in Abschnitt 8.3.2.2 eingeführten Voigt- bzw. Reuss-Approximationen bieten neben ihrer Einfachheit den Vorteil, daß sie obere und untere Schranken für die effektiven Eigenschaften eines heterogenen Materials darstellen. Um dies zu zeigen, betrachten wir zunächst das Prinzip vom *Minimum des Gesamtpotentials* (1.100). Danach machen unter allen kinematisch zulässigen Verzerrungsfeldern die wahren Verzerrungen das Gesamtpotential zu einem Minimum. Sind auf dem gesamten

Rand ∂V des Volumenbereichs Verschiebungen vorgegeben, so verschwindet das Potential der Randlasten, und das Gesamtpotential ergibt sich für ein kinematisch zulässiges Verzerrungsfeld $\hat{\varepsilon}$ zu $\hat{\Pi}(\hat{\varepsilon}) = \hat{\Pi}^i(\hat{\varepsilon}) = \frac{1}{2}\int_V \hat{\varepsilon} : \boldsymbol{C} : \hat{\varepsilon}\, dV = \frac{V}{2}\langle \hat{\varepsilon} : \boldsymbol{C} : \hat{\varepsilon}\rangle$ (man beachte, daß $\hat{\varepsilon}$ nicht die wahren Verzerrungen sein müssen). Für die Randbedingung *linearer* Verschiebungen $\boldsymbol{u}|_{\partial V} = \boldsymbol{\varepsilon}^0 \cdot \boldsymbol{x}$ mit $\boldsymbol{\varepsilon}^0 = const = \langle\varepsilon\rangle$ ist die (wahre) Formänderungsenergie nach der Hill-Bedingung (8.56) $\Pi = \frac{V}{2}\langle\varepsilon\rangle : \boldsymbol{C}^* : \langle\varepsilon\rangle$. Aus dem Extremalprinzip $\hat{\Pi}(\hat{\varepsilon}) \geq \Pi$ folgt damit

$$\langle \hat{\varepsilon} : \boldsymbol{C} : \hat{\varepsilon}\rangle \geq \langle\varepsilon\rangle : \boldsymbol{C}^* : \langle\varepsilon\rangle \tag{8.119}$$

für alle Verzerrungsfelder $\hat{\varepsilon}$, die mit obiger Randbedingung verträglich sind. Ein solches zulässiges Verzerrungsfeld stellt beispielsweise der Voigt-Ansatz $\hat{\varepsilon} = const = \langle\varepsilon\rangle$ dar. Einsetzen in (8.119) liefert

$$\langle\varepsilon\rangle : \langle\boldsymbol{C}\rangle : \langle\varepsilon\rangle \geq \langle\varepsilon\rangle : \boldsymbol{C}^* : \langle\varepsilon\rangle$$

bzw.
$$\langle\varepsilon\rangle : \left(\langle\boldsymbol{C}\rangle - \boldsymbol{C}^*\right) : \langle\varepsilon\rangle \geq 0\,. \tag{8.120}$$

Im Sinne einer quadratischen Form in $\langle\varepsilon\rangle$ ist also der mittlere Elastizitätstensor $\langle\boldsymbol{C}\rangle$ größer als $\boldsymbol{C}^*$ und stellt damit eine *obere Schranke* für den effektiven Elastizitätstensor dar.

In gleicher Weise kann man vom Prinzip vom *Minimum des Komplementärpotentials* (1.105) ausgehen, bei dem zulässige Spannungsfelder $\hat{\boldsymbol{\sigma}}$ die Gleichgewichtsbedingung erfüllen und mit den vorgegebenen Randspannungen verträglich sein müssen. Für reine Spannungsrandbedingungen ist das Komplementärpotential durch $\hat{\widetilde{\Pi}}(\hat{\boldsymbol{\sigma}}) = \frac{V}{2}\langle\hat{\boldsymbol{\sigma}} : \boldsymbol{C}^{-1} : \hat{\boldsymbol{\sigma}}\rangle$ gegeben. Daneben ist im Fall *uniformer* Randspannungen $\boldsymbol{t}|_{\partial V} = \boldsymbol{\sigma}^0 \cdot \boldsymbol{n}$ mit $\boldsymbol{\sigma}^0 = const = \langle\boldsymbol{\sigma}\rangle$ nach der Hill-Bedingung die (wahre) Komplementärenergie $\widetilde{\Pi} = \frac{V}{2}\langle\boldsymbol{\sigma}\rangle : \boldsymbol{C}^{*-1} : \langle\boldsymbol{\sigma}\rangle$. Aus $\hat{\widetilde{\Pi}}(\hat{\boldsymbol{\sigma}}) \geq \widetilde{\Pi}$ folgt also

$$\langle\hat{\boldsymbol{\sigma}} : \boldsymbol{C}^{-1} : \hat{\boldsymbol{\sigma}}\rangle \geq \langle\boldsymbol{\sigma}\rangle : \boldsymbol{C}^{*-1} : \langle\boldsymbol{\sigma}\rangle \tag{8.121}$$

für alle zulässigen Felder $\hat{\boldsymbol{\sigma}}$. Ein solches Feld stellt gerade der Reuss-Ansatz $\hat{\boldsymbol{\sigma}} = const = \langle\boldsymbol{\sigma}\rangle$ dar, und man erhält für ihn

$$\langle\boldsymbol{\sigma}\rangle : \left(\langle\boldsymbol{C}^{-1}\rangle - \boldsymbol{C}^{*-1}\right) : \langle\boldsymbol{\sigma}\rangle \geq 0\,. \tag{8.122}$$

Danach stellt die Reuss-Approximation (8.74b) im Sinne einer quadratischen Form in $\langle\boldsymbol{\sigma}\rangle$ eine *untere Schranke* für $\boldsymbol{C}^*$ dar.

Fassen wir beide Ergebnisse zusammen, so liegt der effektive Elastizitätstensor zwischen der Voigt- und der Reuss-Schranke:

$$\boxed{\boldsymbol{C}^*_{(\text{Voigt})} = \langle\boldsymbol{C}\rangle \geq \boldsymbol{C}^* \geq \langle\boldsymbol{C}^{-1}\rangle^{-1} = \boldsymbol{C}^*_{(\text{Reuss})}}\,. \tag{8.123}$$

Im Fall eines Materials aus diskreten isotropen Phasen, die makroskopisch isotrop verteilt sind, ist auch das effektive Verhalten isotrop, und (8.123) kann in die

Kompressions- und Schubsteifigkeiten aufgespalten werden. So gilt zum Beispiel für ein zweiphasiges Material

$$K^*_{(\text{Voigt})} = c_\text{I} K_\text{I} + c_\text{M} K_\text{M} \geq K^* \geq \frac{K_\text{I} K_\text{M}}{c_\text{I} K_\text{M} + c_\text{M} K_\text{I}} = K^*_{(\text{Reuss})}$$

$$\mu^*_{(\text{Voigt})} = c_\text{I} \mu_\text{I} + c_\text{M} \mu_\text{M} \geq \mu^* \geq \frac{\mu_\text{I} \mu_\text{M}}{c_\text{I} \mu_\text{M} + c_\text{M} \mu_\text{I}} = \mu^*_{(\text{Reuss})} \ .$$

(8.124)

Die Voigt- und Reuss-Schranken gelten völlig unabhängig von der vorliegenden Mikrostruktur. Die ihnen zugrunde liegenden Ansätze konstanter Spannungen oder Verzerrungen verletzen in allgemeinen die Kompatibilität der Deformation bzw. das lokale Gleichgewicht (vgl. Abschnitt 8.3.2.2). In einer realen Mikrostruktur sind Kompatibilität und Gleichgewicht jedoch erfüllt, so daß die extrem Werte der Schranken nicht angenommen werden können. Die effektiven Eigenschaften aller realen Mikrostrukturen liegen daher immer innerhalb dieser Grenzen.

8.3.3.2 Hashin-Shtrikman-Variationsprinzip und -Schranken

Die aus den klassischen Extremprinzipien gewonnenen Voigt- und Reuss-Schranken für die effektiven Elastizitätskonstanten liegen im allgemeinen recht weit auseinander, was ihren Wert beeinträchtigt. Zu schärferen Schranken gelangt man mit Hilfe eines Variationsprinzips, das von **Hashin** und **Shtrikman** (1962) speziell für heterogene Materialien entwickelt wurde. Hierbei werden nicht wie zuvor das gesamte Spannungs- oder Verzerrungsfeld sondern geeignet gewählte Hilfsfelder betrachtet, in denen nur noch die Abweichung von einer Bezugslösung zum Ausdruck kommt. Dadurch wirkt sich der bei einer Approximation gemachte Fehler geringer auf das Endergebnis aus. Ein solches Hilfsfeld stellt beispielsweise die in Abschnitt 8.2.2.1 eingeführte *Spannungspolarisation* $\boldsymbol{\tau}(\boldsymbol{x})$ dar.

Im folgenden betrachten wir einen Volumenbereich V eines heterogenen Materials, auf dessen Rand die Randbedingung $\boldsymbol{u}|_{\partial V} = \boldsymbol{\varepsilon}^0 \cdot \boldsymbol{x}$ mit $\boldsymbol{\varepsilon}^0 = const = \langle \boldsymbol{\varepsilon} \rangle$ vorgegeben ist. Die Spannungspolarisation (8.30) beschreibt die Differenz der wahren Spannung von der Spannung, welche durch die wahre Verzerrung $\boldsymbol{\varepsilon}(\boldsymbol{x})$ in einem homogenen Vergleichsmaterial mit dem Elastizitätstensor $\boldsymbol{C}^0$ hervorgerufen würde. Sie läßt sich mit Hilfe der Verzerrungsfluktuation $\tilde{\boldsymbol{\varepsilon}}(\boldsymbol{x}) = \boldsymbol{\varepsilon}(\boldsymbol{x}) - \boldsymbol{\varepsilon}^0$ wie folgt darstellen

$$\boldsymbol{\tau}(\boldsymbol{x}) = \left[\boldsymbol{C}(\boldsymbol{x}) - \boldsymbol{C}^0\right] : \left[\boldsymbol{\varepsilon}^0 + \tilde{\boldsymbol{\varepsilon}}(\boldsymbol{x})\right] \ . \tag{8.125}$$

Aus den Grundgleichungen (8.28) für die Fluktuationen

$$\nabla \cdot \tilde{\boldsymbol{\sigma}} = \boldsymbol{0} \ , \qquad \tilde{\boldsymbol{\sigma}} = \boldsymbol{C}^0 : \left(\tilde{\boldsymbol{\varepsilon}} - \boldsymbol{\varepsilon}^*\right) \ , \qquad \tilde{\boldsymbol{u}}|_{\partial V} = \boldsymbol{0} \tag{8.126}$$

Effektive elastische Eigenschaften

ergibt sich $\tilde{\varepsilon}(\boldsymbol{x})$ in Abhängigkeit von der äquivalenten Eigendehnung $\varepsilon^*(\boldsymbol{x})$. Zwischen dieser und der Spannungspolarisation besteht nach (8.29),(8.30) der lineare Zusammenhang $\boldsymbol{\tau}(\boldsymbol{x}) = -\boldsymbol{C}^0 : \varepsilon^*(\boldsymbol{x})$, so daß die Lösung von (8.126) formal auch als $\tilde{\varepsilon}[\boldsymbol{\tau}(\boldsymbol{x})]$ angegeben werden kann. Einsetzen in (8.125) liefert damit eine Bestimmungsgleichung für $\boldsymbol{\tau}(\boldsymbol{x})$ in Abhängigkeit von der Makroverzerrung ε^0:

$$-\left[\boldsymbol{C}(\boldsymbol{x}) - \boldsymbol{C}^0\right]^{-1} : \boldsymbol{\tau}(\boldsymbol{x}) + \tilde{\varepsilon}[\boldsymbol{\tau}(\boldsymbol{x})] + \varepsilon^0 = \boldsymbol{0} \, . \tag{8.127}$$

Mit Hilfe der Variationsrechnung läßt sich zeigen, daß (8.127) äquivalent ist zum *Hashin-Shtrikman-Variationsprinzip*

$$\begin{aligned}F(\hat{\boldsymbol{\tau}}) &= \frac{1}{V}\int_V \left\{-\hat{\boldsymbol{\tau}} : (\boldsymbol{C} - \boldsymbol{C}^0)^{-1} : \hat{\boldsymbol{\tau}} + \hat{\boldsymbol{\tau}} : \tilde{\varepsilon}[\hat{\boldsymbol{\tau}}] + 2\hat{\boldsymbol{\tau}} : \varepsilon^0\right\} \mathrm{d}V \\ &= \text{stationär} \, ,\end{aligned} \tag{8.128}$$

wobei $F(\hat{\boldsymbol{\tau}})$ bezüglich des Feldes $\hat{\boldsymbol{\tau}}$ zu variieren ist. Danach nimmt der Ausdruck $F(\hat{\boldsymbol{\tau}})$ unter allen denkbaren $\hat{\boldsymbol{\tau}}$ für die exakte Spannungspolarisation $\boldsymbol{\tau}$ einen Stationärwert an.

Um zu Aussagen über die effektiven Eigenschaften $\boldsymbol{C}^*$ zu gelangen, bestimmen wir zunächst den Stationärwert von $F(\hat{\boldsymbol{\tau}})$. Man erhält ihn durch Einsetzen des wahren $\boldsymbol{\tau}$ nach (8.125) und (8.127) in (8.128). Unter Verwendung der Hill-Bedingung ergibt sich der Stationärwert zu $F(\boldsymbol{\tau}) = \varepsilon^0 : (\boldsymbol{C}^* - \boldsymbol{C}^0) : \varepsilon^0$. Man kann zeigen, daß es sich dabei um ein Maximum handelt, wenn für beliebige $\boldsymbol{\tau}$ der Ausdruck $\boldsymbol{\tau}(\boldsymbol{x}) : \left[\boldsymbol{C}(\boldsymbol{x}) - \boldsymbol{C}^0\right] : \boldsymbol{\tau}(\boldsymbol{x}) \geq 0$ ist, d.h. wenn die Differenz $\boldsymbol{C}(\boldsymbol{x}) - \boldsymbol{C}^0$ positiv definit ist. Umgekehrt nimmt $F(\hat{\boldsymbol{\tau}})$ für das exakte $\boldsymbol{\tau}$ ein Minimum an, wenn $\boldsymbol{C}(\boldsymbol{x}) - \boldsymbol{C}^0$ negativ definit ist. Schließlich modifizieren wir den Integralausdruck in (8.128) noch etwas. Wegen der Randbedingung $\tilde{\boldsymbol{u}}|_{\partial V} = \boldsymbol{0}$ in (8.126) muß für beliebiges $\hat{\boldsymbol{\tau}}$ der Mittelwert der Verzerrungsfluktuation verschwinden: $\frac{1}{V}\int_V \tilde{\varepsilon}\,\mathrm{d}V = \boldsymbol{0}$. Daher ist auch $\frac{1}{V}\int_V \langle\hat{\boldsymbol{\tau}}\rangle : \tilde{\varepsilon}\,\mathrm{d}V = \boldsymbol{0}$, und der zweite Term unter dem Integral kann zu $(\hat{\boldsymbol{\tau}} - \langle\hat{\boldsymbol{\tau}}\rangle) : \tilde{\varepsilon}$ erweitert werden. Zusammenfassend folgt damit aus (8.128)

$$\boxed{F(\hat{\boldsymbol{\tau}}) \begin{Bmatrix}\leq \\ \geq\end{Bmatrix} \varepsilon^0 : (\boldsymbol{C}^* - \boldsymbol{C}^0) : \varepsilon^0 \quad \text{für} \quad \boldsymbol{C} - \boldsymbol{C}^0 \begin{Bmatrix}\text{pos. def.} \\ \text{neg. def.}\end{Bmatrix}} \, , \tag{8.129a}$$

wobei

$$F(\hat{\boldsymbol{\tau}}) = \frac{1}{V}\int_V \left\{-\hat{\boldsymbol{\tau}} : (\boldsymbol{C} - \boldsymbol{C}^0)^{-1} : \hat{\boldsymbol{\tau}} + (\hat{\boldsymbol{\tau}} - \langle\hat{\boldsymbol{\tau}}\rangle) : \tilde{\varepsilon}[\hat{\boldsymbol{\tau}}] + 2\hat{\boldsymbol{\tau}} : \varepsilon^0\right\} \mathrm{d}V \, . \tag{8.129b}$$

Bei geeigneter Wahl des homogenen Vergleichsmaterials $\boldsymbol{C}^0$ und einer Approximation für $\hat{\boldsymbol{\tau}}$ liefert also $F(\hat{\boldsymbol{\tau}})$ nach (8.129b) eine obere oder untere Schranke für $\boldsymbol{\varepsilon}^0 : (\boldsymbol{C}^* - \boldsymbol{C}^0) : \boldsymbol{\varepsilon}^0$. Die Auswertung dieser Schranken erfordert noch die Bestimmung von $\tilde{\boldsymbol{\varepsilon}}$ in Abhängigkeit von $\hat{\boldsymbol{\tau}}$, was nur für Sonderfälle möglich ist.

Einer dieser Sonderfälle ist der wichtige Fall eines aus n diskreten Phasen mit den Teilvolumina $V_\alpha = c_\alpha V$ und jeweils konstanten Steifigkeiten $\boldsymbol{C}_\alpha$ bestehenden Materials. Es liegt hier nahe, auch die Spannungspolarisation als stückweise konstant zu approximieren: $\hat{\boldsymbol{\tau}}(\boldsymbol{x}) = \boldsymbol{\tau}_\alpha = const$ in V_α. Mit deren Mittelwert $\langle \hat{\boldsymbol{\tau}} \rangle = \sum_{\alpha=1}^{n} c_\alpha \boldsymbol{\tau}_\alpha$ und den Phasenmittelwerten $\tilde{\boldsymbol{\varepsilon}}_\alpha = \langle \tilde{\boldsymbol{\varepsilon}} \rangle_\alpha$ der Verzerrungsfluktuation vereinfacht sich $F(\hat{\boldsymbol{\tau}})$ zu

$$F(\boldsymbol{\tau}_\alpha) = - \sum_{\alpha=1}^{n} c_\alpha \boldsymbol{\tau}_\alpha : (\boldsymbol{C}_\alpha - \boldsymbol{C}^0)^{-1} : \boldsymbol{\tau}_\alpha$$
$$+ \sum_{\alpha=1}^{n} c_\alpha (\boldsymbol{\tau}_\alpha - \langle \hat{\boldsymbol{\tau}} \rangle) : \tilde{\boldsymbol{\varepsilon}}_\alpha + 2 \langle \hat{\boldsymbol{\tau}} \rangle : \boldsymbol{\varepsilon}^0 \ . \tag{8.130}$$

Im Eigendehnungsproblem (8.126) zur Bestimmung der Verzerrungsfluktuation $\tilde{\boldsymbol{\varepsilon}}$ treten die einzelnen Phasen nur noch als Bereiche V_α konstanter Eigendehnung $\boldsymbol{\varepsilon}_\alpha^* = -\boldsymbol{C}^{0\,-1} : \boldsymbol{\tau}_\alpha$ im homogenen Vergleichsmaterial auf (Einschlüsse). Man kann zeigen, daß bei Isotropie aller Phasen und deren makroskopisch isotroper Verteilung in einem unendlichen Gebiet die mittlere Verzerrung $\tilde{\boldsymbol{\varepsilon}}_\alpha$ jeder Phase in (8.126) gleich ist der (konstanten) Verzerrung in einem kugelförmigen Einschluß der Eigendehnung $\boldsymbol{\varepsilon}_\alpha^* = -\boldsymbol{C}^{0\,-1} : \boldsymbol{\tau}_\alpha$. Es gilt dann mit dem isotropen Eshelby-Tensor $\boldsymbol{S}$ nach (8.10) der Zusammenhang

$$\tilde{\boldsymbol{\varepsilon}}_\alpha = \boldsymbol{S} : \boldsymbol{\varepsilon}_\alpha^* = -\boldsymbol{S} : \boldsymbol{C}^{0\,-1} : \boldsymbol{\tau}_\alpha \ , \tag{8.131}$$

der die noch benötigte Lösung $\tilde{\boldsymbol{\varepsilon}}[\boldsymbol{\tau}]$ von (8.126) darstellt. Nach Einsetzen in (8.130) liegt $F(\boldsymbol{\tau}_\alpha)$ als explizite Funktion der n Parameter $\boldsymbol{\tau}_\alpha$ vor. Um in (8.129a) zu möglichst engen Schranken zu gelangen, sind die $\boldsymbol{\tau}_\alpha$ so zu wählen, daß der Ausdruck $F(\boldsymbol{\tau}_\alpha)$ extremal wird. Die dazu notwendigen Bedingungen

$$\frac{\partial F}{\partial \boldsymbol{\tau}_\alpha} = 0 \tag{8.132}$$

liefern die n Gleichungen

$$\boldsymbol{\tau}_\alpha : (\boldsymbol{C}_\alpha - \boldsymbol{C}^0)^{-1} + (\boldsymbol{\tau}_\alpha - \langle \hat{\boldsymbol{\tau}} \rangle) : \boldsymbol{S} : \boldsymbol{C}^{0\,-1} = \boldsymbol{\varepsilon}^0 \tag{8.133}$$

zur Bestimmung der "optimalen" Parameter $\boldsymbol{\tau}_\alpha(\boldsymbol{\varepsilon}^0)$. Diese sind linear von $\boldsymbol{\varepsilon}^0$ abhängig, so daß durch Einsetzen in $F(\boldsymbol{\tau}_\alpha)$ die linke Seite der Ungleichung in (8.129a) ein quadratischer Ausdruck in $\boldsymbol{\varepsilon}^0$ wird. Im Sinne einer quadratischen Form in $\boldsymbol{\varepsilon}^0$ führt (8.129a) somit auf obere und untere Schranken für $\boldsymbol{C}^*$, die als *Hashin-Shtrikman-Schranken* bezeichnet werden.

Als wichtigen Anwendungsfall betrachten wir ein heterogenes Material aus zwei isotropen Phasen mit Steifigkeiten $\boldsymbol{C}_\mathrm{M}$ und $\boldsymbol{C}_\mathrm{I}$ bzw. $K_\mathrm{M}, \mu_\mathrm{M}$ und $K_\mathrm{I}, \mu_\mathrm{I}$, wobei wir $K_M < K_I$ und $\mu_M < \mu_I$ annehmen. Dadurch ist es möglich, die elastischen Eigenschaften eines der Materialen jeweils als die des homogenen Vergleichsmaterials zu wählen, wodurch die positive oder negative Definitheit von $C - C^0$ gewährleistet wird. Diese Wahl hat daneben den Vorteil, daß nach (8.133) für eine der Phasen die Spannungspolarisation verschwindet. Wir betrachten zunächst den Fall $C^0 = C_M$, womit $\tau_M = 0$ und $\langle \tau \rangle = c_I \tau_I$ wird und sich (8.129b) mit (8.130) auf

$$F(\tau_I) = -c_I \tau_I : \left[(C_I - C_M)^{-1} : \tau_I + c_M S_M : C_M^{-1} : \tau_I - 2\varepsilon^0 \right]$$
$$\leq \varepsilon^0 : (C^* - C_M) : \varepsilon^0 \tag{8.134}$$

reduziert. Die Extremalbedingung $\partial F / \partial \tau_I = 0$ liefert unter Ausnutzung der Symmetrie der Elastizitätstensoren und des Eshelby-Tensors sowie mit (8.96a)

$$\tau_I = \left[(C_I - C_M)^{-1} + c_M S_M : C_M^{-1} \right]^{-1} : \varepsilon^0 = A_{I(MT)} : (C_I - C_M) : \varepsilon^0 . \tag{8.135}$$

Daß dabei auf der rechten Seite gerade der Einflußtensor (8.96a) auftaucht, stellt einen bemerkenswerten Zusammenhang zwischen dem Mori-Tanaka-Modell und dem Hashin-Shtrikman-Variationsprinzip im Fall der Isotropie dar. Einsetzen von (8.135) in (8.134) führt auf $F(\tau_I) = c_I \tau_I : \varepsilon^0 = \langle \tau \rangle : \varepsilon^0$, wobei der letzte Ausdruck auch im allgemeinen Fall eines n-phasigen Materials gilt. Die Ungleichung (8.134) kann damit zu

$$\varepsilon^0 : \left(C_M + c_I \left[(C_I - C_M)^{-1} + c_M S_M : C_M^{-1} \right]^{-1} \right) : \varepsilon^0 \leq \varepsilon^0 : C^* : \varepsilon^0 \tag{8.136}$$

umgeformt werden und liefert die *untere Hashin-Shtrikman-Schranke*

$$C^*_{(HS-)} = C_M + c_I \left[(C_I - C_M)^{-1} + c_M S_M : C_M^{-1} \right]^{-1} \tag{8.137a}$$

für den effektiven Elastizitätstensor. Durch Vergleich erkennt man, daß sie mit dem Ergebnis (8.96a), (8.97) des Mori-Tanaka-Modells übereinstimmt.

Wählt man das steifere Material als Vergleichsmaterial ($C^0 = C_I$), so führt das völlig analoge Vorgehen auf die *obere Hashin-Shtrikman-Schranke*

$$C^*_{(HS+)} = C_I + c_M \left[(C_M - C_I)^{-1} + c_I S_I : C_I^{-1} \right]^{-1} . \tag{8.137b}$$

Sie entspricht dem Mori-Tanaka-Resultat bei Vertauschung der Rollen von Matrixmaterial und Inhomogenität. Für den effektiven Elastizitätstensor gilt also (im Sinne einer quadratischen Form)

$$\boxed{C^*_{(HS+)} \geq C^* \geq C^*_{(HS-)}} . \tag{8.138}$$

Hieraus folgt aufgrund der vorausgesetzten phasenweisen und makroskopischen Isotropie

$$K^*_{(HS+)} \geq K^* \geq K^*_{(HS-)} \quad \text{und} \quad \mu^*_{(HS+)} \geq \mu^* \geq \mu^*_{(HS-)} \tag{8.139}$$

mit

$$K^*_{(HS-)} = K_M + c_I \left(\frac{1}{K_I - K_M} + \frac{3 c_M}{3K_M + 4\mu_M} \right)^{-1}$$

$$K^*_{(HS+)} = K_I + c_M \left(\frac{1}{K_M - K_I} + \frac{3 c_I}{3K_I + 4\mu_I} \right)^{-1}$$

$$\mu^*_{(HS-)} = \mu_M + c_I \left(\frac{1}{\mu_I - \mu_M} + \frac{6 c_M (K_M + 2\mu_M)}{5 \mu_M (3K_M + 4\mu_M)} \right)^{-1}$$

$$\mu^*_{(HS+)} = \mu_I + c_M \left(\frac{1}{\mu_M - \mu_I} + \frac{6 c_I (K_I + 2\mu_I)}{5 \mu_I (3K_I + 4\mu_I)} \right)^{-1}.$$

(8.140)

Die Hashin-Shtrikman-Schranken (8.139), (8.140) grenzen den Bereich, in dem die effektiven Eigenschaften eines heterogenen Materials liegen können, wesentlich stärker ein als die Voigt- und Reuss-Schranken (8.124). Für spezielle Mikrostrukturen zeigt sich daneben, daß der effektive Kompressionsmodul je nach Zuordnung von Matrixmaterial und Inhomogenität mit der oberen oder unteren Hashin-Shtrikman-Schranke übereinstimmen kann. Dies ist zum Beispiel beim sogenannten *Composite Spheres Model* der Fall, bei dem der gesamte Raum von kugelförmigen Inhomogenitäten unterschiedlicher Größe und umgebenden Matrixschalen ausgefüllt wird, wobei die Radien von Kugeln und Matrixschalen in einem festen Verhältnis stehen (siehe z.B. R.M. Christensen, 1979). Aufgrund dieser tatsächlichen Realisierbarkeit sind die Schranken $K^*_{(HS+)}$ und $K^*_{(HS-)}$ die bestmöglichen, d.h. die schärfsten, die basierend allein auf den Volumenanteilen und Phaseneigenschaften angegeben werden können.

Für ein isotropes zweiphasiges Material mit $K_I = 10 K_M$ und $\mu_I = 10 \mu_M$ sind die Hashin-Shtrikman- und Voigt-Reuss-Schranken sowie die Näherungslösungen der unterschiedlichen Modelle anhand des effektiven Kompressionsmoduls in Bild 8.22 einander gegenübergestellt. Die Ergebnisse für den effektiven Schubmodul zeigen qualitativ gleiche Verläufe. Wie zu erwarten liefern die Hashin-Shtrikman-Schranken einen deutlich engeren Bereich möglichen effektiven Materialverhaltens als die Voigt-Reuss-Schranken. Sie stimmen wie bereits erwähnt mit den Resultaten des Mori-Tanaka-Modells überein. Das Ergebnis der Selbstkonsistenzmethode, der keine ausgezeichnete Matrixphase zugrundeliegt, geht für große oder kleine Volumenanteile asymptotisch in diese Lösungen über. Dieses asymptotische Verhalten entspricht bei kleinem c_I der hier nicht dargestellten Lösung für eine dünne Verteilung von Inhomogenitäten.

Im Grenzfall einer starren Phase ($K_I \to \infty$, $\mu_I \to \infty$) führt (8.140) genau wie die Voigt-Schranke (8.77) auf das Ergebnis einer unendlichen oberen Hashin-Shtrikman-Schranke. Entsprechend liefert bei einem Material mit Hohlräumen die untere Hashin-Shtrikman-Schranke genau wie (8.76) den Wert Null.

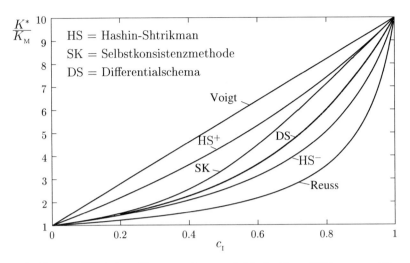

Bild 8.22 Effektiver Kompressionsmodul bei $K_\mathrm{I} = 10 K_\mathrm{M}$, $\mu_\mathrm{I} = 10 \mu_\mathrm{M}$

Die Auswertung des Hashin-Shtrikman-Variationsprinzips für ein n-phasiges Material kann analog zur Vorgehensweise beim zweiphasigen Material erfolgen. Sie ist jedoch wegen der Bestimmung der dann $n-1$ freien Parameter τ_α wesentlich aufwendiger. Zahlreiche Verallgemeinerungen dieser hier in der Grundversion vorgestellten Methode in Hinblick auf anisotrope, periodische oder stochastische Mikrostrukturen sowie auch auf nichtlineares Materialverhalten sind in der Spezialliteratur zu finden.

8.4 Homogenisierung elastisch-plastischer Materialien

Reale Materialen verhalten sich häufig inelastisch und weisen einen nichtlinearen Spannungs-Verzerrungs-Zusammenhang auf. Hierauf sind die bisher diskutierten Modelle und Homogenisierungsmethoden nicht anwendbar. Bei ihnen war ja gerade ein linear elastisches Stoffverhalten und die Verfügbarkeit entsprechender Grundlösungen Voraussetzung. Zur Behandlung des effektiven Verhaltens mikroheterogener inelastischer Materialien sind daher weitergehende Überlegungen notwendig. Wir wollen uns dabei auf den Fall der ratenunabhängigen Plastizität (vgl. Abschnitt 1.3.3) beschränken.

Die Mikromechanik gestattet es, den Begriff der Plastizität sehr allgemein zu fassen und eine Vielzahl völlig unterschiedlicher mikroskopischer Vorgänge zu betrachten, die allesamt Ursache des makroskopischen Phänomens von bleibenden, plastischen Deformationen sind. Dabei kann es sich um die verschiedenskaligen Mechanismen der Metallplastizität wie Versetzungswanderung und Gleitvorgänge auf Kristallgitterebenen oder Korngrenzen handeln, aber auch um reibungsbehaftete Gleitvorgänge entlang von Mikrorissen in sprödem Gestein. Im Rahmen dieser Einführung werden wir uns allerdings auf eine Materialbeschreibung mittels der phänomenologischen Elastoplastizität nach Abschnitt 1.3.3 beschränken. Damit lassen sich wichtige Materialklassen wie Metallmatrix-Komposite oder metallinfiltrierte Keramiken modellieren, aber auch der Einfluß einer mit der Schädigung duktiler Materialien (Kapitel 9) einhergehenden Porosität.

8.4.1 Grundlagen

Wir betrachten wieder einen Volumenbereich V auf der Mikroebene eines heterogenen Materials (Bild 8.23a), innerhalb dessen die Gleichungen nach Abschnitt 1.3.3 gelten sollen. Danach wird das elastisch-plastische Stoffverhalten (Mikrostruktur) beschrieben durch den ortsabhängigen Elastizitätstensor $\boldsymbol{C}(\boldsymbol{x})$ sowie die ebenfalls ortsabhängige *Fließbedingung*

$$F\Big(\boldsymbol{\sigma}(\boldsymbol{x}),\,\boldsymbol{x}\Big) \leq 0\;. \tag{8.141}$$

Letztere charakterisiert zulässige, d.h. vom Material ertragbare Spannungszustände, die daneben der Gleichgewichtsbedingung $\nabla \cdot \boldsymbol{\sigma}(\boldsymbol{x}) = \boldsymbol{0}$ genügen. Sie sind über das Elastizitätsgesetz mit den elastischen Verzerrungsanteilen $\boldsymbol{\varepsilon}^e(\boldsymbol{x})$ verknüpft, die sich nach (1.74) mit den plastischen Verzerrungen $\boldsymbol{\varepsilon}^p(\boldsymbol{x})$ zu den Gesamtverzerrungen addieren:

$$\boldsymbol{\sigma} = \boldsymbol{C}(\boldsymbol{x}) : \boldsymbol{\varepsilon}^e = \boldsymbol{C}(\boldsymbol{x}) : \Big(\boldsymbol{\varepsilon} - \boldsymbol{\varepsilon}^p\Big)\;. \tag{8.142}$$

Hierzu kommt als weitere Gleichung im Rahmen der inkrementellen Theorie die *Fließregel* (1.83) für die plastischen Verzerrungsinkremente $\dot{\boldsymbol{\varepsilon}}^p$ oder im Rahmen der Deformationstheorie die Gleichung (1.87).

Zur Beschreibung des makroskopischen oder *effektiven* Verhaltens des Materials suchen wir im folgenden Zusammenhänge zwischen den nach (8.41) als Mittelwerte über den Volumenbereich V definierten Makrospannungen $\langle\boldsymbol{\sigma}\rangle$ und Makroverzerrungen $\langle\boldsymbol{\varepsilon}\rangle$ bzw. deren Inkrementen. Dabei geben wir wie im elastischen Fall homogene Randbedingungen $\boldsymbol{\varepsilon}^0$ oder $\boldsymbol{\sigma}^0$ vor (Bild 8.23a). Jeweils eine der Makrogrößen ist dann durch die vom Stoffverhalten unabhängigen Beziehungen (8.60a) oder (8.60b) bekannt.

8.4.1.1 Plastische und elastische Makroverzerrungen

Wie bereits erwähnt, sind die Makroverzerrungen $\langle\boldsymbol{\varepsilon}\rangle$ als Volumenmittelwerte der mikroskopischen Verzerrungen $\boldsymbol{\varepsilon}(\boldsymbol{x})$ definiert. Entsprechendes gilt in dieser einfachen Form aber nicht für die plastischen oder elastischen Verzerrungsanteile. Wir wollen deshalb untersuchen, wie die auf der Mikroebene räumlich verteilten

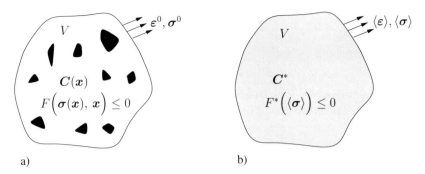

Bild 8.23 a) Mikroheterogenes elastisch-plastisches Material, b) homogenisiertes Material

plastischen und elastischen Verzerrungen $\varepsilon^p(\boldsymbol{x})$ und $\varepsilon^e(\boldsymbol{x})$ auf der Makroebene zum Ausdruck kommen. Dazu betrachten wir zusätzlich ein rein *elastisches Vergleichsproblem* für den heterogenen Volumenbereich unter den gleichen Randbedingungen jedoch bei verschwindenden plastischen Verzerrungen. Die zugehörigen Felder kennzeichnen wir mit einer Tilde. Diese sind statisch und kinematisch zulässig und lassen sich für beide Typen von Randbedingungen mittels der in (8.62a) und (8.62b) eingeführten Einflußtensoren darstellen:

a) $\quad \boldsymbol{u}|_{\partial V} = \boldsymbol{\varepsilon}^0 \cdot \boldsymbol{x} \; : \quad \tilde{\boldsymbol{\varepsilon}}^{(a)}(\boldsymbol{x}) = \boldsymbol{A}(\boldsymbol{x}) : \boldsymbol{\varepsilon}^0 \;, \quad \langle \tilde{\boldsymbol{\varepsilon}}^{(a)} \rangle = \langle \boldsymbol{\varepsilon} \rangle = \boldsymbol{\varepsilon}^0 \;,$

(8.143)

b) $\quad \boldsymbol{t}|_{\partial V} = \boldsymbol{\sigma}^0 \cdot \boldsymbol{n} \; : \quad \tilde{\boldsymbol{\sigma}}^{(b)}(\boldsymbol{x}) = \boldsymbol{B}(\boldsymbol{x}) : \boldsymbol{\sigma}^0 \;, \quad \langle \tilde{\boldsymbol{\sigma}}^{(b)} \rangle = \langle \boldsymbol{\sigma} \rangle = \boldsymbol{\sigma}^0 \;,$

wobei $\tilde{\boldsymbol{\sigma}}^{(a)} = \boldsymbol{C} : \tilde{\boldsymbol{\varepsilon}}^{(a)}$ bzw. $\tilde{\boldsymbol{\sigma}}^{(b)} = \boldsymbol{C} : \tilde{\boldsymbol{\varepsilon}}^{(b)}$ gilt. Multipliziert man im Fall der Randbedingung (a) das Elastizitätsgesetz (8.142) mit $\tilde{\boldsymbol{\varepsilon}}^{(a)}(\boldsymbol{x})$ und bildet den Mittelwert über V, so erhält man

$$\langle \boldsymbol{\sigma} : \tilde{\boldsymbol{\varepsilon}}^{(a)} \rangle = \langle \boldsymbol{\varepsilon} : \underbrace{\overbrace{\boldsymbol{C} : \boldsymbol{A} : \boldsymbol{\varepsilon}^0}^{\tilde{\boldsymbol{\sigma}}^{(a)}}}_{\tilde{\boldsymbol{\varepsilon}}^{(a)}} \rangle - \langle \boldsymbol{\varepsilon}^p : \boldsymbol{C} : \boldsymbol{A} : \boldsymbol{\varepsilon}^0 \rangle \;.$$

Da die Felder $\tilde{\boldsymbol{\varepsilon}}^{(a)}$ und $\tilde{\boldsymbol{\sigma}}^{(a)}$ sowie $\boldsymbol{\varepsilon}$ und $\boldsymbol{\sigma}$ kinematisch bzw. statisch zulässig sind, kann diese Gleichung unter Verwendung von (8.61) und (8.65a) umgeschrieben werden zu

$$\langle \boldsymbol{\sigma} \rangle : \boldsymbol{\varepsilon}^0 = \langle \boldsymbol{\varepsilon} \rangle : \langle \boldsymbol{C} : \boldsymbol{A} \rangle : \boldsymbol{\varepsilon}^0 - \langle \boldsymbol{\varepsilon}^p : \boldsymbol{C} : \boldsymbol{A} \rangle : \boldsymbol{\varepsilon}^0 = \langle \boldsymbol{\varepsilon} \rangle : \boldsymbol{C}^* : \boldsymbol{\varepsilon}^0 - \langle \boldsymbol{\varepsilon}^p : \boldsymbol{C} : \boldsymbol{A} \rangle : \boldsymbol{\varepsilon}^0 \;.$$

Weil dies für beliebige ε^0 gilt, folgt daraus der makroskopische Spannungs-Verzerrungs-Zusammenhang

$$\boxed{\langle \boldsymbol{\sigma} \rangle = \boldsymbol{C}^* : \Big(\langle \boldsymbol{\varepsilon} \rangle - \boldsymbol{\mathcal{E}}^p \Big)} \tag{8.144}$$

mit der Darstellung

$$\boxed{\boldsymbol{\mathcal{E}}^p = \boldsymbol{C}^{*-1} : \langle \boldsymbol{\varepsilon}^p : \boldsymbol{C} : \boldsymbol{A} \rangle} \tag{8.145a}$$

für den makroskopischen plastischen Verzerrungsanteil. Dementsprechend erhält man für den elastischen Anteil der Makroverzerrungen

$$\boxed{\boldsymbol{\mathcal{E}}^e = \langle \boldsymbol{\varepsilon} \rangle - \boldsymbol{\mathcal{E}}^p = \boldsymbol{C}^{*-1} : \langle \boldsymbol{\varepsilon}^e : \boldsymbol{C} : \boldsymbol{A} \rangle} \;. \tag{8.145b}$$

Die makroskopischen elastischen und plastischen Verzerrungsanteile sind also tatsächlich nicht die einfachen Mittelwerte, sondern die mit der elastischen Heterogenität (in Form der Tensoren $\boldsymbol{C}$ und $\boldsymbol{A}$) *gewichteten Mittelwerte* der entsprechenden Mikrofelder. Nur für ein elastisch homogenes Material ($\boldsymbol{C} = const$, $\boldsymbol{A} = \boldsymbol{1}$) oder für homogene elastische und plastische Verzerrungen ist $\boldsymbol{\mathcal{E}}^p = \langle \boldsymbol{\varepsilon}^p \rangle$ und $\boldsymbol{\mathcal{E}}^e = \langle \boldsymbol{\varepsilon}^e \rangle$.

Im Fall der Randbedingung (b) führt eine analoge Vorgehensweise unter Verwendung des elastischen Vergleichsfeldes $\tilde{\boldsymbol{\sigma}}^{(b)}$ auf die etwas kürzere Darstellung

$$\boldsymbol{\mathcal{E}}^{p,e} = \langle \boldsymbol{\varepsilon}^{p,e} : \boldsymbol{B} \rangle \;, \tag{8.146}$$

wobei der effektive Elastizitätstensor dann durch (8.65b) ausgedrückt wird. Für ein repräsentatives Volumenelement (RVE) müssen beide Darstellungen ineinander übergehen.

8.4.1.2 Elastische Energie und Dissipation

Wird ein mikroheterogenes elastisch-plastisches Material nach vorangegangenem plastischen Fließen makroskopisch entlastet ($\langle \boldsymbol{\sigma} \rangle \to \boldsymbol{0}$), so findet im allgemeinen nicht in allen Punkten $\boldsymbol{x}$ der Mikroebene eine vollständige Entlastung ($\boldsymbol{\sigma}(\boldsymbol{x}) \to \boldsymbol{0}$) statt. Es bleibt vielmehr elastische Energie in einem inhomogenen Restspannungsfeld (Eigenspannungsfeld) gespeichert. Um dies etwas genauer zu untersuchen betrachten wir ein Material, das sich auf der Mikroebene *elastisch-idealplastisch* verhält. Bei ihm ist eine Energiespeicherung nur in Form elastischer Verzerrungen möglich, und die Formänderungsenergiedichte lautet

$$U(\boldsymbol{x}) = \frac{1}{2} \boldsymbol{\varepsilon}^e : \boldsymbol{C}(\boldsymbol{x}) : \boldsymbol{\varepsilon}^e \;. \tag{8.147}$$

Unter der Randbedingung (b) vorgegebener Makrospannungen $\langle \boldsymbol{\sigma} \rangle = \boldsymbol{\sigma}^0$ führen wir nun die Abweichung der wahren Spannung $\boldsymbol{\sigma}(\boldsymbol{x})$ des elastisch-plastischen Problems von der Spannung $\tilde{\boldsymbol{\sigma}}^{(b)}(\boldsymbol{x})$ im rein elastischen Vergleichsproblem als Hilfsfeld ein:

$$\boldsymbol{\sigma}^r(\boldsymbol{x}) = \boldsymbol{\sigma}(\boldsymbol{x}) - \tilde{\boldsymbol{\sigma}}^{(b)}(\boldsymbol{x}) = \boldsymbol{\sigma}(\boldsymbol{x}) - \boldsymbol{B}(\boldsymbol{x}) : \boldsymbol{\sigma}^0 \;. \tag{8.148}$$

Dieses beschreibt bei makroskopischer Entlastung ($\sigma^0 = 0$) die im Volumen V vorhandenen Restspannungen. Offensichtlich hat dieses Feld die Eigenschaften

$$\nabla \cdot \sigma^r = 0 \quad \text{in } V, \qquad \sigma^r \cdot n = 0 \quad \text{auf } \partial V, \qquad \langle \sigma^r \rangle = 0, \tag{8.149}$$

und es verschwindet nur, wenn keine plastischen Verzerrungen ε^p in V vorliegen. Ersetzt man das elastische Verzerrungsfeld in (8.147) unter Verwendung von (8.148) durch

$$\varepsilon^e = C^{-1}(x) : \sigma = C^{-1}(x) : \left(B(x) : \sigma^0 + \sigma^r\right) \tag{8.150}$$

und mittelt über V, so erhält man

$$\langle U \rangle = \frac{1}{2} \langle (C^{-1} : B : \sigma^0 + C^{-1} : \sigma^r) : C : (C^{-1} : B : \sigma^0 + C^{-1} : \sigma^r) \rangle$$

$$= \frac{1}{2} \sigma^0 : \underbrace{\langle B^T : C^{-1} : B \rangle}_{C^{*-1},\ \text{vgl. (8.66)}} : \sigma^0 + \frac{1}{2} \langle \sigma^r : C^{-1} : \sigma^r \rangle + \langle \sigma^r : C^{-1} : \underbrace{B : \sigma^0}_{\tilde{\sigma}^{(b)}} \rangle.$$

$$\underbrace{}_{\tilde{\varepsilon}^{(b)}}$$

Der letzte Klammerausdruck verschwindet wegen (8.149) und (8.61), so sich daß die mittlere Formänderungsenergiedichte in V zu

$$\boxed{\langle U \rangle = \frac{1}{2} \underbrace{\sigma^0 : C^{*-1} : \sigma^0}_{\mathcal{E}^e : C^* : \mathcal{E}^e} + \frac{1}{2} \langle \sigma^r : C^{-1} : \sigma^r \rangle} \tag{8.151}$$

ergibt. Darin beschreibt der erste Term die Energie der makroskopischen elastischen Verzerrungen während der zweite Anteil die inhomogenen Restspannungen enthält.

Bei idealplastischem Materialverhalten wird auf der Mikroebene die Leistung der Spannungen an den plastischen Verzerrungen vollständig dissipiert, und die mittlere Dissipationsleistung im Volumenbereich V lautet

$$\mathcal{D} = \langle \sigma : \dot{\varepsilon}^p \rangle. \tag{8.152}$$

Unter Verwendung der inkrementellen Formen von (8.61) und (8.149) sowie des Hilfsfeldes

$$\dot{\sigma}^r(x) = \dot{\sigma}(x) - B(x) : \dot{\sigma}^0 = \underbrace{C(x) : \left(\dot{\varepsilon}(x) - \dot{\varepsilon}^p(x)\right)}_{\dot{\sigma}(x)} - B(x) : \underbrace{C^* : \left(\langle \dot{\varepsilon} \rangle - \dot{\mathcal{E}}^p\right)}_{\dot{\sigma}^0}$$

läßt sich der Zusammenhang

$$\boxed{\mathcal{D} = \langle \sigma \rangle : \dot{\mathcal{E}}^p - \frac{1}{2} \langle \sigma^r : C^{-1} : \sigma^r \rangle^{\cdot}} \tag{8.153}$$

herleiten. Er besagt, daß die Leistung der Makrospannungen an den makroskopischen plastischen Verzerrungen nur zum Teil dissipiert wird. Der Rest wird als elastische Energie der Restspannungen gespeichert.

Die unter der Randbedingung (b), d.h. bei vorgegebenen Makrospannungen $\boldsymbol{\sigma}^0$ gewonnenen Ergebnisse (8.151) und (8.153) lassen sich auch bei Vorgabe der Makroverzerrungen $\boldsymbol{\varepsilon}^0$ erhalten, wobei dann das Verzerrungshilfsfeld

$$\boldsymbol{\varepsilon}^r(\boldsymbol{x}) = \boldsymbol{\varepsilon}^e(\boldsymbol{x}) - \boldsymbol{A}(\boldsymbol{x}) : \boldsymbol{\mathcal{E}}^e \qquad (8.154)$$

zu verwenden ist. Für einen statistisch repräsentativen Volumenbereich (RVE) sind beide Zugänge äquivalent, und für die Hilfsfelder gilt $\boldsymbol{\sigma}^r(\boldsymbol{x}) = \boldsymbol{C}(\boldsymbol{x}) : \boldsymbol{\varepsilon}^r(\boldsymbol{x})$.

8.4.1.3 Makrofließbedingung

Findet in einem Punkt der Mikroebene plastisches Fließen mit $\dot{\boldsymbol{\varepsilon}}^p \neq \mathbf{0}$ statt, so liegt nach (8.141) der Spannungszustand $\boldsymbol{\sigma}$ in diesem Punkt auf der Fließfläche $F = 0$. Für Spannungszustände, die im Innern ($F < 0$) dieser Fläche liegen, verhält sich das Material dagegen elastisch. Wir betrachten nun wieder ein mikroskopisch *elastisch-idealplastisches* Material, bei dem sich die Fließfläche infolge des Fließens also nicht verändert (mikroskopisch keine Verfestigung). Sie kann jedoch wegen der Ortsabhängigkeit der Materialeigenschaften von Ort zu Ort auf der Mikroebene eine unterschiedliche Gestalt aufweisen. Zur Untersuchung der Konsequenzen für die Makrospannungen $\langle \boldsymbol{\sigma} \rangle$ wählen wir für den Volumenbereich V die Randbedingung $\langle \boldsymbol{\sigma} \rangle = \boldsymbol{\sigma}^0$ (Bild 8.23).

Wir gehen zunächst von einer Situation aus, in der an keiner Stelle in V plastische Verzerrungen vorliegen: $\boldsymbol{\varepsilon}^p(\boldsymbol{x}) = \mathbf{0}$. Das Spannungsfeld in V ist dann rein elastisch und läßt sich nach (8.62b) als $\boldsymbol{\sigma}(\boldsymbol{x}) = \boldsymbol{B}(\boldsymbol{x}) : \langle \boldsymbol{\sigma} \rangle$ schreiben. Durch Einsetzen in die Fließbedingung (8.141) für jeden Punkt $\boldsymbol{x}$ ergeben sich die (unendlich vielen) Bedingungen an die Makrospannungen $\langle \boldsymbol{\sigma} \rangle$

$$F\Big(\boldsymbol{B}(\boldsymbol{x}) : \langle \boldsymbol{\sigma} \rangle, \boldsymbol{x}\Big) \equiv F_x^*\Big(\langle \boldsymbol{\sigma} \rangle\Big) \leq 0 \qquad \text{für alle } \boldsymbol{x} \text{ in } V, \qquad (8.155)$$

die formal zu der *Makrofließbedingung*

$$\boxed{F^*\Big(\langle \boldsymbol{\sigma} \rangle\Big) \leq 0} \qquad (8.156)$$

zusammengefaßt werden können. Die der Bedingung (8.156) genügende Menge der zulässigen Makrospannungszustände stellt die *Schnittmenge* aller $\langle \boldsymbol{\sigma} \rangle$ dar, für welche (8.155) in allen Punkten $\boldsymbol{x}$ erfüllt ist. Wir illustrieren dies durch die Betrachtung zweier Punkte $\boldsymbol{x}_a$ und $\boldsymbol{x}_b$ und stellen die zugehörigen Fließflächen als Kurven in der 1,2-Ebene des Hauptspannungsraumes dar (Bild 8.24). Der schraffierte Bereich bezeichnet darin die Menge der zulässigen Makrospannungen $\langle \boldsymbol{\sigma} \rangle$, für welche die Mikrospannungen $\boldsymbol{\sigma}(\boldsymbol{x})$ die Bedingung (8.141) sowohl in $\boldsymbol{x}_a$ als auch in $\boldsymbol{x}_b$ erfüllen. Der Einflußtensor $\boldsymbol{B}$ überführt als lineare Abbildung

Homogenisierung elastisch-plastischer Materialien 273

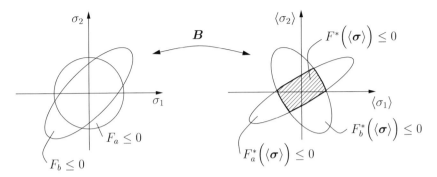

Bild 8.24 Elastische Bereiche und Fließflächen auf Mikro- und Makroebene

die konvexen Mikrofließflächen $F_{a,b} = 0$ in ebenfalls konvexe Flächen $F_{a,b}^* = 0$; als deren Schnitt ist auch der schraffierte Bereich zulässiger Makrospannungen konvex. Da Makrospannungen, die plastisches Fließen hervorrufen, auf dessen Rand liegen, kann dieser als *Makrofließfläche* $F^*(\langle\boldsymbol{\sigma}\rangle) = 0$ interpretiert werden.

Um den möglichen Einfluß plastischen Fließens auf die Makrofließfläche zu untersuchen, betrachten wir nun einen Punkt $\boldsymbol{x}$ der Mikroebene, in dem eine Plastizierung $\boldsymbol{\varepsilon}^p \neq \boldsymbol{0}$ stattgefunden hat und der Spannungszustand $\boldsymbol{\sigma}$ auf der Fließfläche liegt (Bild 8.25). Der entsprechende Makrospannungszustand $\langle\boldsymbol{\sigma}\rangle$ befindet sich dann auf der Makrofließfläche. Infolge der Plastizierung ist gleichzeitig das in (8.148) eingeführte Hilfsfeld von Null verschieden: $\boldsymbol{\sigma}^r(\boldsymbol{x}) \neq \boldsymbol{0}$. Eine Entlastung an der Stelle $\boldsymbol{x}$ führt zu einem mikroskopischen Spannungszustand $\boldsymbol{\sigma}^*$ innerhalb des elastischen Bereichs (Bild 8.25). Findet eine Entlastung in allen Punkten der Mikroebene statt, so geht der Makrospannungszustand in einen Zustand $\langle\boldsymbol{\sigma}\rangle^*$

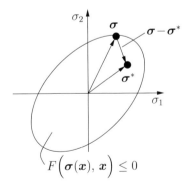

Bild 8.25 Elastische Entlastung auf Mikroebene

innerhalb des makroskopischen elastischen Bereichs über (vgl. Bild 8.24). Der Zusammenhang zwischen der Änderung des Mikrospannungsfeldes und der Makrospannungen kann dann mit (8.62b) zunächst in der Form

$$\boldsymbol{\sigma}(\boldsymbol{x}) - \boldsymbol{\sigma}^*(\boldsymbol{x}) = \boldsymbol{B}(\boldsymbol{x}) : \Big(\langle\boldsymbol{\sigma}\rangle - \langle\boldsymbol{\sigma}\rangle^*\Big) \qquad (8.157)$$

geschrieben werden. Mit Hilfe des Restspannungsfeldes (8.148) erhält man daraus

$$\boldsymbol{B}(\boldsymbol{x}) : \langle\boldsymbol{\sigma}\rangle^* = \boldsymbol{\sigma}^*(\boldsymbol{x}) - \boldsymbol{\sigma}^r(\boldsymbol{x}) \; . \qquad (8.158)$$

Dieser Zusammenhang ist gültig für alle Werte $\langle\boldsymbol{\sigma}\rangle^*$ innerhalb der Makrofließfläche, d.h. für Makrospannungen, die in jedem Punkt $\boldsymbol{x}$ der Mikroebene einen Spannungszustand $\boldsymbol{\sigma}^*$ innerhalb der lokalen Mikrofließfläche hervorrufen. Danach ergibt sich die Makrofließfläche (bzw. die Menge aller in ihrem Innern liegenden Spannungszustände $\langle\boldsymbol{\sigma}\rangle^*$) aus den zulässigen Mikrospannungen $\boldsymbol{\sigma}^*(\boldsymbol{x})$ durch eine *Translation* um $\boldsymbol{\sigma}^r(\boldsymbol{x})$ sowie die Transformation mit $\boldsymbol{B}(\boldsymbol{x})$ und die Schnittmengenbildung bezüglich $\boldsymbol{x}$. Die Translation mit $\boldsymbol{\sigma}^r(\boldsymbol{x})$ hat zu Folge, daß die Makrofließfläche infolge mikroskopischer plastischer Verzerrungen ihre Lage im Spannungsraum ändert. Das makroskopische Materialverhalten eines heterogenen elastisch ideal plastischen Materials weist demnach eine *kinematische Verfestigung* auf (vgl. Abschnitt 1.3.3.1).

Dieser Sachverhalt läßt sich am eindimensionalen Beispiel der Parallelschaltung eines rein elastischen und eines elastisch ideal plastischen Stabes illustrieren (Bild 8.26). Der Einfachheit halber seien die elastischen Steifigkeiten beider Stäbe

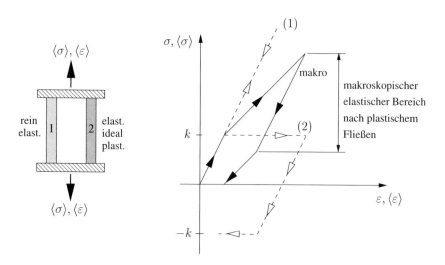

Bild 8.26 Zur Illustration der kinematischen Verfestigung

gleich; die Fließspannung des Stabes (2) sei k. Der in Bild 8.26 dargestellte Be- und Entlastungszyklus (durchgezogene Linie) zeigt die Verschiebung des makroskopischen elastischen Bereiches infolge plastischen Fließens in Stab (2). Nach der makroskopischen Entlastung $\langle\sigma\rangle = 0$ beträgt die inhomogene Restspannung im elastischen Stab (1) $\sigma_1 = k$ und im Stab (2) $\sigma_2 = -k$.

Für den Fall, daß die Fließbedingung in jedem Punkt der Mikroebene durch die von Misessche Fließbedingung (1.78) mit einer ortsabhängigen Fließspannung $k(\boldsymbol{x})$ gegeben ist, kann man eine grobe obere Schranke für die Makrofließspannung angeben. Aus

$$\frac{1}{2}\boldsymbol{\sigma}'(\boldsymbol{x}):\boldsymbol{\sigma}'(\boldsymbol{x}) \leq k^2(\boldsymbol{x}) \qquad \text{für alle} \quad \boldsymbol{x} \quad \text{in } V \tag{8.159}$$

folgt nämlich durch Mittelung

$$\frac{1}{2}\langle\boldsymbol{\sigma}'\rangle:\langle\boldsymbol{\sigma}'\rangle \leq \frac{1}{2}\langle\boldsymbol{\sigma}':\boldsymbol{\sigma}'\rangle \leq \langle k^2\rangle. \tag{8.160}$$

Der Bereich zulässiger Makrospannungen liegt danach innerhalb des von Mises-Zylinders vom Radius $\sqrt{2\langle k^2\rangle}$ (vgl. Bild 1.7). Diese Schranke ist jedoch nicht mehr sinnvoll, wenn das Material in einem Teilbereich der Mikroebene rein elastisch ($k = \infty$) ist.

8.4.2 Näherungen

Die im vorangegangenen Abschnitt gewonnenen allgemeinen Aussagen über das effektive Verhalten mikroheterogener elastisch-plastischer Materialien basieren allein auf der Existenz der Einflußtensoren $\boldsymbol{A}(\boldsymbol{x})$ oder $\boldsymbol{B}(\boldsymbol{x})$ bzw. der durch sie beschriebenen elastischen Hilfsfelder. Ihre expliziten Darstellungen mit Hilfe der Eshelby-Lösung sind nur für das Innere ellipsoidförmiger Inhomogenitäten (in sonst homogener Matrix) verfügbar. Für die Homogenisierung rein elastischer Materialien war diese Information ausreichend. Dies ist jedoch nicht mehr der Fall, wenn zusätzlich räumlich verteilte ortsabhängige plastische Verzerrungen vorliegen – auch wenn diese formal als Eigendehnungen betrachtet werden können. Zur Anwendung analytischer Homogenisierungsmethoden in der Elastoplastizität sind daher weitergehende Approximationen notwendig. Von der Vielzahl unterschiedlicher Zugänge, die in der Spezialliteratur diskutiert werden und die aktueller Forschungsgegenstand sind, können hier nur einige grundlegende Gesichtspunkte angesprochen werden.

Wir betrachten dazu ellipsoidförmige Inhomogenitäten (I) in einer unendlich ausgedehnten Matrix (M) mit jeweils konstanten Stoffeigenschaften in Form der Elastizitätsgesetze

$$\boldsymbol{\sigma} = \boldsymbol{C}_\alpha : (\boldsymbol{\varepsilon} - \boldsymbol{\varepsilon}^p) \tag{8.161}$$

mit $\alpha = $ I, M und der Fließregeln (vgl. (1.83))

$$\dot{\boldsymbol{\varepsilon}}^p = \dot{\lambda}_\alpha \frac{\partial F_\alpha(\boldsymbol{\sigma})}{\partial \boldsymbol{\sigma}}. \tag{8.162}$$

Vor dem Einsetzen plastischen Fließens sind die Spannungen und Verzerrungen in einer einzelnen Inhomogenität aufgrund der Eshelby-Lösung konstant. Verhält sich alleine die Inhomogenität plastisch, so sind die sich dort gemäß der Fließregel entwickelnden plastischen Verzerrungen ebenfalls konstant. Da wir sie als Eigendehnungen auffassen können, treten sie analog zu ε^t in der Gleichung (8.31a) für die äquivalente Eigendehnung auf und ermöglichen damit weiterhin die direkte Anwendung des Eshelby-Resultats. Für die Homogenisierung im Rahmen des Modells der dünnen Verteilung oder der Mori-Tanaka-Methode sind dann keine zusätzlichen Approximationen notwendig, die über die bei rein elastischem Materialverhalten hinausgehen. Die Selbstkonsistenzmethode hingegen erfordert wegen der Einbettung der Inhomogenität in das effektive, jetzt elastisch-plastische Material bereits bei diesem einfachsten Sonderfall Modifikationen, die wir jedoch nicht näher betrachten wollen.

Im weiteren wenden wir uns dem für praktische Anwendungen wichtigeren Fall von Inhomogenitäten in einer duktilen Matrix zu, in welcher inhomogene plastische Verzerrungen auftreten. Hierfür werden wir einige gängige Näherungen und deren Unterschiede diskutieren. Wir beschränken uns dabei auf kugelförmige Inhomogenitäten, auf isotropes elastisches Verhalten beider Phasen sowie auf die von Mises-Fließbedingung (1.78).

8.4.2.1 Stückweise konstante plastische Verzerrungen

Der einfachste Zugang besteht darin, die plastischen Verzerrungen in beiden Phasen jeweils als konstant und damit gleich ihren Mittelwerten zu approximieren:

$$\varepsilon^p(\boldsymbol{x}) = \begin{cases} \langle \varepsilon^p \rangle_\mathrm{I} & \text{in } V_\mathrm{I} \\ \langle \varepsilon^p \rangle_\mathrm{M} & \text{in } V_\mathrm{M} \end{cases}. \tag{8.163}$$

Daneben verwenden wir nur die jeweiligen Phasenmittelwerte der Spannungen in den lokalen Fließregeln (8.162):

$$\langle \dot{\varepsilon}^p \rangle_\mathrm{I} = \dot{\lambda}_\mathrm{I} \frac{\partial F_\mathrm{I}(\langle \boldsymbol{\sigma} \rangle_\mathrm{I})}{\partial \langle \boldsymbol{\sigma} \rangle_\mathrm{I}} , \quad \langle \dot{\varepsilon}^p \rangle_\mathrm{M} = \dot{\lambda}_\mathrm{M} \frac{\partial F_\mathrm{M}(\langle \boldsymbol{\sigma} \rangle_\mathrm{M})}{\partial \langle \boldsymbol{\sigma} \rangle_\mathrm{M}} . \tag{8.164}$$

Aufgrund dieser Näherung können wir auf die in Abschnitt 8.4.1.3 diskutierte formale Konstruktion einer Makrofließbedingung $F^*(\langle \boldsymbol{\sigma} \rangle) \leq 0$ verzichten und uns auf die Auswertung der lokalen Bedingungen $F_\alpha(\langle \boldsymbol{\sigma} \rangle_\alpha) \leq 0$ beschränken. Da hierzu die Phasenmittelwerte der Spannungen benötigt werden, beschreiben wir im folgenden das effektive Materialverhalten *implizit* durch ein System von Gleichungen zwischen Phasenmittelwerten und Makrogrößen. Wegen der als phasenweise konstant approximierten plastischen Verzerrungen können die makroskopischen plastischen Verzerrungen (8.145a) in der Form

$$\boldsymbol{\mathcal{E}}^p = \boldsymbol{C}^{*-1} : \left(c_\mathrm{I} \langle \varepsilon^p \rangle_\mathrm{I} : \boldsymbol{C}_\mathrm{I} : \boldsymbol{A}_\mathrm{I} + c_\mathrm{M} \langle \varepsilon^p \rangle_\mathrm{M} : \boldsymbol{C}_\mathrm{M} : \boldsymbol{A}_\mathrm{M} \right) \tag{8.165}$$

geschrieben werden. Darin sind c_I und c_M die Volumenanteile, und es gilt der Zusammenhang $c_\mathrm{M} \boldsymbol{A}_\mathrm{M} = \mathbf{1} - c_\mathrm{I} \boldsymbol{A}_\mathrm{I}$ (vgl. (8.70)). Für den Einflußtensor $\boldsymbol{A}_\mathrm{I}$ der Inhomogenität, mit dem nach (8.71a) auch der effektive Elastizitätstensor $\boldsymbol{C}^*$ bekannt ist, kann nun jede der in Abschnitt 8.3.2 nach verschiedenen Methoden hergeleiteten Darstellungen verwendet werden. Der Vollständigkeit halber seien noch die weiteren Gleichungen angegeben, aus denen bei Vorgabe der Makroverzerrung $\langle \boldsymbol{\varepsilon} \rangle = \boldsymbol{\varepsilon}^0$ alle Phasenmittelwerte sowie die Makrospannungen bestimmt werden können:

$$\langle \boldsymbol{\sigma} \rangle_\alpha = \boldsymbol{C}_\alpha : \left(\langle \boldsymbol{\varepsilon} \rangle_\alpha - \langle \boldsymbol{\varepsilon}^p \rangle_\alpha \right) , \qquad \langle \boldsymbol{\sigma} \rangle = \boldsymbol{C}^* : \left(\langle \boldsymbol{\varepsilon} \rangle - \boldsymbol{\mathcal{E}}^p \right) ,$$
$$\langle \boldsymbol{\sigma} \rangle = c_\mathrm{I} \langle \boldsymbol{\sigma} \rangle_\mathrm{I} + c_\mathrm{M} \langle \boldsymbol{\sigma} \rangle_\mathrm{M} , \qquad \langle \boldsymbol{\varepsilon} \rangle = c_\mathrm{I} \langle \boldsymbol{\varepsilon} \rangle_\mathrm{I} + c_\mathrm{M} \langle \boldsymbol{\varepsilon} \rangle_\mathrm{M} . \tag{8.166}$$

Der wesentliche Bestandteil dieses einfachen Zugangs, der die Verwendung elastischer Grundlösungen wie des Eshelby-Tensors gestattet, ist die Annahme phasenweise konstanter plastischer Verzerrungen. Konkrete Auswertungen am Beispiel steifer elastischer Partikel (I) in einer weichen (duktilen) Matrix zeigen jedoch auch seine Schwäche. Danach fällt das vorhergesagte effektive Verhalten im Vergleich zu Resultaten von Finite-Elemente-Rechnungen und alternativen Homogenisierungstechniken (Abschnitt 8.4.2.3, Bild 8.27) viel zu steif aus. Der Grund dafür ist die vernachlässigte Konzentration plastischen Fließens der Matrix in der unmittelbaren Umgebung der Partikel (Spannungskonzentratoren). Im vorgestellten Modell befinden sich die Partikel in einer gegenüber der Realität scheinbar weniger nachgiebigen Umgebung; ihr Beitrag zum Gesamtverhalten des Materials (Versteifung) wird dadurch überschätzt.

8.4.2.2 Inkrementelle Theorie

Wir verzichten nun auf die Annahme stückweise konstanter plastischer Verzerrungen und gehen zunächst von einem im Fließbereich gültigen inkrementellen Stoffgesetz aus. Hierfür kann das *Prandtl-Reuss-Gesetz* (1.84c)

$$\dot{\boldsymbol{\varepsilon}}' = \left[\frac{1}{2\mu_\alpha} \mathbf{1} + \frac{3}{2 g_\alpha} \frac{\boldsymbol{\sigma}' \otimes \boldsymbol{\sigma}'}{\boldsymbol{\sigma}' : \boldsymbol{\sigma}'} \right] : \dot{\boldsymbol{\sigma}}' \tag{8.167}$$

für beide Phasen verwendet werden, wobei die Summe aus $\dot{\boldsymbol{\varepsilon}}'(\boldsymbol{x})$ und dem rein elastischen volumetrischen Anteil die Gesamtverzerrungsrate $\dot{\boldsymbol{\varepsilon}}(\boldsymbol{x})$ ergibt. Mit dem Symbol $\otimes$ wird dabei das dyadische Produkt zweier Tensoren bezeichnet: $(\boldsymbol{\sigma} \otimes \boldsymbol{\sigma})_{ijkl} = \sigma_{ij}\sigma_{kl}$. Die Beziehungen zwischen den Spannungs- und Verzerrungsinkrementen können unter Verwendung der elastisch-plastischen Tangententensoren $\tilde{\boldsymbol{C}}_\alpha$ in der Form

$$\dot{\boldsymbol{\sigma}} = \tilde{\boldsymbol{C}}_\alpha : \dot{\boldsymbol{\varepsilon}} \qquad (\alpha = \mathrm{I}, \mathrm{M}) \tag{8.168}$$

geschrieben werden. Man beachte, daß diese Tangententensoren über die aktuelle Spannungsverteilung vom Ort abhängen: $\tilde{C}_\alpha = \tilde{C}_\alpha(\sigma'(x))$. Zwischen den Inkrementen besteht nach (8.168) formal eine zum heterogenen Elastizitätsgesetz (8.54) analoge Beziehung. Allerdings sind die Tangententensoren nun selbst bei isotropem elastischen Materialverhalten *anisotrop*, da sie durch den zweiten Anteil in (8.167) von der Richtung des plastischen Fließens im Spannungsraum abhängen.

Im weiteren approximieren wir die Spannungsabhängigkeit der Tangententensoren durch die Abhängigkeit nur vom Spannungsmittelwert der jeweiligen Phase. Hierdurch erhält man für die Inkremente ein lineares Stoffgesetz mit phasenweise konstanter Tangentensteifigkeit:

$$\dot{\boldsymbol{\sigma}} = \tilde{\boldsymbol{C}}_\alpha\left(\langle\boldsymbol{\sigma}'\rangle_\alpha\right) : \dot{\boldsymbol{\varepsilon}} \,. \tag{8.169}$$

Damit läßt sich wieder das Eshelby-Resultat anwenden, wobei allerdings der Eshelby-Tensor für ein anisotropes Matrixmaterial $\tilde{\boldsymbol{C}}_{\mathrm{M}}(\langle\boldsymbol{\sigma}'\rangle_{\mathrm{M}})$ zu verwenden ist. Die in Abschnitt 8.3.2 dargestellten Homogenisierungsmethoden führen schließlich auf einen *effektiven Tangententensor* $\tilde{\boldsymbol{C}}^*(\langle\boldsymbol{\sigma}'\rangle_\alpha)$ zur Beschreibung des makroskopischen Materialverhaltens:

$$\langle\dot{\boldsymbol{\sigma}}\rangle = \tilde{\boldsymbol{C}}^*\left(\langle\boldsymbol{\sigma}'\rangle_\alpha\right) : \langle\dot{\boldsymbol{\varepsilon}}\rangle \,. \tag{8.170}$$

Bei der Auswertung in inkrementellen Schritten sind jeweils die momentanen Mittelwerte $\langle\boldsymbol{\sigma}'\rangle_{\mathrm{I}}$ und $\langle\boldsymbol{\sigma}'\rangle_{\mathrm{M}}$ der deviatorischen Spannungszustände in den beiden Phasen zu bestimmen, mit denen die Tangententensoren aktualisiert werden. Wegen der sich mit der Belastung ändernden Anisotropie der Tangententensoren und des Eshelby-Tensors ist dieses Verfahren sehr aufwendig. Es führt jedoch zu realistischeren Resultaten, da die plastischen Verzerrungsraten in der Matrix mit

$$\dot{\boldsymbol{\varepsilon}}^p(\boldsymbol{x}) = \frac{3}{2g_{\mathrm{M}}}\left[\frac{\langle\boldsymbol{\sigma}'\rangle_{\mathrm{M}} \otimes \langle\boldsymbol{\sigma}'\rangle_{\mathrm{M}}}{\langle\boldsymbol{\sigma}'\rangle_{\mathrm{M}} : \langle\boldsymbol{\sigma}'\rangle_{\mathrm{M}}}\right] : \dot{\boldsymbol{\sigma}}'(\boldsymbol{x}) \tag{8.171}$$

hier nicht mehr konstant sind.

8.4.2.3 Deformationstheorie

Erhebliche Vereinfachungen ergeben sich, wenn wir uns auf monotone und *proportional* erfolgende Belastungsvorgänge beschränken (vgl. Abschnitt 1.3.3.3). Wegen der Koaxialität von $\boldsymbol{\sigma}$, $\boldsymbol{\sigma}'$ und $\dot{\boldsymbol{\sigma}}$ gilt dann $\boldsymbol{\sigma}'(\boldsymbol{\sigma}':\dot{\boldsymbol{\sigma}}') = (\boldsymbol{\sigma}':\boldsymbol{\sigma}')\dot{\boldsymbol{\sigma}}' = \frac{2}{3}\sigma_{\mathrm{e}}^2\dot{\boldsymbol{\sigma}}'$, und (8.167) kann zum *Hencky-Ilyushin-Gesetz*

$$\boldsymbol{\sigma}' = 2\mu_\alpha^s\,\boldsymbol{\varepsilon}' \tag{8.172}$$

integriert werden (vgl. (1.87)). Es hat die Gestalt eines isotropen nichtlinearen Elastizitätsgesetzes mit dem *Sekantmodul* $\mu^s(\sigma_{\mathrm{e}}(\boldsymbol{x}))$. Dieser hängt vom Spannungszustand nur über die einachsige Vergleichsspannung $\sigma_{\mathrm{e}} = \sqrt{\frac{3}{2}\boldsymbol{\sigma}':\boldsymbol{\sigma}'}$ ab. Im

Fall isotroper Verfestigung mit einer von der einachsigen plastischen Vergleichsverzerrung $p \equiv \varepsilon_e^p = \sqrt{\frac{2}{3}\boldsymbol{\varepsilon}^p : \boldsymbol{\varepsilon}^p}$ abhängigen Fließspannung $k(p) = k_0 + A\,p^{1/n}$ lautet der Sekantenmodul

$$\mu^s(\sigma_e) = \frac{\mu\,\sigma_e\,A^n}{\sigma_e\,A^n + 3\mu(\frac{\sigma_e}{\sqrt{3}} - k_0)^n} \tag{8.173}$$

für $\sigma_e \geq \sqrt{3}\,k_0$, wobei k_0 die Anfangsfließspannung ist.

Zur Elimination der Ortsabhängigkeit der Sekantensteifigkeiten beider Phasen werden die inhomogenen Spannungsfelder durch ihre Phasenmittelwerte approximiert. Damit ergeben sich die einachsigen Vergleichsspannungen zu $\Sigma_\alpha = \sqrt{\frac{3}{2}\langle\boldsymbol{\sigma}'\rangle_\alpha : \langle\boldsymbol{\sigma}'\rangle_\alpha}$. Aus (8.172) folgt auf diese Weise wieder ein Elastizitätsgesetz mit phasenweise konstanten Steifigkeiten

$$\boldsymbol{\sigma}' = 2\mu_\alpha^s(\Sigma_\alpha)\,\boldsymbol{\varepsilon}' . \tag{8.174}$$

Wegen der jetzt räumlichen Konstanz der Matrixsteifigkeit läßt sich auch auf dieses nichtlineare Problem das Eshelby-Resultat für eine Einzelinhomogenität übertragen. Dabei hängt der Eshelby-Tensor über den Sekanten-Schubmodul $\mu_M^s(\Sigma_M)$ vom Mittelwert der Matrixspannung bzw. der daraus gebildeten einachsigen Vergleichsspannung Σ_M ab. Im Fall kugelförmiger Inhomogenitäten lauten die Parameter (8.11) des isotropen Eshelby-Tensors (8.10) daher

$$\alpha^s(\Sigma_M) = \frac{3K_M}{3K_M + 4\mu_M^s} , \qquad \beta^s(\Sigma_M) = \frac{6(K_M + 2\mu_M^s)}{5(3K_M + 4\mu_M^s)} . \tag{8.175}$$

Eine Homogenisierung kann nun mittels der in Abschnitt 8.3.2 erläuterten Verfahren durchgeführt werden, wobei in den Darstellungen für die effektiven Steifigkeiten die Schubmoduli μ_I und μ_M durch $\mu_I^s(\Sigma_I)$ und $\mu_M^s(\Sigma_M)$ zu ersetzen sind. Dies führt auf die *effektiven Sekantenmoduli* K_s^* und μ_s^* und damit auf ein makroskopisches Stoffgesetz der Form

$$\boxed{\langle\sigma_{kk}\rangle = 3K_s^*\langle\epsilon_{kk}\rangle , \qquad \langle\boldsymbol{\sigma}'\rangle = 2\mu_s^*\langle\boldsymbol{\varepsilon}'\rangle} . \tag{8.176}$$

Die Ermittlung von K_s^* und μ_s^* erfordert die Lösung eines nichtlinearen Gleichungssystems, da die aktuellen Phasenmittelwerte $\langle\boldsymbol{\sigma}'\rangle_\alpha$ in Abhängigkeit von einer vorgegebenen Makrogröße mit zu bestimmen sind. Dazu ist es zweckmäßig, aus den allgemeinen Beziehungen für die Makrogrößen die Verzerrungsmittelwerte zu eliminieren:

$$c_I\langle\boldsymbol{\sigma}'\rangle_I + c_M\langle\boldsymbol{\sigma}'\rangle_M = \langle\boldsymbol{\sigma}'\rangle , \qquad \frac{c_I\langle\boldsymbol{\sigma}'\rangle_I}{2\mu_I^s(\Sigma_I)} + \frac{c_M\langle\boldsymbol{\sigma}'\rangle_M}{2\mu_M^s(\Sigma_M)} = \langle\boldsymbol{\varepsilon}'\rangle . \tag{8.177}$$

Als Anwendungsbeispiel betrachten wir ein elastisch-plastisches Kompositmaterial aus einer duktilen Aluminium-Matrix, in die rein elastische kugelförmige

Aluminiumoxid-Partikel mit der Konzentration $c_I = 0.3$ eingebettet sind. Das Verhalten der Matrix wird durch die Materialdaten $E_M = 75\,\text{GPa}$, $\nu_M = 0.3$, $k_0 = 75\,\text{MPa}$, $A = 400\,\text{MPa}$ und $n = 3$ beschrieben und das der Partikel durch $E_I = 400\,\text{GPa}$ und $\nu_I = 0.2$. In Bild 8.27 ist das Spannungs-Dehnungs-Verhalten der beiden Phasen sowie das makroskopische Stoffverhalten unter einachsigem Zug dargestellt. Aufgrund der gewählten Materialparameter und der Morphologie des Komposits (steife Partikel in weicher Matrix) ist zu erwarten, daß das makroskopische Verhalten im wesentlichen durch die Matrix bestimmt wird. Verstärktes plastisches Fließen in der Umgebung der Partikel reduziert deren versteifende Wirkung gegenüber einem rein elastischen Komposit. Zum Vergleich zeigt Bild 8.27 neben dem auf der Deformationstheorie basierenden effektiven Verhalten auch den aus der Annahme konstanter plastischer Verzerrungen (Abschnitt 8.4.2.1) resultierenden $\langle \sigma \rangle, \langle \varepsilon \rangle$-Verlauf.

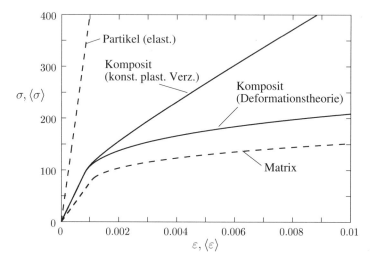

Bild 8.27 Elastisch-plastisches Komposit, Vergleich der Näherungsmethoden

Zur Homogenisierung wurde bei beiden Methoden das Mori-Tanaka-Modell verwendet. Man erkennt, daß die Annahme homogener plastischer Verzerrungen zu einem unrealistisch schwachen Einfluß der Matrixplastizität auf das effektive Verhalten führt; hierauf wurde in Abschnitt 8.4.2.1 schon hingewiesen. Das auf der Deformationstheorie und der Berücksichtigung inhomogener plastischer Verzerrungen basierende Resultat spiegelt hingegen sehr viel deutlicher die Dominanz der duktilen Matrix im makroskopischen Verhalten wieder.

8.5 Thermoelastisches Material

Neben den rein elastischen Eigenschaften sind in heterogenen Materialien in der Regel auch andere Stoffparameter ortsabhängig. Einer der wichtigsten darunter ist der thermische Ausdehnungskeffizient $\boldsymbol{k}$, der nach (1.44) im *Duhamel-Neumann-Gesetz*

$$\boldsymbol{\sigma}(\boldsymbol{x}) = \boldsymbol{C}(\boldsymbol{x}) : \Big(\boldsymbol{\varepsilon}(\boldsymbol{x}) - \boldsymbol{\varepsilon}^{th}(\boldsymbol{x})\Big) = \boldsymbol{C}(\boldsymbol{x}) : \Big(\boldsymbol{\varepsilon}(\boldsymbol{x}) - \boldsymbol{k}(\boldsymbol{x})\Delta T(\boldsymbol{x})\Big) \quad (8.178)$$

eines mikroinhomogenen Materials auftritt. Für die meisten praktischen Anwendungen ist es dabei zulässig, die Temperaturänderung ΔT auf der Mikroebene als konstant zu betrachten. Auf der Makroebene läßt sich dann das Materialverhalten durch den effektiven Elastizitätstensor $\boldsymbol{C}^*$ nach Abschnitt 8.3 sowie einen *effektiven Wärmeausdehnungskoeffizienten* $\boldsymbol{k}^*$ charakterisieren:

$$\langle\boldsymbol{\sigma}\rangle = \boldsymbol{C}^* : \Big(\langle\boldsymbol{\varepsilon}\rangle - \boldsymbol{\mathcal{E}}^{th}\Big) \quad \text{mit} \quad \boldsymbol{\mathcal{E}}^{th} = \boldsymbol{k}^*\Delta T \;. \quad (8.179)$$

Vergleicht man (8.178) und (8.179) mit (8.4) bzw. (8.142) und (8.144), so erkennt man, daß Wärmedehnungen $\boldsymbol{\varepsilon}^{th} = \boldsymbol{k}\Delta T$ äquivalent zu spannungsfreien Transformationverzerrungen $\boldsymbol{\varepsilon}^t$ oder zu plastischen Verzerrungen $\boldsymbol{\varepsilon}^p$ sind. Diese schon wiederholt angesprochene Analogie können wir zur Bestimmung von $\boldsymbol{k}^*$ ausnutzen. Danach liefert (8.145a) die makroskopische thermische Verzerrung

$$\boldsymbol{\mathcal{E}}^{th} = \boldsymbol{C}^{*-1} : \langle\boldsymbol{\varepsilon}^{th} : \boldsymbol{C} : \boldsymbol{A}\rangle \quad (8.180a)$$

und nach Einsetzen von $\boldsymbol{\mathcal{E}}^{th}$ und $\boldsymbol{\varepsilon}^{th}$

$$\boxed{\boldsymbol{k}^* = \boldsymbol{C}^{*-1} : \langle\boldsymbol{k} : \boldsymbol{C} : \boldsymbol{A}\rangle} \;. \quad (8.180b)$$

Der effektive Wärmeausdehnungskoeffizient ist also der mit der elastischen Heterogenität (in Form von $\boldsymbol{C}(\boldsymbol{x})$ und dem Einflußtensor $\boldsymbol{A}(\boldsymbol{x})$) *gewichtete Mittelwert* des mikroskopischen Wärmeausdehnungskoeffizienten. Für ein elastisch homogenes Material ($\boldsymbol{C} = const$, $\boldsymbol{A} = \boldsymbol{1}$) ist $\boldsymbol{k}^* = \langle\boldsymbol{k}\rangle$.

Als wichtigen Anwendungsfall betrachten wir wieder ein Kompositmaterial aus zwei stückweise homogenen Phasen mit $\boldsymbol{C}_{\rm M}$, $\boldsymbol{C}_{\rm I}$, $\boldsymbol{k}_{\rm M}$, $\boldsymbol{k}_{\rm I}$ und den Volumenanteilen $c_{\rm M}$, $c_{\rm I}$. Unter Beachtung von $c_{\rm I}\boldsymbol{A}_{\rm I} + c_{\rm M}\boldsymbol{A}_{\rm M} = \boldsymbol{1}$ erhält man dafür aus (8.180b)

$$\boldsymbol{k}^* = \boldsymbol{C}^{*-1} : \Big(\boldsymbol{k}_{\rm M} : \boldsymbol{C}_{\rm M} + c_{\rm I}(\boldsymbol{k}_{\rm I} : \boldsymbol{C}_{\rm I} - \boldsymbol{k}_{\rm M} : \boldsymbol{C}_{\rm M}) : \boldsymbol{A}_{\rm I}\Big) \;. \quad (8.181a)$$

Ersetzt man mit Hilfe von (8.71a) noch den Einflußtensor $\boldsymbol{A}_{\rm I}$ der Inhomogenitätsphase, so folgt

$$\boldsymbol{k}^* = \boldsymbol{C}^{*-1} : \Big(\boldsymbol{k}_{\rm M} : \boldsymbol{C}_{\rm M} + (\boldsymbol{k}_{\rm I} : \boldsymbol{C}_{\rm I} - \boldsymbol{k}_{\rm M} : \boldsymbol{C}_{\rm M}) : (\boldsymbol{C}_{\rm I} - \boldsymbol{C}_{\rm M})^{-1} : (\boldsymbol{C}^* - \boldsymbol{C}_{\rm M})\Big) \;. \quad (8.181b)$$

Für den effektiven Elastizitätstensor $\boldsymbol{C}^*$ kann nun jede der in Abschnitt 8.3.2 nach unterschiedlichen mikromechanischen Modellen hergeleiteten Darstellungen verwendet werden.

Eine in der Praxis häufig auftretende Frage ist die nach thermisch induzierten Eigenspannungen beim Abkühlen oder Aufheizen eines heterogenen Gefüges oder Komposits. Betrachtet man das Material dabei als makroskopisch belastungsfrei $\langle\boldsymbol{\sigma}\rangle = \boldsymbol{0}$, so gilt nach (8.47) für die mittleren Spannungen in den beiden Phasen $c_\text{I}\langle\boldsymbol{\sigma}\rangle_\text{I} = -c_\text{M}\langle\boldsymbol{\sigma}\rangle_\text{M}$, und die mittlere Verzerrung ist $\langle\boldsymbol{\varepsilon}\rangle = c_\text{I}\langle\boldsymbol{\varepsilon}\rangle_\text{I}+c_\text{M}\langle\boldsymbol{\varepsilon}\rangle_\text{M} = \boldsymbol{k}^*\Delta T$. Durch Einsetzen der Stoffgesetze $\langle\boldsymbol{\sigma}\rangle_\alpha = \boldsymbol{C}_\alpha : (\langle\boldsymbol{\varepsilon}\rangle_\alpha - \boldsymbol{k}_\alpha \Delta T)$ erhält man für die Spannungsmittelwerte

$$c_\text{I}\langle\boldsymbol{\sigma}\rangle_\text{I} = -c_\text{M}\langle\boldsymbol{\sigma}\rangle_\text{M} = \left(\boldsymbol{C}_\text{M}^{-1} - \boldsymbol{C}_\text{I}^{-1}\right)^{-1} : \left(c_\text{I}\boldsymbol{k}_\text{I} + c_\text{M}\boldsymbol{k}_\text{M} - \boldsymbol{k}^*\right) \Delta T \ . \qquad (8.182)$$

Wie betrachten nun ein Material, dessen beide Phasen elastisch (K_α, μ_α) sowie thermisch isotrop sind. Die lokalen thermischen Dehnungen sind dann rein volumetrisch: $\boldsymbol{\varepsilon}^t = k_\alpha \Delta T\,\boldsymbol{I}$. Verhält sich das Material auch auf der Makroebene elastisch isotrop, so ist nach (8.181b) der effektive Wärmeausdehnungskoeffizient ebenfalls isotrop $\boldsymbol{k}^* = k^*\boldsymbol{I}$ und nur vom effektiven Kompressionsmodul abhängig:

$$k^* = \frac{k_\text{M} K_\text{M}(K_\text{I} - K_\text{M}) + (k_\text{I} K_\text{I} - k_\text{M} K_\text{M})(K^* - K_\text{M})}{K^*(K_\text{I} - K_\text{M})} \ . \qquad (8.183)$$

Verwendet man im Fall einer Mikrostruktur aus kugelförmigen Inhomogenitäten zur Homogenisierung beispielsweise das Mori-Tanaka-Modell (Abschnitt 8.3.2.4), so ergibt sich mit (8.98) und dem volumetrischen Anteil $\alpha = (1+\nu)/3(1-\nu)$ des isotropen Eshelby-Tensors (8.10), (8.11)

$$k^*_{(\text{MT})} = k_\text{M} + c_\text{I} \frac{K_\text{I}(k_\text{I} - k_\text{M})}{K_\text{M} + (\alpha + c_\text{I}(1-\alpha))(K_\text{I} - K_\text{M})} \ . \qquad (8.184)$$

Einsetzen in (8.182) liefert die mittleren thermisch induzierten Spannungen in den beiden Phasen, die rein hydrostatisch sind:

$$\langle\boldsymbol{\sigma}\rangle_\text{I} = -\frac{c_\text{M}}{c_\text{I}}\langle\boldsymbol{\sigma}\rangle_\text{M} = \frac{-3K_\text{I} K_\text{M} c_\text{M}(1-\alpha)(k_\text{I} - k_\text{M})}{K_\text{M} + (\alpha + c_\text{I}(1-\alpha))(K_\text{I} - K_\text{M})} \Delta T\,\boldsymbol{I} \ . \qquad (8.185)$$

Für den Sonderfall einer sehr steifen Matrix ($K_\text{M} \gg K_\text{I}$) erhält man

$$\langle\boldsymbol{\sigma}\rangle_\text{I} = -3K_\text{I}(k_\text{I} - k_\text{M})\Delta T\,\boldsymbol{I} \ . \qquad (8.186)$$

Im Fall eines elastisch homogenen Materials ($K_\text{M} = K_\text{I} = K$) hingegen folgt

$$\langle\boldsymbol{\sigma}\rangle_\text{I} = -3K c_\text{M}(1-\alpha)(k_\text{I} - k_\text{M})\Delta T\,\boldsymbol{I} \ , \qquad (8.187)$$

worin für eine rein auf die Inhomogenität beschränkte Wärmedehnung ($k_\text{M} = 0$) und sehr kleine Volumenanteile ($c_\text{I} \ll 1$, $c_\text{M} \approx 1$) das Ergebnis (8.14) enthalten ist:

$$\langle\boldsymbol{\varepsilon}\rangle_\text{I} = \frac{\langle\boldsymbol{\sigma}\rangle_\text{I}}{3K} + k_\text{I}\Delta T\,\boldsymbol{I} = \alpha\,k_\text{I}\Delta T\,\boldsymbol{I} \ . \qquad (8.188)$$

Als praxisrelevantes Beispiel betrachten wir ein Gefüge, das durch die Infiltration von Aluminium in eine poröse Keramikmatrix aus Aluminiumoxid (Al_2O_3) entsteht. Da die Herstellung bei hohen Temperaturen erfolgt, kommt es beim Abkühlen auf Raumtemperatur zu thermisch induzierten Eigenspannungen in den beiden Phasen. Typische Materialdaten für die Keramikmatrix (M) und die als kugelförmige Inhomogenitäten approximierte Aluminiumphase (I) sind: $K_M = 220\,\text{MPa}$, $\nu_M = 0.2$, $k_M = 8 \cdot 10^{-6}\text{K}^{-1}$, $K_I = 60\,\text{MPa}$, $\nu_I = 0.3$, $k_I = 2.4 \cdot 10^{-5}\text{K}^{-1}$. Damit ergibt sich $\alpha(\nu_M) = 0.5$, und für einen Volumenanteil an Aluminium von $c_I = 0.25$ erhält man aus (8.184) den effektiven Wärmeausdehnungskoeffizienten zu $k^* \approx 10^{-5}\text{K}^{-1}$. Eine Temperaturänderung beim Abkühlen von $\Delta T = -400$ K führt nach (8.185) zu mittleren Druckeigenspannungen von $\sigma_M \approx -250$ MPa in der Keramikmatrix (M) und Zugeigenspannungen $\sigma_I \approx 750$ MPa im Aluminiuminfiltrat (I). Trotz der stark vereinfachenden Approximation der Morphologie durch kugelförmige Aluminiumpartikel entsprechen diese Werte recht gut dem experimentellen Befund. Man beachte, daß die mittlere Spannung in der Aluminiumphase weit über der Fließspannung von Aluminium liegt. Wegen des rein hydrostatischen Spannungszustandes tritt jedoch während des Abkühlvorganges kein plastisches Fließen auf, sondern es bilden sich Hohlräume (Kavitäten) in der Aluminiumphase.

9 Schädigung

9.1 Allgemeines

Ein reales Material enthält meist schon im Ausgangszustand eine Vielzahl von Defekten wie Mikrorisse oder Poren. Bei einem Deformationsvorgang können sich diese inneren Hohlräume vergrößern und verbinden, während es an Spannungskonzentratoren (z.B. Einschlüsse, Korngrenzen, Inhomogenitäten) gleichzeitig zu weiteren Materialtrennungen kommt, d.h. neue Mikrodefekte entstehen. Hierdurch ändern sich die makroskopischen Eigenschaften des Materials, und seine Festigkeit wird merklich reduziert. Diesen Prozeß der Strukturänderung des Materials, welcher mit der Entstehung, dem Wachstum und der Vereinigung von Mikrodefekten verbunden ist, nennt man *Schädigung (damage)*. Er führt in seinem Endstadium zur vollständigen Auflösung der Bindungen, d.h. zur Materialtrennung und zur Bildung eines makroskopischen Risses.

Die Materialschädigung klassifiziert man ausgehend vom dominierenden makroskopischen Phänomen in *spröde Schädigung*, *duktile Schädigung*, *Kriechschädigung* und *Ermüdungs-Schädigung*. Vorherrschender Mechanismus bei der spröden Schädigung ist die Bildung und das Wachstum von Mikrorissen. Beispiele hierzu sind Keramiken, Geomaterialien oder Beton. Im Gegensatz dazu sind die duktile Schädigung und die Kriechschädigung in Metallen im wesentlichen mit dem Wachstum, der Vereinigung und der Neuentstehung von Mikroporen verbunden. Bei der Ermüdungs-Schädigung entstehen an Spannungskonzentratoren aufgrund der mikroplastischen Wechselbelastung zunächst Mikrorisse, die sich dann ausbreiten und vereinigen.

Die Beschreibung des makroskopischen Verhaltens eines geschädigten Materials kann nach wie vor im Rahmen der Kontinuumsmechanik erfolgen. Die auftretenden Makrospannungen und Makroverzerrungen sind dann als Mittelwerte über ein *repräsentatives Volumenelement* (RVE) aufzufassen, in welchem sich der Schädigungsprozeß abspielt (siehe auch Abschnitt 8.3.1.1). Die zugehörigen charakteristischen Längen hängen dabei vom Material sowie vom Schädigungsmechanismus ab. Der Schädigungszustand wird durch sogenannte *Schädigungsvariable* (innere Variable) erfaßt. Für diese muß ein Evolutionsgesetz aufgestellt werden, das die Entwicklung der Schädigung physikalisch adäquat beschreibt. Hierbei bedient man sich zweckmäßig mikromechanischer Modelle, welche die wesentlichen Eigenschaften der Defekte abbilden und eine detaillierte Untersuchung ihres Wachstums erlauben. Man kann eine entsprechende Schädigungstheorie als Bindeglied zwischen der klassischer Kontinuumsmechanik und der Bruchmechanik auffassen. Sie ist prinzipiell in der Lage, die Entstehung eines Risses in einem makroskopisch zunächst rißfreien Körper zu beschreiben.

In diesem Kapitel wollen wir einige Elemente der Schädigungsmechanik behandeln. Dabei beschränken wir uns auf die einfachsten Fälle der spröden bzw. der duktilen Schädigung unter monoton zunehmender Belastung.

9.2 Grundbegriffe

Schädigungsvariable lassen sich auf verschiedene Weise einführen. Eine einfache Möglichkeit zur Beschreibung des Schädigungszustandes besteht in seiner geometrischen Quantifizierung; diese Idee geht auf L.M. Kachanov (1914-1993) zurück. Wir betrachten dazu in einem Schnitt durch einen geschädigten Körper ein Flächenelement dA mit dem Normalenvektor n (Bild 9.1a). Den Flächenanteil der Defekte in diesem Element bezeichnen wir als 'Defektfläche' dA_D. Dann kann man die Schädigung in diesem Element durch das Flächenverhältnis

$$\omega(\boldsymbol{n}) = \frac{\mathrm{d}A_D}{\mathrm{d}A} \quad \text{mit} \quad 0 \leq \omega \leq 1 \qquad (9.1)$$

charakterisieren. Danach entsprechen $\omega = 0$ einem ungeschädigten Material und $\omega = 1$ formal einem völlig geschädigten Material mit Verlust der Tragfähigkeit (=Bruch). In realen Werkstoffen treten allerdings bereits bei Werten von $\omega \approx 0.2\ldots 0.5$ Prozesse auf, die zu einem völligen Versagen führen. Ist die Schädigung über eine endliche Fläche konstant, wie dies zum Beispiel beim einachsigen Zug nach Bild 9.1b der Fall ist, dann vereinfacht sich (9.1) zu $\omega = A_D/A$. Offensichtlich eignet sich diese einfachste Schädigungsdefinition nur für porenförmige Defekte, die eine räumliche Ausdehnung und damit in einem beliebigen Schnitt eine Defektfläche dA_D aufweisen. Der Einfluß etwa von Mikrorissen, die schräg zur Schnittfläche liegen, kann hiermit nicht hinreichend erfaßt werden.

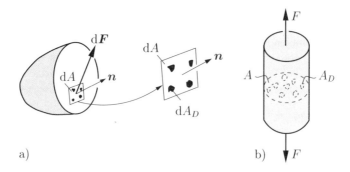

Bild 9.1 Definition der Schädigung

Grundbegriffe

Beim Deformationsprozeß wachsen die Defekte bevorzugt in bestimmte Richtungen, die durch den Spannungszustand festgelegt sind. In diesem Fall ist ω von $\boldsymbol{n}$ abhängig; die Schädigung ist *anisotrop*. Von *isotroper Schädigung* spricht man, wenn die Defekte und ihre räumliche Verteilung keine Vorzugsrichtungen besitzen. Dann ist ω unabhängig von $\boldsymbol{n}$, der Schädigungszustand also durch einen Skalar beschreibbar. Eine hinreichend kleine Schädigung kann man häufig in erster Näherung als isotrop ansehen.

Bezieht man die im Schnitt wirkende Kraft $\mathrm{d}\boldsymbol{F}$ auf die Fläche $\mathrm{d}A$, so erhält man nach (1.1) den üblichen Spannungsvektor $\boldsymbol{t}$. Der *effektive Spannungsvektor* $\tilde{\boldsymbol{t}}$ ergibt sich, indem man die Kraft auf die effektive (tragende) Fläche $\mathrm{d}\tilde{A} = \mathrm{d}A - \mathrm{d}A_D = (1-\omega)\mathrm{d}A$ bezieht:

$$\tilde{\boldsymbol{t}} = \boldsymbol{t}\,\frac{\mathrm{d}A}{\mathrm{d}\tilde{A}} = \frac{\boldsymbol{t}}{1-\omega}\,. \qquad (9.2)$$

Dementsprechend folgen bei isotroper Schädigung (ω unabhängig von $\boldsymbol{n}$) die *effektiven Spannungen* zu

$$\tilde{\sigma}_{ij} = \frac{\sigma_{ij}}{1-\omega}\,. \qquad (9.3)$$

Dabei sind $\tilde{\sigma}_{ij}$ die mittleren Spannungen im ungeschädigten *Matrixmaterial*.

Bei der Formulierung von Stoffgesetzen nimmt man häufig an, daß die effektiven Spannungen $\tilde{\sigma}_{ij}$ am geschädigten Material die gleichen Verzerrungen hervorrufen, wie die üblichen Spannungen σ_{ij} am ungeschädigen Material (*Dehnungs-Äquivalenz-Prinzip*). Danach kann man das Spannungs-Dehnungs-Verhalten des geschädigten Materials durch das Stoffgesetz des ungeschädigten Matrixmaterials beschreiben, indem man die Spannungen durch die effektiven Spannungen ersetzt. Auf diese Weise ergibt sich zum Beispiel für ein geschädigtes, linear elastisches Material im einachsigen Fall

$$\varepsilon = \frac{\tilde{\sigma}}{E} = \frac{\sigma}{(1-\omega)E}\,, \qquad (9.4)$$

wobei E der Elastizitätsmodul des ungeschädigten Materials ist. Entsprechend kann man auch bei inelastischem Materialverhalten vorgehen. So folgt in der Plastizität für den elastischen Anteil der Verzerrungen

$$\mathrm{d}\varepsilon^e = \frac{\mathrm{d}\tilde{\sigma}}{E} = \frac{\mathrm{d}\sigma}{(1-\omega)E} \qquad \text{bzw.} \qquad \varepsilon^e = \frac{\tilde{\sigma}}{E} = \frac{\sigma}{(1-\omega)E}\,. \qquad (9.5)$$

Danach läßt sich die Schädigung durch Messung des effektiven Elastizitätsmoduls

$$E^* = (1-\omega)E \qquad (9.6\mathrm{a})$$

des geschädigten Materials bestimmen (Bild 9.2):

$$\omega = 1 - \frac{E^*}{E}\,. \qquad (9.6\mathrm{b})$$

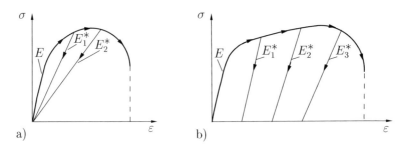

Bild 9.2 Schädigungsentwicklung: a) elastisch, b) elastisch-plastisch

Es bietet sich an, die Darstellung (9.6a) mit dem Ergebnis (8.73)

$$\boldsymbol{C}^* = \boldsymbol{C} : (\boldsymbol{1} - \boldsymbol{D}) \tag{9.7}$$

aus der mikromechanischen Untersuchung von Materialien mit Hohlräumen und Rissen zu vergleichen. Man erkennt dann, daß die Schädigungsvariablen ω der eindimensionale Sonderfall des Einflußtensors $\boldsymbol{D}$ ist, der auch eine anisotrope Schädigung aufgrund von Vorzugsrichtungen der Defektorientierung erfaßt. Die zur Herleitung von (9.7) in Abschnitt 8.3 zugrunde gelegte Randbedingung (RVE) vorgegebener Makroverzerrungen (vgl. (8.72), (8.73)) findet sich hier im Dehnungs-Äquivalenz-Prinzip wieder.

Neben ω nach (9.1) oder $\boldsymbol{D}$ nach (9.7) werden auch andere Größen zur Charakterisierung der Schädigung verwendet. So läßt sich unabhängig vom Materialverhalten die anisotrope Schädigung durch Mikrorisse mit Hilfe des *Schädigungstensors*

$$\omega_{ij} = \frac{1}{2V} \int\limits_{A_R} (n_i \Delta u_j + n_j \Delta u_i) \, \mathrm{d}A \tag{9.8}$$

beschreiben. Hierin sind V das Volumen des repräsentativen Volumenelements, Δu_i der Verschiebungssprung, n_i der Normalenvektor, und die Integration hat über die gesamte Rißfläche A_R, d.h. über alle Risse im RVE zu erfolgen. Man kann die durch (9.8) definierte Größe auch als 'Eigendehnungen' auffassen, die durch die Schädigung induziert sind (vgl. auch (8.50b),(8.53)). Schließen sich die Mikrorisse beim Entlastungsvorgang nicht vollständig, dann beschreibt (9.8) die bleibenden (inelastischen) Verzerrungen.

Die Schädigung durch Poren in duktilen Metallen wird meist durch die Porenvolumenfraktion oder kurz *Porosität*

$$f = \frac{V_p}{V} \tag{9.9}$$

beschrieben, wobei V_p das Porenvolumen im Volumen V des RVE ist. Analog dazu kann bei einer Schädigung durch Mikrorisse auch der in Abschnitt 8.3 eingeführte Rißdichteparameter als Schädigungsvariable verwendet werden.

9.3 Spröde Schädigung

Dominierender Mechanismus bei der spröden Schädigung ist die Ausbreitung und die Neubildung von Mikrorissen. Diese Risse haben in der Regel eine Vorzugsorientierung, die durch die Hauptachsen des Spannungstensors vorgegeben ist. So beobachtet man bei einer Zugbelastung Risse vorwiegend senkrecht zur größten Zugspannung (Bild 9.3). Ihre charakteristische Länge im Ausgangszustand ist daneben meist durch die Mikrostruktur des Materials (z.B. Korngröße) bestimmt. Bei zunehmender Belastung beginnen sich die Risse ab einer bestimmten Last zu vergrößern und zu vermehren, was zu einer abnehmenden Steifigkeit (abnehmender Elastizitätsmodul) in der entsprechenden Zugrichtung führt. Obwohl das ungeschädigte Matrixmaterial linear elastisch ist, verhält sich das geschädigte Material aufgrund der zunehmenden Schädigung makroskopisch nichtlinear (Bild 9.3). Der Deformationsvorgang verläuft auf diese Weise, bis das Material makroskopisch *instabil* wird und es zur *Lokalisierung* der Schädigung kommt. Dann entwickelt sich die Schädigung nicht mehr gleichförmig im gesamten Gebiet sondern einer der Risse dominiert gegenüber den anderen, und er alleine wächst weiter.

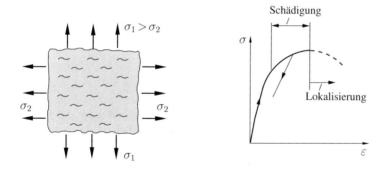

Bild 9.3 Spröde Schädigung bei Zugbelastung

Bei einer Druckbelastung stellt man häufig Risse in Richtung der größten Druckspannung fest, die mit zunehmender Belastung wachsen (Bild 9.4a). Sie haben ihre Ursache in verschiedenen Mechanismen, die zu lokalen Zugspannungsfeldern führen. Ein Beispiel hierfür ist der kugelförmige Hohlraum oder Einschluß, an dessen Polen unter globaler Druckbelastung ein lokaler Zug entsteht. Ein anderer Mechanismus besteht in Scherrissen unter Modus II Belastung, welche abknicken und dann unter lokalen Modus I Bedingungen in Richtung der Druckbelastung wachsen (Bild 9.4b). Makroskopisch verhält sich das Material aufgrund

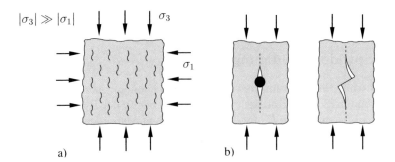

Bild 9.4 Spröde Schädigung bei Druckbelastung

des Schädigungswachstums wiederum nichtlinear. Auch hier kommt es im Verlauf der Deformation zur Materialinstabilität bzw. zur Lokalisierung der Schädigung. Häufig beobachtet man dabei die Ausbildung von *Scherbändern*, welche durch die Vereinigung und das Wachstum von Scherrissen unter einem bestimmten Winkel zur Drucklast hervorgerufen werden.

Im weiteren wollen wir als einfachstes Beispiel die Schädigung unter einachsigem Zug betrachten (Bild 9.5). Dabei modellieren wir das RVE als ebenen Bereich ΔA, der im Ausgangszustand nur einen Modus I Riß enthält. Seine Länge sei im Vergleich zum Abstand von weiteren Rissen immer so klein, daß eine Wechselwirkung der Risse nicht berücksichtigt werden muß (vgl. Abschnitt 8.3.2.3). Die Beschreibung des makroskopischen Stoffverhaltens erfolgt unter Zuhilfenahme der Komplementärenergie $\widetilde{U}$ (vgl. Abschnitt 1.3.1):

$$\widetilde{U} = \widetilde{U}^e(\sigma_{ij}) + \Delta\widetilde{U}(\sigma_{ij}, a) \; . \tag{9.10}$$

Hierin beschreibt der erste Anteil die Energie des ungeschädigten Materials, welche nach (1.50) in unserem Fall durch $\widetilde{U}^e = \sigma^2/2E'$ gegeben ist. Der zweite Anteil

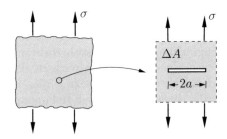

Bild 9.5 2D-Schädigungsmodell für Zugbelastung

kennzeichnet die Energieänderung infolge der Existenz der Mikrorisse. Diese errechnen wir - bezogen auf die Größe des RVE - aus der Energiefreisetzungsrate $\mathcal{G} = K_I^2/E'$ mit $K_I = \sigma\sqrt{\pi a}$ zu

$$\Delta \widetilde{U} = \frac{2}{\Delta A} \int_0^a \mathcal{G}\,\mathrm{d}a = \frac{\pi}{E'\Delta A}\sigma^2 a^2 \ . \tag{9.11}$$

Damit ergibt sich für die Komplementärenergie

$$\widetilde{U}(\sigma, a) = \frac{\sigma^2}{2E'}\left(1 + \frac{2\pi}{\Delta A}a^2\right)\ , \tag{9.12}$$

und nach (1.49) erhält man durch Ableitung

$$\varepsilon(\sigma, a) = \frac{\partial \widetilde{U}}{\partial \sigma} = \frac{\sigma}{E'}\left(1 + \frac{2\pi}{\Delta A}a^2\right)\ . \tag{9.13}$$

Darin hat die Rißlänge die Bedeutung einer inneren Variablen.

Für eine feste Rißlänge ($a = const$) beschreibt (9.13) ein linear elastisches Verhalten, das man durch den zugehörigen effektiven Elastizitätsmodul $E^* = E'/(1 + 2\pi a^2/\Delta A)$ charakterisieren kann (vgl. Bild 9.2a). Damit ist nach (9.6b) auch die Schädigung ω bestimmt. Im weiteren nehmen wir an, daß die Risse eine Ausgangslänge $2a_0$ haben und sich ab einer bestimmten Belastung σ_0 bzw. Dehnung ε_0 ausbreiten können. Der Rißfortschritt erfolge entsprechend der Fortschrittsbedingung $\mathcal{G}(\sigma, a) = R(\Delta a)$ (vgl. Abschnitt 4.8) bzw.

$$K_I(\sigma, a) = K_R(\Delta a) \qquad \text{oder} \qquad \sigma\sqrt{\pi a} = K_R(\Delta a)\ , \tag{9.14}$$

wobei K_R die Rißwiderstandskurve für einen Mikroriß sei. Dies ist das Evolutionsgesetz für die innere Variable. Zusammen mit (9.13) ist hierdurch das Stoffverhalten eindeutig festgelegt:

$$\varepsilon(\sigma, a) = \frac{\sigma}{E'}\left(1 + \frac{2\pi}{\Delta A}a^2\right) \quad \begin{cases} a = const & \text{für} \quad \sigma\sqrt{\pi a} < K_R(\Delta a) \\ \dot{a} > 0 & \text{für} \quad \sigma\sqrt{\pi a} = K_R(\Delta a) \end{cases} \tag{9.15}$$

Zur Illustration beschreiben wir die Rißwiderstandskurve näherungsweise durch den Ansatz $K_R = K_\infty[1 - (1 - K_0/K_\infty)e^{-\eta \Delta a/a_0}]$ mit $K_0 = \sigma_0\sqrt{\pi a_0}$. Hierin sind K_0 der Initiierungswert und K_∞ der Plateauwert von K_R; letzterer wird je nach Wahl von η schneller oder oder langsamer erreicht. In Bild 9.6 sind exemplarisch einige hiermit gewonnene Spannungs-Dehnungsverläufe dargestellt.

9.4 Duktile Schädigung

9.4.1 Porenwachstum

Die duktile Schädigung ist durch das Wachstum, die Vereinigung und die Neuentstehung von Mikroporen gekennzeichnet. Diese bilden sich bevorzugt an eingeschlossenen Partikeln, an Korngrenzen oder an anderen Hindernissen für die

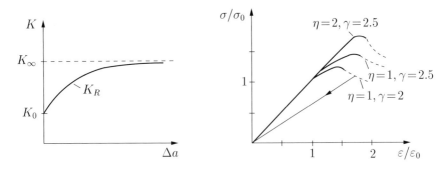

Bild 9.6 Rißwiderstandskurve und zugehörige σ-ε-Verläufe
$2\pi a_0^2/\Delta A = 0.05$, $\gamma = K_\infty/K_0$

Versetzungsbewegung. Sie können aber auch durch das Aufreißen von spröden Mikroeinschlüssen initiiert werden.

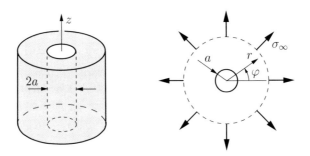

Bild 9.7 McClintock Modell

Zur Beschreibung alleine des Porenwachstums gibt es verschiedene Modelle, von denen wir hier das Modell von **McClintock** (1968) betrachten wollen. Bei ihm wird eine Einzelpore vereinfacht als zylindrisches Loch im unendlichen Gebiet unter radialer Zugspannung σ_∞ angesehen (Bild 9.7). Zugrunde gelegt wird ein starr-idealplastisches Materialverhalten sowie ein ebener Verzerrungszustand mit vorgegebener Verzerrungsgeschwindigkeit $\dot\varepsilon_z = \dot\varepsilon_0$. Unter Verwendung von Zylinderkoordinaten und Beachtung der Rotationssymmetrie lauten hierfür die Gleichgewichtsbedingung

$$\frac{\mathrm{d}\sigma_r}{\mathrm{d}r} - \frac{1}{r}(\sigma_\varphi - \sigma_r) = 0 , \tag{9.16}$$

Duktile Schädigung

die kinematischen Beziehungen

$$\dot\varepsilon_r = \frac{d\dot u_r}{dr}\,, \qquad \dot\varepsilon_\varphi = \frac{\dot u_r}{r} \qquad \rightarrow \qquad \dot\varepsilon_r = \frac{d(r\dot\varepsilon_\varphi)}{dr} \qquad (9.17)$$

sowie das Stoffgesetz (vgl. Abschnitt 1.3.3)

$$\dot\varepsilon_r = \dot\lambda\,\sigma'_r\,, \qquad \dot\varepsilon_\varphi = \dot\lambda\,\sigma'_\varphi\,, \qquad \dot\varepsilon_z = \dot\lambda\,\sigma'_z$$

$$\text{mit}\qquad \dot\lambda = \frac{1}{\tau_F}\sqrt{\frac{1}{2}(\dot\varepsilon_r^2+\dot\varepsilon_\varphi^2+\dot\varepsilon_z^2)}\,, \qquad \dot\varepsilon_r + \dot\varepsilon_\varphi + \dot\varepsilon_z = 0 \qquad (9.18)$$

und $\tau_F = \sigma_F/\sqrt{3}$. Dann ergibt sich zunächst aus der Volumenkonstanz nach (9.18) mit (9.17) durch Integration

$$\dot\varepsilon_\varphi + r\frac{d\dot\varepsilon_\varphi}{dr} + \dot\varepsilon_\varphi + \dot\varepsilon_0 = 0 \qquad \rightarrow \qquad \dot\varepsilon_\varphi = \frac{C_1}{r^2} - \frac{\dot\varepsilon_0}{2}\,.$$

Führen wir mit $\dot\varepsilon_a = \dot a/a = \dot u_r(a)/a = \dot\varepsilon_\varphi(a)$ die Lochwachstumsrate ein, so folgen

$$\dot\varepsilon_\varphi = \frac{a^2}{r^2}(\dot\varepsilon_a + \dot\varepsilon_0/2) - \dot\varepsilon_0/2\,, \qquad \dot\varepsilon_r = -\frac{a^2}{r^2}(\dot\varepsilon_a + \dot\varepsilon_0/2) - \dot\varepsilon_0/2\,. \qquad (9.19)$$

Mit der Abkürzung

$$\xi = \frac{2a^2}{\sqrt{3}\,r^2}\frac{\dot\varepsilon_a + \dot\varepsilon_0/2}{\dot\varepsilon_0}$$

liefert (9.19)

$$\sigma_\varphi - \sigma_r = \sigma'_\varphi - \sigma'_r = \frac{\tau_F(\dot\varepsilon_\varphi - \dot\varepsilon_r)}{\sqrt{\frac{1}{2}(\dot\varepsilon_r^2+\dot\varepsilon_\varphi^2+\dot\varepsilon_z^2)}} = \tau_F\frac{2\xi}{\sqrt{1+\xi^2}}\,.$$

Hiermit läßt sich die Gleichgewichtsbedingung in folgender Form schreiben und durch Integration lösen:

$$\frac{d\sigma_r}{d\xi} = -\frac{\tau_F}{\sqrt{1+\xi^2}} \qquad \rightarrow \qquad \sigma_r = -\tau_F\,\text{arsinh}\,\xi + C_2\,.$$

Mit den Randbedingungen für $r \to \infty$: $\sigma_r = \sigma_\infty$ und $r = a$: $\sigma_r = 0$ erhält man daraus schließlich

$$\dot\varepsilon_a = \frac{\dot\varepsilon_0}{2}\left(\sqrt{3}\,\sinh\frac{\sigma_\infty}{\tau_F} - 1\right)\,, \qquad (9.20)$$

wobei $\dot\varepsilon_0$ unter Verwendung von (9.20) auch durch die plastische Vergleichsverzerrungsrate im Unendlichen ersetzt werden kann: $\dot\varepsilon_e^p = [\frac{3}{2}(\dot\varepsilon_z^2+\dot\varepsilon_\varphi^2+\dot\varepsilon_r^2)]^{1/2} = \dot\varepsilon_0$. Berechnet man nun noch für $r \to \infty$ die hydrostatische Spannung zu $\sigma_m = \sigma_{kk}/3 =$

$\sigma_r - \sigma'_r = \sigma_\infty + \tau_F/\sqrt{3}$ und führen wir mit $\dot{V}_P/V_P = 2\dot{\varepsilon}_a + \dot{\varepsilon}_0$ die Wachstumsrate für das Porenvolumen ein, so kann man das Ergebnis auch in der Form

$$\frac{\dot{V}_P}{V_P} = \sqrt{3}\, \dot{\varepsilon}_e^p \sinh \frac{\sigma_m - \tau_F/\sqrt{3}}{\tau_F} \qquad (9.21)$$

schreiben. Danach ist für ein Porenvolumenwachstum ($\dot{V}_P > 0$) ein hinreichend großer hydrostatischer Spannungszustand σ_m erforderlich; das Wachstum ist umso stärker, je größer σ_m ist.

Zu einem ähnlichen Resultat gelangt das Modell nach Rice und Tracey (1969), bei dem die Wachstumsrate einer einzelnen kugelförmigen Pore in einem ideal plastischen, unendlich ausgedehnten Körper untersucht wird:

$$\frac{\dot{V}_P}{V_P} = 0.85\, \dot{\varepsilon}_e^p \exp \frac{3\sigma_m}{2\sigma_F}\,. \qquad (9.22)$$

Dabei wird angenommen, daß (wie zuvor) im Unendlichen die Dehnungsraten $\dot{\varepsilon}_z = -2\dot{\varepsilon}_x = -2\dot{\varepsilon}_y = \dot{\varepsilon}_0$ herrschen, was einem einachsigen Zug im inkompressiblen Material entspricht: $\dot{\varepsilon}_e^p = \dot{\varepsilon}_0$.

Man kann diese Ergebnisse in der Schädigungsmechanik benutzen, wenn wir annehmen, daß die Poren soweit voneinander entfernt sind, daß sie sich gegenseitig nicht beeinflussen. Wir können sie aber auch unmittelbar in der elastisch plastischen Bruchmechanik anwenden. Vor einer Rißspitze ist der hydrostatische Spannungszustand im allgemeinen groß. Schätzen wir ihn nach (5.22) ab, so erhält man $\sigma_m \approx \tau_F(1+\pi)$, und es folgt aus (9.20) bzw. (9.21) (die Ergebnisse sind praktisch gleich) $\dot{V}_P/V_P \approx 31\, \dot{\varepsilon}_e^p$. Dies läßt an der Rißspitze ein starkes Porenwachstum erwarten.

9.4.2 Schädigungsmodelle

Wir wollen nun das Verhalten eines duktilen geschädigten Materials betrachten. Dabei setzen wir eine isotrope Schädigung durch verteilte Poren voraus, welche durch die Porosität f charakterisiert wird. Die Beschreibung des elastisch-plastischen Stoffverhaltens kann ähnlich wie bei ungeschädigten Materialien erfolgen (vgl. Abschnitt 1.3.3). Hierzu spalten wir nach (1.74) die Verzerrungsraten in einen elastischen und einen plastischen Anteil auf, wobei für den elastischen Anteil das Elastizitätsgesetz (1.39) gültig sei. Den plastischen Anteil ermitteln wir mit Hilfe einer Fließbedingung und einer Fließregel. Im Unterschied zum ungeschädigten Material geht nun aber in die Fließbedingung nicht nur der Spannungszustand σ_{ij} sondern auch die Schädigungsvariable f ein: $F(\sigma_{ij}, f) = 0$. Daneben kann man jetzt nicht mehr annehmen, daß die hydrostatische Spannung σ_m bzw. die Invariante I_σ das Fließen nicht beeinflußt; sie steuert vielmehr das Porenwachstum und damit auch die plastischen Volumendehnungen (vgl. Abschnitt 9.4.1). Dementsprechend läßt sich die Fließbedingung durch

$$F(I_\sigma, II_{\sigma'}, f) = 0\,. \qquad (9.23)$$

ausdrücken, wobei wir gleich angenommen haben, daß F von $III_{\sigma'}$ nicht abhängt. Die durch das Porenwachstum hervorgerufenen plastischen Volumendehnungen sind durch die Volumenänderung des RVE gegeben: $\dot{V}/V = \dot{\varepsilon}_V^p = \dot{\varepsilon}_{kk}^p$. Unter Beachtung der plastischen Inkompressibilität des Matrixmaterials ergibt sich damit aus (9.9) für die Schädigungsvariable

$$\dot{f} = (1-f)\,\dot{\varepsilon}_{kk}^p \ . \tag{9.24}$$

Hinsichtlich der Fließbedingung und des weiteren Vorgehens gibt es unterschiedliche Modelle, von denen wir hier nur das Modell von **Gurson** (1977) betrachten wollen. Es geht von der Fließbedingung

$$F(I_\sigma, II_{\sigma'}, f) = \frac{\sigma_e^2}{\sigma_M^2} + 2f \cosh \frac{3\sigma_m}{2\sigma_M} - (1+f^2) = 0 \tag{9.25}$$

aus. Hierin sind $\sigma_e = (\frac{3}{2}\sigma'_{ij}\sigma'_{ij})^{1/2}$ die makroskopische Vergleichsspannung und σ_M die aktuelle Fließspannung des Matrixmaterials. Bei σ_M handelt es sich um eine effektive, räumlich konstante Fließspannung, die den in Wirklichkeit inhomogenen Fließ- und Verfestigungszustand im die Poren umgebenden Matrixmaterial geeignet repräsentiert. Man erkennt, daß sich (9.25) für $f = 0$ auf die von Misessche Fließbedingung (1.78) reduziert. Die makroskopischen plastischen Verzerrungsraten ergeben sich aus der Fließregel

$$\dot{\varepsilon}_{ij}^p = \dot{\lambda}\,\frac{\partial F}{\partial \sigma_{ij}} \ . \tag{9.26}$$

Daneben wird angenommen, daß die plastische Arbeitsrate der Matrixspannungen – ausgedrückt durch die Fließspannung σ_M und die zugehörige plastische Vergleichsdehungsrate $\dot{\varepsilon}_M^p$ – gleich ist der entsprechenden Arbeitsrate der makroskopischen Spannungen:

$$\sigma_{ij}\dot{\varepsilon}_{ij}^p = (1-f)\sigma_M \dot{\varepsilon}_M^p \ . \tag{9.27}$$

Bei Kenntnis der einachsigen Spannungs-Dehnungs-Kurve des ungeschädigten Materials, d.h. bei Kenntnis von $\dot{\varepsilon}_M^p(\dot{\sigma}_M)$ liegt damit das Stoffverhalten fest.

Es hat sich gezeigt, daß das Verhalten eines duktil geschädigten Materials durch die Gleichungen (9.24) bis (9.27) nicht befriedigend wiedergegeben wird. So tritt der Verlust der Tragfähigkeit erst bei einer unrealistisch großen Schädigung ein. Ein Grund hierfür ist, daß in dem Modell sowohl eine Porenneuentstehung als auch die sich verstärkende Wechselwirkung der Poren bei ihrem Wachstum und ihrer schließlichen Vereinigung unberücksichtigt sind. Bessere Ergebnisse erhält man mit der modifizierten Fließbedingung nach **Tvergaard** und **Needleman** (1984)

$$F(I_\sigma, II_{\sigma'}, f) = \frac{\sigma_e^2}{\sigma_M^2} + 2q_1 f^* \cosh \frac{3q_1 \sigma_m}{2\sigma_M} - (1+(q_1 f^*)^2) = 0 \ , \tag{9.28}$$

wobei q_1, q_2 Materialparameter sind. Die Funktion $f^*(f)$ wird so gewählt, daß völliges Materialversagen bei einer realistischen Schädigung ($f \approx 0.25$) eintritt.

Zusätzlich wird die Änderung der Porosität infolge der Porenneuentstehung berücksichtigt. Für eine dehnungskontrollierte Porenneubildung dient hierzu der Ansatz

$$\dot{f}_{Neu} = \mathcal{D}(\varepsilon_M^p)\, f_N\, \dot{\varepsilon}_M^p \,, \qquad \mathcal{D}(\varepsilon_M^p) = \frac{1}{\sigma\sqrt{2\pi}} \exp\left[-\frac{(\varepsilon_M^p - \varepsilon_N)^2}{2\sigma^2}\right], \qquad (9.29)$$

wobei f_N die Volumenfraktion der Partikel ist, an denen neue Poren entstehen. Die Funktion $\mathcal{D}$ ist eine Normalverteilung mit dem Mittelwert ε_N und der Standardabweichung σ (vgl. Abschnitt 10.2). Einen ähnlichen Ansatz kann man für eine spannungskontrollierte Porenneuentstehung (z.B. durch Aufreißen von Partikeln) machen, worauf wir hier jedoch verzichten wollen. Das gesamte Porenwachstum setzt sich also aus dem Wachstumsterm (9.24) und dem Entstehungsterm (9.29) zusammen.

In Bild 9.8 ist das Materialverhalten unter einachsigem Zug für eine spezielle Parameterwahl veranschaulicht. Für das Matrixmaterial wurde dabei ein Potenz-

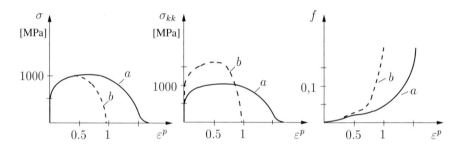

Bild 9.8 Gurson-Modell: Einachsiger Zug, (a) ohne,
(b) mit Querdehnungsbehinderung

gesetz zugrunde gelegt. Dargestellt sind die Verläufe der Zugspannung σ, der hydrostischen Spannung σ_{kk} und der Schädigung f in Abhängigkeit von der plastischen Dehnung ε^p (die elastische Dehnung ε^e ist vernachlässigbar klein). Man erkennt, daß mit zunehmender plastischer Dehnung die Schädigung ansteigt, was zunächst zu einer Entfestigung und schließlich zum völligen Verlust der Spannungstragfähigkeit führt. Bemerkenswert ist daneben der Einfluß der Dehnungsbehinderung. Sie begünstigt eine stärkere Schädigungsentwicklung zu Lasten der makroskopischen Deformation und damit ein Versagen bei kleineren plastischen Dehnungen.

9.4.3 Bruchkonzept

Schädigungsmodelle beschreiben das Stoffverhalten bis zum völligen Verlust der Tragfähigkeit. Lokales Versagen bzw. Bruch tritt ein, wenn die Schädigung f

einen bestimmten kritischen Wert f_c erreicht:

$$\boxed{f = f_c} \tag{9.30}$$

Diese lokale Versagensbedingung kann man zur Behandlung von verschiedenen Problemen der Bruchmechanik verwenden. So läßt sich hiermit die Bildung eines Risses bei vorhergegangener Schädigungsentwicklung beschreiben. Daneben kann man (9.30) als Bruchkriterium verwenden, das bei der Rißinitiierung und bei der weiteren Rißausbreitung erfüllt sein muß. Der Vorteil einer solchen Vorgehensweise ist, daß man dann auf Bruchparameter wie J, δ_t oder J_R-Kurven nicht angewiesen ist.

Abschließend sei hier noch auf einen Schwachpunkt der (Kontinuums-) Schädigungsmechanik hingewiesen: Wie mehrfach erwähnt, kommt es mit zunehmender Schädigung zu einer Instabilität im makroskopischen Materialverhalten (Entfestigung), die eine Lokalisierung der Deformation und Schädigung zur Folge hat (z.B. Wachstum nur noch eines Risses oder Porenwachstum und -neuentstehung in einem schmalen Band). Durch diese Lokalisierung werden die in Kapitel 8 diskutierten Voraussetzungen an ein RVE verletzt, und mikromechanisch motivierte Schädigungsmodelle verlieren ihre Gültigkeit. Die Schädigungsvariablen besitzen dann nicht mehr die ihnen ursprünglich zugewiesene physikalische Bedeutung; sie haben nur noch einen rein formalen Charakter. Ein weiterer Nachteil der Kontinuums-Schädigungsmechanik besteht in der Abhängigkeit numerischer Lösungen von der zugrunde gelegten Diskretisierung (Finite-Elemente-Netz), die als Folge der Lokalisierung in der Regel auftritt.

10 Probabilistische Bruchmechanik

10.1 Allgemeines

Die Versagensanalyse einer Struktur erfolgt auf der Basis einer Bruch- oder Versagensbedingung. Ein Beispiel hierfür ist die Sprödbruchbedingung $K_I = K_{Ic}$, nach der kein Versagen für $K_I < K_{Ic}$ auftritt. Wendet man diese Bedingung im deterministischen Sinn an, so muß vorausgesetzt werden, daß alle erforderlichen Größen genau bekannt sind. Dies ist aber nicht immer der Fall. So können die Betriebsbelastung eines Bauteiles schwanken und die Bruchzähigkeit K_{Ic} des Materials streuen. Auch kennt man manchmal die Lage, Länge und Orientierung der Risse nicht genau. Läßt man dies unberücksichtigt und verwendet 'gemittelte' Größen, so kann die deterministische Analyse zu unsicheren Aussagen führen. Berücksichtigt man dagegen die Schwankungen, indem man für K_I seinen oberen Grenzwert und für K_{Ic} seinen unteren Grenzwert verwendet, so gelangt man zwar zu vermutlich sicheren aber möglicherweise übertrieben konservativen Aussagen. Hierbei ist zu beachten, daß die genannten Grenzwerte ja ebenfalls häufig nicht exakt bekannt sind. Das Bruchrisiko ist jedenfalls bei einer deterministischen Betrachtung unbekannt. Entsprechendes trifft auf beliebige andere Versagensbedingungen wie zum Beispiel auf die klassischen Versagenshypothesen (Kapitel 2) oder auf die Lebensdauerhypothese nach dem Paris-Gesetz (Abschnitt 4.10) zu.

Im Unterschied zum deterministischen Vorgehen werden bei einer probabilistischen Betrachtungsweise die Streuungen der Materialeigenschaften und die Unsicherheiten hinsichtlich der Belastung und der Defektverteilung in geeigneter Weise berücksichtigt. Hierbei wird angenommen, daß die in eine Versagensbedingung eingehenden Größen in Form von Wahrscheinlichkeitsverteilungen vorliegen. Dies führt dann auf Aussagen über die Versagenswahrscheinlichkeit, durch die das Bruchrisiko bestimmt ist.

Statistische Aspekte spielen aber auch eine Rolle, wenn man die bruchmechanisch relevanten Mikrostruktureigenschaften eines Materials erfassen will. So befinden sich in einem realen Material im allgemeinen sehr viele 'Defekte' wie Mikroporen, Mikrorisse, Einschlüsse oder Inhomogenitäten unterschiedlicher Größe, Form und Orientierung. Durch sie wird der Bruchprozeß wesentlich bestimmt. Aufgrund ihrer Vielzahl lassen sich diese Defekte in ihrer Auswirkung auf das makroskopische Verhalten zweckmäßig mit statistischen Methoden beschreiben.

Wir wollen uns in diesem Kapitel nur mit den Grundzügen der probabilistischen Bruchmechanik befassen. Exemplarisch beschränken wir uns dabei auf spröde Materialien. Diese bieten sich unter anderem deshalb besonders an, weil bei ihnen die Festigkeitskennwerte besonders stark streuen können. Spröde Materialien zeigen auch häufig eine signifikante Abnahme der Festigkeit mit zunehmendem Volumen eines Körpers. Ursache hierfür ist die in ihnen vorhandene Defektstruktur. Sie läßt erwarten, daß die Wahrscheinlichkeit des Auftretens eines kritischen Defektes umso größer ist, je größer das Volumen ist. Auf dieser Überlegung beruht die auf W. Weibull zurückgehende statistische Theorie des Sprödbruchs. Sie wird in vielen Fällen zur Beurteilung des Verhaltens von keramischen Werkstoffen, faserverstärkten Materialien, Geomaterialien, Beton oder spröden Metallen herangezogen.

10.2 Grundlagen

Die Häufigkeit des Auftretens einer Größe x wie zum Beispiel der gemessenen K_{Ic}-Werte eines Materials oder der festgestellten Rißlängen wird durch die *Wahrscheinlichkeitsdichte* $f(x)$ beschrieben (Bild 10.1). Setzen wir voraus, daß x nur positive Werte annehmen kann, dann ist die *Wahrscheinlichkeitsverteilung* durch

$$F(x) = \int_0^x f(\bar{x})d\bar{x} \tag{10.1}$$

gegeben. Durch sie ist die Wahrscheinlichkeit P festgelegt, daß eine Zufallsgröße X im Intervall $0 \leq X \leq x$ liegt:

$$P(X \leq x) = F(x) \,. \tag{10.2}$$

Dabei kann P Werte zwischen 0 und 1 annehmen. Dementsprechend gelten die Beziehungen

$$\begin{aligned} P(X < \infty) &= \int_0^\infty f(x)\mathrm{d}x = 1 \,, \\ P(X \geq x) &= 1 - F(x) \,, \\ P(a \leq X \leq b) &= \int_a^b f(x)\mathrm{d}x = F(b) - F(a) \,. \end{aligned} \tag{10.3}$$

Der *Mittelwert* $\langle X \rangle$ einer Zufallsgröße (auch *Erwartungswert* oder *Median* genannt) sowie die *Varianz* $\mathrm{var}\,X$ oder *Streuung* sind definiert als

$$\begin{aligned} \langle X \rangle &= \int_0^\infty x f(x)\mathrm{d}x = \int_0^\infty [1 - F(x)]\mathrm{d}x \,, \\ \mathrm{var}\,X &= \int_0^\infty [x - \langle X \rangle]^2 f(x)\mathrm{d}x \,. \end{aligned} \tag{10.4}$$

Grundlagen

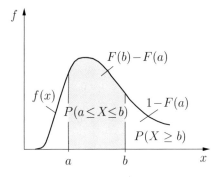

Bild 10.1 Wahrscheinlichkeitsdichte und -verteilung

Letztere kann man auch als mittlere quadratische Abweichung vom Mittelwert $\langle X \rangle$ bezeichnen. Die Wurzel aus der Varianz heißt *Standardabweichung*: $\sigma = \sqrt{varX}$.

Als Wahrscheinlichkeitsdichten oder -verteilungen finden unterschiedliche Funktionen Anwendung, von denen hier nur einige angegeben seien. Die *Normalverteilung* (Gaußsche Glockenkurve) ist durch

$$f(x) = \frac{1}{\sigma\sqrt{2\pi}} \exp\left(-\frac{(x-\mu)^2}{2\sigma^2}\right) \tag{10.5}$$

gegeben (Bild 10.2a). Darin sind μ der Mittelwert und σ die Standardabweichung. Häufig werden K_{Ic}-Werte, J_c-Werte oder andere Werkstoffparameter sowie ihre Streuung näherungsweise durch Normalverteilungen beschrieben.

Die *logarithmische Normalverteilung* oder kurz *Lognormalverteilung* (Bild 10.2b) ist definiert durch

$$f(x) = \frac{1}{\sigma\sqrt{2\pi}x} \exp\left(-\frac{(\ln x - \mu)^2}{2\sigma^2}\right) , \tag{10.6}$$

mit dem Mittelwert $\langle X \rangle = e^{\mu + \sigma^2/2}$ und der Streuung $varX = e^{2\mu+\sigma^2}(e^{\sigma^2}-1)$. Sie wird in vielen Fällen zur Beschreibung von Belastungen, Rißlängen- und Defektverteilungen verwendet.

Eine besondere Bedeutung kommt der *Weibull-Verteilung* zu. Für sie sind Dichte und Wahrscheinlichkeitsverteilung durch

$$f(x) = \lambda\alpha x^{\alpha-1} e^{-\lambda x^\alpha} , \qquad F(x) = 1 - e^{-\lambda x^\alpha} \tag{10.7}$$

gegeben (Bild 10.2c). Der Mittelwert und die Varianz folgen hieraus zu

$$\langle X \rangle = \frac{\Gamma(1+\frac{1}{\alpha})}{\lambda^{1/\alpha}} , \qquad varX = \frac{\Gamma(1+\frac{2}{\alpha}) - [\Gamma(1+\frac{1}{\alpha})]^2}{\lambda^{2/\alpha}} , \tag{10.8}$$

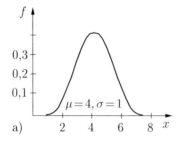
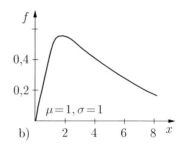
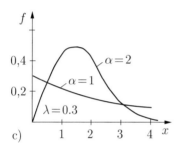
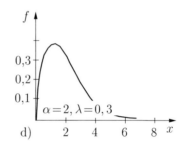

Bild 10.2 Wahrscheinlichkeitsdichte: a) Normalverteilung, b) Lognormalverteilung, c) Weibull-Verteilung, d) Gamma-Verteilung

wobei Γ die Gammafunktion kennzeichnet. Die Weibull-Verteilung wird besonders häufig bei Ermüdungsvorgängen und bei der Erfassung von Rißgrößen- und Defektverteilungen in spröden Materialien verwendet. Für $\alpha = 1$ bezeichnet man sie auch als *Exponentialverteilung*. Schließlich sei noch die *Gamma-Verteilung* genannt, die durch

$$f(x) = \lambda \frac{(\lambda x)^{\alpha-1}}{\Gamma(\alpha)} e^{-\lambda x} \qquad (10.9)$$

bestimmt ist (Bild 10.2d). Für sie gelten $\langle X \rangle = \alpha/\lambda$ und $varX = \alpha/\lambda^2$. Auch sie wird zur Approximation von Defektgrößenverteilungen herangezogen. Im Falle $\alpha = 1$ folgt aus ihr wiederum die Exponentialverteilung. Die Lognormalverteilung, die Weibull-Verteilung und die Gamma-Verteilung sind unsymmetrisch. Dadurch eignen sie sich zur Charakterisierung von versagensrelevanten Größen besser als die symmetrische Normalverteilung. Eine Motivation hierfür erfolgt am Beispiel der Weibull-Verteilung im folgenden Abschnitt.

10.3 Statistisches Bruchkonzept nach Weibull

10.3.1 Bruchwahrscheinlichkeit

Wir betrachten ein isotropes, sprödes Material unter einachsiger, homogener Spannung σ, das innere Defekte (z.B. Mikrorisse) aber keinen makroskopischen Riß enthalten soll. Von den Defekten sei vorausgesetzt, daß sie statistisch homogen verteilt sind, d.h. die Wahrscheinlichkeit des Auftretens eines Defektes bestimmter Art, Größe, Orientierung etc. ist überall gleich. Außerdem nehmen wir an, daß es zum totalen Versagen (=Bruch) des Körpers kommt, wenn nur ein einziger Defekt kritisch wird, sich also ausbreitet. Dies soll nur bei einer Zugspannung möglich sein; eine Defektausbreitung unter einer Druckspannung wollen wir hier der Einfachheit halber ausschließen.

Die Wahrscheinlichkeit, daß bei der Zugspannung σ in einem beliebigen Volumen V kein kritischer Defekt vorhanden ist, bezeichnen wir mit $F^*(V)$. Die entsprechende Wahrscheinlichkeit für ein beliebiges anderes Volumen V_1 (das V nicht enthält) sei $F^*(V_1)$. Setzt man die Unabhängigkeit der Ereignisse in V und V_1 voraus, dann ist die Wahrscheinlichkeit des Nichtauftretens eines kritischen Defektes in $V + V_1$ durch

$$F^*(V+V_1) = F^*(V)F^*(V_1) \tag{10.10}$$

gegeben. Ableitung bei konstantem V_1 und anschließende Division durch (10.10) liefert

bzw.

$$\frac{dF^*(V+V_1)}{dV} = \frac{dF^*(V)}{dV}F^*(V_1)\,, \qquad \frac{\left[\dfrac{dF^*(V+V_1)}{dV}\right]}{F^*(V+V_1)} = \frac{\left[\dfrac{dF^*(V)}{dV}\right]}{F^*(V)}$$

$$\frac{d}{dV}\ln[F^*(V+V_1)] = \frac{d}{dV}\ln[F^*(V)] = -c\,.$$

Darin ist c eine Konstante, die nur von der Spannung abhängt: $c = c(\sigma)$. Durch Integration unter Berücksichtigung von $F^*(0) = 1$ folgt daraus schließlich die Wahrscheinlichkeit, daß kein kritischer Defekt vorhanden ist zu

$$F^*(V) = e^{-cV}\,. \tag{10.11}$$

Umgekehrt ist die Wahrscheinlichkeit, daß sich in V doch ein kritischer Defekt befindet, $F(V) = 1 - F^*(V) = 1 - e^{-c(\sigma)V}$. Aufgrund der Annahme, daß ein einziger kritischer Defekt zum Bruch führt, ist dies auch die Bruchwahrscheinlichkeit P_f:

$$\boxed{P_f = 1 - e^{-c(\sigma)V}}\,. \tag{10.12}$$

Danach nimmt die Bruchwahrscheinlichkeit bei konstantem c (d.h. konstantem σ) mit zunehmendem Volumen zu. Die 'Überlebenswahrscheinlichkeit' (kein Bruch) ist durch $P_s = 1 - P_f = e^{-cV}$ gegeben; sie nimmt mit zunehmendem Volumen ab.

Die Gleichung (10.12) ist recht allgemein. Sie enthält keine Annahme über die physikalische Natur der Defekte. Ob es sich um Mikrorisse oder um andere Spannungskonzentratoren handelt, ist gleichgültig. Es versteht sich von selbst, daß man das Volumen bei flächenförmigen bzw. bei stabförmigen Körpern durch die Fläche bzw. die Länge ersetzen kann. Durch Vergleich mit (10.7) erkennt man, daß (10.12) bei festem c eine Exponentialverteilung darstellt. Dabei kann man $c = 1/\bar{V}$ als Durchschnittskonzentration von Defekten interpretieren. Je kleiner das Durchschnittsvolumen $\bar{V}$ pro Defekt ist, umso schneller erfolgt der Anstieg von P_f mit V. Man kann die Annahmen, die hinter (10.12) stehen auch als *'Theorie des schwächsten Kettengliedes' (weakest link theory)* bezeichnen. Danach versagt eine Kette an der Stelle des schwächsten Gliedes, wenn dort die Zugfestigkeit überschritten wird.

In (10.12) ist $c(\sigma)$ eine zunächst noch unbekannte Funktion. Für sie wird häufig nach Weibull der empirische Ansatz

$$c(\sigma) = \begin{cases} \dfrac{1}{V_0}\left(\dfrac{\sigma - \sigma_u}{\sigma_0}\right)^m & \text{für } \sigma > \sigma_u \\ 0 & \text{für } \sigma \leq \sigma_u \end{cases} \qquad (10.13)$$

eingeführt. Darin sind V_0, σ_0 Normierungsgrößen und σ_u die Schwellenspannung, unterhalb der die Bruchwahrscheinlichkeit Null ist. Diese wird vielfach der Einfachheit halber zu Null gesetzt. Den materialspezifischen Exponenten m bezeichnet man als *Weibull-Modul*; einige Werte sind in Tabelle 10.1 angegeben. Einsetzen von (10.13) in (10.12) liefert für die Bruchwahrscheinlichkeit die Weibull-Verteilung (vgl. (10.7))

$$\boxed{P_f = F(\sigma) = 1 - \exp\left[-\dfrac{V}{V_0}\left(\dfrac{\sigma - \sigma_u}{\sigma_0}\right)^m\right]}, \qquad (10.14)$$

wobei nun V als fest angesehen wird.

Tabelle 10.1 Weibull-Modul

Material	m
Glas	2.3
SiC	4...10
Al$_2$O$_3$	8...20
Graphit	12
Gußeisen	38

Die Beziehung (10.14) gilt nur für einen homogenen einachsigen Spannungszustand. Man kann sie jedoch leicht auf einen inhomogenen einachsigen Spannungszustand verallgemeinern, wie er zum Beispiel in Balken unter Biegung herrscht.

Zu diesem Zweck wenden wir (10.11) auf ein Volumenelement ΔV_i an, in dem eine konstante Spannung σ_i herrschen soll: $c_i = c(\sigma_i)$. Dann ist

$$F^*(\Sigma \Delta V_i) = e^{-c_1 \Delta V_1} e^{-c_2 \Delta V_2} e^{-c_3 \Delta V_3} \ldots = e^{-\Sigma c_i \Delta V_i}$$

die Wahrscheinlichkeit, daß in einer Summe von Volumenelementen mit unterschiedlicher Spannung kein kritischer Defekt vorhanden ist. Durch Grenzwertbildung ergibt sich $F^*(V) = \exp[-\int c\, dV]$, und für die Bruchwahrscheinlichkeit erhält man unter Verwendung von (10.13)

$$P_f = F(\sigma) = 1 - F^* = 1 - \exp\left[-\frac{1}{V_0}\int_V \left(\frac{\sigma - \sigma_u}{\sigma_0}\right)^m dV\right]. \tag{10.15}$$

10.3.2 Bruchspannung

Für einen Körper unter homogenen Zug ist $F(\sigma)$ durch (10.14) gegeben. Setzen wir $\sigma_u = 0$, dann erhält man nach (10.7), (10.8) die mittlere Bruchspannung (=Zugfestigkeit) und die Streuung zu

$$\begin{aligned}\bar{\sigma} &= \langle \sigma \rangle = \sigma_0 \left(\frac{V_0}{V}\right)^{\frac{1}{m}} \Gamma(1 + 1/m), \\ var\, \sigma &= \sigma_0^2 \left(\frac{V_0}{V}\right)^{\frac{2}{m}} \left\{\Gamma(1 + 2/m) - [\Gamma(1 + 1/m)]^2\right\}.\end{aligned} \tag{10.16}$$

Dementsprechend hängen beide Größen vom Volumen des Körpers ab. So ergibt sich für ein und dasselbe Material bei unterschiedlichen Volumina V_1 und V_2

$$\frac{\bar{\sigma}_1}{\bar{\sigma}_2} = \left(\frac{V_2}{V_1}\right)^{1/m}, \qquad \frac{(var\, \sigma)_1}{(var\, \sigma)_2} = \left(\frac{V_2}{V_1}\right)^{2/m}. \tag{10.17}$$

Danach folgen zum Beispiel für $V_2/V_1 = 5$ und $m = 2$ die Werte $\bar{\sigma}_1/\bar{\sigma}_2 = 2.24$ und $(var\, \sigma)_1/(var\, \sigma)_2 = 5$. Die mittlere Bruchfestigkeit ist also für das kleinere Volumen V_1 mehr als doppelt so groß als für V_2; die Streuung ist allerdings ebenfalls größer. Erwähnt sei noch, daß die erste Gleichung von (10.17) die Bestimmung von m erlaubt, indem die mittlere Bruchspannung für unterschiedliche Volumina gemessen wird.

Wir wollen nun noch den Einfluß eines veränderlichen Spannungszustandes untersuchen. Hierzu betrachten wir als Beispiel einen Balken der Länge l mit Rechteckquerschnitt (Breite b, Höhe h) unter konstantem Biegemoment. Die Spannungsverteilung über die Balkenhöhe ist in diesem Fall durch $\sigma(z) = \sigma_B 2z/h$ gegeben, wobei σ_B die maximale Spannung am Rand ist. Durch Einsetzen in (10.15) erhält man für diesen Fall mit $V = lbh$ und unter Beachtung, daß nur über den Zugbereich integriert wird (im Druckbereich werden die Defekte als wirkungslos angenommen!)

$$P_f = F(\sigma_B) = 1 - \exp\left[-\frac{V}{V_0}\left(\frac{\sigma_B}{\sigma_0}\right)^m \frac{1}{2(m+1)}\right] . \qquad (10.18)$$

Die mittlere Bruchspannung unter Biegung (=Biegefestigkeit) und die Streuung ergeben sich damit aus (10.7) zu

$$\bar{\sigma}_B = \langle \sigma_B \rangle = \sigma_0 \left(\frac{V_0}{V}\right)^{\frac{1}{m}} \Gamma(1 + 1/m)[2(m+1)]^{1/m} ,$$
$$var\, \sigma_B = \sigma_0^2 \left(\frac{V_0}{V}\right)^{\frac{2}{m}} \left\{\Gamma(1 + 2/m) - [\Gamma(1 + 1/m)]^2\right\} [2(m+1)]^{2/m} . \qquad (10.19)$$

Durch Vergleich mit (10.16) erkennt man, daß sich die Abhängigkeit vom Volumen nicht geändert hat. Die mittlere Festigkeit und die Streuung sind für Biegung allerdings größer als für Zug. Kennzeichnen wir die Größen nach (10.16) mit dem Index 'Z', so gilt

$$\frac{\bar{\sigma}_B}{\bar{\sigma}_Z} = [2(m+1)]^{1/m} , \qquad \frac{var\, \sigma_B}{var\, \sigma_Z} = [2(m+1)]^{2/m} , \qquad (10.20)$$

woraus zum Beispiel für $m = 5$ das Ergebnis $\bar{\sigma}_B/\bar{\sigma}_Z = 1.64$ folgt.

10.3.3 Verallgemeinerungen

Das Weibullsche Bruchkonzept läßt sich in verschiedene Richtungen verallgemeinern. So kann man es auf Druckspannungen und auf mehrachsige Spannungszustände erweitern. Daneben ist es möglich, die im konkreten Fall vorliegende Defektstruktur durch geeignete mikromechanische Modelle zu erfassen und damit das statistische Konzept abzustützen. Außerdem kann man das Weibullsche Konzept auch zur Beschreibung des zeitabhängigen Bruchs zum Beispiel von faserverstärkten Materialien einsetzen. In diesem Fall führt man für c anstelle von (10.13) einen Ansatz vom Typ $c = \alpha t^\beta$ ein, wobei α und β von der Spannung σ abhängen und t die Zeit ist.

Wir wollen hier nur eine Erweiterungsmöglichkeit diskutieren. Hierbei nehmen wir an, daß nicht nur ein einziger kritischer Defekt zum Bruch führt, sondern daß dazu eine bestimmte minimale Zahl $n > 1$ von kritischen Defekten erforderlich ist. Hiermit trägt man der Beobachtung Rechnung, daß oft viele Defekte (z.B. Mikrorisse) wachsen, bevor es zum endgültigen Versagen kommt. Ausgangspunkt ist die Wahrscheinlichkeit

$$P^*_{X=k} = \frac{1}{k!}(cV)^k e^{-cV} , \qquad (10.21)$$

für das Auftreten von genau k voneinander unabhängigen kritischen Defekten im Volumen V. Sie wird auch als *Poisson-Verteilung* bezeichnet, und sie enthält als Spezialfall für $k=0$ die Wahrscheinlichkeit (10.11) für das Nichtauftreten eines Defektes in V. Dann ergibt sich die Wahrscheinlichkeit für das Vorliegen von weniger als n Defekten in V aus der Summe der Wahrscheinlichkeiten des Auftretens von 0 bis $(n-1)$ Defekten:

$$P^*_{X<n-1} = e^{-cV} \sum_{k=0}^{n-1} \frac{1}{k!} (cV)^k .$$

Die Wahrscheinlichkeit des Auftretens von n oder mehr kritischen Defekten in V folgt damit zu

$$P_f = P_{X>n-1} = 1 - P^*_{X<n-1} = 1 - e^{-cV} \sum_{k=0}^{n-1} \frac{1}{k!} (cV)^k . \quad (10.22)$$

Dies ist auch gleichzeitig die Bruchwahrscheinlichkeit. Aus der zugehörigen Dichte $p_f = dP_f/dV = [c/(n-1)!](cV)^{n-1}e^{-cV}$ erkennt man, daß es sich hierbei um eine Gamma-Verteilung handelt (vgl. (10.9)). Aus (10.22) und durch Vergleich mit (10.12) kann man außerdem ablesen, daß die Zunahme der Bruchwahrscheinlichkeit mit dem Volumen geringer ist als beim einfachen Weibull-Modell und umso langsamer erfolgt je größer n gewählt wird. So ergeben sich zum Beispiel für $n=3$ bzw. $n=10$ bei $cV=3$ die Werte $P_{f,3}(3)=0.577$ bzw. $P_{f,10}(3)=0.001$ und bei $cV=10$ die Werte $P_{f,3}(10)=0.997$ bzw. $P_{f,10}(10)=0.542$.

Die Abhängigkeit der mittleren Bruchspannung vom Volumen sowie von den auftretenden Parametern erhält man unter Verwendung des Ansatzes $cV_0 = (\sigma/\sigma_0)^n$ (vgl. (10.13)) aus (10.4) und (10.22):

$$\bar{\sigma} = \langle \sigma \rangle = \sigma_0 \left(\frac{V_0}{V}\right)^{\frac{1}{m}} \frac{\Gamma(n+1/m)}{\Gamma(n)} . \quad (10.23)$$

Die Volumenabhängigkeit ist die gleiche wie in (10.16) bzw. (10.19).

10.4 Probabilistische bruchmechanische Analyse

In diesem Abschnitt soll die prinzipielle Vorgehensweise bei einer probabilistischen bruchmechanischen Analyse erläutert werden. Als Beispiel betrachten wir ein ebenes Bauteil unter einachsigem Zug, in dem wir im Laufe seines Einsatzes das Auftreten von Rissen unterschiedlicher Größe erwarten. Als Versagensbedingung legen wir das K-Konzept $K_I = K_{Ic}$ mit $K_I = \sigma\sqrt{\pi a}\, G(a)$ zugrunde, wobei $G(a)$ ein Geometriefaktor ist. Wir nehmen nun an, daß uns zu einem bestimmten Zeitpunkt die Wahrscheinlichkeitsdichte $f_a(a)$ für die auftretenden Rißlängen durch Inspektion bekannt ist. Hieraus läßt sich mittels obiger Beziehung bei bekannter Belastung σ die Wahrscheinlichkeitsdichte $f_{K_I}(K)$ für die auftretenden

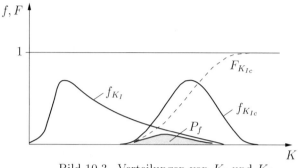

Bild 10.3 Verteilungen von K_I und K_{Ic}

Spannungsintensitätsfaktoren bestimmen. Aus Messungen sei uns außerdem die Dichteverteilung $f_{K_{Ic}}(K)$ für die Bruchzähigkeit des Materials bekannt. Beide Verteilungen sind schematisch in Bild 10.3 dargestellt.

Die Wahrscheinlichkeit, daß die Bruchzähigkeit kleiner als ein bestimmter Wert K ist, wird durch

$$P(K_{Ic} \leq K) = F_{K_{Ic}}(K) = \int_0^K f_{K_{Ic}}(\bar{K})\,d\bar{K} \qquad (10.24)$$

beschrieben. Entsprechend ist $f_{K_I}(K)\,dK$ die Wahrscheinlichkeit für Rißbelastungen im Intervall $K \leq K_I \leq K + dK$. Dann ist das Produkt

$$dP_f = F_{K_{Ic}}(K)\,f_{K_I}(K)\,dK$$

die Wahrscheinlichkeit dafür, daß beides zutrifft, d.h. daß das Bauteil versagt. Die Integration über alle möglichen Rißbelastungen liefert schließlich die totale Versagenswahrscheinlichkeit:

$$P_f = \int_0^\infty F_{K_{Ic}}(K)\,f_{K_I}(K)\,dK = \int_0^\infty \int_0^K f_{K_{Ic}}(\bar{K})\,d\bar{K}\,f_{K_I}(K)\,dK \qquad (10.25)$$

Sie entspricht der schraffierten Fläche in Bild 10.3. Wenn sich die Verteilungsdichten für die Rißbelastung und die Bruchzähigkeit mit der Zeit ändern, dann ändert sich auch P_f. Dies ist zum Beispiel der Fall, wenn die Risse aufgrund von Wechselbelastung wachsen und das Material altert.

Die Bestimmung der Versagenswahrscheinlichkeit muß nicht auf der Basis der K-Faktoren durchgeführt werden. Alternativ kann auch direkt die Verteilungsdichte $f_a(a)$ der Rißlängen zugrunde gelegt werden. Zu diesem Zweck muß man die K_{Ic}-Verteilungsdichte in eine Dichte $f_{a_c}(a)$ für kritische Rißlängen umrechnen. Als weitere Alternative läßt sich die Versagenswahrscheinlichkeit

$$P_f = P(K_I \geq K \text{ und } K_{Ic} \leq K) \quad \text{mit} \quad 0 \leq K < \infty \qquad (10.26)$$

direkt durch *Monte-Carlo-Simulation* bestimmen. Hierbei werden Zufallswerte von K_I und K_{Ic} miteinander verglichen. Die Zahl der Ereignisse $K_I \geq K_{Ic}$ bezogen auf die Zahl der Versuche liefert P_f.

An dieser Stelle soll noch darauf hingewiesen werden, daß die probabilistische bruchmechanische Analyse im konkreten Fall häufig mit Schwierigkeiten verbunden ist. Der Grund hierfür liegt im wesentlichen in den oft nicht verfügbaren Daten, die eine hinreichend genaue Information über die Verteilungsdichten von Rißlängen, Belastungen oder Werkstoffkennwerten (z.B. K_{Ic}) sowie deren zeitlicher Änderung geben.

Ausgewählte Literatur

Grundlagen der Festkörpermechanik

Altenbach, J., Altenbach, H., Einführung in die Kontinuumsmechanik, Teubner Verlag, Stuttgart 1994

Betten, J., Kontinuumsmechanik, Springer Verlag, Berlin 2001

Chakrabarty, J., Theory of Plasticity, McGraw-Hill 1987

Christensen, R.M., Theory of Viscoelasticity, Academic Press, New York 1982

Eschenauer H. und W. Schnell, Elastizitätstheorie, B.I.-Wissenschaftsverlag, Mannheim 1993

Hahn, H.G., Elastizitätstheorie, Teubner Verlag 1985

Hill, R., The mathematical theory of plasticity, Clarendon Press, Oxford 1983

Lemaitre, J. and Chaboche, J.-L., Mechanics of Solid Materials, Cambridge University Press, Cambridge 2000

Lubliner, J., Plasticity Theory, Macmillan Publ. Comp., New York 1990

Maugin, G.A., The Thermomechanics of Plasticity and Fracture, Cambridge University Press, Cambridge 1992

Mushilisvili, N.I., Einige Grundaufgaben zur mathematischen Elastizitätstheorie, Hanser Verlag 1971

Bruchmechanik (Lehr- und Fachbücher)

Anderson, T.L., Fracture Mechanics; Fundamentals and Application, CRC Press, Boca Raton 1995

Blumenauer, H. und G. Pusch, Technische Bruchmechanik, DVG, Leipzig 1993

Broek, D., Elementary Engineering Fracture Mechanics, The Hague 1982

Broek, D., The Practical Use of Fracture Mechanics, Kluwer Acad. Publ. 1988

Ausgewählte Literatur

Ewalds, H.L. and Wanhill, R.J.H., Fracture Mechanics, E. Arnold Publ., London 1984

Freund, L.B., Dynamic Fracture Mechanics, Cambridge University Press 1993

Gdoutos, E.E., Fracture Mechanics; An Introduction, Kluwer Acad. Publ. 1993

Hahn, H.G., Bruchmechanik, Teubner Verlag 1976

Heckel, K., Einführung in die technische Anwendung der Bruchmechanik, Hanser Verlag 1983

Hellan, K., Introduction to Fracture Mechanics, McGraw-Hill 1985

Herzberg, R.W., Deformation and Fracture Mechanics of Engineering Materials, Wiley, New York 1976

Kanninen, M.F. and C.H. Popelar, Advanced Fracture Mechanics, Clarendon Press, Oxford 1985

Kienzler, R., Konzepte der Bruchmechanik; Integrale Bruchkriterien, Vieweg Verlag, Braunschweig 1993

Liebowitz, H. (editor), Fracture, vol 1-6, Academic Press 1968-1972

Meguid, S.A., Engineering Fracture Mechanics, Elsevier, London 1989

Miannay, D.P., Fracture Mechanics, Springer Verlag, New York 1998

Qin, Q.-H., Fracture Mechanics in Piezoelectric Materials, WIT Press, Southampton 2001

Riedel, H., Fracture at High Temperatures, Springer Verlag, Berlin 1987

Sih, G.C. (editor), Mechanics of Fracture, vol 1-6, Noordhoff Int. Publ., Leyden 1973-1981

Schwalbe, K.H., Bruchmechanik metallischer Werkstoffe, Hanser Verlag 1980

Bruchmechanik (Handbücher)

Tada, H., P. Paris and G. Irwin, The Stress Analysis of Cracks Handbook, Del. Research Corp., St.Louis 1985

Murakami, Y., Stress Intensity Factors Handbook, Pergamon Press 1987

Ductile Fracture Handbook, Electric Power Research Institute, Palo Alto 1989

Mikromechanik und Schädigungsmechanik

Aboudi, J., Mechanics of Composite Materials - A Unified Micromechanical Approach, Elsevier 1991

Christensen, R.M., Mechanics of Composite Materials, Wiley 1979

Kachanov, L.M., Introduction to Continuum Damage Mechanics, Martinus Nijhoff Publ. 1986

Krajcinovic, D. Damage Mechanics, Elsevier, Amsterdam 1996

Lemaitre, J., A Course on Damage Mechanics, Springer Verlag, Berlin 1992

Mura, T., Micromechanics of Defects in Solids, Martinus Nijhoff Publishers 1982

Nemat-Nasser, S. and Hori, M., Micromechanics - Overall Properties of Heterogeneous Materials, North-Holland 1993

Skrzypek, J. and Ganczarski, A., Modeling of Material Damage and Fracture of Structures, Springer Verlag, Berlin 1999

Wei Yang and Lee, W.B., Mesoplasticity and its Applications, Springer Verlag, Berlin 1993

Sachverzeichnis

Anisotropie 15, 246, 252, 278
Average strain theorem 238
–, stress theorem 238
Äquivalente Eigendehnung 215, 224, 226

Bettischer Satz 31, 76
Bimaterial-konstante 119
–, -riß 118
Blunting line 157
Bruchflächen 47
Bruchflächenenergie 56, 93
Bruch-grenze 39
–, -kriterium 66, 89, 102, 111, 173, 204, 296
–, -wahrscheinlichkeit 303
–, -zähigkeit 67, 84, 108, 177, 204
–, -zeit 174
Burgers-Vektor 51, 216

C-Integral 170, 181
C*-Integral 170, 181
Clapeyronscher Satz 31, 87
Cleavage 53
Compliance 91
Composite spheres model 266
Coulomb-Mohr-Hypothese 43
Craze-zone 169
CTOD 133

DCB-Probe 92, 111, 171
Defekte 1, 51, 213, 215, 230, 285, 299
Defekt-Energie 221
–, -verteilung 214, 242
–, -wechselwirkung 242, 248, 251
Deformationstheorie 23, 27, 278
Dehnungs-Äquivalenz-Prinzip 287
Dehnungszentrum 215
Delamination 91, 124
Dielektrische Materialkonstanten 127
– Verschiebung 127
Differentialschema 254, 267
Dilatationszentrum 215, 223
Dilute distribution 242
Dissipation 270
Dissipationsleistung 22, 271
Drucker-Prager-Hypothese 46, 48
Duktiler Bruch 55

Dugdale Modell 134, 174
Dünne Schicht 89, 95
–, Verteilung 242, 276
Duhamel-Neumann-Gesetz 17, 281
Durchlaufende Verwerfung 45

Ebener Spannungszustand 31, 34, 60, 229
–, Verzerrungszustand 31, 34, 35, 60, 141, 219
Effektive Dehnung 19
–, Eigenschaften 214, 230, 260
–, elastische Konstanten 236, 258
–, Rißlänge 106
–, Spannung 18, 287
–, Steifigkeiten 241
Effektiver Elastizitätstensor 231
Eigendehnung 124, 215, 217, 224
–, äquivalente 215, 224
Eigenspannung 215, 270
–, thermisch induzierte 282
Einflußtensor 227, 238, 269, 281
Einheitszelle 232
Einschluß 217
–, ellipsoidförmiger 218
–, kugelförmiger 220, 264
Elastisches Potential 17, 29
Elastisch-viskoelastische Analogie 21
Elastizitäts-gesetz 15, 236, 268
–, -modul 15
–, -modul, effektiver 245, 258, 287
–, -tensor 15
–, -tensor, effektiver 231, 236, 239, 270
Elektrische Enthalpiedichte 128
Elektrisches Feld 126
–, Potential 127
Elektrostriktion 126
Ellipsoidförmige Inhomogenität 227, 243
Energetisches Kriterium 89, 112
Energie-bilanz 86
–, -dissipation 108
–, -fluß 165
–, -freisetzung 86
–, -freisetzungsrate 1, 88, 91, 102, 194, 202
–, -Impuls-Tensor 98
–, -satz 28, 86, 92
Erhaltungsintegrale 97
Ermüdungs-bruch 56

–, -riß 54
–, -rißwachstum 55, 116
Eshelby-Lösung 218, 276
–, -Tensor 218, 264, 277, 279, 282

Failure assessment curve 138
Fasern 213, 258
Ferroelektrika 127
Ferroelektrisches Material 129
Festigkeitshypothesen 39
Fließ-bedingung 23, 268, 272, 294
–, -fläche 23, 272
–, -grenze 39
–, -potential 22
–, -regel 26, 268, 276
Fluktuation 236, 262
Foreman-Beziehung 117
Formänderungsenergie-dichte 17, 236, 271
–, mittlere 236, 271
–, -hypothese 42
–, -rate 22

Gamma-Verteilung 302
Gemischte Beanspruchung 111
Gesamtpotential 91, 222, 260
Gestaltänderungsenergiedichte 17
Gewichtsfunktion 77
Gleitbänder 51
Gleitlinientheorie 35, 141
Gradientenmaterial 232
Grenz-flächenriß 118
–, -last 136
Griffith 2, 94
Griffithsches Bruchkriterium 94
Größenbedingung 84, 106, 232
Grundlösungen 70, 215, 239
Gurson-Modell 295

Hashin-Strikman-Schranken 262, 266
–, -Variationsprinzip 262
Haupt-dehnungshypothese 41
–, -spannungshypothese 41
Hencky-Ilyushin-Gesetz 27, 278
Henckysche Gleichungen 37
Hill-Bedingung 236, 261
Hohlraum 213, 228, 233, 235, 240, 249
Hohlzylinder 258
Homogenisierung 214, 230, 267, 279, 282
HRR-Feld 147, 180
Hui-Riedel-Feld 184
Hundeknochenmodell 107
Hydrostatischer Spannungszustand 9, 227

Idealplastisches Material 24, 35, 139, 270
Inhomogenität 215, 221, 240
–, ellipsoidförmige 227, 243, 249, 251, 255
–, kugelförmige 242, 250, 282
Inkompressibles Material 18, 244
Inkrementelle Theorie 25, 277
Inkubationszeit 174, 184
Initiierungszeit 174, 184
Innere Energie 28
Instabile Rißausbreitung 55
Interface-Riß 118
Interkristalliner Bruch 53
Invarianten - des Spannungstensors 8
–, des Deviators 9, 13
–, des Verzerrungstensors 13
Irwin 2, 67
Irwinsche Rißlängenkorrektur 106
Isotrope Verfestigung 24,

J-Integral 97, 133, 165

Kachanov 79, 286
Kanalbildung 95
K-Faktor 60, 67, 91
Kinematische Verfestigung 24, 274
Kinetische Energie 28, 194, 202
Kinken-Modell 114
K-Konzept 2, 65
Klebeverbindung 89
Kleinbereichs-fließen 104, 174
–, -kriechen 170, 183, 187
Kohäsion 43
Kohäsionsspannung 50
Kolosovsche Formeln 34
Kompakt-Zugprobe 84
Kompatibilitätsbedingungen 13, 14, 32, 238
Komplementär-arbeit 30
–, -energie 17, 290
–, -potential 30, 261
Komplexe Methode 34
Komposit-werkstoff 118
–, -material 215, 279
Kompressionsmodul 15, 227
–, effektiver 241, 244, 258, 262, 266, 282
Konfigurations-kraft 100, 128
–, -spannungstensor 98
–, -moment 101
Korrespondenzprinzip 21
Kreisloch 229, 244, 257, 259
Kriechen 21, 27, 178
Kriech-bruch 56, 169
–, -funktion 20, 170

–, -zeit 177
–, -zone 170
Kurzzeitbereich 182

Lamesche Konstanten 15
Laplace-Transformation 20
Linearer Standardkörper 171
Lokalisierung 54, 58, 289
Longitudinaler Schub 33, 139

Makro-ebene 213, 230, 269
–, -fließbedingung 272
–, -fließfläche 273
–, -spannung 233, 268
–, -verzerrung 233, 268
–, -verzerrung, plastische 268
Materielle Kraft 100, 221
Matrix 217, 227, 240, 251, 275, 280, 295
–, -eigenschaften, effektive 252, 255
–, -spannung, mittlere 235, 248, 279
–, -verzerrung, mittlere 235, 248
Maximale Schubspannung 9, 25, 33
Maxwell-Körper 179
McClintock-Modell 292
Mehrprobenmethode 154
Methode der Gewichtsfunktionen 76
Mikro-ebene 213, 231, 268
–, -felder 233
–, -risse 51, 213, 240, 285, 288, 289, 303
–, -struktur 1, 51, 213, 230, 239, 268
Mischungsregel 242
Misessche Fließbedingung 24, 26, 106, 275
–, Vergleichsspannung 24, 278
Mittelung 233
Mittelwerte 233
–, gewichtete 239, 270, 281
Mixed Mode 111
Mohrsche Versagenshypothese 43
Monte-Carlo-Simulation 309
Mori-Tanaka-Modell 248, 265, 280, 282

Nachgiebigkeit 91
–, mittlere 241
Nachgiebigkeitstensor 15
–, effektiver 241
Nahfeld 61
Natürliches Verzerrungsinkrement 14
Nichtebener Schubspannungszustand 33, 35
Nichtlinear elastisches Material 18
Normalenregel 26
Normalflächiger Bruch 47, 56
Normalspannungsabschnitte 45

Normal-verteilung 301
–, -verwerfung 44
Nortonsches Kriechgesetz 22, 179

Oberflächenenergie 50
Orthotropie 16
Oktaederspannungen 9

Paris-Gesetz 117
Penny-shaped Riß 229, 247
Perkolation 253
Perkolationsgrenze 257
Petroski-Achenbach-Ansatz 78
Phasen, diskrete 234, 239
–, -mittelwerte 235
–, -winkel 120, 123
Piezoelektrika 126
Piezoelektrischer Effekt 126
Piezoelektrische Materialkonstanten 127
Plastizität 23, 267
Plastischer Kollaps 136
Plastische Makroverzerrungen 268
Plastisches Verzerrungsinkrement 23, 268
Plastische Zone 66, 104, 107, 174
Poissonsche Konstante 15
Poisson-Verteilung 307
Polarisation 126
Porosität 253, 288
Poren 228, 258, 285
–, -wachstum 291
Potenzgesetz 19, 27
Prandtl-Feld 141
–, -Reuss-Gesetz 26, 277
Prandtlsches Kriechgesetz 21
Prinzip der maximalen plastischen Arbeit 25
–, der virtuellen Arbeit 29
–, der virtuellen Komplementärarbeit 30
–, der virtuellen Kräfte 30
–, der virtuellen Verrückungen 29, 96
–, vom Minimum des Gesamtpotentials 30, 260
–, vom Minimum des Komplementärpotentials 30, 261
Proportionalbelastung 27, 278
Prozeßzone 57, 66, 92, 97

Quer-dehnzahlen 16
–, -kontraktionszahl 15

Ramberg-Osgood-Gesetz 143
Rayleigh-Wellen 193
–, -Funktion 193

Referenz-belastung 78
–, -konfiguration 77
–, -verschiebung 78
Reißmodul 160
Relaxationsfunktion 20, 170
Repräsentatives Volumenelement 230, 285
Reuss-Ansatz 241, 261
–, -Approximation 241
–, -Schranke 260
Reziprozitätstheorem 31
Rice 147, 154, 294
Rißausbreitung 54
–, dynamische 55
–, instabile 55
–, stabile 55, 108
–, subkritische 55
Riß-ablenkung 125
–, -ablenkungswinkel 125
–, -arrest 55, 191, 204
–, -ausbreitungskraft 88, 96
–, -beanspruchungsparameter 101
–, -bildung 52
–, -dichteparameter 246, 289
–, -flanken 57
–, -front 57
–, -geschwindigkeit 189, 191, 204
–, -initiierung 55
–, -oberflächen 57
–, -orientierung 246, 254
–, -öffnungsarten 57
–, -öffnungswinkel 161
–, -schließen 63
–, -spitze 57
–, -spitzenfeld 58, 63, 138, 162, 180, 194, 198
–, -spitzenöffnung 133
–, -verzweigung 204
–, -wachstum 157, 174
–, -wachstumsrate 116, 177
–, -wechselwirkung 79,
–, -widerstandskraft 89, 96
–, -widerstandskurve 108, 157, 291
R-Kurve 108

Satz von Betti 31, 76
–, von Clapeyron 31, 87
Schädigung 213, 285
–, anisotrope 287, 288
–, duktile 291
–, isotrope 287
–, spröde 289
Schädigungs-maß 241
–, tensor 288

–, variable 285, 289
Scherflächiger Bruch 48, 56
Scher-bänder 290
–, -lippen 56
Schiebe-Verwerfung 44
Schranke, obere für Makrofließspannung 275
–, Hashin-Strikman- 262
–, Reuss- 260
–, Voigt- 260
Schraubenversetzung 51, 216
Schubmodul 15
–, effektiver 241, 244, 250, 252, 256, 265
Schwingbruch 56
Selbstenergie 223
Selbstkonsistenz 78, 81, 252
–, -methode 251, 257, 267, 276
Sekantenmodul 279
–, effektiver 279
Skalen 2, 213, 230
S-Kriterium 113
Spaltriß 53
Spannung, effektive 287
–, makroskopische 233
Spannungs-intensitätsfaktor 1, 60, 62, 120, 129, 194
–, -polarisation 226, 262
–, -tensor 7
–, -vektor 5
–, -vektor, effektiver 287
Spitzkerbe 63
Sprödbruch 55
Stabiles Rißwachstum 108, 159
Stationärer Riß 55
Statistisch homogen 231
Steifigkeiten, effektive 241
Streckgrenze 84
Stufenversetzung 51, 74, 216
Subkritische Rißausbreitung 55
Substrat 91, 95
Superposition 68

Tangenten-modul 26
–, -tensor, effektiver 278
–, -tensor, elastisch-plastischer 277
Tearing modulus 160
Tension-cutoff 45
Theoretische Festigkeit 50
Thermische Dehnung 17, 221, 281
Tracey 294
Transformationsverzerrung 217
Transkristalliner Bruch 53
Transversal isotrop 16, 126, 248

Sachverzeichnis

Trägheitskräfte 11, 191
Trennbruch 56
Trescasche Fließbedingung 25, 134

Übertragungsfaktor 79

Verallgemeinerte Kräfte 99, 221
Verfestigung 24, 52, 144,
Vergleichs-dehnung 19, 279
–, -material, homogenes 224
–, -problem, elastisches 269
–, -spannung 18, 24, 278, 295
Versagens-bedingung 40
–, -fläche 40
–, -grenzkurve 137
–, -hypothesen 39
–, -wahrscheinlichkeit 308
Verschiebungssprung 74, 229, 235
Versetzung 51, 216
–, Schrauben- 216
–, Stufen- 74, 216
Versetzungsverteilung 74
Verwerfungen 44
Verzerrung 11
–, makroskopische 233, 268
–, plastische 23, 268
Viskoelastizität 19
Voigt-Ansatz 241, 261
–, -Approximation 241
–, -Schranke 260
Volumen-anteil 234, 255
–, -änderungsenergiedichte 18
–, -mittelwerte 233
–, gewichtete 239, 270, 281

Wärmedehnungskoeffizient 17, 281
–, effektiver 281
Wechselwirkungsenergie 223
Weibull 2, 300, 303
–, Modul 304
–, Verteilung 301
Wellengeschwindigkeiten 192
Wellengleichung 192

Yoffe 202, 207

Zähbruch 55
Zwischengitteratom 216, 224
Zyklischer Spannungsintensitätsfaktor 117

Druck (Computer to Film): Saladruck, Berlin
Verarbeitung: H. Stürtz AG, Würzburg